Springer-Lehrbuch

Springer-Verlag Berlin Heidelberg GmbH

Klaus D. Schmidt

Mathematik

Grundlagen für Wirtschaftswissenschaftler

Zweite, überarbeitete Auflage

 Springer

Prof. Dr. Klaus D. Schmidt
Technische Universität Dresden
Institut für Mathematische Stochastik
Lehrstuhl für Versicherungsmathematik
D-01062 Dresden

ISBN 978-3-540-66521-2

Die Deutsche Bibliothek – CIP-Einheitsaufnahme
Schmidt, Klaus D.: Mathematik: Grundlagen für Wirtschaftswissenschaftler,
2., überarb. Aufl. / Klaus D. Schmidt. – Berlin; Heidelberg; New York; Barcelona; Hongkong; London; Mailand; Paris; Singapur; Tokio: Springer, 2000
   (Springer-Lehrbuch)
   ISBN 978-3-540-66521-2   ISBN 978-3-642-57164-0 (eBook)
   DOI 10.1007/978-3-642-57164-0

SPIN 10745814   42/2202-5 4 3 2 1 0 – Gedruckt auf säurefreiem Papier

Vorwort

Mathematische Modelle und Methoden gewinnen in den Wirtschaftswissenschaften zunehmend an Bedeutung. Die Gründe dafür sind vielfältig: Zum einen lassen sich wirtschaftliche Zusammenhänge allenfalls in den einfachsten Fällen allein mit Worten exakt beschreiben; zum anderen erzwingt die mathematische Beschreibung solcher Zusammenhänge genaue Rechenschaft darüber, welche Objekte, welche Eigenschaften der Objekte und welche Beziehungen zwischen ihnen als gegeben anzunehmen sind. Hier erweist sich die Sprache der Mathematik als hilfreich. Darüber hinaus läßt sich mit Hilfe der Methoden der Mathematik erkennen, welche Folgerungen sich aus bestimmten Annahmen über wirtschaftliche Zusammenhänge ergeben. Mathematik spielt daher eine doppelte Rolle in den Wirtschaftswissenschaften: Sie dient als Sprache für die Formulierung von Modellen und als Methode zur Analyse von Modellen.

Das vorliegende Buch ist aus Mathematik–Vorlesungen für Wirtschaftswissenschaftler entstanden, die ich an der Technischen Universität Dresden gehalten habe. Es behandelt neben den Grundbegriffen die wesentlichen Themen der Linearen Algebra und der Analysis. Wenngleich ich meine, daß es eine spezielle Mathematik für Wirtschaftswissenschaftler nicht gibt, so war mir doch daran gelegen, bei der Auswahl der Themen die für Anwendungen in den Wirtschaftswissenschaften besonders wichtigen Aspekte der Mathematik hervorzuheben.

Der geneigte Leser möge, bevor er mit dem Buch zu arbeiten beginnt, ein wenig blättern und bei dem einen oder anderen der Beispiele aus den Wirtschaftswissenschaften verweilen, um so einen ersten Eindruck davon zu gewinnen, daß mathematische Methoden für die Behandlung vieler Probleme nützlich und oft sogar notwendig sind.

Die Beschäftigung mit Mathematik erfordert Mühe und Geduld, und der Leser ist gut beraten, es an beidem nicht fehlen zu lassen.

Das wichtigste ist oft das Kleingedruckte: Für das Verständnis der mathematischen Begriffe, Methoden und Aussagen ist es unerläßlich, die mathematischen Beispiele mit Bleistift und Papier durchzuarbeiten. Ein Beispiel ist erst dann verstanden, wenn es gelingt, die Rechnung auch bei geschlossenem Buch durchzuführen!

Für das Verständnis mathematischer Aussagen sind neben den Beispielen auch die Beweise von Nutzen; die Beweise lassen beispielsweise erkennen, warum in der Formulierung mathematischer Aussagen bestimmte Annahmen getroffen werden. In einigen Fällen sind Beweise jedoch notwendigerweise trickreich und technisch oder auch nur technisch und langweilig. Ich habe Beweise daher nur dann ausgeführt, wenn sie einigermaßen zugänglich sind und zudem geeignet sind, Zusammenhänge verdeutlichen.

Zur Notation sei an dieser Stelle lediglich an die üblichen Bezeichnungen für Summen

$$\sum_{i=1}^{n} a_i = a_1 + a_2 + \ldots + a_n$$

und Produkte

$$\prod_{i=1}^{n} a_i = a_1 \cdot a_2 \cdot \ldots \cdot a_n$$

mit den Konventionen $\sum_{i=1}^{0} a_i := 0$ und $\prod_{i=1}^{0} a_i := 1$ erinnert. Alles weitere findet sich im Text.

Wer Mathematik in den Wirtschaftswissenschaften erfolgreich anwenden will, wird auf Dauer mit dem Wissen aus den Grundvorlesungen nicht auskommen. Es war mir daher auch ein Anliegen, mit diesem Buch den Zugang zu mathematischen Lehrbüchern, die spezielle Themen vertiefen, zu erleichtern. Aus diesem Anliegen ergibt sich zunächst eine gewisse Strenge der Notation, die sich beispielsweise in der strikten Unterscheidung zwischen einer Funktion und ihren Werten ausdrückt. Darüber hinaus erweist es sich als sinnvoll, allgemeine Prinzipien, die die Vielfalt der Mathematik einen, zu betonen; dazu gehören abstrakte Begriffe wie der einer linearen Abbildung und allgemeine Fragen wie die nach der Existenz und Eindeutigkeit einer Lösung eines mathematischen Problems.

Kein Output ohne Input:
- Wolfgang Macht hat die Entstehung des Buches von Anfang an begleitet und mit seiner reichen Kenntnis, seiner umfangreichen Lehrerfahrung und nicht zuletzt seiner Hartnäckigkeit in unzähligen Diskussionen einen wesentlichen Beitrag zum Gelingen geleistet.
- Klaus–Thomas Heß hat mich mit vielfältigen Anregungen vor allem in den Kapiteln zur Analysis unterstützt.
- Thomas Ridder, mit dem ich in gemeinsamen Mannheimer Jahren ausgiebig über Mathematik in den Wirtschaftswissenschaften debattiert habe, hat die Beispiele aus den Wirtschaftswissenschaften durchgesehen.
- Juliane Baumgart, Christiane Weber und Angela Wünsche haben das Manuskript korrekturgelesen, das Stichwortverzeichnis vorbereitet und zahlreiche Verbesserungsvorschläge zum Inhalt gemacht.

Ihnen allen sei an dieser Stelle herzlich gedankt.

Dresden, im Oktober 1997   Klaus D. Schmidt

Vorwort zur zweiten Auflage

Es ist alles nicht so einfach. Dieser Ausspruch, der einem meiner Diplomanden zu verdanken ist, könnte auch Lesern oder Autoren von Lehrbüchern entfahren sein. Leider gab es in der ersten Auflage dieses Buches etliche typographische Fehler und einige inhaltliche Ungenauigkeiten, die dem Anspruch des Buches nicht angemessen sind. In der vorliegenden Neuauflage habe ich alle Fehler, die mir bekannt geworden sind, korrigiert und mich an einigen Stellen um eine klarere Darstellung bemüht. Mein herzlicher Dank gilt Klaus–Thomas Heß und Dietmar Hudak für ihre Hinweise.

Dresden, im Juli 1999 Klaus D. Schmidt

Inhaltsverzeichnis

Kapitel 1

Formale Logik

Die Mathematik ist ein Werkzeug, mit dessen Hilfe man aus bekannten Eigenschaften gegebener Objekte neue Eigenschaften dieser Objekte herleiten kann. Bei der Herleitung neuer Eigenschaften wird die Bedeutung der Objekte, also ihre Interpretation, nicht beachtet: Für den Nachweis, daß ein Optimierungsproblem eine eindeutige Lösung besitzt, ist es gleichgültig, ob die Zielfunktion den Gewinn einer Unternehmung oder den Nutzen eines Haushalts beschreibt. Die mathematische Schlußweise ist also formaler Natur.

Ein anderer Aspekt der Mathematik ist die axiomatische Methode. Dabei werden bestimmte Grundbegriffe betrachtet und mit Hilfe dieser Grundbegriffe bestimmte Grundsachverhalte formuliert. Diese Grundsachverhalte werden als Axiome bezeichnet. Die Axiome bilden die Grundlage für die Entwicklung einer mathematischen Theorie, die durch die Definition neuer Objekte und die Herleitung von Eigenschaften dieser Objekte entsteht.

In diesem Kapitel illustrieren wir die axiomatische Methode am Beispiel der natürlichen Zahlen (Abschnitt 1.1). Wir beschäftigen uns dann mit Aussagen und ihren Verknüpfungen (Abschnitt 1.2) und mit Quantoren (Abschnitt 1.3). Am Ende des Kapitels geben wir einen Überblick über die wichtigsten mathematischen Schlußweisen (Abschnitt 1.4).

1.1 Die Axiome von Peano

Der italienische Mathematiker Peano hat für die *natürlichen Zahlen* mit Hilfe der Grundbegriffe 1 und *Nachfolger* die folgenden Axiome formuliert:

$(\mathbf{P_1})$ 1 ist eine natürliche Zahl.

$(\mathbf{P_2})$ Jede natürliche Zahl besitzt genau eine natürliche Zahl als Nachfolger.

$(\mathbf{P_3})$ 1 ist nicht Nachfolger einer natürlichen Zahl.

$(\mathbf{P_4})$ Verschiedene natürliche Zahlen haben verschiedene Nachfolger.

$(\mathbf{P_5})$ Eine Eigenschaft der 1, die mit einer beliebigen natürlichen Zahl auch ihrem Nachfolger zukommt, kommt jeder natürlichen Zahl zu.

Wir bezeichnen den Nachfolger einer natürlichen Zahl n mit $N(n)$ und definieren sukzessive

$$
\begin{aligned}
2 &:= N(1) \\
3 &:= N(2) \\
4 &:= N(3) \\
5 &:= N(4) \\
6 &:= N(5) \\
&\cdots
\end{aligned}
$$

Wir erhalten so die Menge $\mathbf{N} := \{1, 2, 3, 4, 5, 6, \ldots\}$ der natürlichen Zahlen.

Für die natürlichen Zahlen definieren wir die *Addition* durch

$$
\begin{aligned}
n + 1 &:= N(n) \\
n + N(m) &:= N(n + m)
\end{aligned}
$$

und erhalten die Additionstabelle

$$
\begin{aligned}
1 + 1 &= N(1) = 2 \\
1 + 2 &= 1 + N(1) = N(1 + 1) = N(2) = 3 \\
1 + 3 &= 1 + N(2) = N(1 + 2) = N(3) = 4 \\
2 + 1 &= N(2) = 3 \\
2 + 2 &= 2 + N(1) = N(2 + 1) = N(3) = 4 \\
2 + 3 &= 2 + N(2) = N(2 + 2) = N(4) = 5 \\
3 + 1 &= N(3) = 4 \\
3 + 2 &= 3 + N(1) = N(3 + 1) = N(4) = 5 \\
&\cdots
\end{aligned}
$$

Mit Hilfe der Addition definieren wir in analoger Weise die *Multiplikation* durch

$$
\begin{aligned}
n \cdot 1 &:= n \\
n \cdot N(m) &:= n + n \cdot m
\end{aligned}
$$

Wir setzen fest, daß die Multiplikation stets vor der Addition ausgeführt wird, und erhalten die Multiplikationstabelle

$$
\begin{aligned}
1 \cdot 1 &= 1 \\
1 \cdot 2 &= 1 \cdot N(1) = 1 + 1 \cdot 1 = 1 + 1 = 2 \\
1 \cdot 3 &= 1 \cdot N(2) = 1 + 1 \cdot 2 = 1 + 2 = 3 \\
2 \cdot 1 &= 2 \\
2 \cdot 2 &= 2 \cdot N(1) = 2 + 2 \cdot 1 = 2 + 2 = 4 \\
2 \cdot 3 &= 2 \cdot N(2) = 2 + 2 \cdot 2 = 2 + 4 = 6 \\
3 \cdot 1 &= 3 \\
3 \cdot 2 &= 3 \cdot N(1) = 3 + 3 \cdot 1 = 3 + 3 = 6 \\
&\cdots
\end{aligned}
$$

Die Gleichungen für die Addition legen die Vermutung nahe, daß *für alle* natürlichen Zahlen m und n die Identität

$$m + n = n + m$$

gilt. Nun besitzt aber jede natürliche Zahl einen Nachfolger, der von ihr verschieden ist; daher gibt es unendlich viele natürliche Zahlen und folglich auch unendlich viele Gleichungen für die Addition. Man wird also mit der Niederschrift der Additionstabelle und mit der Überprüfung der Vermutung niemals fertig; man muß daher einen anderen Weg finden, um die Vermutung zu beweisen. (Entsprechendes gilt für die Multiplikation.)

Wir sehen am Beispiel der natürlichen Zahlen, wie, ausgehend von Axiomen,
- durch *neue Definitionen* die Sprache der Mathematik erweitert wird,
- aus Axiomen, Definitionen und bekannten Aussagen *neue Aussagen* gewonnen werden und
- aus speziellen Aussagen *Vermutungen* über allgemeine Aussagen entstehen, die noch zu beweisen sind.

Wir befassen uns im folgenden mit den *Regeln* des mathematischen Schließens.

1.2 Aussagenlogik

Im letzten Abschnitt ist bereits der Begriff der *Aussage* gefallen, den wir wie folgt präzisieren:

Eine *Aussage* beschreibt einen Sachverhalt, der entweder *wahr* oder *falsch* ist. Diese Definition einer Aussage enthält zwei Prinzipien:
- *Das Prinzip vom ausgeschlossenen Dritten*: Für eine Aussage sind außer *wahr* und *falsch* keine weiteren *Wahrheitswerte* zugelassen.
- *Das Prinzip vom ausgeschlossenen Widerspruch*: Für eine Aussage sind die Werte *wahr* und *falsch* nicht gleichzeitig zugelassen.

Wegen des ersten Prinzips spricht man auch von *zweiwertiger Logik* – im Gegensatz etwa zur *Fuzzy-Logik*, in der Aussagen mehr als zwei Wahrheitswerte annehmen können.

Beispiele.   Nicht jede der folgenden Beschreibungen eines Sachverhalts ist eine Aussage:
(1) *Die Konjunktur ist nicht schlecht.*
(2) *Alle Kreter sind Lügner.*
(3) *Morgen ist Samstag.*
(4) *Morgen regnet es in Dresden.*
(5) | *Der einzige Satz in diesem Rechteck ist falsch.* |
(6) *Der Umsatz ist gleich dem Produkt aus Absatz und Preis.*
(7) *Die Fixkosten steigen mit dem Ausnutzungsgrad der Produktionsanlagen.*

Durch Verknüpfungen von Aussagen können neue Aussagen gewonnen werden. Formal wird eine Verknüpfung von Aussagen durch eine *Wahrheitstafel* definiert, die die Wahrheitswerte der neuen Aussage in Abhängigkeit von den Wahrheitswerten der alten Aussagen festlegt.

Für eine Aussage bezeichnen wir den Wahrheitswert *wahr* mit w oder mit 1 und den Wahrheitswert *falsch* mit f oder mit 0. Wir betrachten im folgenden die wichtigsten Verknüpfungen von Aussagen:

Negation

Eine Aussage C heißt *Negation* der Aussage A, falls C genau dann wahr ist, wenn A falsch ist. Die Negation von A wird mit

$$\overline{A}$$

oder mit $\neg A$ bezeichnet und durch die Wahrheitstafel

A	$\overline{A}$
w	f
f	w

definiert.

Beispiel.

$$
\begin{aligned}
A &:= \textit{Produkt P wird auf Maschine 1 bearbeitet} \\
\overline{A} &= \textit{Produkt P wird nicht auf Maschine 1 bearbeitet}
\end{aligned}
$$

Obwohl sich die Negation einer Aussage nur auf eine einzige Aussage bezieht, wird auch die Negation als eine Verknüpfung von Aussagen bezeichnet.

Konjunktion

Eine Aussage C heißt *Konjunktion* der Aussagen A und B, falls C genau dann wahr ist, wenn A wahr ist *und* B wahr ist. Die Konjunktion von A und B wird mit

$$A \wedge B$$

bezeichnet und durch die Wahrheitstafel

A	B	$A \wedge B$
w	w	w
w	f	f
f	w	f
f	f	f

definiert. Die Wahrheitstafeln der Konjunktionen $A \wedge B$ und $B \wedge A$ sind offenbar identisch.

Beispiel.

$$A \quad := \quad \textit{Produkt } P \textit{ wird auf Maschine 1 bearbeitet.}$$
$$B \quad := \quad \textit{Produkt } P \textit{ wird auf Maschine 2 bearbeitet.}$$
$$A \wedge B \quad = \quad \textit{Produkt } P \textit{ wird auf Maschine 1 und auf Maschine 2 bearbeitet.}$$
$$\overline{A} \wedge B \quad = \quad \textit{Produkt } P \textit{ wird nicht auf Maschine 1, aber auf Maschine 2 bearbeitet.}$$
$$\overline{A} \wedge \overline{B} \quad = \quad \textit{Produkt } P \textit{ wird weder auf Maschine 1 noch auf Maschine 2 bearbeitet.}$$

Wir sind hier stillschweigend davon ausgegangen, daß die Negation stärker bindet als die Konjunktion, also vor der Konjunktion ausgeführt wird.

Disjunktion

Eine Aussage C heißt *Disjunktion* der Aussagen A und B, falls C genau dann wahr ist, wenn A wahr ist *oder* B wahr ist (*oder* A wahr ist und B wahr ist). Das bedeutet gerade, daß C genau dann falsch ist, wenn A falsch ist *und* B falsch ist. Die Disjunktion von A und B wird mit

$$A \vee B$$

bezeichnet und durch die Wahrheitstafel

A	B	$A \vee B$
w	w	w
w	f	w
f	w	w
f	f	f

definiert. Die Wahrheitstafeln der Disjunktionen $A \vee B$ und $B \vee A$ sind offenbar identisch.

Beispiel.

$$A \quad := \quad \textit{Produkt } P \textit{ wird auf Maschine 1 bearbeitet.}$$
$$B \quad := \quad \textit{Produkt } P \textit{ wird auf Maschine 2 bearbeitet.}$$
$$A \vee B \quad = \quad \textit{Produkt } P \textit{ wird auf Maschine 1 oder auf Maschine 2 (oder auf beiden Maschinen) bearbeitet.}$$
$$\overline{A} \vee \overline{B} \quad = \quad \textit{Produkt } P \textit{ wird auf höchstens einer der Maschinen 1 und 2 bearbeitet.}$$

Wir sind hier stillschweigend davon ausgegangen, daß die Negation stärker bindet als die Disjunktion, also vor der Disjunktion ausgeführt wird.

Implikation

Eine Aussage C heißt *Implikation* von A nach B, falls C genau dann wahr ist, wenn A wahr ist und B wahr ist oder aber A falsch ist. Das bedeutet gerade, daß C genau dann wahr ist, wenn A falsch ist oder B wahr ist. Die Implikation von A nach B wird mit

$$A \Rightarrow B$$

bezeichnet und durch die Wahrheitstafel

A	B	$A \Rightarrow B$
w	w	w
w	f	f
f	w	w
f	f	w

definiert.

Beispiel.

$$
\begin{aligned}
A \quad &:= \quad \textit{Produkt P wird auf Maschine 1 bearbeitet.} \\
B \quad &:= \quad \textit{Produkt P wird auf Maschine 2 bearbeitet.} \\
A \Rightarrow B \quad &= \quad \textit{Wenn Produkt P auf Maschine 1 bearbeitet wird,} \\
&\qquad \textit{dann wird es auch auf Maschine 2 bearbeitet.} \\
A \Rightarrow \overline{B} \quad &= \quad \textit{Wenn Produkt P auf Maschine 1 bearbeitet wird,} \\
&\qquad \textit{dann wird es nicht auf Maschine 2 bearbeitet.}
\end{aligned}
$$

Wir sind hier stillschweigend davon ausgegangen, daß die Negation stärker bindet als die Implikation, also vor der Implikation ausgeführt wird.

Äquivalenz

Eine Aussage C heißt *Äquivalenz* von A und B, falls C genau dann wahr ist, wenn A wahr ist und B wahr ist oder aber A falsch ist und B falsch ist. Die Äquivalenz von A und B wird mit

$$A \Leftrightarrow B$$

bezeichnet und durch die Wahrheitstafel

A	B	$A \Leftrightarrow B$
w	w	w
w	f	f
f	w	f
f	f	w

definiert. Die Wahrheitstafeln der Äquivalenzen $A \Leftrightarrow B$ und $B \Leftrightarrow A$ sind offenbar identisch.

Beispiel.

$$
\begin{aligned}
A \;\; &:= \;\; \textit{Produkt P wird auf Maschine 1 bearbeitet.} \\
B \;\; &:= \;\; \textit{Produkt P wird auf Maschine 2 bearbeitet.} \\
A \Leftrightarrow B \;\; &= \;\; \textit{Produkt P wird genau dann auf Maschine 1 bearbeitet,} \\
& \qquad \textit{wenn es auf Maschine 2 bearbeitet wird.} \\
A \Leftrightarrow \overline{B} \;\; &= \;\; \textit{Produkt P wird genau dann auf Maschine 1 bearbeitet,} \\
& \qquad \textit{wenn es nicht auf Maschine 2 bearbeitet wird.}
\end{aligned}
$$

Wir sind hier stillschweigend davon ausgegangen, daß die Negation stärker bindet als die Äquivalenz, also vor der Äquivalenz ausgeführt wird.

Tautologie

Eine Aussage heißt *Tautologie*, wenn sie stets wahr ist.

Beispiel. Die Aussage

$$
\overline{A} \vee B \;\; \Longleftrightarrow \;\; (A \Rightarrow B)
$$

ist eine Tautologie.
In der Tat: Es gilt

A	B	$\overline{A}$	$\overline{A} \vee B$	$A \Rightarrow B$	$\overline{A} \vee B \Longleftrightarrow (A \Rightarrow B)$
w	w	f	w	w	w
w	f	f	f	f	w
f	w	w	w	w	w
f	f	w	w	w	w

Daher ist $\overline{A} \vee B \Longleftrightarrow (A \Rightarrow B)$ eine Tautologie.

Wir geben einige weitere wichtige Tautologien an:

Beispiele. Jede der folgenden Aussagen ist eine Tautologie:
(1) **Gesetz vom ausgeschlossenen Dritten:**

$$
A \vee \overline{A}
$$

(2) **Gesetz von der doppelten Verneinung:**

$$
A \;\; \Longleftrightarrow \;\; \overline{\overline{A}}
$$

(3) **Kommutativ–Gesetze:**

$$
\begin{aligned}
A \wedge B \;\; &\Longleftrightarrow \;\; B \wedge A \\
A \vee B \;\; &\Longleftrightarrow \;\; B \vee A \\
(A \Leftrightarrow B) \;\; &\Longleftrightarrow \;\; (B \Leftrightarrow A)
\end{aligned}
$$

(4) **Assoziativ–Gesetze:**

$$A \wedge (B \wedge C) \iff (A \wedge B) \wedge C$$
$$A \vee (B \vee C) \iff (A \vee B) \vee C$$
$$(A \Leftrightarrow (B \Leftrightarrow C)) \iff ((A \Leftrightarrow B) \Leftrightarrow C)$$

(5) **Distributiv–Gesetze:**

$$A \wedge (B \vee C) \iff (A \wedge B) \vee (A \wedge C)$$
$$A \vee (B \wedge C) \iff (A \vee B) \wedge (A \vee C)$$

(6) **Gesetze von DeMorgan:**

$$\overline{A \wedge B} \iff \overline{A} \vee \overline{B}$$
$$\overline{A \vee B} \iff \overline{A} \wedge \overline{B}$$

Schließlich bilden Tautologien auch die Grundlage für die meisten der mathematischen Beweismethoden, die wir im letzten Abschnitt dieses Kapitels behandeln:

Beispiele.   Jede der folgenden Aussagen ist eine Tautologie:
(1) **Beweis einer Implikation:**

$$(A \Rightarrow B) \wedge (B \Rightarrow C) \implies (A \Rightarrow C)$$
$$(A \Leftrightarrow B_1 \vee B_2) \wedge (B_1 \Rightarrow C) \wedge (B_2 \Rightarrow C) \implies (A \Rightarrow C)$$
$$(\overline{C} \Rightarrow \overline{A}) \iff (A \Rightarrow C)$$

(2) **Beweis einer Äquivalenz:**

$$(A \Rightarrow C) \wedge (C \Rightarrow A) \iff (A \Leftrightarrow C)$$
$$(A \Leftrightarrow B) \wedge (B \Leftrightarrow C) \iff (A \Leftrightarrow C)$$
$$(\overline{C} \Leftrightarrow \overline{A}) \iff (A \Leftrightarrow C)$$

Die Klammern dienen zur Festlegung der Reihenfolge, in der die Verknüpfungen von Aussagen ausgeführt werden sollen. Um die Anzahl der Klammern zu verringern, verwendet man jedoch folgende Konventionen, die in den obigen Beispielen bereits verwendet worden sind:
- Die Negation bindet stärker als Konjunktion, Disjunktion, Implikation und Äquivalenz.
- Die Konjunktion bindet stärker als Implikation und Äquivalenz.
- Die Disjunktion bindet stärker als Implikation und Äquivalenz.

Zur Festlegung der Reihenfolge, in der Konjunktionen und Disjunktionen bzw. Implikationen und Äquivalenzen ausgeführt werden sollen, sind jedoch stets Klammern zu setzen.

Kontradiktion

Eine Aussage heißt *Kontradiktion*, wenn sie stets falsch ist.

Beispiel. Jede der Aussagen ist

$$A \wedge \overline{A}$$

und

$$A \iff \overline{A}$$

ist eine Kontradiktion

Ein abschließendes Beispiel

Wir illustrieren die Verknüpfungen von Aussagen an einem abschließenden Beispiel:

Beispiel. In einem Gefängnis sitzen drei Freunde:
- Der erste hat zwei Augen,
- der zweite eins und
- der dritte keins.

Der Gefängnisdirektor erklärt den drei Häftlingen, er habe fünf Hüte, von denen
- drei weiß und
- zwei blau

sind. Er setzt jedem der Häftlinge einen der Hüte auf, sodaß die Häftlinge die Farbe ihres eigenen Hutes nicht sehen können. Nun geschieht folgendes:
- Zuerst verspricht der Gefängnisdirektor dem Sehenden die Freiheit, wenn er die Farbe seines Hutes angeben kann. Der Sehende erklärt, daß er dies nicht kann.
- Sodann verspricht der Gefängnisdirektor dem Einäugigen die Freiheit, wenn er die Farbe seines Hutes angeben kann. Der Einäugige erklärt ebenfalls, daß er dies nicht kann.
- Den Blinden will der Gefängnisdirektor gar nicht erst fragen. Auf dessen Bitten hin willigt er jedoch schließlich ein, die gleiche Bedingung auch für ihn gelten zu lassen.

Der Blinde sagt daraufhin:

> *Was ich von meinen Freunden weiß,*
> *das läßt mich sehen ganz genau*
> *auch ohne Augen: mein Hut ist ...*

Wie lautet das letzte Wort des Blinden? Zur Beantwortung dieser Frage betrachten wir die Aussagen

$$A \ := \ \textit{Der Hut des Sehenden ist weiß.}$$
$$B \ := \ \textit{Der Hut des Einäugigen ist weiß.}$$
$$C \ := \ \textit{Der Hut des Blinden ist weiß.}$$

Wir können die Aussagen des Gefängnisdirektors und der Häftlinge als Verknüpfungen dieser Aussagen darstellen:
- Die Aussage des Gefängnisdirektors ist

$$A \vee B \vee C$$

(wenn keiner der Häftlinge einen weißen Hut trüge, dann müßten mindestens drei der Hüte blau sein).
- Die Aussage des Sehenden ist

$$B \vee C$$

(wenn der Einäugige und der Blinde einen blauen Hut trügen, dann müßte aufgrund der Aussage des Gefängnisdirektors der Hut des Sehenden weiß sein).
- Die Aussage des Einäugigen ist

$$C$$

(wenn der Blinde einen blauen Hut trüge, dann müßte aufgrund der Aussage des Sehenden der Hut des Einäugigen weiß sein).
Nun ist aber die Implikation

$$(A \vee B \vee C) \wedge (B \vee C) \wedge C \Longrightarrow C$$

eine Tautologie. Der Blinde schließt also aus den Aussagen des Gefängnisdirektors und seiner Freunde, daß sein Hut weiß ist.

1.3   Quantoren

Konjunktionen und Disjunktionen sind als Verknüpfungen zweier Aussagen definiert. Wir erweitern die Definition der Konjunktion und der Disjunktion nun auf *beliebige* Familien von Aussagen. Grundlage dieser Erweiterung ist die folgende Überlegung:

Sind A_1, A_2, A_3 Aussagen, so besitzen die Aussagen

$$(A_1 \wedge A_2) \wedge A_3$$

und

$$A_1 \wedge (A_2 \wedge A_3)$$

dieselbe Wahrheitstafel; dies ist gerade das Assoziativ–Gesetz für die Konjunktion. Wir lassen daher die Klammern weg und schreiben in beiden Fällen

$$A_1 \wedge A_2 \wedge A_3$$

Entsprechendes gilt, wenn alle Konjunktionen durch Disjunktionen ersetzt werden.

Wir betrachten nun eine Familie $\{A_i\}_{i \in I}$ von Aussagen, wobei I eine beliebige Indexmenge ist. Gelegentlich schreiben wir auch

$$A(i)$$

anstelle von A_i.

Konjunktion

Eine Aussage C heißt *Konjunktion* der Aussagen A_i, $i \in I$, falls C genau dann wahr ist, wenn A_i *für alle* $i \in I$ wahr ist. Die Konjunktion der Aussagen A_i wird mit

$$\bigwedge_{i \in I} A_i$$

oder mit

$$\forall_{i \in I} A_i$$

bezeichnet. Die Symbole $\bigwedge$ und $\forall$ heißen *Allquantor*; die entsprechenden Aussagen werden auch als *Allaussagen* bezeichnet.

Beispiel. Sei $\mathbf{N}$ die Menge der natürlichen Zahlen. Für alle $n \in \mathbf{N}$ setzen wir

$$A_n \quad := \quad \textit{Die Zahl n hat einen Nachfolger.}$$

Die Konjunktion dieser Aussagen ist

$$\bigwedge_{n \in \mathbf{N}} A_n \quad = \quad \textit{Jede natürliche Zahl hat einen Nachfolger.}$$

Dies ist gerade eines der Axiome von Peano.

Disjunktion

Eine Aussage C heißt *Disjunktion* der Aussagen A_i, $i \in I$, falls C genau dann wahr ist, wenn A_i *für mindestens ein* $i \in I$ wahr ist. Die Disjunktion der Aussagen A_i wird mit

$$\bigvee_{i \in I} A_i$$

oder mit

$$\exists_{i \in I} A_i$$

bezeichnet. Die Symbole $\bigvee$ und $\exists$ heißen *Existenzquantor*; die entsprechenden Aussagen werden auch als *Existenzaussagen* bezeichnet.

Beispiel. Sei M die Menge aller Musiker eines Orchesters. Für alle $m \in M$ setzen wir

$$A_m \ := \ \textit{Musiker m spielt falsch.}$$

Die Disjunktion dieser Aussagen ist

$$\bigvee_{m \in M} A_m \ = \ \textit{Einer spielt falsch.}$$

Die Disjunktion ist wahr, wenn genau einer, mehrere, oder sogar alle Musiker falsch spielen.

Die Gesetze von DeMorgan

Die *Gesetze von DeMorgan* gelten auch für Konjunktionen und Disjunktionen von Familien von Aussagen:

$$\overline{\bigwedge_{i \in I} A_i} \iff \bigvee_{i \in I} \overline{A_i}$$

$$\overline{\bigvee_{i \in I} A_i} \iff \bigwedge_{i \in I} \overline{A_i}$$

Da die Indexmenge I beliebig ist, können wir diese allgemeine Form der Gesetze von DeMorgan nicht mit Hilfe einer Wahrheitstafel beweisen. Wir verwenden statt dessen die Tautologie

$$(A \Leftrightarrow C) \iff (A \Rightarrow C) \wedge (C \Rightarrow A)$$

und beweisen jede der Implikationen mit Hilfe der Definitionen von Negation, Konjunktion, und Disjunktion. Für das erste Gesetz von DeMorgan ergibt sich folgender Beweis:
- Wenn $\overline{\bigwedge_{i \in I} A_i}$ wahr ist, dann ist $\bigwedge_{i \in I} A_i$ falsch und daher mindestens ein A_i falsch; dann ist aber mindestens ein $\overline{A_i}$ wahr und daher $\bigvee_{i \in I} \overline{A_i}$ wahr.
- Wenn $\bigvee_{i \in I} \overline{A_i}$ wahr ist, dann ist mindestens ein $\overline{A_i}$ wahr und daher mindestens ein A_i falsch; dann ist aber $\bigwedge_{i \in I} A_i$ falsch und daher $\overline{\bigwedge_{i \in I} A_i}$ wahr.

Das zweite Gesetz von DeMorgan beweist man analog.

1.4   Mathematische Schlußweisen

Wir geben im folgenden einen Überblick über die wichtigsten mathematischen Schlußweisen, die zum Beweis oder zur Widerlegung einer mathematischen Aussage verwendet werden.

Beweis durch Ausrechnen

Eine Aussage über die Gültigkeit einer Gleichung oder Ungleichung kann man oft durch Ausrechnen beweisen.

Beispiel. Wir betrachten folgende Aussage:

Für alle reellen Zahlen x gilt $x^4 + x^2 - 6x + 12 \geq 3$.

Durch Umformung erhalten wir mit Hilfe des binomischen Satzes

$$\begin{aligned}
x^4 + x^2 - 6x + 12 &= x^4 + (x^2 - 6x + 9) + 3 \\
&= x^4 + (x - 3)^2 + 3 \\
&\geq 3
\end{aligned}$$

Die Aussage ist damit bewiesen.

Widerlegung durch Angabe eines Gegenbeispiels

Um eine Allaussage zu widerlegen, genügt es, ein Gegenbeispiel anzugeben. Den logischen Hintergrund bildet die Tautologie

$$\overline{\bigwedge_{x \in X} A(x)} \iff \bigvee_{x \in X} \overline{A(x)}$$

Dies ist das erste Gesetz von DeMorgan.

Beispiel. Wir betrachten folgende Aussage:

Für alle reellen Zahlen x gilt $(1 + x)^3 \geq 1 + 3x$.

Es gilt

$$\begin{aligned}
(1 + x)^3 &= 1 + 3x + 3x^2 + x^3 \\
&= 1 + 3x + (3 + x)\,x^2
\end{aligned}$$

Die Ungleichung ist daher falsch für alle $x < -3$, also beispielsweise für $x = -4$. Die Aussage ist damit widerlegt.

Implikation: Beweis durch schrittweise Reduktion

Den logischen Hintergrund bildet die Tautologie

$$(A \Rightarrow B_1) \wedge \left(\bigwedge_{k=1}^{n-1} (B_k \Rightarrow B_{k+1}) \right) \wedge (B_n \Rightarrow C) \implies (A \Rightarrow C)$$

wobei die Aussagen $B_1, \ldots, B_n$ geeignet zu wählen sind.

Beispiel. Wir betrachten folgende Aussage:

Für alle reellen Zahlen a, b gilt

$$a \neq b \implies a^2 + b^2 > 2ab$$

In der Tat: Aufgrund des binomischen Satzes gilt

$$
\begin{aligned}
a \neq b \;\Longrightarrow\;& a - b \neq 0 \\
\Longrightarrow\;& (a-b)^2 > 0 \\
\Longrightarrow\;& a^2 - 2ab + b^2 > 0 \\
\Longrightarrow\;& a^2 + b^2 > 2ab
\end{aligned}
$$

Wir haben also die Tautologie

$$
(A \Rightarrow B_1) \wedge \Big((B_1 \Rightarrow B_2) \wedge (B_2 \Rightarrow B_3)\Big) \wedge (B_3 \Rightarrow C) \;\Longrightarrow\; (A \Rightarrow C)
$$

verwendet.

Implikation: Beweis durch Fallunterscheidung

Den logischen Hintergrund bildet die Tautologie

$$
\left(A \Leftrightarrow \bigvee_{k=1}^{n} B_k\right) \wedge \left(\bigwedge_{k=1}^{n} (B_k \Rightarrow C)\right) \;\Longrightarrow\; (A \Rightarrow C)
$$

wobei die Aussagen $B_1, \ldots, B_n$ geeignet zu wählen sind.

Beispiel. Wir betrachten folgende Aussage:

Für alle reellen Zahlen x gilt

$$
x \neq 0 \;\Longrightarrow\; \frac{|x+1|}{x} \geq \frac{|x-1|}{x}
$$

In der Tat: Es gilt

$$
x \neq 0 \;\Longleftrightarrow\; (x < 0) \vee (x > 0)
$$

sowie

$$
\begin{aligned}
x < 0 \;\Longrightarrow\;& |x+1| \leq |x-1| \\
\Longrightarrow\;& \frac{|x+1|}{x} \geq \frac{|x-1|}{x}
\end{aligned}
$$

und

$$
\begin{aligned}
x > 0 \;\Longrightarrow\;& |x+1| \geq |x-1| \\
\Longrightarrow\;& \frac{|x+1|}{x} \geq \frac{|x-1|}{x}
\end{aligned}
$$

Daher gilt

$$
x \neq 0 \;\Longrightarrow\; \frac{|x+1|}{x} \geq \frac{|x-1|}{x}
$$

Wir haben also die Tautologie

$$
\Big(A \Leftrightarrow B_1 \vee B_2\Big) \wedge \Big((B_1 \Rightarrow C) \wedge (B_2 \Rightarrow C)\Big) \;\Longrightarrow\; (A \Rightarrow C)
$$

verwendet.

Implikation: Beweis durch Widerspruch

Den logischen Hintergrund bildet die Tautologie

$$(A \Rightarrow C) \iff (\overline{C} \Rightarrow \overline{A})$$

Der Beweis durch Widerspruch wird auch als *indirekter Beweis* bezeichnet.

Beispiel. Wir betrachten folgende Aussage:

> *Für jede natürliche Zahl n gilt*
>
> *n^2 ist eine gerade Zahl $\implies$ n ist eine gerade Zahl*

Zum Beweis dieser Aussage zeigen wir, daß die folgende Aussage wahr ist:

> *Für jede natürliche Zahl n gilt*
>
> *n ist eine ungerade Zahl $\implies$ n^2 ist eine ungerade Zahl*

In der Tat: Eine natürliche Zahl n ist genau dann ungerade, wenn es eine natürliche Zahl k gibt mit $n = 2k - 1$. Wir unterscheiden die Fälle $n = 1$ und $n \geq 3$, also $k = 1$ und $k \geq 2$.
- Im Fall $k = 1$ gilt $n = 1$ und damit $n^2 = 1$, sodaß auch n^2 ungerade ist.
- Im Fall $k \geq 2$ ist $k^2 + (k-1)^2$ eine natürliche Zahl und es gilt

$$\begin{aligned}
n = 2k - 1 \ &\implies\ n^2 = (2k - 1)^2 \\
&\implies\ n^2 = 4k^2 - 4k + 1 \\
&\implies\ n^2 = 2\left(k^2 + k^2 - 2k + 1\right) - 1 \\
&\implies\ n^2 = 2\left(k^2 + (k-1)^2\right) - 1
\end{aligned}$$

sodaß auch n^2 ungerade ist.
Damit ist die Aussage bewiesen.

Äquivalenz: Beweis der beiden Implikationen

Den logischen Hintergrund bildet die Tautologie

$$(A \Leftrightarrow C) \iff (A \Rightarrow C) \wedge (C \Rightarrow A)$$

Für jede der beiden Implikationen einer Äquivalenz können die Methoden
- Beweis durch schrittweise Reduktion
- Beweis durch Fallunterscheidung
- Beweis durch Widerspruch
angewendet werden.

Beispiel. Wir betrachten die Aussage

Für jede natürliche Zahl n gilt

$$n \text{ ist eine gerade Zahl} \iff n^2 \text{ ist eine gerade Zahl}$$

In der Tat: Eine natürliche Zahl n ist genau dann gerade, wenn es eine natürliche Zahl $k \in \mathbf{N}$ gibt mit $n = 2k$.

– Ist n gerade, so gibt es eine natürliche Zahl k mit $n = 2k$ und es gilt

$$n = 2k \implies n^2 = (2k)^2 = 4k^2 = 2(2k^2)$$

sodaß auch n^2 eine gerade Zahl ist.

– Ist n ungerade, so ist nach dem vorangehenden Beispiel auch n^2 ungerade.

Damit ist die Aussage bewiesen. Wir haben die zweite Implikation der Tautologie

$$(A \Leftrightarrow C) \iff (A \Rightarrow C) \wedge (C \Rightarrow A)$$

durch Widerspruch bewiesen.

Äquivalenz: Beweis durch schrittweise Umformung

Den logischen Hintergrund bildet die Tautologie

$$(A \Leftrightarrow B_1) \wedge \left(\bigwedge_{k=1}^{n-1} (B_k \Leftrightarrow B_{k+1}) \right) \wedge (B_n \Leftrightarrow C) \implies (A \Leftrightarrow C)$$

wobei die Aussagen $B_1, \ldots, B_n$ geeignet zu wählen sind.

Beispiel. Wir betrachten die Aussage

Für jede reelle Zahl x gilt

$$x^2 - 6x + 9 = 0 \iff x = 3$$

In der Tat: Es gilt

$$x^2 - 6x + 9 = 0 \iff (x - 3)^2 = 0$$
$$\iff x = 3$$

Wir haben also die Tautologie

$$(A \Leftrightarrow B_1) \wedge (B_1 \Leftrightarrow C) \implies (A \Leftrightarrow C)$$

verwendet.

Äquivalenz: Beweis der Äquivalenz der Negationen

Den logischen Hintergrund bildet die Tautologie

$$(A \Leftrightarrow B) \iff (\overline{A} \Leftrightarrow \overline{B})$$

Diese Beweismethode ist verwandt mit dem Beweis durch Widerspruch für die Implikation.

Beispiel. Wir betrachten folgende Aussage:

Für jede natürliche Zahl n gilt

$$n \text{ ist eine ungerade Zahl} \iff n^2 \text{ ist eine ungerade Zahl}$$

Diese Aussage ist äquivalent mit der Aussage

Für jede natürliche Zahl n gilt

$$n \text{ ist eine gerade Zahl} \iff n^2 \text{ ist eine gerade Zahl}$$

Dieses Ergebnis ist aber bereits bekannt.

Beweis durch vollständige Induktion

Wir betrachten eine Allaussage der Form

$$\forall_{n \in \mathbf{N}} \, A(n)$$

- Ist die Allaussage falsch, so kann man sie dadurch widerlegen, daß man zeigt, daß die Aussage $A(n)$ für ein spezielles $n \in \mathbf{N}$ falsch ist.
- Ist die Allaussage wahr, so kann man sie nach dem *Prinzip der vollständigen Induktion* beweisen.

Das Prinzip der vollständigen Induktion besteht aus zwei Schritten:
- *Induktionsanfang*: Man zeigt zunächst, daß die Aussage

$$A(1)$$

wahr ist.
- *Induktionsschluß*: Man zeigt sodann, daß die Konjunktion

$$\forall_{n \in \mathbf{N}} \Big(A(n) \Rightarrow A(n{+}1) \Big)$$

wahr ist; dazu genügt es zu zeigen, daß die Implikation

$$A(n) \implies A(n{+}1)$$

für jedes $n \in \mathbf{N}$ wahr ist.
Ist beides gezeigt, dann ist auch die Allaussage

$$\forall_{n \in \mathbf{N}} \, A(n)$$

wahr; dies folgt aus dem Axiom $(\mathbf{P_5})$ von Peano.

Beispiel.   Wir betrachten folgende Allaussage:

Für alle $n \in \mathbf{N}$ gilt

$$\sum_{k=1}^{n} (2k-1) \;=\; n^2$$

Wir beweisen die Allaussage durch vollständige Induktion:
- *Induktionsanfang $n = 1$*: Wir zeigen die Gültigkeit der Aussage $A(1)$, also

$$\sum_{k=1}^{1} (2k-1) \;=\; 1^2$$

Dies ist aber offensichtlich.
- *Induktionsschluß $n \mapsto n+1$*: Wir nehmen an, daß die Aussage $A(n)$ gilt, und zeigen, daß dann auch die Aussage $A(n+1)$ gilt; wir leiten also aus der Gleichung

$$\sum_{k=1}^{n} (2k-1) \;=\; n^2$$

die Gleichung

$$\sum_{k=1}^{n+1} (2k-1) \;=\; (n+1)^2$$

her.
In der Tat: Es gilt

$$
\begin{aligned}
\sum_{k=1}^{n+1} (2k-1) \;&=\; \sum_{k=1}^{n} (2k-1) + \Big(2(n+1) - 1 \Big) \\
&=\; n^2 + \Big(2(n+1) - 1 \Big) \\
&=\; n^2 + 2n + 1 \\
&=\; (n+1)^2
\end{aligned}
$$

Damit ist gezeigt, daß die Gleichung für alle $n \in \mathbf{N}$ gilt.

Beispiel (Ungleichung von Bernoulli).   Wir betrachten folgende Allaussage:

Sei x eine reelle Zahl mit $x > -1$. Dann gilt für alle $n \in \mathbf{N}$

$$(1+x)^n \;\geq\; 1 + nx$$

Wir beweisen die Allaussage durch vollständige Induktion:
- *Induktionsanfang $n = 1$*: Es gilt

$$1 + x \;\geq\; 1 + x$$

– *Induktionsschluß* $n \mapsto n + 1$: Es gilt

$$
\begin{aligned}
(1 + x)^{n+1} &= (1 + x)^n \, (1 + x) \\
&\geq (1 + nx) \, (1 + x) \\
&= 1 + nx + x + nx^2 \\
&\geq 1 + (n+1) \, x
\end{aligned}
$$

Damit ist gezeigt, daß die Ungleichung für alle $n \in \mathbf{N}$ gilt.

Das Prinzip der vollständigen Induktion läßt sich wie folgt verallgemeinern:
Wenn es ein $n_0 \in \mathbf{N}$ gibt, sodaß
– $A(n_0)$ gilt und
– für alle $n \in \mathbf{N}$ mit $n \geq n_0$ die Implikation $A(n) \Rightarrow A(n+1)$ gilt,
dann gilt $A(n)$ für alle $n \in \mathbf{N}$ mit $n \geq n_0$. Die natürliche Zahl n_0 tritt hier an die Stelle der 1 in der ursprünglichen Formulierung des Prinzips der vollständigen Induktion.

Beispiel. Wir wollen alle $n \in \mathbf{N}$ bestimmen, für die die Ungleichung

$$
2^n \geq n^2
$$

gilt.
(1) Wir behaupten zunächst:

Die Ungleichung $2^n \geq n^2$ gilt für alle $n \in \mathbf{N}$.

Wir versuchen, die Behauptung durch vollständige Induktion zu beweisen:
– *Induktionsanfang* $n = 1$: Es gilt

$$
2^1 \geq 1^2
$$

– *Induktionsschluß* $n \mapsto n + 1$: Es gilt

$$
\begin{aligned}
2^{n+1} &= 2 \cdot 2^n \\
&\geq 2 \cdot n^2
\end{aligned}
$$

und

$$
n^2 + 2n + 1 = (n + 1)^2
$$

Zu klären bleibt noch, ob auch die Ungleichung

$$
2 \cdot n^2 \geq n^2 + 2n + 1
$$

für alle $n \in \mathbf{N}$ gilt. Wir klären das Problem durch schrittweise Umformung:

$$
\begin{aligned}
2 \cdot n^2 \geq n^2 + 2n + 1 &\iff n^2 - 2n - 1 \geq 0 \\
&\iff n^2 - 2n + 1 \geq 2 \\
&\iff (n - 1)^2 \geq 2 \\
&\iff n \geq 3
\end{aligned}
$$

Also gilt für alle $n \in \mathbf{N}$ mit $n \geq 3$

$$
\begin{aligned}
2^{n+1} &\geq 2 \cdot n^2 \\
&\geq n^2 + 2n + 1 \\
&= (n+1)^2
\end{aligned}
$$

Die Gültigkeit der Implikation

$$
2^n \geq n^2 \implies 2^{n+1} \geq (n+1)^2
$$

ist daher nur für alle $n \in \mathbf{N}$ mit $n \geq 3$ gezeigt.
Der Induktionsbeweis ist damit gescheitert.

(2) Wir schwächen unsere ursprüngliche Behauptung ab:

Die Ungleichung $2^n \geq n^2$ gilt für alle $n \in \mathbf{N}$ mit $n \geq 3$.

Diese Behauptung ist aber falsch, denn es gilt

$$
2^3 < 3^2
$$

(3) Wir schwächen unsere ursprüngliche Behauptung weiter ab:

Die Ungleichung $2^n \geq n^2$ gilt für alle $n \in \mathbf{N}$ mit $n \geq 4$.

Wir beweisen die Behauptung durch vollständige Induktion:
- *Induktionsanfang $n = 4$:* Es gilt

$$
2^4 \geq 4^2
$$

- *Induktionsschluß $n \mapsto n+1$:* Für alle $n \in \mathbf{N}$ mit $n \geq 4$ gilt

$$
\begin{aligned}
2^{n+1} &= 2 \cdot 2^n \\
&\geq 2 \cdot n^2 \\
&\geq n^2 + 2n + 1 \\
&= (n+1)^2
\end{aligned}
$$

Daher gilt die Ungleichung

$$
2^n \geq n^2
$$

für alle $n \in \mathbf{N}$ mit $n \geq 4$.
Aus (1) und (3) folgt, daß die Ungleichung

$$
2^n \geq n^2
$$

für alle $n \in \mathbf{N}$ mit $n \neq 3$ gilt.

Eine abschließende Bemerkung

Die hier behandelten mathematischen Schlußweisen sind Bausteine für Beweise. In vielen Fällen müssen mehrere Schlußweisen kombiniert werden, um die Gültigkeit einer mathematischen Aussage zu beweisen oder zu widerlegen.

Kapitel 2

Mengenlehre

Die Sprache der Mathematik ist geprägt von den Begriffen der Mengenlehre: Menge, Element, Abbildung. Die Begriffe und die Symbolik der Mengenlehre gestatten, zusammen mit der Formalen Logik, die präzise Formulierung mathematischer Aussagen.

In diesem Kapitel geben wir einen systematischen Aufbau der Mengenlehre. Wir betrachten zunächst Mengen und ihre Elemente (Abschnitt 2.1) und die Verknüpfungen von Mengen (Abschnitt 2.2). Wir betrachten dann Relationen (Abschnitt 2.3) und Abbildungen (Abschnitt 2.4).

2.1 Mengen und ihre Elemente

Die folgende Definition einer Menge und ihrer Elemente geht auf Cantor zurück:

(C_1) Eine *Menge* ist die Zusammenfassung bestimmter, wohlunterschiedener Objekte zu einem Ganzen.

(C_2) Die zu einer Menge zusammengefaßten Objekte heißen *Elemente* der Menge.

Eine Menge kann aus endlich vielen oder aus unendlich vielen Elementen bestehen; es ist auch möglich, daß sie überhaupt kein Element enthält.

Zur Beschreibung einer Menge gibt es zwei Möglichkeiten:

- Beschreibung einer endlichen Menge durch Angabe ihrer Elemente:

$$A \; := \; \{\text{rot, gelb, grün}\}$$
$$B \; := \; \{\text{CDU, SPD, B–90/Grüne, CSU, FDP, PDS}\}$$

Die Elemente werden also als Liste in geschweiften Klammern notiert; auf die Reihenfolge kommt es dabei nicht an.

– Beschreibung einer beliebigen Menge durch Angabe einer Eigenschaft ihrer
Elemente:

$$\begin{aligned}
A \ &:= \ \textit{Die Menge aller Farben einer Verkehrsampel} \\
B \ &:= \ \textit{Die Menge aller Parteien im Bundestag} \\
C \ &:= \ \textit{Die Menge aller Städte, die an der Elbe liegen} \\
D \ &:= \ \textit{Die Menge aller geraden Zahlen} \\
E \ &:= \ \textit{Die Menge aller Quadratzahlen}
\end{aligned}$$

Die Beschreibung einer Menge durch Angabe ihrer Elemente ist nur dann sinnvoll, wenn die Menge nur wenige Elemente enthält; in allen anderen Fällen
beschreibt man eine Menge durch Angabe einer Eigenschaft ihrer Elemente.

Elemente

Ist ein Objekt ω Element einer Menge A, so schreibt man

$$\omega \in A$$

Ist ω nicht Element von A, so schreibt man $\omega \notin A$.

Beispiel. Sei

$$A \ := \ \textit{Die Menge aller Städte, die an der Elbe liegen}$$

Dann gilt

$$\begin{aligned}
\text{Dresden} \ &\in \ A \\
\text{Glückstadt} \ &\in \ A \\
\text{Hamburg} \ &\in \ A \\
\text{Leipzig} \ &\notin \ A
\end{aligned}$$

Teilmengen

Eine Menge A heißt *Teilmenge* einer Menge B, falls jedes Element von A auch
Element von B ist; in diesem Fall schreibt man

$$A \subseteq B$$

Die Aussage $A \subseteq B$ wird als *Inklusion* bezeichnet. Es gilt

$$A \subseteq B \ \Longleftrightarrow \ \forall_{\omega} \ \omega \in A \Rightarrow \omega \in B$$

Ist A nicht Teilmenge von B, so schreibt man $A \nsubseteq B$.

Beispiel.   Sei

$$
\begin{aligned}
A &:= \{\text{Dresden, Hamburg}\}\\
B &:= \textit{Die Menge aller Städte, die an der Elbe liegen}\\
\omega &:= \text{Glückstadt}
\end{aligned}
$$

Dann gilt

$$
\begin{aligned}
A &\subseteq B\\
\{\omega\} &\subseteq B\\
\{\omega\} &\not\subseteq A
\end{aligned}
$$

Die Aussagen $\omega \in A$ und $\{\omega\} \subseteq A$ sind inhaltlich gleichwertig; formal besteht jedoch ein Unterschied, da ω ein Element ist, während $\{\omega\}$ eine Menge ist.

Identische Mengen

Zwei Mengen A und B heißen *identisch*, falls sie dieselben Elemente besitzen; in diesem Fall schreibt man

$$
A = B
$$

Die Aussage $A = B$ wird als *Identität* bezeichnet. Es gilt

$$
A = B \quad\Longleftrightarrow\quad \forall_\omega \; \omega \in A \Leftrightarrow \omega \in B
$$

sowie

$$
A = B \quad\Longleftrightarrow\quad A \subseteq B \wedge B \subseteq A
$$

Sind A und B nicht identisch, so schreibt man $A \neq B$.

Beispiel.   Sei

$$
\begin{aligned}
A &:= \{\text{rot, gelb, grün}\}\\
B &:= \{\text{grün, gelb, rot}\}\\
C &:= \{\text{gelb}\}
\end{aligned}
$$

Dann gilt

$$
\begin{aligned}
A &= B\\
A &\neq C\\
B &\neq C
\end{aligned}
$$

Die leere Menge

Eine Menge heißt *leere Menge*, falls sie kein Element enthält. Die leere Menge wird durch

$$\{\,\}$$

oder durch das Symbol

$$\emptyset$$

bezeichnet. Offenbar ist die leere Menge Teilmenge jeder Menge.

Beispiel. Sei

$$A \;:=\; \textit{Die Menge aller Städte, die an der Elbe und am Rhein liegen}$$
$$B \;:=\; \textit{Die Menge aller Städte, die an der Elbe liegen}$$

Dann gilt

$$A \;=\; \emptyset$$
$$A \;\subseteq\; B$$
$$\emptyset \;\subseteq\; B$$

Die Potenzmenge

Die Menge aller Teilmengen einer Menge Ω heißt *Potenzmenge* von Ω und wird mit

$$2^{\Omega}$$

oder mit $\mathcal{P}(\Omega)$ bezeichnet.

Beispiel. Sei

$$\Omega \;:=\; \{a, b, c\}$$

Dann gilt

$$2^{\Omega} \;=\; \Big\{\{\,\}, \{a\}, \{b\}, \{c\}, \{a,b\}, \{a,c\}, \{b,c\}, \{a,b,c\}\Big\}$$
$$=\; \Big\{\emptyset, \{a\}, \{b\}, \{c\}, \{a,b\}, \{a,c\}, \{b,c\}, \Omega\Big\}$$

Hier besteht Ω aus 3 Elementen und die Potenzmenge 2^{Ω} enthält $8 = 2^3$ Elemente.

Satz. *Eine Menge mit n Elementen besitzt genau 2^n Teilmengen.*

Der Satz erklärt die Bezeichnung 2^{Ω} für die Potenzmenge einer Menge Ω.

2.2   Mengenalgebra

In Analogie zu den im letzten Kapitel betrachteten Verknüpfungen von Aussagen betrachten wir nun Verknüpfungen von Mengen.

Die Grundmenge

Bei der Betrachtung mehrerer Mengen ist es zweckmäßig, eine feste *Grundmenge*

$$\Omega$$

zugrundezulegen.

Komplement

Für $A \subseteq \Omega$ heißt die Menge

$$\overline{A} \ := \ \{\omega \in \Omega \mid \omega \notin A\}$$

das *Komplement* von A. Es gilt

$$\overline{\overline{A}} \ = \ A$$

sowie

$$\overline{\Omega} \ = \ \emptyset$$
$$\overline{\emptyset} \ = \ \Omega$$

Beispiele.
(1) Sei

$$\Omega \ := \ \{1,2,3,4,5,6,7,8\}$$
$$A \ := \ \{1,2,4,8\}$$

Dann gilt

$$\overline{A} \ = \ \{3,5,6,7\}$$

(2) Sei

$$\Omega \ := \ \{1,2,3,4,5,6,7,8,9\}$$
$$A \ := \ \{1,2,4,8\}$$

Dann gilt

$$\overline{A} \ = \ \{3,5,6,7,9\}$$

Die Beispiele zeigen, daß das Komplement einer Menge von der Wahl der Grundmenge abhängt.

Durchschnitt

Für $A, B \subseteq \Omega$ heißt die Menge

$$A \cap B \;:=\; \{\omega \in \Omega \mid \omega \in A \wedge \omega \in B\}$$

der *Durchschnitt* von A und B. Die Mengen A und B heißen *disjunkt*, falls

$$A \cap B \;=\; \emptyset$$

gilt. Offenbar sind für jede Wahl von $A \subseteq \Omega$ die Mengen A und $\overline{A}$ disjunkt.

Beispiel. Sei

$$
\begin{aligned}
\Omega &:= \{1,2,3,4,5,6,7,8,9\} \\
A &:= \{1,4,8\} \\
B &:= \{1,4,9\} \\
C &:= \{9\}
\end{aligned}
$$

Dann gilt

$$
\begin{aligned}
A \cap B &= \{1,4\} \\
A \cap C &= \emptyset \\
B \cap C &= \{9\}
\end{aligned}
$$

Insbesondere sind die Mengen A und C disjunkt.

Vereinigung

Für $A, B \subseteq \Omega$ heißt die Menge

$$A \cup B \;:=\; \{\omega \in \Omega \mid \omega \in A \vee \omega \in B\}$$

die *Vereinigung* von A und B. Sind A und B disjunkt, so schreibt man auch

$$A + B \;:=\; A \cup B$$

Die Mengen A und B heißen *komplementär*, falls

$$
\begin{aligned}
A \cap B &= \emptyset \\
A \cup B &= \Omega
\end{aligned}
$$

gilt; diese Bedingung ist offenbar gleichwertig mit $A = \overline{B}$ und mit $\overline{A} = B$.

Beispiel. Sei

$$\begin{aligned}
\Omega &:= \{1,2,3,4,5,6,7,8,9\} \\
A &:= \{1,4,8\} \\
B &:= \{1,4,9\} \\
C &:= \{9\} \\
D &:= \{2,3,5,6,7,9\}
\end{aligned}$$

Dann gilt

$$\begin{aligned}
A \cup B &= \{1,4,8,9\} \\
A + C &= \{1,4,8,9\} \\
A + D &= \Omega \\
B \cup C &= B \\
B \cup D &= \{1,2,3,4,5,6,7,9\} \\
C \cup D &= D
\end{aligned}$$

Die Mengen A und C sind disjunkt aber nicht komplementär, die Mengen A und D sind komplementär (also auch disjunkt), und die Mengen B und D sind nicht disjunkt (also auch nicht komplementär).

Offensichtlich bestehen weitgehende Analogien zwischen Aussagenlogik und Mengenalgebra. Die folgende Tabelle faßt diese Analogien zusammen:

Aussagenlogik		Mengenalgebra	
Negation	$\overline{A}$	Komplement	$\overline{A}$
Konjunktion	$A \wedge B$	Durchschnitt	$A \cap B$
Disjunktion	$A \vee B$	Vereinigung	$A \cup B$
Implikation	$A \Rightarrow B$	Inklusion	$A \subseteq B$
Äquivalenz	$A \Leftrightarrow B$	Identität	$A = B$
Tautologie		Grundmenge	Ω
Kontradiktion		Leere Menge	$\emptyset$

Diese Analogien sind nicht überraschend, wenn man bedenkt, daß Verknüpfungen von Mengen durch Verknüpfungen von Aussagen definiert werden.

Satz. *Jeder Tautologie der Aussagenlogik entspricht eine Identität der Mengenalgebra.*

Beispiele. Es gelten die folgenden Identitäten:
(1) **Kommutativ-Gesetze:**

$$\begin{aligned}
A \cap B &= B \cap A \\
A \cup B &= B \cup A
\end{aligned}$$

(2) **Assoziativ–Gesetze:**

$$A \cap (B \cap C) \; = \; (A \cap B) \cap C$$
$$A \cup (B \cup C) \; = \; (A \cup B) \cup C$$

(3) **Distributiv–Gesetze:**

$$A \cap (B \cup C) \; = \; (A \cap B) \cup (A \cap C)$$
$$A \cup (B \cap C) \; = \; (A \cup B) \cap (A \cup C)$$

(4) **Gesetze von DeMorgan:**

$$\overline{A \cap B} \; = \; \overline{A} \cup \overline{B}$$
$$\overline{A \cup B} \; = \; \overline{A} \cap \overline{B}$$

In allen Fällen erhält man die Identität für Mengen entweder aus der entsprechenden Tautologie für Aussagen oder durch den Nachweis der beiden Inklusionen.

Mit Hilfe der Verknüpfungen Komplement, Durchschnitt und Vereinigung definieren wir nun zwei weitere Verknüpfungen von Mengen, die vor allem der Vereinfachung der Notation dienen:

Differenz

Für $A, B \subseteq \Omega$ heißt die Menge

$$A \setminus B \; := A \cap \overline{B}$$

die *Differenz* von A und B oder das *relative Komplement* von B in A. Das relative Komplement von B in A besteht also aus allen Elementen von Ω, die zu A gehören, aber nicht zu B gehören; dabei wird *nicht* vorausgesetzt, daß B eine Teilmenge von A ist. Offenbar gilt $\Omega \setminus B = \overline{B}$.

Beispiel.   Sei

$$\Omega \; := \; \{1, 2, 3, 4, 5, 6, 7, 8, 9\}$$
$$A \; := \; \{2, 4, 6, 8\}$$
$$B \; := \; \{3, 6, 9\}$$

Dann gilt

$$A \setminus B \; = \; \{2, 4, 8\}$$
$$B \setminus A \; = \; \{3, 9\}$$

Das Beispiel zeigt, daß die Differenzen $A \setminus B$ und $B \setminus A$ im allgemeinen verschieden sind.

Symmetrische Differenz

Für $A, B \subseteq \Omega$ heißt die Menge

$$A \,\triangle\, B \;:=\; (A \setminus B) + (B \setminus A)$$

die *symmetrische Differenz* von A und B. Es gilt

$$A \,\triangle\, B \;=\; (A \cup B) \setminus (A \cap B)$$

Die symmetrische Differenz von A und B besteht also aus allen Elementen von Ω, die zu genau einer der Mengen A und B gehören.

Beispiel. Sei

$$
\begin{aligned}
\Omega &:= \{1,2,3,4,5,6,7,8,9\} \\
A &:= \{2,4,6,8\} \\
B &:= \{3,6,9\}
\end{aligned}
$$

Dann gilt

$$
\begin{aligned}
A \cup B &= \{2,3,4,6,8,9\} \\
A \cap B &= \{6\} \\
A \,\triangle\, B &= \{2,3,4,8,9\}
\end{aligned}
$$

Für die symmetrische Differenz gilt das Kommutativ–Gesetz

$$A \,\triangle\, B \;=\; B \,\triangle\, A$$

und das Assoziativ–Gesetz

$$A \,\triangle\, (B \,\triangle\, C) \;=\; (A \,\triangle\, B) \,\triangle\, C$$

Der Beweis dieser Identitäten erfolgt durch den Beweis der beiden Inklusionen.

Familien von Mengen

Analog zur Konjunktion und Disjunktion von Aussagen lassen sich Durchschnitt und Vereinigung von zwei Mengen auf beliebige Familien von Mengen erweitern.

Sei I eine beliebige Indexmenge und $\{A_i\}_{i \in I}$ eine Familie von Teilmengen von Ω. Dann heißen die Mengen

$$\bigcap_{i \in I} A_i \;:=\; \{\omega \in \Omega \mid \forall_{i \in I}\; \omega \in A_i\}$$

bzw.

$$\bigcup_{i \in I} A_i \; := \; \{\omega \in \Omega \mid \exists_{i \in I} \, \omega \in A_i\}$$

der *Durchschnitt* bzw. die *Vereinigung* der Familie $\{A_i\}_{i \in I}$. Es gelten wieder die *Gesetze von DeMorgan*:

$$\overline{\bigcap_{i \in I} A_i} \; = \; \bigcup_{i \in I} \overline{A_i}$$
$$\overline{\bigcup_{i \in I} A_i} \; = \; \bigcap_{i \in I} \overline{A_i}$$

Eine Familie $\{A_i\}_{i \in I}$ von Teilmengen von Ω heißt *(paarweise) disjunkt*, falls

$$A_i \cap A_j \; = \; \emptyset$$

für alle $i, j \in I$ mit $i \neq j$ gilt.

2.3 Relationen

In vielen Fällen ist es sinnvoll, (geordnete) Paare (x, y) von Elementen $x \in X$ und $y \in Y$ zweier Mengen X und Y zu betrachten.

Kartesisches Produkt

Sind X und Y beliebige Mengen, so heißt die Menge

$$X \times Y \; := \; \{(x, y) \mid x \in X \wedge y \in Y\}$$

aller *(geordneten) Paare* (x, y) mit $x \in X$ und $y \in Y$ das *kartesische Produkt* der Mengen X und Y.

Im Fall $X \neq Y$ gilt $X \times Y \neq Y \times X$:

Beispiel. Sei

$$X \; := \; \{1, 2, 3\}$$
$$Y \; := \; \{a, b\}$$

Dann gilt

$$X \times Y \; = \; \{(1, a), (1, b), (2, a), (2, b), (3, a), (3, b)\}$$

und

$$Y \times X \; = \; \{(a, 1), (a, 2), (a, 3), (b, 1), (b, 2), (b, 3)\}$$

Das Beispiel zeigt, daß die kartesischen Produkte $X \times Y$ und $Y \times X$ im allgemeinen verschieden sind.

Die Definition des kartesischen Produkts läßt sich wie folgt verallgemeinern:
Sind $X_1, X_2, \ldots, X_n$ beliebige Mengen, so heißt die Menge

$$\underset{i=1}{\overset{n}{\times}} X_i \; := \; \{(x_1, x_2, \ldots, x_n) \mid \forall_{i=1}^{n} \; x_i \in X_i\}$$

aller (*geordneten*) n-*Tupel* $(x_1, x_2, \ldots, x_n)$ mit $x_i \in X_i$ für alle $i \in \{1, 2, \ldots, n\}$ das *kartesische Produkt* von $X_1, X_2, \ldots, X_n$.

Ist schließlich $\{X_n\}_{n \in \mathbf{N}}$ ein Folge von Mengen, so heißt die Menge

$$\underset{n \in \mathbf{N}}{\times} X_n \; := \; \{\{x_n\}_{n \in \mathbf{N}} \mid \forall_{n \in \mathbf{N}} \; x_n \in X_n\}$$

aller Folgen $\{x_n\}_{n \in \mathbf{N}}$ mit $x_n \in X_n$ für alle $n \in \mathbf{N}$ das *kartesische Produkt* der Folge $\{X_n\}_{n \in \mathbf{N}}$.

Die Bezeichnung *kartesisches Produkt* erinnert an den französischen Philosophen und Mathematiker Descartes.

Relationen

Sind X und Y beliebige Mengen, so heißt jede Teilmenge $R \subseteq X \times Y$ *Relation* von X nach Y. Insbesondere ist das kartesische Produkt $X \times Y$ eine Relation von X nach Y.

Lieferbeziehungen

Vier Lieferanten l_1, l_2, l_3, l_4 beliefern drei Einzelhändler e_1, e_2, e_3. Dabei bestehen folgende Lieferbeziehungen:
- *Lieferant l_1 liefert an Einzelhändler e_2 und e_3.*
- *Lieferant l_2 liefert an Einzelhändler e_1 und e_3.*
- *Lieferant l_3 liefert an Einzelhändler e_2.*
- *Lieferant l_4 liefert an Einzelhändler e_1, e_2 und e_3.*
Die Menge der Lieferanten und die Menge der Einzelhändler sind dann

$$L \; := \; \{l_1, l_2, l_3, l_4\}$$
$$E \; := \; \{e_1, e_2, e_3\}$$

Die Lieferbeziehungen lassen sich durch die Relation

$$R \; := \; \Big\{(l_1, e_2), (l_1, e_3), (l_2, e_1), (l_2, e_3), (l_3, e_2), (l_4, e_1), (l_4, e_2), (l_4, e_3)\Big\}$$

beschreiben.

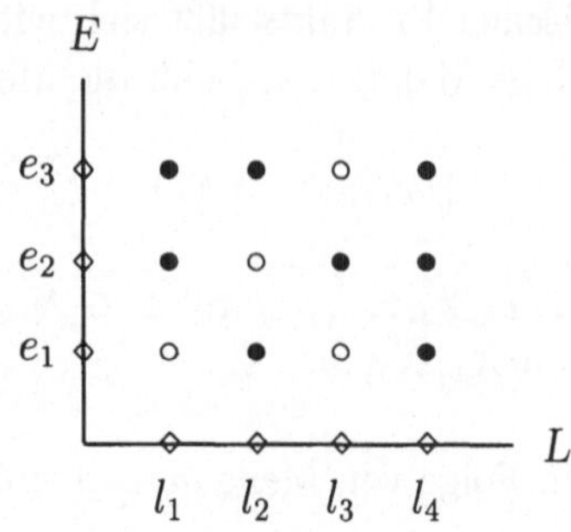

Eigenschaften von Relationen auf einer Menge

Von besonderem Interesse sind Relationen $R \subseteq X \times X$. Wir definieren im folgenden einige Eigenschaften, die eine Relation $R \subseteq X \times X$ besitzen kann:

Eine Relation $R \subseteq X \times X$ heißt
- *reflexiv*, falls für alle $x \in X$

$$(x, x) \in R$$

gilt.
- *transitiv*, falls für alle $x, y, z \in X$

$$(x, y) \in R \wedge (y, z) \in R \implies (x, z) \in R$$

gilt.
- *symmetrisch*, falls für alle $x, y \in X$

$$(x, y) \in R \implies (y, x) \in R$$

gilt.
- *antisymmetrisch*, falls für alle $x, y \in X$

$$(x, y) \in R \wedge (y, x) \in R \implies x = y$$

gilt.
- *vollständig*, falls für alle $x, y \in X$

$$(x, y) \in R \vee (y, x) \in R$$

gilt.
Offenbar ist jede vollständige Relation reflexiv.

Die wichtigsten Relationen erfüllen gleichzeitig mehrere dieser Eigenschaften.

Äquivalenzrelation

Eine Relation $R \subseteq X \times X$ heißt *Äquivalenzrelation* auf X, falls sie
- reflexiv,
- transitiv, und
- symmetrisch

ist. In diesem Fall schreibt man

$$a \;\approx\; b$$

anstelle von $(a, b) \in R$ und sagt, a und b seien *äquivalent*.

Beispiel. Sei $X := \{a, b, c, d, e\}$ und $R \subseteq X \times X$ gegeben durch

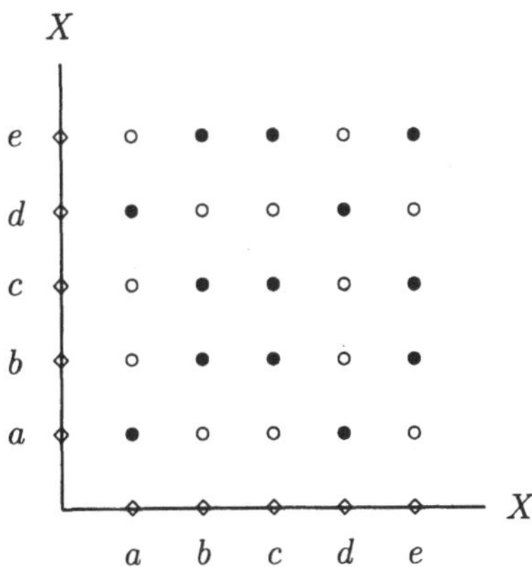

Dann ist R eine Äquivalenzrelation mit folgenden Eigenschaften:
- $a \approx d$.
- $b \approx c \approx e$.

Ist $R \subseteq X \times X$ eine Äquivalenzrelation, so heißt für $x \in X$ die Menge

$$[x] \;:=\; \{y \in X \mid x \approx y\}$$

die *Äquivalenzklasse* zu x. Offenbar gilt $x \in [x]$ und $[x] \subseteq X$. Die Äquivalenzklassen einer Äquivalenzrelation besitzen folgende Eigenschaften:
- Jedes Element von X gehört zu genau einer Äquivalenzklasse.
- Die Äquivalenzklassen verschiedener Elemente können identisch sein.
- Je zwei Äquivalenzklassen sind entweder identisch oder disjunkt.

Beispiel (Fortsetzung). Im vorher betrachteten Beispiel gilt:

$$\begin{aligned}
[a] &= \{a, d\} \\
[b] &= \{b, c, e\}
\end{aligned}$$

sowie $[a] = [d]$, $[b] = [c] = [e]$, und $[a] + [b] = X$. Die Äquivalenzklassen erkennt man leicht durch Umsortieren:

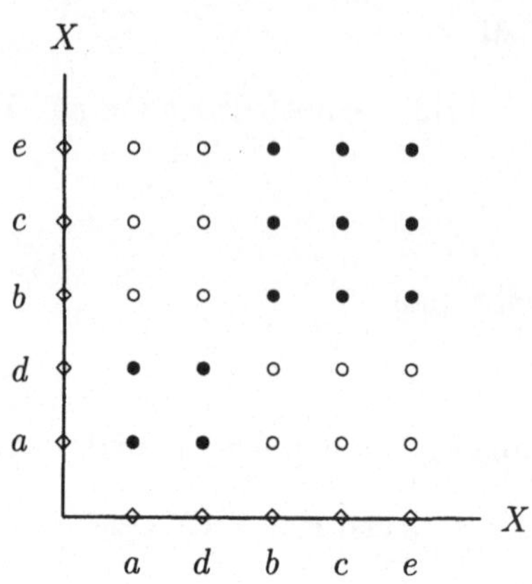

Ordnungsrelation

Eine Relation $R \subseteq X \times X$ heißt *Ordnungsrelation* auf X, falls sie
- reflexiv,
- transitiv, und
- antisymmetrisch

ist. In diesem Fall schreibt man

$$a \;\leq\; b$$

anstelle von $(a, b) \in R$ und sagt, a sei *kleiner gleich* b.

Beispiel. Sei $X := \{a, b, c, d, e\}$ und $R \subseteq X \times X$ gegeben durch

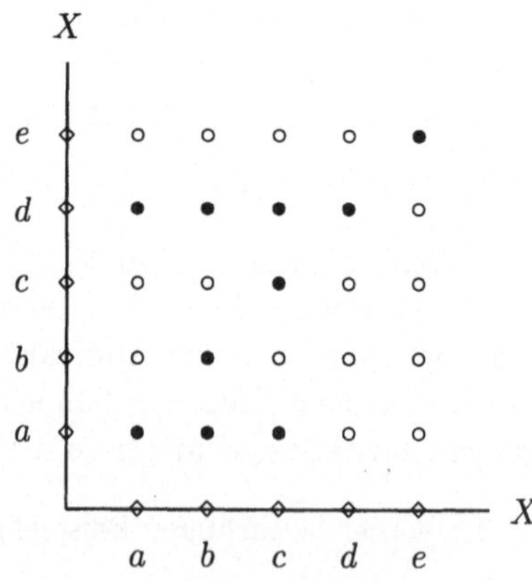

Dann ist R eine Ordnungsrelation mit folgenden Eigenschaften:
- $b \leq a$, $c \leq a$, und $a \leq d$.
- b und c sind nicht vergleichbar.
- e ist mit keinem der anderen Elemente vergleichbar.

Präferenzrelation

Eine Relation $R \subseteq X \times X$ heißt *Präferenzrelation* auf X, falls sie
- reflexiv,
- transitiv, und
- vollständig

ist. In diesem Fall schreibt man

$$a \preceq b$$

anstelle von $(a, b) \in R$ und sagt, a sei *höchstens so gut* wie b.

Bemerkung. Da jede vollständige Relation reflexiv ist, kann man in der Definition der Präferenzrelation auf die Forderung der Reflexivität verzichten.

Beispiel. Sei $X := \{a, b, c, d, e\}$ und $R \subseteq X \times X$ gegeben durch

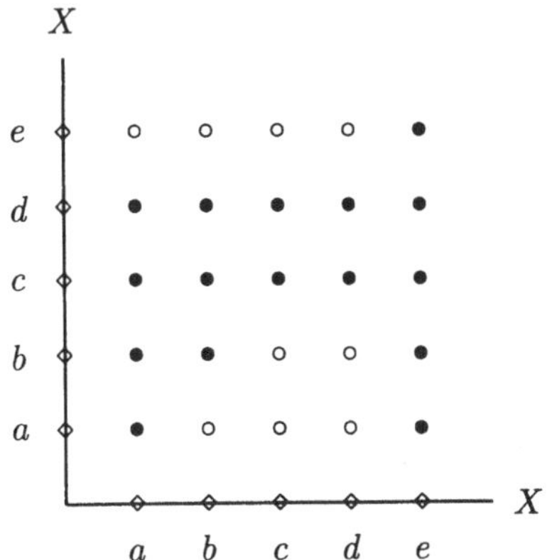

Dann ist R eine Präferenzrelation mit folgenden Eigenschaften:
- a ist höchstens so gut wie b.
- b ist höchstens so gut wie c.
- c und d sind gleich gut.
- e ist höchstens so gut wie a.

Bemerkung. Ist X eine endliche Menge, so lassen sich die meisten Eigenschaften einer Relation $R \subseteq X \times X$ anhand der graphischen Darstellung leicht erkennen:
- Die Relation R ist genau dann reflexiv, wenn alle Punkte auf der Diagonalen $\{(x, x) \mid x \in X\}$ schwarz sind.
- Die Relation R ist genau dann symmetrisch, wenn bei Spiegelung an der Diagonalen schwarze Punkte auf schwarze Punkte und weiße Punkte auf weiße Punkte fallen.

– Die Relation R ist genau dann antisymmetrisch, wenn bei Spiegelung an der Diagonalen jeder schwarze Punkt, der nicht auf der Diagonalen liegt, auf einen weißen Punkt trifft.

– Die Relation R ist genau dann vollständig, wenn nach Spiegelung an der Diagonalen alle Punkte oberhalb und auf bzw. unterhalb und auf der Diagonalen schwarz sind.

Die Transitivität von R läßt sich dagegen nicht durch eine einfache Regel überprüfen.

Nutzen von Güterbündeln

Sei X eine Menge von Güterbündeln. Jedem Güterbündel $x \in X$ werde eine reelle Zahl $u(x)$ zugeordnet, die als Nutzen von x interpretiert wird. Dann wird durch

$$R_\approx \;:=\; \{(x,y) \in X \times X \mid u(x) = u(y)\}$$

eine Äquivalenzrelation $R_\approx$ auf X und durch

$$R_\preceq \;:=\; \{(x,y) \in X \times X \mid u(x) \leq u(y)\}$$

eine Präferenzrelation $R_\preceq$ auf X definiert.

2.4 Abbildungen

Seien X und Y Mengen und f eine Vorschrift, die jedem Element aus X genau ein Element aus Y zuordnet. Dann heißt

– *f Abbildung* von X nach Y,
– *X Definitionsbereich* von f, und
– *Y Wertebereich* von f.

Zur Beschreibung einer Abbildung verwendet man folgende Notation:

$$\begin{aligned} f \;:\; X &\to Y \\ x &\mapsto f(x) \end{aligned}$$

Dabei bezeichnet $f(x)$ dasjenige Element von Y, das mittels f dem Element $x \in X$ zugeordnet wird.

Bemerkung. Wir unterscheiden stets zwischen der *Abbildung* f und dem *Wert* $f(x)$ der Abbildung f an der Stelle x.

Bild und Graph einer Abbildung

Sei $f : X \to Y$ eine Abbildung. Dann heißt die Menge

$$f(X) \; := \; \{y \in Y \mid \exists_{x \in X} \; f(x) = y\}$$

Bild von f, und die Menge

$$\mathrm{graph}(f) \; := \; \{(x, f(x)) \mid x \in X\}$$

heißt *Graph* von f. Während das Bild von f eine Teilmenge des Wertebereichs Y ist, ist der Graph von f eine Teilmenge des kartesischen Produktes $X \times Y$, und damit eine Relation von X nach Y.

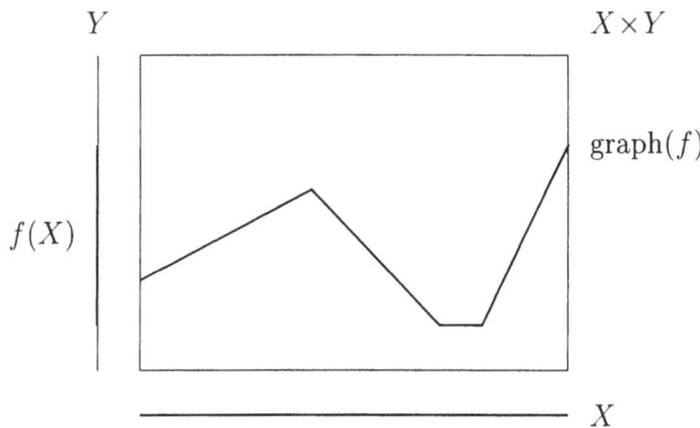

Der Graph einer Abbildung $f : X \to Y$ besitzt folgende Eigenschaften:
- $\forall_{x \in X} \; \exists_{y \in Y} \; (x, y) \in \mathrm{graph}(f)$
- $\forall_{x \in X} \; \forall_{y, y' \in Y} \; (x, y) \in \mathrm{graph}(f) \wedge (x, y') \in \mathrm{graph}(f) \implies y = y'$

Umgekehrt läßt sich jede Relation $R \subseteq X \times Y$ mit
- $\forall_{x \in X} \; \exists_{y \in Y} \; (x, y) \in R$
- $\forall_{x \in X} \; \forall_{y, y' \in Y} \; (x, y) \in R \wedge (x, y') \in R \implies y = y'$

als Graph einer Abbildung $f : X \to Y$ interpretieren.

Eigenschaften von Abbildungen

Eine Abbildung $f : X \to Y$ heißt
- *injektiv* oder *eineindeutig*, falls

$$\forall_{x, x' \in X} \; x \neq x' \implies f(x) \neq f(x')$$

  gilt.
- *surjektiv*, falls

$$f(X) = Y$$

  gilt.
- *bijektiv*, falls f injektiv und surjektiv ist.

Wir illustrieren diese Begriffe an einigen Beispielen:

Beispiele. Die Abbildung $f : X \to Y$ mit

ist surjektiv, aber *nicht* injektiv   ist injektiv, aber *nicht* surjektiv

ist *weder* injektiv *noch* surjektiv   ist bijektiv

Die Beispiele zeigen, daß es von der Wahl des Wertebereichs abhängt, ob eine Abbildung surjektiv oder sogar bijektiv ist.

Bild und Urbild einer Teilmenge

Sei $f : X \to Y$ eine Abbildung. Für $A \subseteq X$ heißt die Menge

$$f(A) \ := \ \{y \in Y \mid \exists_{x \in A} \ f(x) = y\}$$

Bild von A unter f; entsprechend heißt für $B \subseteq Y$ die Menge

$$f^{-1}(B) \ := \ \{x \in X \mid f(x) \in B\}$$

Urbild von B unter f. Es gilt stets $A \subseteq f^{-1}(f(A))$ und $f(f^{-1}(B)) \subseteq B$. Für $y \in Y$ setzen wir

$$f^{-1}(y) \ := \ \{x \in X \mid f(x) = y\}$$

Es gilt also $f^{-1}(y) = f^{-1}(\{y\})$; insbesondere ist $f^{-1}(y)$ eine Teilmenge von X.

Beispiele.
(1) Wir betrachten die Abbildung

$$f : \mathbf{N} \ \to \ \mathbf{N}$$
$$n \ \mapsto \ n^2$$

Dann gilt

$$f(\{1,2\}) \ = \ \{1,4\}$$
$$f^{-1}(\{1,2,3,4,5\}) \ = \ \{1,2\}$$

insbesondere also $f(f^{-1}(\{1,2,3,4,5\})) = f(\{1,2\}) = \{1,4\} \subseteq \{1,2,3,4,5\}$.

(2) Wir betrachten die Abbildung

$$f : \mathbf{N} \to \mathbf{N}$$
$$n \mapsto k \quad \text{falls } n = 2k - 1 \text{ oder } n = 2k$$

Dann gilt

$$f(\{1,4\}) = \{1,2\}$$
$$f^{-1}(\{1,2\}) = \{1,2,3,4\}$$

insbesondere also $\{1,4\} \subseteq \{1,2,3,4\} = f^{-1}(\{1,2\}) = f^{-1}(f(\{1,4\}))$.

Komposition

Sind $f : V \to W$ und $g : X \to Y$ Abbildungen mit $f(V) \subseteq X$, so wird durch

$$(g \circ f)(v) := g(f(v))$$

eine Abbildung $g \circ f : V \to Y$ definiert. Diese Abbildung heißt *Komposition* von f mit g.

Im Fall $g(X) \subseteq V$ kann man außer der Komposition

$$g \circ f : V \to Y$$

auch die Komposition

$$f \circ g : X \to W$$

betrachten. Die Abbildungen $g \circ f$ und $f \circ g$ sind im allgemeinen nicht identisch.

Beispiel. Wir bezeichnen die Menge aller reellen Zahlen mit $\mathbf{R}$ und betrachten die Abbildungen

$$f : \mathbf{R} \to \mathbf{R}$$
$$x \mapsto x^2$$

und

$$g : \mathbf{R} \to \mathbf{R}$$
$$x \mapsto x - 1$$

Dann gilt für alle $x \in \mathbf{R}$

$$(g \circ f)(x) = x^2 - 1$$
$$(f \circ g)(x) = (x - 1)^2$$

insbesondere also

$$(g \circ f)(0) \;=\; -1$$
$$(f \circ g)(0) \;=\; 1$$

und damit

$$g \circ f \;\neq\; f \circ g$$

Das Beispiel zeigt, daß für die Komposition von Abbildungen das *Kommutativ-Gesetz* $g \circ f = f \circ g$ im allgemeinen *nicht* gilt.

Sind $f : V \to W$, $g : X \to Y$ und $h : A \to B$ Abbildungen mit $f(V) \subseteq X$ und $g(X) \subseteq A$, so gilt für alle $v \in V$

$$
\begin{aligned}
(h \circ (g \circ f))(v) \;&=\; h((g \circ f)(v)) \\
&=\; h(g(f(v))) \\
&=\; (h \circ g)(f(v)) \\
&=\; ((h \circ g) \circ f)(v)
\end{aligned}
$$

Für die Komposition von Abbildungen gilt demnach das *Assoziativ–Gesetz*

$$h \circ (g \circ f) \;=\; (h \circ g) \circ f$$

Man kann also bei mehrfacher Komposition die Klammern beliebig setzen und daher weglassen.

Identität

Eine Abbildung $h : X \to X$ heißt *Identität* auf X, falls für alle $x \in X$

$$h(x) \;=\; x$$

gilt. Die Identität $X \to X$ ist eine bijektive Abbildung; sie wird mit

$$\mathrm{id}_X$$

bezeichnet.

Ist $f : X \to Y$ eine Abbildung, so gilt

$$
\begin{aligned}
\mathrm{id}_Y \circ f \;&=\; f \\
f \circ \mathrm{id}_X \;&=\; f
\end{aligned}
$$

Im Fall $X = Y$ gilt also $\mathrm{id}_X \circ f = f = f \circ \mathrm{id}_X$.

Umkehrabbildung

Ist $f : X \to Y$ bijektiv, so gibt es zu jedem $y \in Y$ genau ein $x \in X$ mit $f(x) = y$ und man schreibt

$$f^{-1}(y) \; := \; x$$

Die hierdurch definierte Abbildung $f^{-1} : Y \to X$ heißt *Umkehrabbildung* von f. Es gilt

$$f^{-1} \circ f \;=\; \mathrm{id}_X$$
$$f \circ f^{-1} \;=\; \mathrm{id}_Y$$

Im Fall $X = Y$ wird die Umkehrabbildung f^{-1} wegen $f^{-1} \circ f = \mathrm{id}_X = f \circ f^{-1}$ auch als *Inverse* von f bezeichnet.

Bemerkung.
- Für eine beliebige Abbildung $f : X \to Y$ ist das Urbild $f^{-1}(y)$ von $y \in Y$ eine Teilmenge des Definitionsbereichs von f.
- Für eine bijektive Abbildung $f : X \to Y$ ist das Bild von $y \in Y$ unter der Umkehrabbildung f^{-1} ein Element des Definitionsbereichs von f.

Trotz identischer Notation sind also für ein Element des Wertebereichs das Urbild unter einer beliebigen Abbildung und das Bild unter der Umkehrabbildung einer bijektiven Abbildung zu unterscheiden.

Zwei abschließende Beispiele

Die folgenden Beispiele illustrieren die Bedeutung des Wertebereichs für die Eigenschaften einer Abbildung.

Beispiele.   Wir bezeichnen mit $\mathbf{R}$ die Menge aller reellen Zahlen und mit $\mathbf{R}_+$ die Menge aller reellen Zahlen x mit $x \geq 0$.
(1)   Sei

$$
\begin{aligned}
f : \mathbf{R} &\to \mathbf{R}_+ \\
x &\mapsto x^2
\end{aligned}
$$

und

$$
\begin{aligned}
g : \mathbf{R}_+ &\to \mathbf{R}_+ \\
y &\mapsto \sqrt{y}
\end{aligned}
$$

Dann ist f surjektiv aber nicht injektiv, und g ist bijektiv mit

$$
\begin{aligned}
g^{-1} : \mathbf{R}_+ &\to \mathbf{R}_+ \\
z &\mapsto z^2
\end{aligned}
$$

Außerdem gilt $f(\mathbf{R}) = \mathbf{R}_+$ und $g(\mathbf{R}_+) = \mathbf{R}_+ \subseteq \mathbf{R}$. Die Abbildung

$$g \circ f \ : \ \mathbf{R} \ \to \ \mathbf{R}_+$$
$$x \ \mapsto \ |x|$$

ist surjektiv aber nicht injektiv, und die Abbildung

$$f \circ g \ : \ \mathbf{R}_+ \ \to \ \mathbf{R}_+$$
$$x \ \mapsto \ x$$

ist bijektiv; es gilt sogar $f \circ g = \mathrm{id}_{\mathbf{R}_+}$. Die Kompositionen $g \circ f$ und $f \circ g$ sind also verschieden.

(2) Sei

$$f \ : \ \mathbf{R} \ \to \ \mathbf{R}_+$$
$$x \ \mapsto \ x^2$$

und

$$h \ : \ \mathbf{R}_+ \ \to \ \mathbf{R}$$
$$y \ \mapsto \ \sqrt{y}$$

Dann ist f surjektiv aber nicht injektiv, und h ist injektiv aber nicht surjektiv. Außerdem gilt $f(\mathbf{R}) = \mathbf{R}_+$ und $h(\mathbf{R}_+) = \mathbf{R}_+ \subseteq \mathbf{R}$. Die Abbildung

$$h \circ f \ : \ \mathbf{R} \ \to \ \mathbf{R}$$
$$x \ \mapsto \ |x|$$

ist weder injektiv noch surjektiv, und die Abbildung

$$f \circ h \ : \ \mathbf{R}_+ \ \to \ \mathbf{R}_+$$
$$x \ \mapsto \ x$$

ist bijektiv; es gilt sogar $f \circ h = \mathrm{id}_{\mathbf{R}_+}$. Die Kompositionen $h \circ f$ und $f \circ h$ sind also verschieden. Bemerkenswert ist, daß $f \circ h$ bijektiv ist, obwohl weder f noch h bijektiv ist.

Die beiden Beispiele unterscheiden sich ausschließlich darin, daß die Abbildungen g und h verschiedene Wertebereiche besitzen; daraus ergeben sich die unterschiedlichen Eigenschaften dieser Abbildungen und der Kompositionen $g \circ f$ und $h \circ f$.

Bemerkung. Abbildungen werden auch als *Funktionen* bezeichnet; dementsprechend bezeichnet man die Umkehrabbildung auch als *Umkehrfunktion*. Andererseits wird der Begriff *Funktion* häufig nur für solche Abbildungen verwendet, deren Wertebereich die Menge der reellen (oder der komplexen) Zahlen ist.

Kapitel 3

Zahlen

In der Mathematik unterscheidet man verschiedene Arten von Zahlen, die zu Mengen von Zahlen oder Zahlenbereichen zusammengefaßt werden.

In der Antike wurden nur die natürlichen Zahlen als Vielfache eines festen Maßes und die aus ihnen gebildeten Verhältnisse als Zahlen betrachtet; andererseits war den Pythagoräern bereits bekannt, daß die Länge der Hypotenuse eines rechtwinkligen Dreiecks mit Katheten der Länge 1 nicht als Verhältnis von natürlichen Zahlen darstellbar ist. Die quadratische Gleichung $x^2 = 2$ besitzt also keine rationale Lösung.

Geometrische Beobachtungen wie diese, vor allem aber der zentrale Begriff der Konvergenz einer Folge von Zahlen, zeigen die Notwendigkeit, die Menge der rationalen Zahlen zur Menge der reellen Zahlen zu erweitern. Für die reellen Zahlen tritt allerdings ein ähnliches Problem auf wie für die rationalen Zahlen, denn die quadratische Gleichung $x^2 = -1$ besitzt keine reelle Lösung. Das Beispiel zeigt, daß es für bestimmte Zwecke notwendig ist, die Menge der reellen Zahlen ihrerseits zu erweitern.

In diesem Kapitel geben wir einen Überblick über die Zahlenbereiche. Wir beginnen mit den natürlichen Zahlen (Abschnitt 3.1) und betrachten dann die reellen Zahlen (Abschnitt 3.2) sowie die ganzen Zahlen und die rationalen Zahlen (Abschnitt 3.3). Ausgehend von den reellen Zahlen konstruieren wir dann die komplexen Zahlen (Abschnitt 3.4). Diese Zahlenbereiche besitzen unterschiedliche Eigenschaften bezüglich der Addition und der Multiplikation, die sich auf einfache Weise durch algebraische Strukturen beschreiben lassen (Abschnitt 3.5).

3.1 Die natürlichen Zahlen

Im ersten Kapitel haben wir die natürlichen Zahlen mit Hilfe der *Axiome von Peano* eingeführt:

$(\mathbf{P_1})$ 1 ist eine natürliche Zahl.

$(\mathbf{P_2})$ Jede natürliche Zahl besitzt genau eine natürliche Zahl als Nachfolger.

$(\mathbf{P_3})$ 1 ist nicht Nachfolger einer natürlichen Zahl.

$(\mathbf{P_4})$ Verschiedene natürliche Zahlen haben verschiedene Nachfolger.

$(\mathbf{P_5})$ Eine Eigenschaft der 1, die mit einer beliebigen natürlichen Zahl auch ihrem Nachfolger zukommt, kommt jeder natürlichen Zahl zu.

Den Nachfolger einer natürlichen Zahl n bezeichnen wir mit $N(n)$.

Wir bezeichnen die Menge der natürlichen Zahlen mit $\mathbf{N}$.

Auf der Menge der natürlichen Zahlen haben wir zunächst durch

$$
\begin{aligned}
n + 1 &:= N(n) \\
n + N(m) &:= N(n + m)
\end{aligned}
$$

die *Addition* $+ : \mathbf{N} \times \mathbf{N} \to \mathbf{N}$ definiert, die folgende Eigenschaften besitzt:
- *Assoziativ-Gesetz*: Für alle $l, m, n \in \mathbf{N}$ gilt $l + (m + n) = (l + m) + n$.
- *Kommutativ-Gesetz*: Für alle $m, n \in \mathbf{N}$ gilt $m + n = n + m$.

Beide Gesetze zeigt man durch vollständige Induktion.

Auf der Menge der natürlichen Zahlen haben wir ferner durch

$$
\begin{aligned}
n \cdot 1 &:= n \\
n \cdot N(m) &:= n + n \cdot m
\end{aligned}
$$

die *Multiplikation* $\cdot : \mathbf{N} \times \mathbf{N} \to \mathbf{N}$ definiert, die folgende Eigenschaften besitzt:
- *Assoziativ-Gesetz*: Für alle $l, m, n \in \mathbf{N}$ gilt $l \cdot (m \cdot n) = (l \cdot m) \cdot n$.
- *Kommutativ-Gesetz*: Für alle $m, n \in \mathbf{N}$ gilt $m \cdot n = n \cdot m$.
- *Existenz eines neutralen Elements*: Für alle $n \in \mathbf{N}$ gilt $1 \cdot n = n$.

Das Assoziativ-Gesetz und das Kommutativ-Gesetz zeigt man wieder durch vollständige Induktion.

Für die Addition $+$ und die Multiplikation $\cdot$ gilt das *Distributiv-Gesetz*

$$
l \cdot (m + n) = l \cdot m + l \cdot n
$$

Dabei wurde bereits die Konvention verwendet, daß die Multiplikation stärker bindet als die Addition; es gilt also die Regel *Punkt vor Strich*.

Die erweiterten natürlichen Zahlen

Erweitert man die natürlichen Zahlen um die Zahl 0, so erhält man die Menge der *erweiterten natürlichen Zahlen*. Wir bezeichnen die Menge der erweiterten natürlichen Zahlen mit $\mathbf{N_0}$. Es gilt also $\mathbf{N_0} = \{0\} \cup \mathbf{N}$.

Wir erweitern die Addition und die Multiplikation natürlicher Zahlen auf die erweiterten natürlichen Zahlen:

– Für alle $n \in \mathbf{N}_0$ sei

$$0 + n \;:=\; n$$
$$n + 0 \;:=\; n$$

– Für alle $n \in \mathbf{N}_0$ sei

$$0 \cdot n \;:=\; 0$$
$$n \cdot 0 \;:=\; 0$$

Für die erweiterte Addition und Multiplikation gelten wieder die Assoziativ-Gesetze, die Kommutativ–Gesetze, und das Distributiv–Gesetz.

Für die erweiterten natürlichen Zahlen ist 0 ein neutrales Element der Addition und 1 ein neutrales Element der Multiplikation.

Bemerkung. Ersetzt man in den Axiomen von Peano die Zahl 1 durch die Zahl 0, so gelangt man zur Menge $\mathbf{N}_0$ anstelle von $\mathbf{N}$. Entsprechend kann man in der Formulierung des Prinzips der vollständigen Induktion die Menge $\mathbf{N}$ durch die Menge $\mathbf{N}_0$ ersetzen.

Fakultäten

Für $n \in \mathbf{N}_0$ sei

$$n! \;:=\; \prod_{k=1}^{n} k$$

Die Zahl $n!$ heißt n *Fakultät*.

Wegen $\prod_{k=1}^{0} k := 1$ gilt insbesondere

$$0! \;=\; 1$$

Außerdem gilt

$$(n+1)! \;=\; n! \cdot (n+1)$$

Mit Hilfe dieser Gleichungen beweist man durch vollständige Induktion, daß für alle $n \in \mathbf{N}_0$

$$n! \;\in\; \mathbf{N}_0$$

gilt. Jede Fakultät ist also eine erweiterte natürliche Zahl.

Beispiele.
(1) Es gilt
$$4! \;=\; 1 \cdot 2 \cdot 3 \cdot 4 \;=\; 24$$
(2) Es gilt
$$7! \;=\; 1 \cdot 2 \cdots 6 \cdot 7 \;=\; 5'040$$
(3) Es gilt
$$11! \;=\; 1 \cdot 2 \cdots 10 \cdot 11 \;=\; 39'916'800$$

Binomialkoeffizienten

Für $n \in \mathbf{N}_0$ und $k \in \{0, 1, \ldots, n\}$ sei

$$\binom{n}{k} := \frac{n!}{k! \cdot (n-k)!}$$

Die Zahl $\binom{n}{k}$ heißt *Binomialkoeffizient n über k*.

Für die Berechnung von Binomialkoeffizienten verwendet man im allgemeinen nicht die Definition, sondern die Formel

$$\binom{n}{k} = \prod_{i=0}^{k-1} \frac{n-i}{k-i}$$

die sich aus der Umformung

$$\binom{n}{k} = \frac{n!}{k! \cdot (n-k)!}$$

$$= \frac{n \cdot (n-1) \cdots 2 \cdot 1}{(k \cdot (k-1) \cdots 2 \cdot 1) \cdot ((n-k) \cdot (n-k-1) \cdots 2 \cdot 1)}$$

$$= \frac{n \cdot (n-1) \cdots (n-k+1) \cdot (n-k) \cdot (n-k-1) \cdots 2 \cdot 1}{(k \cdot (k-1) \cdots 2 \cdot 1) \cdot ((n-k) \cdot (n-k-1) \cdots 2 \cdot 1)}$$

$$= \frac{n \cdot (n-1) \cdots (n-k+1)}{k \cdot (k-1) \cdots 2 \cdot 1}$$

$$= \prod_{i=0}^{k-1} \frac{n-i}{k-i}$$

ergibt.

Beispiel.   Man rechnet

$$\binom{11}{4} = \frac{11 \cdot 10 \cdot 9 \cdot 8}{4 \cdot 3 \cdot 2 \cdot 1} = 11 \cdot 10 \cdot 3 = 330$$

anstelle von

$$\binom{11}{4} = \frac{11!}{4! \cdot 7!} = \frac{39'916'800}{24 \cdot 5'040} = 330$$

und spart so viele Multiplikationen.

Für die Binomialkoeffizienten gelten folgende Gleichungen:

$$\binom{n}{0} = 1$$

$$\binom{n}{1} = n$$

$$\binom{n}{k} = \binom{n}{n-k}$$

$$\binom{n+1}{k+1} = \binom{n}{k} + \binom{n}{k+1}$$

Die ersten beiden Gleichungen ergeben sich unmittelbar aus der Definition.

Die dritte Gleichung heißt *Symmetrieregel*; sie ergibt sich aus der Umformung

$$\binom{n}{k} = \frac{n!}{k! \cdot (n-k)!}$$

$$= \frac{n!}{(n-k)! \cdot k!}$$

$$= \frac{n!}{(n-k)! \cdot (n-(n-k))!}$$

$$= \binom{n}{n-k}$$

Die Symmetrieregel ist von unmittelbarer praktischer Bedeutung für die Berechnung von Binomialkoeffizienten.

Beispiel. Man rechnet

$$\binom{8}{5} = \binom{8}{3} = \frac{8 \cdot 7 \cdot 6}{3 \cdot 2 \cdot 1} = 8 \cdot 7 = 56$$

anstelle von

$$\binom{8}{5} = \frac{8 \cdot 7 \cdot 6 \cdot 5 \cdot 4}{5 \cdot 4 \cdot 3 \cdot 2 \cdot 1} = \frac{8 \cdot 7 \cdot 6}{3 \cdot 2 \cdot 1} = 56$$

und verringert so wiederum die Anzahl der Multiplikationen.

Die vierte Gleichung heißt *Additionsregel*; sie ergibt sich aus der Umformung

$$\binom{n}{k} + \binom{n}{k+1} = \frac{n!}{k! \cdot (n-k)} + \frac{n!}{(k+1)! \cdot (n-(k+1))!}$$

$$= \frac{(k+1) \cdot n!}{(k+1)! \cdot (n-k)!} + \frac{((n+1)-(k+1)) \cdot n!}{(k+1)! \cdot ((n+1)-(k+1))!}$$

$$= \frac{(k+1) \cdot n!}{(k+1)! \cdot ((n+1)-(k+1))!} + \frac{((n+1)-(k+1)) \cdot n!}{(k+1)! \cdot ((n+1)-(k+1))!}$$

$$= \frac{(n+1) \cdot n!}{(k+1)! \cdot ((n+1)-(k+1))!}$$

$$= \frac{(n+1)!}{(k+1)! \cdot ((n+1)-(k+1))!}$$

$$= \binom{n+1}{k+1}$$

und läßt sich im *Pascal'schen Dreieck* veranschaulichen: Für $n \in \{0, 1, 2, 3, 4\}$ erhält man

$$
\begin{array}{ccccccccccc}
& & & & & \binom{0}{0} & & & & & \\
& & & & \binom{1}{0} & & \binom{1}{1} & & & & \\
& & & \binom{2}{0} & & \binom{2}{1} & & \binom{2}{2} & & & \\
& & \binom{3}{0} & & \binom{3}{1} & & \binom{3}{2} & & \binom{3}{3} & & \\
& \binom{4}{0} & & \binom{4}{1} & & \binom{4}{2} & & \binom{4}{3} & & \binom{4}{4} & \\
\vdots & & \vdots & & \vdots & & \vdots & & \vdots & & \vdots
\end{array}
$$

und damit

n				$\binom{n}{k}$				2^n
0				1				1
1			1		1			2
2		1		2		1		4
3		1	3		3		1	8
4	1	4		6		4	1	16
$\vdots$	$\vdots$	$\vdots$	$\vdots$	$\vdots$	$\vdots$	$\vdots$	$\vdots$	$\vdots$

Mit Hilfe der ersten und zweiten Gleichung und der Additionsregel beweist man durch vollständige Induktion, daß für alle $n \in \mathbf{N}$ und $k \in \{0, 1, \dots, n\}$

$$
\binom{n}{k} \in \mathbf{N}_0
$$

gilt. Jeder Binomialkoeffizient ist also eine erweiterte natürliche Zahl.

Satz (Binomischer Satz). *Für alle* $n \in \mathbf{N}_0$ *gilt*

$$
(a + b)^n = \sum_{k=0}^{n} \binom{n}{k} a^k b^{n-k}
$$

Beweis. Wir führen den Beweis durch vollständige Induktion:

- *Induktionsanfang* $n = 0$: In diesem Fall sind beide Seiten der Gleichung gleich 1.
- *Induktionsschluß* $n \to n + 1$: Es gilt

$$
\begin{aligned}
(a + b)^{n+1} &= (a + b)^n \, (a + b) \\
&= \left(\sum_{k=0}^{n} \binom{n}{k} a^k b^{n-k} \right) (a + b) \\
&= \sum_{k=0}^{n} \binom{n}{k} a^{k+1} b^{n-k} + \sum_{k=0}^{n} \binom{n}{k} a^k b^{n-k+1} \\
&= \sum_{k=0}^{n} \binom{n}{k} a^{k+1} b^{(n+1)-(k+1)} + \sum_{k=0}^{n} \binom{n}{k} a^k b^{(n+1)-k} \\
&= \sum_{l=1}^{n+1} \binom{n}{l-1} a^l b^{(n+1)-l} + \sum_{l=0}^{n} \binom{n}{l} a^l b^{(n+1)-l} \\
&= \sum_{l=1}^{n} \binom{n}{l-1} a^l b^{(n+1)-l} + a^{n+1} + b^{n+1} + \sum_{l=1}^{n} \binom{n}{l} a^l b^{(n+1)-l} \\
&= b^{n+1} + \sum_{l=1}^{n} \binom{n+1}{l} a^l b^{(n+1)-l} + a^{n+1} \\
&= \sum_{l=0}^{n+1} \binom{n+1}{l} a^l b^{(n+1)-l}
\end{aligned}
$$

Damit ist der Satz bewiesen. $\qquad\square$

Folgerung. *Für alle $n \in \mathbf{N}_0$ gilt*

$$
\sum_{k=0}^{n} \binom{n}{k} = 2^n
$$

Die Behauptung folgt aus dem Binomischen Satz mit $a = b = 1$.

Kombinatorik

Eine prägnante Umschreibung der Kombinatorik lautet:

Kombinatorik ist die Kunst des schnellen Zählens.

Die wichtigsten Objekte der Kombinatorik sind
- Permutationen,
- Variationen, und
- Kombinationen.

Wir führen diese Objekte nacheinander ein.

Wir betrachten $n \in \mathbf{N}_0$ und $k \in \{0, 1, \dots, n\}$.

Eine bijektive Abbildung $\{1, \dots, n\} \to \{1, \dots, n\}$ heißt *Permutation* von $\{1, \dots, n\}$. Die Anzahl der Permutationen von $\{1, \dots, n\}$ ist offenbar gleich

$$\prod_{i=0}^{n-1} (n - i) \;=\; n!$$

Dies ist gleichzeitig die Anzahl der Möglichkeiten, n (verschiedene) Objekte in einer bestimmten Reihenfolge anzuordnen.

Eine injektive Abbildung $\{1, \dots, k\} \to \{1, \dots, n\}$ heißt *Variation* k–ter Ordnung von $\{1, \dots, n\}$. Die Anzahl der Variationen k–ter Ordnung von $\{1, \dots, n\}$ ist offenbar gleich

$$\prod_{i=0}^{k-1} (n - i) \;=\; \frac{n!}{(n - k)!}$$

Dies ist gleichzeitig die Anzahl der Möglichkeiten, jedem von k Objekten eine der Zahlen $1, \dots, n$ zuzuordnen.

Die Anzahl der Variationen n–ter Ordnung ist gleich der Anzahl der Permutationen von $\{1, \dots, n\}$.

Sind ν_1 und ν_2 Variationen k–ter Ordnung von $\{1, \dots, n\}$, so heißen ν_1 und ν_2 *äquivalent*, falls

$$\nu_1(\{1, \dots, k\}) \;=\; \nu_2(\{1, \dots, k\})$$

gilt. Man überzeugt sich leicht, daß durch diese Definition tatsächlich eine Äquivalenzrelation auf der Menge aller Variationen k–ter Ordnung definiert wird.

Eine Äquivalenzklasse von Variationen k–ter Ordnung von $\{1, \dots, n\}$ heißt *Kombination* k–ter Ordnung von $\{1, \dots, n\}$. Da sich die Elemente einer Äquivalenzklasse von Variationen k–ter Ordnung von $\{1, \dots, n\}$ nur durch Permutation unterscheiden, enthält jede Äquivalenzklasse genau $k!$ Variationen k–ter Ordnung von $\{1, \dots, n\}$. Folglich ist die Anzahl der Kombinationen von $\{1, \dots, n\}$ gleich

$$\frac{\dfrac{n!}{(n - k)!}}{k!} \;=\; \frac{n!}{k! \, (n - k)!} \;=\; \binom{n}{k}$$

Dies ist gerade die Anzahl der k–elementigen Teilmengen von $\{1, \dots, n\}$.

Da einerseits für jede Teilmenge von $\{1, \ldots, n\}$ die Anzahl ihrer Elemente eine der Zahlen $k \in \{0, 1, \ldots, n\}$ ist und es andererseits 2^n Teilmengen von $\{1, \ldots, n\}$ gibt, ist die Gleichung

$$\sum_{k=0}^{n} \binom{n}{k} = 2^n$$

jetzt auch anschaulich klar.

Beispiele.

(1) **Permutation:** Ein Firmenvertreter will an einem Tag fünf Kunden besuchen. Es gibt

$$5! = 120$$

Möglichkeiten, die Reihenfolge der Kundenbesuche festzulegen.

(2) **Variation:** Ein Firmenvertreter kann an einem Tag aufgrund ungünstiger Verkehrsverhältnisse nur drei von fünf Kunden besuchen. Es gibt

$$\frac{5!}{(5-3)!} = \frac{5!}{2!} = \frac{120}{2} = 60$$

Möglichkeiten, drei von fünf Kunden auszuwählen und in bestimmter Reihenfolge zu besuchen.

(3) **Kombination:** Ein Firmenvertreter kann an einem Tag aufgrund ungünstiger Verkehrsverhältnisse nur drei von fünf Kunden besuchen. Es gibt

$$\binom{5}{3} = \binom{5}{2} = \frac{5 \cdot 4}{2 \cdot 1} = \frac{20}{2} = 10$$

Möglichkeiten, drei von fünf Kunden auszuwählen und in beliebiger Reihenfolge zu besuchen.

Wahrscheinlichkeitsrechnung

Eine der wichtigsten Anwendungen der Kombinatorik findet sich in der Wahrscheinlichkeitsrechnung. Unter der Wahrscheinlichkeit dafür, daß ein bestimmtes Ereignis eintritt, verstehen wir das Verhältnis

$$\frac{\text{Anzahl der günstigen Fälle}}{\text{Anzahl der möglichen Fälle}}$$

Dies ist die Definition der Wahrscheinlichkeit nach Laplace.

Beispiele.   Ein Karpfenteich enthalte 20 kleine und 30 große Karpfen.

(1) Ein Angler angelt in dem Teich solange, bis er 8 Karpfen geangelt hat; er hat die Gewohnheit, daß er *jeden* geangelten Karpfen in den Teich zurückwirft. Wie groß ist die Wahrscheinlichkeit, daß er genau dreimal einen kleinen (und damit fünfmal einen großen) Karpfen angelt?

Lösung: Wir denken uns die Karpfen numeriert.
- Offenbar gibt es

$$50^8 \ = \ 390'625 \cdot 10^8$$

mögliche Fangergebnisse (Reihenfolgen) von geangelten Karpfen.
- Andererseits gibt es (ohne Beachtung der Nummern)

$$\binom{8}{3} \ = \ 56$$

Anordnungen von 3 kleinen und 5 großen Karpfen, und für jede dieser Anordnungen gibt es

$$20^3 \ = \ 8 \cdot 10^3$$

Möglichkeiten, dreimal einen der 20 kleinen Karpfen auszuwählen und

$$30^5 \ = \ 243 \cdot 10^5$$

Möglichkeiten, fünfmal einen der 30 großen Karpfen auszuwählen. Damit gibt es

$$\binom{8}{3} \cdot 20^3 \cdot 30^5 \ = \ 56 \cdot (8 \cdot 10^3) \cdot (243 \cdot 10^5)$$
$$= \ 108'864 \cdot 10^8$$

Fangergebnisse mit 3 kleinen und 5 großen Karpfen.
- Die Wahrscheinlichkeit für ein beliebiges Fangergebnis mit 3 kleinen und 5 großen Karpfen ist daher

$$\frac{\binom{8}{3} \cdot 20^3 \cdot 30^5}{50^8} \ = \ \frac{108'864}{390'625}$$
$$\approx \ 0.279$$

Dieses Ergebnis läßt sich auch mit Hilfe der Umformung

$$\frac{\binom{8}{3} \cdot 20^3 \cdot 30^5}{50^8} \ = \ \binom{8}{3} \cdot \left(\frac{20}{50}\right)^3 \cdot \left(\frac{30}{50}\right)^5$$
$$\approx \ 0.279$$

erhalten.

(2) Der Bruder des Anglers angelt ebenfalls solange, bis er 8 Karpfen geangelt hat; er hat jedoch die Gewohnheit, daß er *keinen* der geangelten Karpfen in den Teich zurückwirft. Wie groß ist die Wahrscheinlichkeit, daß er genau 3 kleine (und damit 5 große) Karpfen angelt?

Lösung: Wir denken uns die Karpfen wieder numeriert.
- Offenbar gibt es

$$\frac{50!}{(50-8)!} \; = \; 21'646'947'168'000$$

Fangergebnisse (mögliche Reihenfolgen) von geangelten Karpfen.
- Andererseits gibt es (ohne Beachtung der Nummern)

$$\binom{8}{3} \; = \; 56$$

Anordnungen von 3 kleinen und 5 großen Karpfen, und für jede dieser Anordnungen gibt es

$$\frac{20!}{(20-3)!} \; = \; 6'840$$

Möglichkeiten, 3 der 20 kleinen Karpfen auszuwählen und

$$\frac{30!}{(30-5)!} \; = \; 17'100'720$$

Möglichkeiten, 5 der 30 großen Karpfen auszuwählen. Damit gibt es

$$\binom{8}{3} \cdot \frac{20!}{(20-3)!} \cdot \frac{30!}{(30-5)!} \; = \; 56 \cdot 6'840 \cdot 17'100'720$$

$$= \; 6'550'259'788'800$$

Fangergebnisse mit 3 kleinen und 5 großen Karpfen.
- Die Wahrscheinlichkeit für ein beliebiges Fangergebnis mit 3 kleinen und 5 großen Karpfen ist daher

$$\frac{\binom{8}{3} \cdot \dfrac{20!}{(20-3)!} \cdot \dfrac{30!}{(30-5)!}}{\dfrac{50!}{(50-8)!}} \; = \; \frac{6'550'259'788'800}{21'646'947'168'000}$$

$$\approx \; 0.303$$

Dieses Ergebnis läßt sich auch mit Hilfe der Umformung

$$\frac{\binom{8}{3} \cdot \dfrac{20!}{(20-3)!} \cdot \dfrac{30!}{(30-5)!}}{\dfrac{50!}{(50-8)!}} \; = \; \frac{\dfrac{8!}{3!\,5!} \dfrac{20!}{(20-3)!} \cdot \dfrac{30!}{(30-5)!}}{\dfrac{50!}{(50-8)!}}$$

$$= \; \frac{\dfrac{20!}{3!\,(20-3)!} \cdot \dfrac{30!}{5!\,(30-5)!}}{\dfrac{50!}{8!\,(50-8)!}}$$

$$= \frac{\binom{20}{3}\binom{30}{5}}{\binom{50}{8}}$$

$$\approx \; 0.303$$

erhalten.

Die Beispiele zeigen, daß geeignete Umformungen zu einer deutlichen Vereinfachung der Rechnung führen können.

Das Beispiel des Karpfenteichs läßt sich wie folgt zu einem *Urnenmodell* verallgemeinern:

Wir betrachten eine *Urne* mit N Kugeln, von denen K rot und $N-K$ grün sind. Aus dieser Urne ziehen wir eine Stichprobe vom Umfang n, wobei wir die Fälle *Ziehen mit Zurücklegen* und *Ziehen ohne Zurücklegen* unterscheiden. In beiden Fällen fragen wir nach der Wahrscheinlichkeit dafür, daß die Stichprobe genau $k \in \{0, 1, \ldots, n\}$ rote und $n-k$ grüne Kugeln enthält.

(1) *Ziehen mit Zurücklegen:*

    – Es gibt

$$N^n$$

Stichproben.

    – Andererseits gibt es

$$\binom{n}{k}$$

Anordnungen von k roten und $n-k$ grünen Kugeln, und für jede dieser Anordnungen gibt es

$$K^k$$

Möglichkeiten, k–mal eine der K roten Kugeln auszuwählen, und

$$(N-K)^{n-k}$$

Möglichkeiten, $(n-k)$–mal eine der $N-K$ grünen Kugeln auszuwählen. Damit gibt es

$$\binom{n}{k} \cdot K^k \cdot (N-K)^{n-k}$$

Stichproben mit k roten und $n-k$ grünen Kugeln.

    – Die Wahrscheinlichkeit für eine Stichprobe mit k roten und $n-k$ grünen Kugeln ist daher

$$\frac{\binom{n}{k} \cdot K^k \cdot (N-K)^{n-k}}{N^n} \; = \; \binom{n}{k} \cdot \left(\frac{K}{N}\right)^k \left(1 - \frac{K}{N}\right)^{n-k}$$

Beim Ziehen mit Zurücklegen kommt es offenbar nur auf die Anteile der roten und grünen Kugeln an, nicht jedoch auf die Anzahl der Kugeln in der Urne.

(2) *Ziehen ohne Zurücklegen:* Im Fall $k > K$ oder $n - k > N - K$ ist die Wahrscheinlichkeit für eine Stichprobe mit k roten und $n{-}k$ grünen Kugeln offenbar gleich 0. Wir betrachten daher nur den Fall $n - N + K \leq k \leq K$.

 – Es gibt

$$\frac{N!}{(N-n)!}$$

Stichproben.

 – Andererseits gibt es

$$\binom{n}{k}$$

Anordnungen von k roten und $n{-}k$ grünen Kugeln, und für jede dieser Anordnungen gibt es

$$\frac{K!}{(K-k)!}$$

Möglichkeiten, k der K roten Kugeln auszuwählen, und

$$\frac{(N-K)!}{((N-K)-(n-k))!}$$

Möglichkeiten, $n - k$ der $N - K$ grünen Kugeln auszuwählen. Damit gibt es

$$\binom{n}{k} \cdot \frac{K!}{(K-k)!} \cdot \frac{(N-K)!}{((N-K)-(n-k))!}$$

Stichproben mit k roten und $n{-}k$ grünen Kugeln.

 – Die Wahrscheinlichkeit für eine Stichprobe mit k roten und $n{-}k$ grünen Kugeln ist daher

$$\frac{\binom{n}{k} \cdot \dfrac{K!}{(K-k)!} \cdot \dfrac{(N-K)!}{((N-K)-(n-k))!}}{\dfrac{N!}{(N-n)!}}$$

$$= \frac{\dfrac{n!}{k!\,(n-k)!} \cdot \dfrac{K!}{(K-k)!} \cdot \dfrac{(N-K)!}{((N-K)-(n-k))!}}{\dfrac{N!}{(N-n)!}}$$

$$= \frac{\dfrac{K!}{k!\,(K-k)!} \cdot \dfrac{(N-K)!}{(n-k)!\,((N-K)-(n-k))!}}{\dfrac{N!}{n!\,(N-n)!}}$$

$$= \frac{\dbinom{K}{k} \cdot \dbinom{N-K}{n-k}}{\dbinom{N}{n}}$$

Beim Ziehen ohne Zurücklegen kommt es offenbar nicht nur auf die Anteile der roten und grünen Kugeln an, sondern es kommt auf die Anzahl der Kugeln in der Urne an.

Mit den gleichen Überlegungen erhält man entsprechende Ergebnisse für den Fall einer Urne mit mehr als zwei Sorten Kugeln.

3.2 Die reellen Zahlen

Die reellen Zahlen können, wie die natürlichen Zahlen, durch Axiome definiert werden; die axiomatische Begründung der reellen Zahlen ist jedoch wesentlich aufwendiger als diejenige der natürlichen Zahlen. Statt die reellen Zahlen axiomatisch zu begründen, nehmen wir hier den intuitiven Standpunkt ein und verstehen unter der *Menge der reellen Zahlen* die Menge aller Zahlen auf der Zahlengeraden; außerdem nehmen wir an, daß für beliebige reelle Zahlen a und b klar ist, was unter der Summe $a + b$, dem Produkt $a \cdot b$, und dem Vergleich $a \leq b$ zu verstehen ist.

Wir bezeichnen die Menge der reellen Zahlen mit $\mathbf{R}$.

Addition

Auf der Menge der reellen Zahlen ist eine *Addition* $+ : \mathbf{R} \times \mathbf{R} \to \mathbf{R}$ definiert, die folgende Eigenschaften besitzt:
- *Assoziativ-Gesetz*: Für alle $a, b, c \in \mathbf{R}$ gilt $a + (b + c) = (a + b) + c$.
- *Kommutativ-Gesetz*: Für alle $a, b \in \mathbf{R}$ gilt $a + b = b + a$.
- *Existenz eines neutralen Elements*: Für alle $a \in \mathbf{R}$ gilt $0 + a = a = a + 0$.
- *Existenz inverser Elemente*: Für alle $a \in \mathbf{R}$ gilt $(-a) + a = 0 = a + (-a)$.

Setzen wir für $a, b \in \mathbf{R}$

$$a - b \ := \ a + (-b)$$

so wird die *Subtraktion* von b als Addition der additiven Inversen $-b$ definiert.

Multiplikation

Auf der Menge der reellen Zahlen ist ferner eine *Multiplikation* $\cdot : \mathbf{R} \times \mathbf{R} \to \mathbf{R}$
definiert, die folgende Eigenschaften besitzt:
- *Assoziativ–Gesetz*: Für alle $a, b, c \in \mathbf{R}$ gilt $a \cdot (b \cdot c) = (a \cdot b) \cdot c$.
- *Kommutativ–Gesetz*: Für alle $a, b \in \mathbf{R}$ gilt $a \cdot b = b \cdot a$.
- *Existenz eines neutralen Elements*: Für alle $a \in \mathbf{R}$ gilt $1 \cdot a = a = a \cdot 1$.
- *Existenz inverser Elemente*: Für alle $a \in \mathbf{R} \setminus \{0\}$ gilt $a^{-1} \cdot a = 1 = a \cdot a^{-1}$.

Setzen wir für $a \in \mathbf{R}$ und $b \in \mathbf{R} \setminus \{0\}$

$$\frac{a}{b} \; := \; a \cdot b^{-1}$$

so wird die *Division* durch b als Multiplikation mit der multiplikativen Inversen
b^{-1} definiert.

Für die Addition $+$ und die Multiplikation $\cdot$ gilt das *Distributiv–Gesetz*

$$a \cdot (b + c) \; = \; a \cdot b + a \cdot c$$

Dabei wurde wieder die Konvention verwendet, daß die Multiplikation stärker
bindet als die Addition.

Ordnungsrelation

Durch die Beziehung $a \leq b$ wird eine Relation auf $\mathbf{R}$ definiert. Diese Relation
ist
- *reflexiv*: Für alle $a \in \mathbf{R}$ gilt $a \leq a$.
- *transitiv*: Für alle $a, b, c \in \mathbf{R}$ mit $a \leq b$ und $b \leq c$ gilt $a \leq c$.
- *antisymmetrisch*: Für alle $a, b \in \mathbf{R}$ mit $a \leq b$ und $b \leq a$ gilt $a = b$.
- *vollständig*: Für alle $a, b \in \mathbf{R}$ gilt $a \leq b$ oder $b \leq a$.

Die durch $\leq$ definierte Relation ist also gleichzeitig eine Ordnungsrelation und
eine Präferenzrelation.

Wir setzen

$$\mathbf{R}_+ \; := \; \{x \in \mathbf{R} \mid 0 \leq x\}$$

Die Menge $\mathbf{R}_+$ heißt *positive Halbachse* und jede reelle Zahl $x \in \mathbf{R}_+$ heißt
positiv. Summen und Produkte positiver reeller Zahlen sind wieder positive
reelle Zahlen; es gilt also

$$a, b \in \mathbf{R}_+ \; \implies \; a + b \in \mathbf{R}_+$$
$$a, b \in \mathbf{R}_+ \; \implies \; a \cdot b \in \mathbf{R}_+$$

Man sagt daher, daß sowohl die Addition als auch die Multiplikation mit der
Ordnungsrelation *verträglich* ist.

Anstelle von $a \leq b$ schreiben wir auch $b \geq a$. Gilt $a \leq b$ und $a \neq b$, so schreiben wir $a < b$ oder $b > a$. Mit Hilfe von $\leq$ und $<$ können wir Intervalle definieren: Für $a, b \in \mathbf{R}$ mit $a \leq b$ sei

$$
\begin{aligned}
{[a, b]} &:= \{x \in \mathbf{R} \mid a \leq x \leq b\} \\
{[a, b)} &:= \{x \in \mathbf{R} \mid a \leq x < b\} \\
(a, b] &:= \{x \in \mathbf{R} \mid a < x \leq b\} \\
(a, b) &:= \{x \in \mathbf{R} \mid a < x < b\}
\end{aligned}
$$

Jede dieser Mengen heißt (*endliches*) *Intervall*. Wir nennen die Intervalle

$$
\begin{aligned}
{[a, b]} &\quad \textit{abgeschlossen} \\
{[a, b)} &\quad \textit{links abgeschlossen, rechts offen} \\
(a, b] &\quad \textit{links offen, rechts abgeschlossen} \\
(a, b) &\quad \textit{offen}
\end{aligned}
$$

Die Intervalle $[a, b)$ und $(a, b]$ werden auch als *halboffene* Intervalle bezeichnet. Im Fall $a = b$ gilt $[a, b] = \{a\}$ und $[a, b) = (a, b) = (a, b] = \emptyset$.

Betrag

Für jede reelle Zahl $a \in \mathbf{R}$ heißt die durch

$$
|a| := \begin{cases} -a & \text{falls} \quad a \leq 0 \\ a & \text{falls} \quad a \geq 0 \end{cases}
$$

definierte reelle Zahl $|a|$ der *Betrag* von a. Es gilt $|a| \geq 0$ sowie

$$
\begin{aligned}
a &\leq |a| \\
-a &\leq |a|
\end{aligned}
$$

Entsprechend bezeichnen wir die Abbildung $|.| : \mathbf{R} \to \mathbf{R}$, die jeder reellen Zahl a ihren Betrag $|a|$ zuordnet, als *Betrag*. Beim Übergang von einer reellen Zahl zu ihrem Betrag wird ihr Vorzeichen vergessen.

Das wichtigste Ergebnis über den Betrag ist die Dreiecksungleichung:

Satz (Dreiecksungleichung). *Für alle $a, b \in \mathbf{R}$ gilt*

$$
|a + b| \leq |a| + |b|
$$

Beweis. Nach Definition des Betrages gilt

$$
|a + b| := \begin{cases} -(a + b) & \text{falls} \quad a + b \leq 0 \\ (a + b) & \text{falls} \quad a + b \geq 0 \end{cases}
$$

sowie

$$-(a+b) = (-a)+(-b)$$
$$\leq |a|+|b|$$

sowie

$$(a+b) = a+b$$
$$\leq |a|+|b|$$

Daraus folgt die Behauptung. $\qquad\Box$

Die Dreiecksungleichung bedeutet: Der Betrag der Summe ist kleiner gleich der Summe der Beträge.

Folgerung. *Für alle $a, b \in \mathbf{R}$ gilt*

$$||a| - |b|| \leq |a-b| \leq |a|+|b|$$

Aus der ersten dieser Ungleichungen folgt: Die Differenz der Beträge ist kleiner gleich dem Betrag der Differenz.

Bemerkung. Der Betrag wird eine zentrale Rolle in der Definition der Konvergenz von Folgen reeller Zahlen spielen.

In Analogie zur Definition des Betrages definiert man das Maximum und das Minimum zweier reeller Zahlen wie folgt:

Sei $a, b \in \mathbf{R}$.
- Das *Maximum* von a und b ist definiert durch

$$\max\{a,b\} \; := \; \begin{cases} b & \text{falls} \quad a \leq b \\ a & \text{falls} \quad b \leq a \end{cases}$$

- Das *Minimum* von a und b ist definiert durch

$$\min\{a,b\} \; := \; \begin{cases} a & \text{falls} \quad a \leq b \\ b & \text{falls} \quad b \leq a \end{cases}$$

Es gilt also

$$\max\{-a,a\} \; := \; |a|$$

Außerdem gilt $\max\{-a,-b\} = -\min\{a,b\}$.

Beschränkte Mengen

Eine Menge $B \subseteq \mathbf{R}$ heißt
- *beschränkt*, wenn es eine reelle Zahl $c \in \mathbf{R}$ gibt, sodaß für alle $x \in B$

$$|x| \;\leq\; c$$

    gilt.
- *unbeschränkt*, wenn sie nicht beschränkt ist.

Offenbar ist eine Menge $B \subseteq \mathbf{R}$ genau dann beschränkt, wenn es ein Intervall $[a, b] \subseteq \mathbf{R}$ gibt mit $B \subseteq [a, b]$.

Beispiele.
(1)   Jedes (endliche) Intervall $J \subseteq \mathbf{R}$ ist eine beschränkte Menge.
(2)   Die Menge $\mathbf{N}$ ist nicht beschränkt.
(3)   Die Menge $\mathbf{R}$ ist nicht beschränkt.
(4)   Die Menge

$$M \;:=\; \left\{ \frac{1}{n} \;\middle|\; n \in \mathbf{N} \right\}$$

    ist beschränkt.
    In der Tat: Es gilt $M \subseteq [0, 1]$.

Sei $M \subseteq \mathbf{R}$.
- Eine Zahl $a \in \mathbf{R}$ heißt *Infimum* oder *größte untere Schranke* von M, falls gilt:
 (i)   Für alle $x \in M$ gilt $a \leq x$.
 (ii)   Ist $a' \in \mathbf{R}$ derart, daß $a' \leq x$ für alle $x \in M$ gilt, so gilt $a' \leq a$.
- Eine Zahl $b \in \mathbf{R}$ heißt *Supremum* oder *kleinste obere Schranke* von M, falls gilt:
 (i)   Für alle $x \in M$ gilt $x \leq b$.
 (ii)   Ist $b' \in \mathbf{R}$ derart, daß $x \leq b'$ für alle $x \in M$ gilt, so gilt $b \leq b'$.

Jede beschränkte Menge $M \subseteq \mathbf{R}$ besitzt ein Infimum und ein Supremum; es gibt also ein kleinstes abgeschlossenes Intervall $[a, b] \subset \mathbf{R}$ mit $M \subseteq [a, b]$.

Beispiel.   Für die beschränkte Menge

$$M \;:=\; \left\{ \frac{1}{n} \;\middle|\; n \in \mathbf{N} \right\}$$

gilt:
- Das Infimum von M ist 0.
- Das Supremum von M ist 1.
- Das kleinste abgeschlossene Intervall, das M enthält, ist das Intervall $[0, 1]$.

Außerdem gilt $0 \notin M$ und $1 \in M$.

Das Beispiel zeigt, daß das Infimum einer beschränkten Menge nicht Element dieser Menge sein muß. Entsprechendes gilt für das Supremum.

Konvexe Mengen

Eine Menge $K \subseteq \mathbf{R}$ heißt *konvex*, falls für alle $a, b \in K$ und $\lambda \in [0, 1]$

$$\lambda\, a + (1-\lambda)\, b \;\in\; K$$

gilt.

Beispiele.
(1) Jedes Intervall $J \subseteq \mathbf{R}$ ist eine konvexe Menge.
(2) Die Menge $\mathbf{R}$ ist konvex, aber kein Intervall.
(3) Die Menge $\mathbf{N}$ ist nicht konvex.

Die erweiterten reellen Zahlen

Erweitert man die reellen Zahlen um eine unendlich kleine Zahl $-\infty$ und um eine unendlich große Zahl $+\infty$, so erhält man die Menge der *erweiterten reellen Zahlen*. Wir bezeichnen die Menge der erweiterten reellen Zahlen mit $\overline{\mathbf{R}}$. Es gilt also $\overline{\mathbf{R}} = \{-\infty\} \cup \mathbf{R} \cup \{+\infty\}$.

Wir erweitern die Addition und die Multiplikation reeller Zahlen auf die erweiterten reellen Zahlen:
– Für alle $a \in \mathbf{R}$ sei

$$
\begin{aligned}
a + (-\infty) &:= -\infty \\
a + (+\infty) &:= +\infty
\end{aligned}
$$

Außerdem sei

$$
\begin{aligned}
(-\infty) + (-\infty) &:= -\infty \\
(+\infty) + (+\infty) &:= +\infty
\end{aligned}
$$

Der Ausdruck $(-\infty) + (+\infty)$ ist nicht definiert.
– Für alle $a \in \mathbf{R} \setminus \{0\}$ sei

$$
a \cdot (-\infty) := \begin{cases} +\infty & \text{falls} \quad a < 0 \\ -\infty & \text{falls} \quad a > 0 \end{cases}
$$

$$
a \cdot (+\infty) := \begin{cases} -\infty & \text{falls} \quad a < 0 \\ +\infty & \text{falls} \quad a > 0 \end{cases}
$$

Außerdem sei

$$
\begin{aligned}
(-\infty) \cdot (-\infty) &:= +\infty \\
(-\infty) \cdot (+\infty) &:= -\infty \\
(+\infty) \cdot (+\infty) &:= +\infty
\end{aligned}
$$

sowie

$$(-\infty)^{-1} := 0$$
$$(+\infty)^{-1} := 0$$

Die Ausdrücke $0 \cdot (-\infty)$ und $0 \cdot (+\infty)$ sind nicht definiert.
Für die erweiterte Addition und Multiplikation sollen wieder die Kommutativ-Gesetze gelten.

In Einklang mit der Bedeutung von $-\infty$ und $+\infty$ erweitern wir auch die für die reellen Zahlen durch $\leq$ definierte Ordnungsrelation auf $\overline{\mathbf{R}}$: Für alle $a \in \overline{\mathbf{R}}$ sei

$$-\infty \leq a$$
$$a \leq +\infty$$

Für alle $a \in \mathbf{R}$ gilt $-\infty \neq a \neq +\infty$ und damit $-\infty < a < +\infty$. Die so erweiterte Ordnungsrelation ist wieder gleichzeitig eine Ordnungsrelation und eine Präferenzrelation auf $\overline{\mathbf{R}}$.

In Analogie zur Definition endlicher Intervalle setzen wir für $c \in \mathbf{R}$

$$
\begin{aligned}
(-\infty, c] &:= \{x \in \mathbf{R} \mid x \leq c\} \\
(-\infty, c) &:= \{x \in \mathbf{R} \mid x < c\} \\
(-\infty, +\infty) &:= \mathbf{R} \\
(c, +\infty) &:= \{x \in \mathbf{R} \mid c < x\} \\
[c, +\infty) &:= \{x \in \mathbf{R} \mid c \leq x\}
\end{aligned}
$$

Jede dieser Mengen heißt *unendliches Intervall*. Es gilt $\mathbf{R}_+ = [0, +\infty)$.

Im folgenden schreiben wir auch ∞ anstelle von $+\infty$.

3.3   Die ganzen Zahlen und die rationalen Zahlen

Wir betrachten in diesem Abschnitt einige wichtige Teilmengen der reellen Zahlen: die Menge der ganzen Zahlen, die Menge der rationalen Zahlen, und die Menge der irrationalen Zahlen.

Die ganzen Zahlen

Jede Zahl $a \in \mathbf{R}$, für die $a \in \mathbf{N}_0$ oder $-a \in \mathbf{N}_0$ gilt, heißt *ganze Zahl*. Wir bezeichnen die Menge der ganzen Zahlen mit $\mathbf{Z}$ und setzen

$$\mathbf{Z}_+ := \{x \in \mathbf{Z} \mid 0 \leq x\}$$

Dann gilt $\mathbf{Z}_+ = \mathbf{Z} \cap \mathbf{R}_+ = \mathbf{N}_0$.

Die rationalen Zahlen

Jede Zahl $a \in \mathbf{R}$, die sich in der Form

$$a \; = \; \frac{p}{q}$$

mit $p \in \mathbf{Z}$ und $q \in \mathbf{N}$ darstellen läßt, heißt *rationale Zahl*. Wir bezeichnen die Menge der rationalen Zahlen mit $\mathbf{Q}$ und setzen

$$\mathbf{Q}_+ \; := \; \{x \in \mathbf{Q} \mid x \geq 0\}$$

Es gilt also $\mathbf{Q}_+ = \mathbf{Q} \cap \mathbf{R}_+$.

Die irrationalen Zahlen

Jede Zahl $a \in \mathbf{R} \backslash \mathbf{Q}$ heißt *irrational*. Daß es irrationale Zahlen tatsächlich gibt, zeigt das folgende Beispiel:

Beispiel. Es gilt

$$\sqrt{2} \; \in \; \mathbf{R} \backslash \mathbf{Q}$$

Wir führen den Beweis durch Widerspruch:
Wir nehmen also an, es gelte $\sqrt{2} \in \mathbf{Q}$. Dann gibt es $m \in \mathbf{Z}$ und $n \in \mathbf{N}$ mit

$$\sqrt{2} \; = \; \frac{m}{n}$$

Wegen $\sqrt{2} > 0$ gilt $m \in \mathbf{N}$. Außerdem können wir ohne Beschränkung der Allgemeinheit annehmen, daß m und n teilerfremd, also nicht Vielfache einer von 1 verschiedenen natürlichen Zahl, sind. Durch Quadrieren ergibt sich

$$2 \; = \; \frac{m^2}{n^2}$$

und damit

$$2n^2 \; = \; m^2$$

Also ist m^2 eine gerade Zahl, und es folgt, daß auch m eine gerade Zahl ist. Da m eine gerade Zahl ist, gibt es ein $k \in \mathbf{N}$ mit $m = 2k$. Durch Einsetzen erhalten wir

$$\begin{aligned} 2n^2 \; &= \; (2k)^2 \\ &= \; 4k^2 \end{aligned}$$

und damit

$$n^2 \; = \; 2k^2$$

Also ist n^2 eine gerade Zahl, und es folgt, daß auch n eine gerade Zahl ist. Dann aber ist 2 ein gemeinsamer Teiler von m und n.

Dies ist ein Widerspruch zur Annahme, daß m und n teilerfremd sind. Also ist $\sqrt{2}$ irrational.

Andererseits läßt sich jede reelle Zahl, insbesondere also jede irrationale Zahl, beliebig genau durch eine Folge von rationalen Zahlen von unten oder oben approximieren.

Beispiel. Wegen $1 \leq 2 \leq 4$ gilt $1 \leq \sqrt{2} \leq 2$. Wiederholt man dieses Argument, so gelangt man durch Probieren zu folgenden unteren bzw. oberen Schranken für $\sqrt{2}$:

x	x^2	y	y^2
1	1	2	4
1.4	1.96	1.5	2.25
1.41	1.988'1	1.42	2.016'4
1.414	1.999'396	1.415	2.002'225
$\vdots$	$\vdots$	$\vdots$	$\vdots$
$\sqrt{2}$	2	$\sqrt{2}$	2

Wir werden später ein Verfahren kennenlernen, mit dem man für jede Zahl der Form $\sqrt{n}$ mit $n \in \mathbf{N}$ und für jede Fehlerschranke $\varepsilon > 0$ eine Approximation von $\sqrt{n}$ durch eine rationale Zahl r mit

$$|\sqrt{n} - r| \leq \varepsilon$$

berechnen kann.

3.4   Die komplexen Zahlen

Für jede reelle Zahl $x \in \mathbf{R}$ gilt

$$x^2 \geq 0$$

Daraus folgt, daß die quadratische Gleichung

$$x^2 + 1 = 0$$

keine Lösung $x \in \mathbf{R}$ besitzt.

Wir stellen uns nun das Problem, die Menge $\mathbf{R}$ der reellen Zahlen zu einer Menge $\mathbf{C}$ zu erweitern, sodaß die quadratische Gleichung

$$z^2 + 1 = 0$$

eine Lösung $z \in \mathbf{C}$ besitzt.

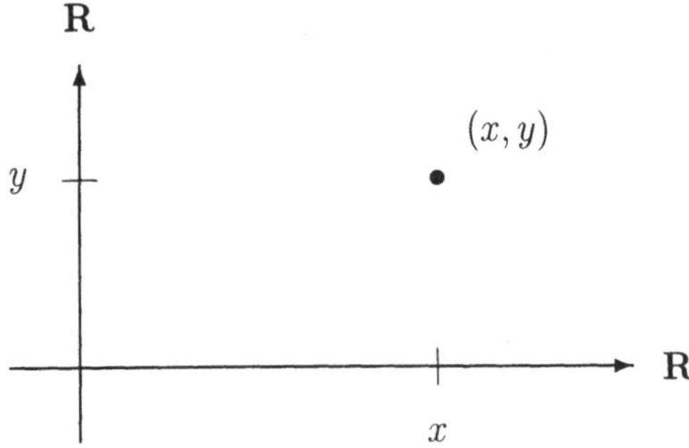

Wir betrachten das kartesische Produkt $\mathbf{R} \times \mathbf{R}$ und definieren durch

$$(x_1, y_1) \oplus (x_2, y_2) := (x_1 + x_2, y_1 + y_2)$$

und

$$(x_1, y_1) \odot (x_2, y_2) := (x_1 x_2 - y_1 y_2, x_1 y_2 + x_2 y_1)$$

zwei Abbildungen $(\mathbf{R} \times \mathbf{R}) \times (\mathbf{R} \times \mathbf{R}) \to \mathbf{R} \times \mathbf{R}$, die wir als *Addition* bzw. als *Multiplikation* bezeichnen.

Wir setzen ferner

$$\mathbf{R}^* := \{(x, 0) \mid x \in \mathbf{R}\} \subseteq \mathbf{R} \times \mathbf{R}$$

und betrachten die Abbildung $\varphi : \mathbf{R} \to \mathbf{R}^*$ mit

$$\varphi(x) := (x, 0)$$

Offenbar ist φ bijektiv.

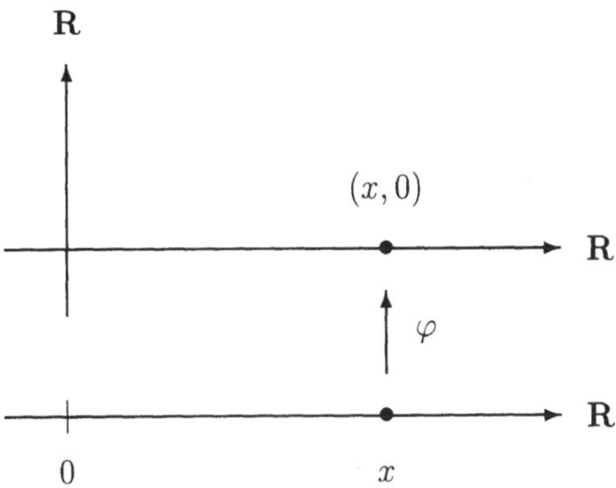

Wegen

$$(x_1, 0) \oplus (x_2, 0) \;=\; (x_1 + x_2, 0)$$
$$(x_1, 0) \odot (x_2, 0) \;=\; (x_1 \cdot x_2, 0)$$

gilt

$$\varphi(x_1) \oplus \varphi(x_2) \;=\; \varphi(x_1 + x_2)$$
$$\varphi(x_1) \odot \varphi(x_2) \;=\; \varphi(x_1 \cdot x_2)$$

Es kommt also nicht darauf an, ob man eine Addition oder Multiplikation vor oder nach der Anwendung von φ ausführt. Außerdem gilt

$$\begin{aligned}
(x, y) &= (x, 0) \oplus (0, y) \\
&= (x, 0) \oplus ((y, 0) \odot (0, 1)) \\
&= \varphi(x) \oplus (\varphi(y) \odot (0, 1))
\end{aligned}$$

Die Paare $(x, 0)$ und $(y, 0)$ sind die Bilder $\varphi(x)$ und $\varphi(y)$ der reellen Zahlen x und y; das Paar $(0, 1)$ ist dagegen nicht Bild einer reellen Zahl unter φ. Wir vereinfachen nun die Notation und schreiben

$$\begin{aligned}
x \quad &\text{anstelle von} \quad (x, 0) = \varphi(x) \\
y \quad &\text{anstelle von} \quad (y, 0) = \varphi(y) \\
i \quad &\text{anstelle von} \quad (0, 1) \\
+ \quad &\text{anstelle von} \quad \oplus \\
\cdot \quad &\text{anstelle von} \quad \odot
\end{aligned}$$

und folglich $x + y \cdot i$ oder kurz

$$x + y\,i$$

anstelle von (x, y).

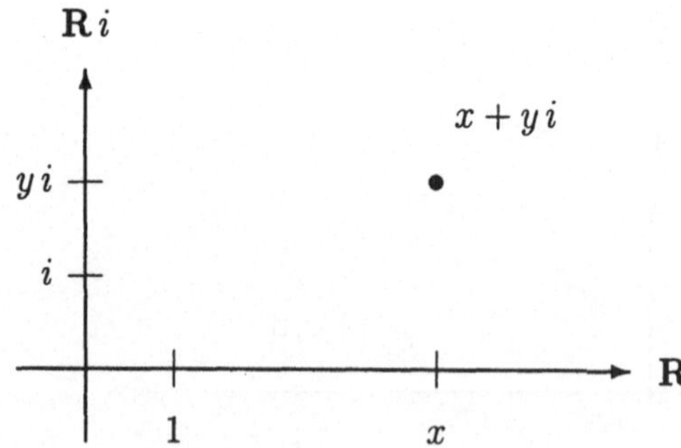

Wir bezeichnen
- i als *imaginäre Einheit* und
- $x + y\,i$ als *komplexe Zahl*.

Wir bezeichnen die Menge der komplexen Zahlen mit **C**. Dann gilt $\mathbf{R} \subseteq \mathbf{C}$.

Für die komplexen Zahlen $z_1, z_2 \in \mathbf{C}$ mit

$$z_1 = x_1 + y_1\, i$$
$$z_2 = x_2 + y_2\, i$$

gilt dann

$$z_1 + z_2 = (x_1 + x_2) + (y_1 + y_2)\, i$$
$$z_1 \cdot z_2 = (x_1 x_2 - y_1 y_2) + (x_1 y_2 + x_2 y_1)\, i$$

Insbesondere gilt (mit $z_1 = z_2 = i$ bzw. $z_1 = z_2 = -i$)

$$i^2 = -1$$
$$(-i)^2 = -1$$

Daher besitzt die quadratische Gleichung

$$z^2 + 1 = 0$$

die Lösungen $z_1, z_2 \in \mathbf{C}$ mit

$$z_{1,2} = \pm i$$

Wir haben also das am Anfang dieses Abschnitts gestellte Problem durch die Einführung der komplexen Zahlen gelöst.

Quadratische Gleichungen

Mit der Einführung der komplexen Zahlen haben wir sogar noch mehr erreicht: Der folgende Satz zeigt, daß jede quadratische Gleichung

$$z^2 + az + b = 0$$

mit $a, b \in \mathbf{R}$ mindestens eine Lösung in den komplexen Zahlen besitzt.

Satz. *Die quadratische Gleichung*

$$z^2 + az + b = 0$$

besitzt
(a) *im Fall $a^2/4 > b$ die reellen Lösungen*

$$z_{1,2} = -\frac{a}{2} \pm \sqrt{\frac{a^2}{4} - b}$$

(b) *im Fall $a^2/4 = b$ die reelle Lösung*

$$z_0 = -\frac{a}{2}$$

(c) *im Fall $a^2/4 < b$ die (konjugiert) komplexen Lösungen*

$$z_{1,2} = -\frac{a}{2} \pm i \sqrt{b - \frac{a^2}{4}}$$

Rechenregeln

Für die komplexen Zahlen gelten dieselben Rechenregeln wie für die reellen Zahlen, wenn man beachtet, daß

$$i^2 = -1$$

gilt.

Beispiel. Für die komplexen Zahlen $z_1, z_2 \in \mathbf{C}$ mit

$$\begin{aligned} z_1 &= 1 + 2i \\ z_2 &= 3 - 4i \end{aligned}$$

gilt

$$\begin{aligned} z_1 + z_2 &= (1 + 2i) + (3 - 4i) \\ &= 4 - 2i \end{aligned}$$

und

$$\begin{aligned} z_1 - z_2 &= (1 + 2i) - (3 - 4i) \\ &= -2 + 6i \end{aligned}$$

sowie

$$\begin{aligned} z_1 \cdot z_2 &= (1 + 2i) \cdot (3 - 4i) \\ &= 3 - 4i + 6i - 8i^2 \\ &= 3 - 4i + 6i + 8 \\ &= 11 + 2i \end{aligned}$$

und

$$\begin{aligned} \frac{z_1}{z_2} &= \frac{1 + 2i}{3 - 4i} \\ &= \frac{1 + 2i}{3 - 4i} \cdot \frac{3 + 4i}{3 + 4i} \\ &= \frac{3 + 4i + 6i + 8i^2}{9 - 16i^2} \\ &= \frac{3 + 4i + 6i - 8}{9 + 16} \\ &= \frac{-5 + 10i}{25} \\ &= \frac{1}{5}(-1 + 2i) \end{aligned}$$

Betrag

Für eine komplexe Zahl $z \in \mathbf{C}$ mit

$$z = x + yi$$

setzen wir

$$
\begin{aligned}
\operatorname{Re}(z) &:= x \\
\operatorname{Im}(z) &:= y \\
|z| &:= \sqrt{x^2 + y^2} \\
\overline{z} &:= x - yi
\end{aligned}
$$

und nennen
- $\operatorname{Re}(z)$ den *Realteil* von z.
- $\operatorname{Im}(z)$ den *Imaginärteil* von z.
- $|z|$ den *Betrag* von z.
- $\overline{z}$ die *konjugiert-komplexe Zahl* zu z.

Diese Größen sind hilfreich beim Rechnen mit komplexen Zahlen.

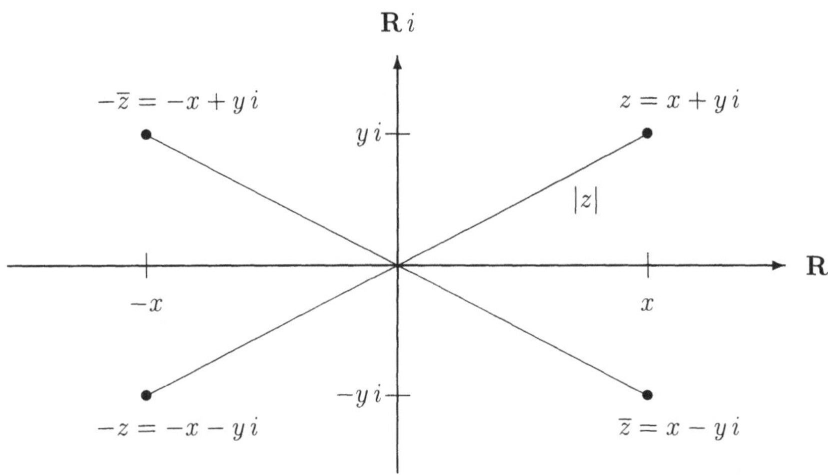

Die folgenden Gleichungen für $z, z_1, z_2 \in \mathbf{C}$ sind leicht nachzuweisen:

$$
\begin{aligned}
\overline{z_1 + z_2} &= \overline{z}_1 + \overline{z}_2 \\
\overline{z_1 \cdot z_2} &= \overline{z}_1 \cdot \overline{z}_2 \\
z \cdot \overline{z} &= |z|^2
\end{aligned}
$$

Aus der letzten Gleichung folgt für $z \in \mathbf{C} \setminus \{0\}$

$$z^{-1} = \frac{1}{z} = \frac{1}{z} \cdot \frac{\overline{z}}{\overline{z}} = \frac{\overline{z}}{|z|^2}$$

sowie für $z_1, z_2 \in \mathbf{C}$ mit $z_2 \neq 0$

$$\frac{z_1}{z_2} \;=\; \frac{z_1}{z_2} \cdot \frac{\overline{z}_2}{\overline{z}_2} \;=\; \frac{z_1 \cdot \overline{z}_2}{|z_2|^2}$$

Das Erweitern des Bruches z_1/z_2 nennt man *Reellmachen des Nenners.* Außerdem gilt

$$|-z| \;=\; |z| \;=\; |\overline{z}|$$

Der folgende Satz faßt die wichtigsten Eigenschaften des Betrags zusammen:

Satz (Betrag). *Für alle $z, z_1, z_2 \in \mathbf{C}$ gilt*
(a) $|z| \geq 0$
(b) $|z| = 0 \Longleftrightarrow z = 0$
(c) $|z_1 \cdot z_2| = |z_1| \cdot |z_2|$
(d) $|z_1 + z_2| \leq |z_1| + |z_2|$ *(Dreiecksungleichung)*

Polarkoordinaten

Jede komplexe Zahl $z \in \mathbf{C}$ läßt sich in der Form

$$z \;=\; r\Big(\cos(\varphi) + i\,\sin(\varphi)\Big)$$

darstellen, wobei $r \in \mathbf{R}_+$ durch

$$r \;:=\; |z|$$

definiert ist und $\varphi \in [0, 2\pi)$ im Fall $|z| \neq 0$ durch die beiden Gleichungen

$$|z|\cos(\varphi) \;=\; \mathrm{Re}\,(z)$$
$$|z|\sin(\varphi) \;=\; \mathrm{Im}\,(z)$$

eindeutig bestimmt ist. Diese Darstellung einer komplexen Zahl heißt Darstellung in *Polarkoordinaten.* Andererseits ist für alle $r \in \mathbf{R}_+$ und $\varphi \in [0, 2\pi)$

$$z \;:=\; r\Big(\cos(\varphi) + i\,\sin(\varphi)\Big)$$

eine komplexe Zahl mit $|z| = r$. Für

$$z_1 \;:=\; r_1\Big(\cos(\varphi_1) + i\,\sin(\varphi_1)\Big)$$
$$z_2 \;:=\; r_2\Big(\cos(\varphi_2) + i\,\sin(\varphi_2)\Big)$$

ergibt sich aus den Rechenregeln für Sinus und Cosinus

$$
\begin{aligned}
z_1 \cdot z_2 &= (r_1 \cdot r_2) \cdot \Big(\cos(\varphi_1) + i\,\sin(\varphi_1)\Big) \cdot \Big(\cos(\varphi_2) + i\,\sin(\varphi_2)\Big) \\
&= (r_1 \cdot r_2) \cdot \Big(\big(\cos(\varphi_1)\cos(\varphi_2) - \sin(\varphi_1)\sin(\varphi_2)\big) \\
&\qquad\qquad + i\,\big(\cos(\varphi_1)\sin(\varphi_2) + \cos(\varphi_2)\sin(\varphi_1)\big)\Big) \\
&= (r_1 \cdot r_2) \cdot \Big(\cos(\varphi_1+\varphi_2) + i\,\sin(\varphi_1+\varphi_2)\Big)
\end{aligned}
$$

Die letzte Gleichung läßt sich wie folgt verallgemeinern:

Satz (Formel von DeMoivre). *Für die komplexe Zahl $z \in \mathbf{C}$ mit*

$$
z = r\Big(\cos(\varphi) + i\,\sin(\varphi)\Big)
$$

und für alle $n \in \mathbf{N}$ gilt

$$
z^n = r^n\Big(\cos(n\varphi) + i\,\sin(n\varphi)\Big)
$$

Den Beweis des Satzes führt man durch vollständige Induktion.

Häufig verwendet man auch die Notation

$$
e^{i\varphi} := \cos(\varphi) + i\,\sin(\varphi)
$$

Die Rechenregeln für diese Exponentialfunktion mit imaginärem Argument ergeben sich aus den Rechenregeln für Sinus und Cosinus; sie gleichen den Rechenregeln für die Exponentialfunktion mit reellem Argument.

Bemerkung. Wir haben hier die trigonometrischen Funktionen sin und cos in ihrer geometrischen Bedeutung verwendet; dies ist zwar anschaulich, mathematisch aber unbefriedigend. Um für jedes $x \in \mathbf{R}$ die Werte $\sin x$ und $\cos x$ eindeutig festzulegen, definiert man die trigonometrischen Funktionen $\sin : \mathbf{R} \to \mathbf{R}$ und $\cos : \mathbf{R} \to \mathbf{R}$ durch Potenzreihen und zeigt, daß die so definierten Funktionen der geometrischen Anschauung tatsächlich entsprechen. Des weiteren zeigt man, daß sich jede komplexe Zahl $z \in \mathbf{C}$ in der Form

$$
z = r\Big(\cos(\varphi) + i\,\sin(\varphi)\Big)
$$

mit $r \in \mathbf{R}_+$ und $\varphi \in [0, 2\pi)$ darstellen läßt. Schließlich definiert man auch die Exponentialfunktion $\exp : \mathbf{C} \to \mathbf{C}$ durch eine Potenzreihe und zeigt, daß die *Euler'sche Gleichung*

$$
\exp(i\varphi) = \cos(\varphi) + i\,\sin(\varphi)
$$

gilt. Anstelle von $\exp(z)$ schreibt man auch e^z.

3.5   Algebraische Strukturen

In der Aussagenlogik, in der Mengenlehre, und beim Rechnen mit Zahlen treten immer wieder zweistellige Verknüpfungen auf:
- Die Konjunktion von zwei Aussagen ist eine Aussage.
- Die Vereinigung von zwei Mengen ist eine Menge.
- Die Summe von zwei reellen Zahlen ist eine reelle Zahl.

Wir wollen solche Verknüpfungen und ihre Eigenschaften jetzt systematischer betrachten.

Binäre Operationen

Sei X eine Menge. Dann heißt jede Abbildung

$$* \ : \ X \times X \ \to \ X$$
$$(x, y) \ \mapsto \ x * y$$

binäre Operation oder *zweistellige Verknüpfung* auf X. Man schreibt

$$\langle X, * \rangle$$

um hervorzuheben, daß man die Menge X zusammen mit der binären Operation $*$ betrachtet.

Eine binäre Operation $* : X \times X \to X$
- heißt *assoziativ*, wenn das *Assoziativ–Gesetz*

$$x * (y * z) \ = \ (x * y) * z$$

für alle $x, y, z \in X$ gilt.
- heißt *kommutativ*, wenn das *Kommutativ–Gesetz*

$$x * y \ = \ y * x$$

für alle $x, y \in X$ gilt.
- besitzt ein *neutrales Element*, wenn es ein Element $e \in X$ gibt mit

$$e * x \ = \ x \ = \ x * e$$

für alle $x \in X$.

Sind $e_1, e_2 \in X$ neutrale Elemente der binären Operation $*$, so gilt

$$e_1 \ = \ e_1 * e_2 \ = \ e_2$$

Eine binäre Operation besitzt also höchstens ein neutrales Element.

Halbgruppen

Eine Menge X mit einer binären Operation $* : X \times X \to X$ heißt *Halbgruppe*, wenn gilt:
(i) $*$ ist assoziativ.
(ii) $*$ besitzt ein neutrales Element.
Eine Halbgruppe $\langle X, * \rangle$ heißt *kommutativ*, wenn $*$ kommutativ ist.

Beispiele.   Sei Ω eine nichtleere Menge.
(1) $\langle 2^\Omega, \backslash \rangle$ ist keine Halbgruppe, denn die Differenz $\backslash$ ist nicht assoziativ.
(2) $\langle 2^\Omega, \cup \rangle$ ist eine kommutative Halbgruppe mit neutralem Element $\emptyset$.
(3) $\langle 2^\Omega, \cap \rangle$ ist eine kommutative Halbgruppe mit neutralem Element Ω.

Beispiele.
(1) $\langle \mathbf{N}, + \rangle$ ist keine Halbgruppe, denn $\langle \mathbf{N}, + \rangle$ besitzt kein neutrales Element.
(2) $\langle \mathbf{N}_0, + \rangle$ ist eine kommutative Halbgruppe mit neutralem Element 0.
(3) $\langle \mathbf{N}, \cdot \rangle$ ist eine kommutative Halbgruppe mit neutralem Element 1.
(4) $\langle \mathbf{Z}, \cdot \rangle$ ist eine kommutative Halbgruppe mit neutralem Element 1.
(5) $\langle \mathbf{Q}, \cdot \rangle$ ist eine kommutative Halbgruppe mit neutralem Element 1.

Ist $\langle X, * \rangle$ eine Halbgruppe mit neutralem Element e, so heißt jedes Element $\overline{x} \in X$ mit

$$\overline{x} * x \;=\; e \;=\; x * \overline{x}$$

inverses Element zu $x \in X$. Sind $x', \overline{x} \in X$ inverse Elemente zu x, so gilt

$$\begin{aligned}
x' &= x' * e \\
&= x' * (x * \overline{x}) \\
&= (x' * x) * \overline{x} \\
&= e * \overline{x} \\
&= \overline{x}
\end{aligned}$$

Zu jedem Element $x \in X$ gibt es also höchstens ein inverses Element.

Gruppen

Eine Menge X mit einer binären Operation $* : X \times X \to X$ heißt *Gruppe*, wenn gilt:
(i) $\langle X, * \rangle$ ist eine Halbgruppe.
(ii) Zu jedem $x \in X$ gibt es ein (eindeutig bestimmtes) inverses Element $\overline{x} \in X$.
Eine Gruppe $\langle X, * \rangle$ heißt *kommutativ*, wenn $*$ kommutativ ist.

Beispiel.   Sei Ω eine nichtleere Menge. Dann ist $\langle 2^\Omega, \triangle \rangle$ eine kommutative Gruppe mit neutralem Element $\emptyset$.

Beispiele.
(1) $\langle \mathbf{N}_0, + \rangle$ ist keine Gruppe, denn $\langle \mathbf{N}_0, + \rangle$ besitzt keine inversen Elemente.
(2) $\langle \mathbf{Z}, + \rangle$ ist eine kommutative Gruppe mit neutralem Element 0.
(3) $\langle \mathbf{Q}, + \rangle$ ist eine kommutative Gruppe mit neutralem Element 0.
(4) $\langle \mathbf{N}, \cdot \rangle$ ist keine Gruppe, denn $\langle \mathbf{N}, \cdot \rangle$ besitzt keine inversen Elemente.
(5) $\langle \mathbf{Q}, \cdot \rangle$ ist keine Gruppe, denn $0 \in \mathbf{Q}$ besitzt kein inverses Element.
(6) $\langle \mathbf{Q} \backslash \{0\}, \cdot \rangle$ ist eine kommutative Gruppe mit neutralem Element 1.

Körper

Eine Menge X mit zwei binären Operationen $* : X{\times}X \to X$ und $\bullet : X{\times}X \to X$
heißt *Körper*, wenn gilt:
(i) $\langle X, * \rangle$ ist eine kommutative Gruppe mit neutralem Element 0.
(ii) $\langle X \backslash \{0\}, \bullet \rangle$ ist eine kommutative Gruppe mit neutralem Element 1.
(iii) Es gilt das *Distributiv-Gesetz*

$$x \bullet (y * z) \;=\; (x \bullet y) * (x \bullet z)$$

für alle $x, y, z \in X$.
Man schreibt

$$\langle X, *, \bullet \rangle$$

um hervorzuheben, daß man die Menge X zusammen mit den binären Operationen $*$ und $\bullet$ betrachtet.

Beispiele.
(1) $\langle \mathbf{Q}, +, \cdot \rangle$ ist ein Körper.
(2) $\langle \mathbf{R}, +, \cdot \rangle$ ist ein Körper.
(3) $\langle \mathbf{C}, +, \cdot \rangle$ ist ein Körper.

Mit Hilfe der in diesem Abschnitt betrachteten algebraischen Strukturen kann man die verschiedenen Zahlenbereiche konstruieren:
- Die Menge der reellen Zahlen wird definiert als ein Körper mit einer vollständigen Ordnungsrelation, die mit Addition und Multiplikation in bestimmter Weise verträglich ist.
- Die Menge der rationalen Zahlen wird definiert als die kleinste Menge $\mathbf{Q} \subseteq \mathbf{R}$ mit $1 \in \mathbf{Q}$, für die $\langle \mathbf{Q}, +, \cdot \rangle$ ein Körper ist.
- Die Menge der ganzen Zahlen wird definiert als die kleinste Menge $\mathbf{Z} \subseteq \mathbf{R}$ mit $1 \in \mathbf{Z}$, für die $\langle \mathbf{Z}, + \rangle$ eine Gruppe ist.
- Die Menge der erweiterten natürlichen Zahlen wird definiert als die kleinste Menge $\mathbf{N}_0 \subseteq \mathbf{R}$ mit $1 \in \mathbf{N}_0$, für die $\langle \mathbf{N}_0, + \rangle$ eine Halbgruppe ist.
Die Menge der komplexen Zahlen konstruiert man wie vorher mit Hilfe der Menge der reellen Zahlen.

Kapitel 4

Vektoren

Viele ökonomische Größen lassen sich in einfacher Weise durch die Verwendung von Vektoren darstellen. Beispielsweise lassen sich die Mengen oder die Preise der in einem Güterbündel enthaltenen Güter durch einen Vektor beschreiben; mit Hilfe von Vektoren läßt sich aber auch eine Budgetrestriktion ausdrücken.

Im einfachsten Fall sind Vektoren n–Tupel von reellen Zahlen. Betrachtet man Summen und Vielfache solcher n–dimensionaler Vektoren, so gelangt man zum Begriff des Euklidischen Raumes. Es stellt sich heraus, daß bestimmte Mengen von Folgen oder reellen Funktionen mit einer geeigneten Addition und Skalarmultiplikation eine ähnliche Struktur besitzen wie der Euklidische Raum. Aufgrund dieser Beobachtung ist es sinnvoll, ausgehend vom Begriff des Euklidischen Raumes den Begriff eines allgemeinen Vektorraumes einzuführen.

In diesem Kapitel betrachten wir zunächst die Menge der n–dimensionalen Vektoren und die für diese Vektoren erklärte Addition, Skalarmultiplikation und Ordnungsrelation (Abschnitt 4.1). Wir vernachlässigen dann die Koordinaten und betrachten allgemeine Vektorräume (Abschnitt 4.2), Vektorräume mit einer Norm (Abschnitt 4.3), und Vektorräume mit einem Skalarprodukt (Abschnitt 4.4).

4.1 Vektoralgebra

Eine Anordnung von n reellen Zahlen $x_1, x_2, \ldots, x_n \in \mathbf{R}$ in der Form

$$\begin{pmatrix} x_1 \\ x_2 \\ \vdots \\ x_n \end{pmatrix}$$

heißt *n–dimensionaler Spaltenvektor* oder *n–dimensionaler Vektor* oder kurz *Vektor*. Die Zahlen $x_1, x_2, \ldots, x_n$ heißen *Koordinaten* des Vektors, und die Zahl n heißt *Dimension* des Vektors.

Wir setzen

$$x \; := \; \begin{pmatrix} x_1 \\ x_2 \\ \vdots \\ x_n \end{pmatrix}$$

Der Vektor

$$0 \; := \; \begin{pmatrix} 0 \\ 0 \\ \vdots \\ 0 \end{pmatrix}$$

heißt *Nullvektor*.

Wir bezeichnen die Menge aller n–dimensionalen Vektoren mit

$$\mathbf{R}^n$$

Die Menge $\mathbf{R}^n$ heißt *n–dimensionaler Euklidischer Raum*.

Addition

Für $x, y \in \mathbf{R}^n$ sei $x + y$ definiert durch

$$\begin{pmatrix} x_1 \\ x_2 \\ \vdots \\ x_n \end{pmatrix} + \begin{pmatrix} y_1 \\ y_2 \\ \vdots \\ y_n \end{pmatrix} := \begin{pmatrix} x_1 + y_1 \\ x_2 + y_2 \\ \vdots \\ x_n + y_n \end{pmatrix}$$

Die so definierte Abbildung $+ : \mathbf{R}^n \times \mathbf{R}^n \to \mathbf{R}^n$ heißt *Addition* auf dem Euklidischen Raum $\mathbf{R}^n$.

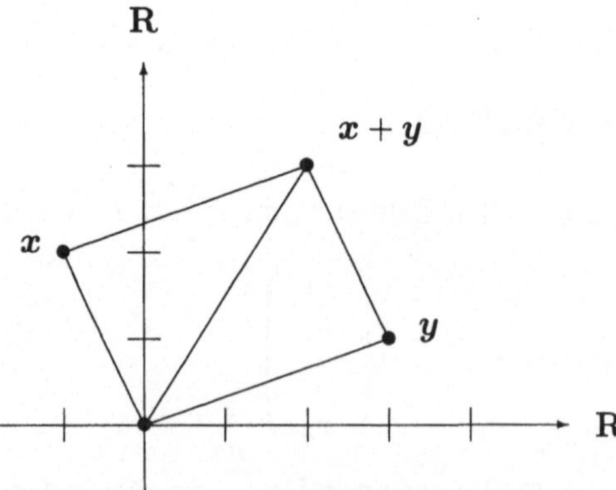

Offenbar ist $\langle \mathbf{R}^n, + \rangle$ eine kommutative Gruppe, deren neutrales Element der n–dimensionale Nullvektor 0 ist.

Skalarmultiplikation

Für $x \in \mathbf{R}^n$ und $\alpha \in \mathbf{R}$ sei $\alpha \cdot x$ koordinatenweise definiert durch

$$\alpha \cdot \begin{pmatrix} x_1 \\ x_2 \\ \vdots \\ x_n \end{pmatrix} := \begin{pmatrix} \alpha x_1 \\ \alpha x_2 \\ \vdots \\ \alpha x_n \end{pmatrix}$$

Die so definierte Abbildung $\cdot : \mathbf{R} \times \mathbf{R}^n \to \mathbf{R}^n$ heißt *Skalarmultiplikation* auf dem Euklidischen Raum $\mathbf{R}^n$. Der Name erklärt sich daraus, daß die reellen Zahlen im Zusammenhang mit Vektoren auch als *Skalare* bezeichnet werden. Für $x \in \mathbf{R}^n$ setzen wir

$$-x := (-1) \cdot x$$

Die Skalarmultiplikation eines Vektors mit -1 entspricht der Spiegelung des Vektors am Nullpunkt $\mathbf{0}$.

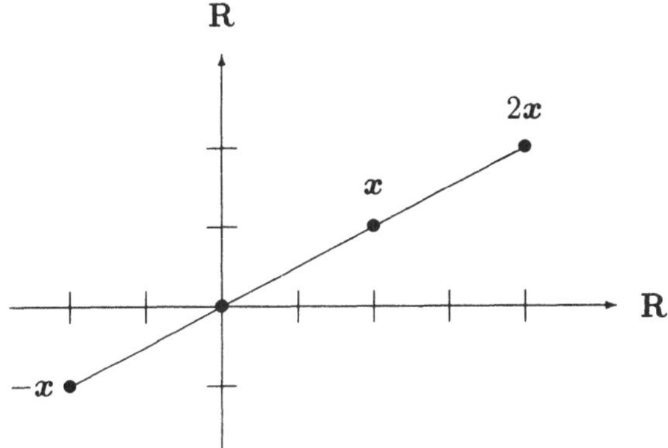

Für $x, y \in \mathbf{R}^n$ definieren wir die *Differenz* von x und y durch

$$\begin{aligned} x - y &:= x + (-y) \\ &= x + (-1) \cdot y \end{aligned}$$

Die Differenz ist also durch Addition und Skalarmultiplikation definiert.

Linearkombinationen

Ein Vektor $x \in \mathbf{R}^n$ heißt *Linearkombination* der Vektoren $x^1, x^2, \ldots, x^m \in \mathbf{R}^n$, wenn es Skalare $\alpha_1, \alpha_2, \ldots, \alpha_m \in \mathbf{R}$ gibt mit

$$x = \sum_{j=1}^{m} \alpha_j x^j$$

Die Menge aller Linearkombinationen der Vektoren $x^1, x^2, \ldots, x^m \in \mathbf{R}^n$ heißt
lineare Hülle von $\{x^1, x^2, \ldots, x^m\} \subseteq \mathbf{R}^n$ und wird mit

$$\text{span}\,\{x^1, x^2, \ldots, x^m\}$$

bezeichnet.

Konvexkombinationen

Ein Vektor $x \in \mathbf{R}^n$ heißt *Konvexkombination* der Vektoren $x^1, x^2, \ldots, x^m \in \mathbf{R}^n$,
wenn es Skalare $\lambda_1, \lambda_2, \ldots, \lambda_m \in [0, 1]$ gibt mit $\sum_{j=1}^m \lambda_j = 1$ und

$$x \;=\; \sum_{j=1}^m \lambda_j\, x^j$$

Die Menge aller Konvexkombinationen der Vektoren $x^1, x^2, \ldots, x^m \in \mathbf{R}^n$ heißt
konvexe Hülle von $\{x^1, x^2, \ldots, x^m\} \subseteq \mathbf{R}^n$ und wird mit

$$\text{conv}\,\{x^1, x^2, \ldots, x^m\}$$

bezeichnet. Jede Konvexkombination ist eine Linearkombination. Daher gilt

$$\text{conv}\,\{x^1, x^2, \ldots, x^m\} \;\subseteq\; \text{span}\,\{x^1, x^2, \ldots, x^m\}$$

Ist mindestens einer der Vektoren $x^1, x^2, \ldots, x^m \in \mathbf{R}^n$ von $\mathbf{0}$ verschieden, so
gilt $\text{conv}\,\{x^1, x^2, \ldots, x^m\} \neq \text{span}\,\{x^1, x^2, \ldots, x^m\}$.

Einheitsvektoren

Für $j \in \{1, 2, \ldots, n\}$ heißt der Vektor $e^j \in \mathbf{R}^n$ mit den Koordinaten

$$e_i^j \;:=\; \begin{cases} 1 & \text{falls} \quad i = j \\ 0 & \text{falls} \quad i \neq j \end{cases}$$

der j-*te Einheitsvektor* des $\mathbf{R}^n$. Wegen

$$x \;=\; \sum_{j=1}^n x_j\, e^j$$

ist jeder Vektor $x \in \mathbf{R}^n$ eine Linearkombination der Einheitsvektoren.

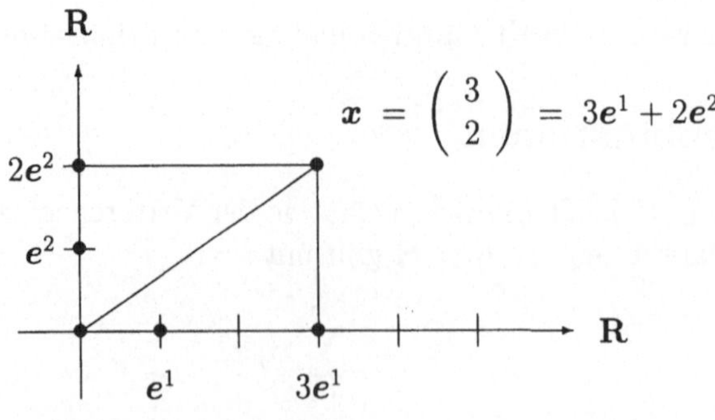

Es gilt also

$$\mathbf{R}^n \;=\; \operatorname{span}\{e^1, e^2, \ldots, e^n\}$$

Die Menge

$$\operatorname{conv}\{e^1, e^2, \ldots, e^n\}$$

heißt *Einheitssimplex* des $\mathbf{R}^n$.

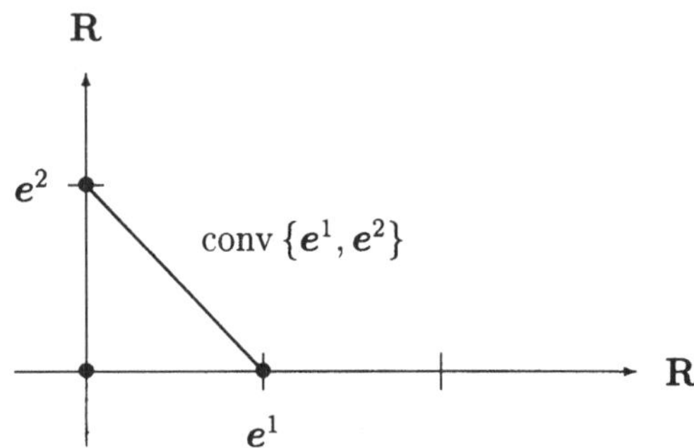

Offenbar gilt $\operatorname{conv}\{e^1, e^2, \ldots, e^n\} \neq \operatorname{span}\{e^1, e^2, \ldots, e^n\}$.

Ordnungsrelation

Für $x, y \in \mathbf{R}^n$ schreiben wir

$$x \;\leq\; y$$

wenn für alle $i \in \{1, 2, \ldots, n\}$

$$x_i \;\leq\; y_i$$

gilt. Die Menge aller Paare

$$\{(x, y) \in \mathbf{R}^n \times \mathbf{R}^n \mid x \leq y\}$$

ist eine Ordnungsrelation auf $\mathbf{R}^n$.

Ein Vektor $x \in \mathbf{R}^n$ mit

$$0 \;\leq\; x$$

heißt *positiv*. Die Menge

$$\mathbf{R}^n_+ \;:=\; \{x \in \mathbf{R}^n \mid 0 \leq x\}$$

aller positiven n–dimensionalen Vektoren heißt *positiver Kegel* des Euklidischen Raumes $\mathbf{R}^n$.

Für $a, b \in \mathbf{R}^n$ heißt eine Menge der Form

$$[a, b] \; := \; \{x \in \mathbf{R}^n \mid a \le x \le b\}$$

abgeschlossenes Intervall des Euklidischen Raum ₃ $\mathbf{R}^n$.

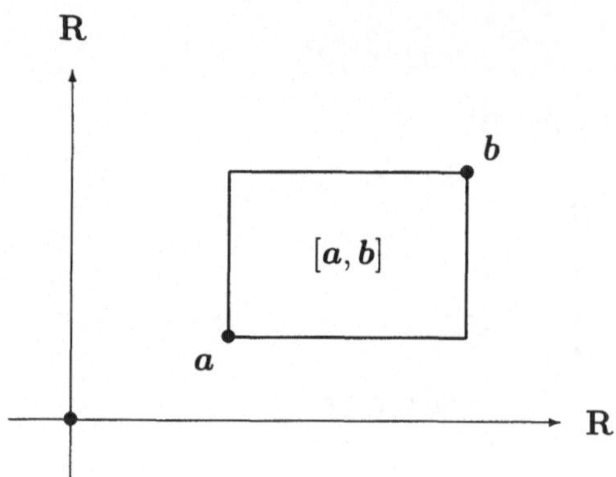

Tausch-Ökonomie

*Wir betrachten eine Tausch-Ökonomie mit zwei Haushalten und n Gütern.
Die in der Ökonomie vorhandenen Gütermengen seien vollständig auf die Haushalte verteilt. Wir identifizieren die Menge aller Güterbündel mit dem positiven Kegel $\mathbf{R}^n_+$ des Euklidischen Raumes $\mathbf{R}^n$ und bezeichnen mit*
- *$\omega \in \mathbf{R}^n_+$ die Gesamtausstattung der Ökonomie*
- *$\omega^1 \in \mathbf{R}^n_+$ die Anfangsausstattung von Haushalt 1*
- *$\omega^2 \in \mathbf{R}^n_+$ die Anfangsausstattung von Haushalt 2*

Dann gilt $\omega^1 + \omega^2 = \omega$.

Durch Tausch läßt sich jede Ausstattung
- *$x^1 \in [0, \omega]$ für Haushalt 1 und*
- *$x^2 \in [0, \omega]$ für Haushalt 2*

mit $x^1 + x^2 = \omega$ erreichen. Das Intervall $[0, \omega]$ heißt Edgeworth-Box.

4.2 Vektorräume

Im Euklidischen Raum besitzen Addition und Skalarmultiplikation bestimmte algebraische Eigenschaften, die sich auch ohne Verwendung von Koordinaten formulieren lassen. Diese Eigenschaften führen auf den Begriff des Vektorraums.

Vektorräume

Sei V eine Menge und seien $+ : V \times V \to V$ und $\cdot : \mathbf{R} \times V \to V$ Abbildungen mit folgenden Eigenschaften:

(i) $\langle V, + \rangle$ ist eine kommutative Gruppe mit neutralem Element $\mathbf{0}$.

(ii) Für alle $x, y \in V$ und $\alpha \in \mathbf{R}$ gilt $\alpha \cdot (x + y) = \alpha \cdot x + \alpha \cdot y$.

(iii) Für alle $x \in V$ und $\alpha, \beta \in \mathbf{R}$ gilt $(\alpha + \beta) \cdot x = \alpha \cdot x + \beta \cdot x$.

(iv) Für alle $x \in V$ und $\alpha, \beta \in \mathbf{R}$ gilt $(\alpha\beta) \cdot x = \alpha \cdot (\beta \cdot x)$.

(v) Für alle $x \in V$ gilt $1 \cdot x = x$.

Dann heißt $\langle V, +, \cdot \rangle$ *Vektorraum*. Die Elemente von V heißen *Vektoren*.

Satz. *Der Euklidische Raum* $\langle \mathbf{R}^n, +, \cdot \rangle$ *ist ein Vektorraum.*

Lineare Teilräume

Sei V ein Vektorraum.

Für $x^1, \ldots, x^m \in V$ definiert man Linearkombinationen dieser Vektoren sowie die lineare Hülle von $\{x^1, \ldots, x^m\}$ genau wie im Fall $V = \mathbf{R}^n$.

Eine Menge $L \subseteq V$ heißt *lineare Teilmenge* oder *linearer Teilraum* oder *linearer Unterraum* von V, wenn für alle $x, y \in L$ und $\alpha, \beta \in \mathbf{R}$

$$\alpha x + \beta y \ \in \ L$$

gilt. Man sieht leicht, daß eine Menge $L \subseteq V$ genau dann ein linearer Teilraum von V ist, wenn für alle $m \in \mathbf{N}$, $x^1, x^2, \ldots, x^m \in L$ und $\alpha_1, \alpha_2, \ldots, \alpha_m \in \mathbf{R}$

$$\sum_{j=1}^{m} \alpha_j x^j \ \in \ L$$

gilt. Außerdem ist der Durchschnitt beliebig vieler linearer Teilräume von V wieder ein linearer Teilraum von V.

Beispiele.

(1) $\mathbf{R}^n$ ist ein linearer Teilraum von $\mathbf{R}^n$.

(2) Für alle $m \in \mathbf{N}$ und $x^1, x^2, \ldots, x^m \in \mathbf{R}^n$ ist span $\{x^1, x^2, \ldots, x^m\}$ ein linearer Teilraum von $\mathbf{R}^n$.

(3) Für alle $j \in \{1, 2, \ldots, n\}$ ist span $\{e^j\}$ ein linearer Teilraum von $\mathbf{R}^n$.

(4) $\{\mathbf{0}\}$ ist ein linearer Teilraum von $\mathbf{R}^n$.

Konvexe Teilmengen

Sei V ein Vektorraum.

Für $x^1, \ldots, x^m \in V$ definiert man Konvexkombinationen dieser Vektoren sowie die konvexe Hülle von $\{x^1, \ldots, x^m\}$ genau wie im Fall $V = \mathbf{R}^n$.

Eine Menge $K \subseteq V$ heißt *konvex*, wenn für alle $x, y \in K$ und $\lambda \in [0,1]$

$$\lambda\, x + (1 - \lambda)\, y \;\in\; K$$

gilt. Man sieht leicht, daß eine Menge $K \subseteq V$ genau dann konvex ist, wenn für alle $m \in \mathbf{N}$, $x^1, x^2, \ldots, x^m \in K$ und $\lambda_1, \lambda_2, \ldots, \lambda_m \in [0,1]$ mit $\sum_{j=1}^m \lambda_j = 1$

$$\sum_{j=1}^m \lambda_j\, x^j \;\in\; K$$

gilt. Außerdem ist der Durchschnitt beliebig vieler konvexer Teilmengen von V wieder eine konvexe Teilmenge von V.

Beispiele.
(1) Jeder lineare Teilraum des Euklidischen Raumes $\mathbf{R}^n$ ist konvex.
(2) Die Menge $\mathbf{R}^n_+$ ist konvex, aber nicht linear.
(3) Für alle $m \in \mathbf{N}$ und $x^1, x^2, \ldots, x^m \in \mathbf{R}^n$ ist die Menge conv $\{x^1, x^2, \ldots, x^m\}$ konvex, aber im allgemeinen nicht linear.
(4) Für alle $x, z \in \mathbf{R}^n$ mit $x \leq z$ ist das Intervall $[x, z]$ konvex, aber nicht linear. Es gilt conv $\{x, z\} \subseteq [x, z]$.

Lineare Unabhängigkeit und Dimension

Sei V ein Vektorraum.

Eine Menge von Vektoren $\{x^1, x^2, \ldots, x^m\} \subseteq V$ heißt
– *linear unabhängig*, wenn die Implikation

$$\sum_{j=1}^m \alpha_j\, x^j = 0 \;\implies\; \forall_{j=1}^m\, \alpha_j = 0$$

gilt.
– *linear abhängig*, wenn sie nicht linear unabhängig ist.
Lineare Unabhängigkeit der Menge $\{x^1, x^2, \ldots, x^m\}$ bedeutet also, daß sich keiner der Vektoren $x^1, x^2, \ldots, x^m$ als Linearkombination der übrigen Vektoren darstellen läßt.

Beispiele.
(1) Die Menge der Einheitsvektoren $\{e^1, e^2, \ldots, e^n\}$ des Euklidischen Raumes $\mathbf{R}^n$ ist linear unabhängig.

(2) Die Menge
$$\left\{ \begin{pmatrix} 1 \\ 1 \end{pmatrix}, \begin{pmatrix} 1 \\ -1 \end{pmatrix} \right\}$$

ist linear unabhängig.

(3) Die Menge
$$\left\{ \begin{pmatrix} 1 \\ 1 \end{pmatrix}, \begin{pmatrix} 1 \\ -1 \end{pmatrix}, \begin{pmatrix} 2 \\ 0 \end{pmatrix} \right\}$$

ist linear abhängig.

(4) Die Menge
$$\left\{ \begin{pmatrix} 1 \\ 1 \end{pmatrix}, \begin{pmatrix} 1 \\ -1 \end{pmatrix}, \begin{pmatrix} 2 \\ 0 \end{pmatrix}, \begin{pmatrix} 0 \\ 2 \end{pmatrix} \right\}$$

ist linear abhängig.

(5) Die Menge
$$\left\{ \begin{pmatrix} 1 \\ 1 \\ 3 \end{pmatrix}, \begin{pmatrix} 1 \\ -1 \\ 0 \end{pmatrix}, \begin{pmatrix} 2 \\ 0 \\ 3 \end{pmatrix} \right\}$$

ist linear abhängig.

(6) Die Menge
$$\left\{ \begin{pmatrix} 1 \\ 1 \\ 3 \end{pmatrix}, \begin{pmatrix} 1 \\ -1 \\ 0 \end{pmatrix}, \begin{pmatrix} 2 \\ 0 \\ 0 \end{pmatrix} \right\}$$

ist linear unabhängig.

Die maximale Zahl linear unabhängiger Vektoren von V heißt *Dimension* von V und wird mit

$$\dim V$$

bezeichnet. Es gilt $\dim V \in \mathbf{N}$ oder $\dim V = \infty$.

Beispiel.   Die Menge der Einheitsvektoren $\{e^1, e^2, \ldots, e^n\}$ des Euklidischen Raumes $\mathbf{R}^n$ ist linear unabhängig. Andererseits läßt sich jeder Vektor des Euklidischen Raumes $\mathbf{R}^n$ als Linearkombination der Einheitsvektoren darstellen. Daher ist die Dimension von $\mathbf{R}^n$ gleich n.

Hedging

Wir betrachten einen Markt von Wertpapieren, die heute zum Stückpreis von jeweils 300 DM gekauft werden können. Nach Ablauf eines Jahres befindet sich der Markt in einem von fünf Zuständen. Der Kurs jedes Wertpapiers nach einem Jahr hängt vom Zustand des Marktes ab, kann also maximal fünf verschiedene Werte annehmen.

Wir identifizieren jedes Wertpapier mit einem Vektor $v \in \mathbf{R}^5$ und interpretieren die Koordinate v_i von v als Kurs des Wertpapiers nach einem Jahr, wenn sich der Markt dann im Zustand i befindet. Eine Konvexkombination von Wertpapieren heißt Portefeuille.

Sei

$$v^1 := \begin{pmatrix} 360 \\ 300 \\ 180 \\ 240 \\ 420 \end{pmatrix} \qquad v^2 := \begin{pmatrix} 240 \\ 300 \\ 300 \\ 180 \\ 480 \end{pmatrix}$$

Je nach Zustand des Marktes nach einem Jahr ist also v^1 oder v^2 günstiger. Das System $\{v^1, v^2\}$ ist linear unabhängig, da keiner der beiden Vektoren ein Vielfaches des anderen ist. Sei ferner

$$v^3 := \begin{pmatrix} 300 \\ 300 \\ 240 \\ 210 \\ 450 \end{pmatrix}$$

Dann ist das System $\{v^1, v^2, v^3\}$ linear abhängig, denn es gilt

$$v^1 + v^2 - 2v^3 \;=\; 0$$

Daher gilt

$$\operatorname{span}\{v^1, v^2, v^3\} \;=\; \operatorname{span}\{v^1, v^2\}$$

Wegen

$$v^3 \;=\; \frac{1}{2}\,v^1 + \frac{1}{2}\,v^2$$

gilt außerdem $v^3 \in \operatorname{conv}\{v^1, v^2\}$ und daher

$$\operatorname{conv}\{v^1, v^2, v^3\} \;=\; \operatorname{conv}\{v^1, v^2\}$$

Das bedeutet aber, daß zu jedem Portefeuille aus $\operatorname{conv}\{v^1, v^2, v^3\}$ ein Portefeuille aus $\operatorname{conv}\{v^1, v^2\}$ existiert, das genau dieselben Ertragsmöglichkeiten bietet. Sei schließlich

$$v^4 := \begin{pmatrix} 240 \\ 240 \\ 300 \\ 480 \\ 240 \end{pmatrix}$$

Dann ist das System $\{v^1, v^2, v^4\}$ *linear unabhängig. Die Bildung eines Porte-feuilles aus* conv $\{v^1, v^2, v^4\}$ *eröffnet also Ertragsmöglichkeiten, die durch kein Portefeuille aus* conv $\{v^1, v^2\}$ *erreicht werden können.*

Wir bewerten nun das Risiko eines Portefeuilles durch die Differenz zwischen seinem größten und kleinsten möglichen Ertrag und betrachten das Portefeuille

$$v \; := \; \frac{1}{4}\,v^1 + \frac{1}{4}\,v^2 + \frac{1}{2}\,v^4 \; = \; \begin{pmatrix} 270 \\ 270 \\ 270 \\ 345 \\ 345 \end{pmatrix}$$

Dann gilt $v \in$ conv $\{v^1, v^2, v^4\}$. *Das Risiko von* v *ist kleiner als das Risiko von jedem der Wertpapiere, aus denen es gebildet wird.*

Die Bildung eines Portefeuilles unter Hinzunahme neuer Wertpapiere mit dem Ziel der Verminderung des Risikos bezeichnet man als Hedging. Das Problem besteht in der optimalen Gewichtung der Wertpapiere im Portefeuille.

Basen

Sei V ein Vektorraum.

Eine linear unabhängige Menge $B \subseteq V$ heißt *Basis* von V, wenn sich jeder Vektor $x \in V$ als Linearkombination

$$x \; = \; \sum_{j=1}^{m} \alpha_j\, x^j$$

mit $m \in \mathbf{N}$, $x^1, \dots, x^m \in B$ und $\alpha_1, \dots, \alpha_m \in \mathbf{R}$ darstellen läßt.

Satz. *Jede Basis des Euklidischen Raumes* $\mathbf{R}^n$ *enthält genau n Vektoren.*

Beispiele.
(1) Die Menge der Einheitsvektoren $\{e^1, e^2, \dots, e^n\}$ des Euklidischen Raumes $\mathbf{R}^n$ ist eine Basis von $\mathbf{R}^n$.
(2) Die Menge

$$\left\{ \begin{pmatrix} 1 \\ 1 \end{pmatrix}, \begin{pmatrix} 1 \\ -1 \end{pmatrix} \right\}$$

ist eine Basis von $\mathbf{R}^2$.
(3) Die Menge

$$\left\{ \begin{pmatrix} 1 \\ 1 \\ 3 \end{pmatrix}, \begin{pmatrix} 1 \\ -1 \\ 0 \end{pmatrix} \right\}$$

ist keine Basis von $\mathbf{R}^3$.

(4) Die Menge

$$\left\{ \begin{pmatrix} 1 \\ 1 \\ 3 \end{pmatrix}, \begin{pmatrix} 1 \\ -1 \\ 0 \end{pmatrix}, \begin{pmatrix} 2 \\ 0 \\ 3 \end{pmatrix} \right\}$$

ist keine Basis von $\mathbf{R}^3$.

(5) Die Menge

$$\left\{ \begin{pmatrix} 1 \\ 1 \\ 3 \end{pmatrix}, \begin{pmatrix} 1 \\ -1 \\ 0 \end{pmatrix}, \begin{pmatrix} 2 \\ 0 \\ 3 \end{pmatrix}, \begin{pmatrix} 2 \\ 0 \\ 0 \end{pmatrix} \right\}$$

ist keine Basis von $\mathbf{R}^3$.

(6) Die Menge

$$\left\{ \begin{pmatrix} 1 \\ 1 \\ 3 \end{pmatrix}, \begin{pmatrix} 1 \\ -1 \\ 0 \end{pmatrix}, \begin{pmatrix} 2 \\ 0 \\ 0 \end{pmatrix} \right\}$$

ist eine Basis von $\mathbf{R}^3$.

4.3   Vektorräume mit Norm

Für viele Zwecke ist es nützlich, jedem Vektor eine reelle Zahl zuzuordnen, die als Abstand des Vektors vom Nullpunkt interpretiert wird.

Norm

Sei V ein Vektorraum. Eine Abbildung $\|.\| : V \to \mathbf{R}$ heißt *Norm* auf V, wenn für alle $\boldsymbol{x}, \boldsymbol{y} \in V$ und $\alpha \in \mathbf{R}$ gilt

(i) $\|\boldsymbol{x}\| \geq 0$

(ii) $\|\boldsymbol{x}\| = 0 \iff \boldsymbol{x} = \boldsymbol{0}$

(iii) $\|\boldsymbol{x} + \boldsymbol{y}\| \leq \|\boldsymbol{x}\| + \|\boldsymbol{y}\|$ *(Dreiecksungleichung)*

(iv) $\|\alpha\,\boldsymbol{x}\| = |\alpha|\,\|\boldsymbol{x}\|$

Satz.   *Die Abbildung* $\|.\| : \mathbf{R}^n \to \mathbf{R}$ *mit*

$$\|\boldsymbol{x}\| := \sqrt{\sum_{i=1}^{n} x_i^2}$$

ist eine Norm auf dem Euklidischen Raum $\mathbf{R}^n$.

Die durch den Satz definierte Norm heißt *Euklidische Norm* auf dem Euklidischen Raum $\mathbf{R}^n$. Im Fall $n = 2$ erinnert die Definition der Euklidischen Norm an den *Satz des Pythagoras*. Im Fall $n = 1$ ist die Euklidische Norm identisch mit dem Betrag.

Beschränkte Teilmengen

Sei V ein Vektorraum und sei $\|.\| : V \to \mathbf{R}$ eine Norm auf V.

Für jeden Vektor $\boldsymbol{p} \in V$ und jede reelle Zahl $c \in \mathbf{R}_+$ heißt die Menge

$$K(\boldsymbol{p}, c) \; := \; \{\boldsymbol{x} \in \mathbf{R}^m \mid \|\boldsymbol{x} - \boldsymbol{p}\| \leq c\}$$

abgeschlossene Kugel mit *Mittelpunkt* $\boldsymbol{p}$ und *Radius* c.

Eine Menge $B \subseteq V$ heißt
- *beschränkt*, wenn es ein $c \in \mathbf{R}_+$ gibt, sodaß für alle $\boldsymbol{x} \in B$

$$\|\boldsymbol{x}\| \; \leq \; c$$

gilt.
- *unbeschränkt*, wenn sie nicht beschränkt ist.

Jede abgeschlossene Kugel ist beschränkt. Andererseits ist eine Menge $B \subseteq V$ genau dann beschränkt, wenn sie in einer abgeschlossenen Kugel enthalten ist.

Im Euklidischen Raum läßt sich die Beschränktheit einer Menge auch mit Hilfe der Ordnungsrelation ausdrücken:

Lemma. *Für eine Menge $A \subseteq \mathbf{R}^n$ sind folgende Aussagen äquivalent:*
(a) *A ist beschränkt.*
(b) *Es gibt ein Intervall $[\boldsymbol{a}, \boldsymbol{b}] \subseteq \mathbf{R}^n$ mit $A \subseteq [\boldsymbol{a}, \boldsymbol{b}]$.*

4.4   Vektorräume mit Skalarprodukt

Für viele Zwecke ist es nützlich, je zwei Vektoren eine reelle Zahl zuzuordnen.

Skalarprodukt

Sei V ein Vektorraum. Eine Abbildung $\langle \,.\,,.\, \rangle : V \times V \to \mathbf{R}$ heißt *Skalarprodukt* auf V, wenn für alle $\boldsymbol{x}, \boldsymbol{y}, \boldsymbol{z} \in V$ und $\alpha \in \mathbf{R}$ gilt
(i) $\langle \boldsymbol{x}, \boldsymbol{x} \rangle \geq 0$
(ii) $\langle \boldsymbol{x}, \boldsymbol{x} \rangle = 0 \iff \boldsymbol{x} = \boldsymbol{0}$
(iii) $\langle \boldsymbol{x}, \boldsymbol{y} \rangle = \langle \boldsymbol{y}, \boldsymbol{x} \rangle$
(iv) $\langle \boldsymbol{x}, \boldsymbol{y} + \boldsymbol{z} \rangle = \langle \boldsymbol{x}, \boldsymbol{y} \rangle + \langle \boldsymbol{x}, \boldsymbol{z} \rangle$
(v) $\langle \boldsymbol{x}, \alpha\,\boldsymbol{y} \rangle = \alpha \langle \boldsymbol{x}, \boldsymbol{y} \rangle$

Satz. *Die Abbildung $\langle \,.\,,.\, \rangle : \mathbf{R}^n \times \mathbf{R}^n \to \mathbf{R}$ mit*

$$\langle \boldsymbol{x}, \boldsymbol{y} \rangle \; := \; \sum_{i=1}^{n} x_i y_i$$

ist ein Skalarprodukt auf dem Euklidischen Raum $\mathbf{R}^n$.

Das durch den Satz definierte Skalarprodukt heißt *Euklidisches Skalarprodukt* auf dem Euklidischen Raum $\mathbf{R}^n$. Im Fall $n = 1$ ist das Euklidische Skalarprodukt identisch mit der Multiplikation.

Lemma (Ungleichung von Cauchy–Schwarz). *Sei V ein Vektorraum und sei $\langle \,.\,,.\, \rangle : V \times V \to \mathbf{R}$ ein Skalarprodukt auf V. Dann gilt für alle $x, y \in V$*

$$\langle x, y \rangle^2 \leq \langle x, x \rangle \cdot \langle y, y \rangle$$

Beweis. Für $y = 0$ ist nichts zu zeigen. Für $y \neq 0$ und alle $\alpha \in \mathbf{R}$ gilt

$$\begin{aligned} 0 \;&\leq\; \langle x + \alpha y, x + \alpha y \rangle \\ &=\; \langle x, x \rangle + 2\alpha \langle x, y \rangle + \alpha^2 \langle y, y \rangle \end{aligned}$$

und die Behauptung folgt mit $\alpha := -\langle x, y \rangle / \langle y, y \rangle$. $\qquad\qquad\qquad\square$

Satz. *Sei V ein Vektorraum und sei $\langle \,.\,,.\, \rangle : V \times V \to \mathbf{R}$ ein Skalarprodukt auf V. Dann ist die Abbildung $\| \,.\, \| : V \to \mathbf{R}$ mit*

$$\|x\| \;:=\; \sqrt{\langle x, x \rangle}$$

eine Norm auf V.

Beweis. Für alle $x, y \in V$ folgt aus der Definition des Skalarproduktes, der Ungleichung von Cauchy–Schwarz und dem Binomischen Satz

$$\begin{aligned} \|x + y\|^2 \;&=\; \langle x + y, x + y \rangle \\ &=\; \langle x + y, x \rangle + \langle x + y, y \rangle \\ &=\; \langle x, x + y \rangle + \langle y, x + y \rangle \\ &=\; \langle x, y \rangle + 2\langle x, y \rangle + \langle y, y \rangle \\ &\leq\; \|x\|^2 + 2\sqrt{\langle x, x \rangle}\sqrt{\langle y, y \rangle} + \|y\|^2 \\ &=\; \|x\|^2 + 2\|x\|\|y\| + \|y\|^2 \\ &=\; (\|x\| + \|y\|)^2 \end{aligned}$$

und damit

$$\|x + y\| \;\leq\; \|x\| + \|y\|$$

Damit ist die Dreiecksungleichung (iii) gezeigt. Daß die Abbildung $\| \,.\, \|$ auch die Eigenschaften (i), (ii) und (iv) einer Norm besitzt, ist offensichtlich. $\quad\square$

Aus dem Satz folgt insbesondere, daß die Euklidische Norm tatsächlich die Eigenschaften einer Norm besitzt.

Ist V ein Vektorraum und ist $\langle \,.\,,.\, \rangle : V \times V \to \mathbf{R}$ ein Skalarprodukt auf V, so heißen zwei Vektoren $x, y \in V$ *orthogonal*, wenn $\langle x, y \rangle = 0$ gilt.

Beispiele.

(1) Für die Vektoren $x, y \in \mathbf{R}^2$ mit

$$x := \begin{pmatrix} 1 \\ 1 \end{pmatrix}$$

$$y := \begin{pmatrix} 1 \\ -1 \end{pmatrix}$$

gilt $\langle x, y \rangle = 0$. Die Vektoren x und y sind daher orthogonal.

(2) Für die Vektoren $x, y \in \mathbf{R}^2$ mit

$$x := \begin{pmatrix} -1 \\ 1 \end{pmatrix}$$

$$y := \begin{pmatrix} 1 \\ -1 \end{pmatrix}$$

gilt $\langle x, y \rangle = -2$. Die Vektoren x und y sind daher nicht orthogonal.

Der Wert eines Güterbündels

Interpretiert man die Koordinaten von $p \in \mathbf{R}_+^n$ als Preise und diejenigen von $x \in \mathbf{R}^n$ als Gütermengen, so ist das Skalarprodukt

$$\langle p, x \rangle := \sum_{i=1}^{n} p_i x_i$$

gerade der Wert des Güterbündels x zu Preisen p.

Hyperebenen

Sei V ein Vektorraum und sei $\langle\,.\,,.\,\rangle : V \times V \to \mathbf{R}$ ein Skalarprodukt auf V. Dann heißt für jeden Vektor $p \in V$ und jede reelle Zahl $c \in \mathbf{R}$ die Menge

$$E(p, c) := \{x \in V \mid \langle p, x \rangle = c\}$$

Hyperebene von V bezüglich p und c. Jede Hyperebene ist konvex; damit ist auch der Durchschnitt von beliebig vielen Hyperebenen konvex. Eine Hyperebene der Form

$$E(p, 0) = \{x \in V \mid \langle p, x \rangle = 0\}$$

ist sogar ein linearer Teilraum von V und heißt *orthogonales Komplement* von p in V.

Güterbündel mit Budgetrestriktion I

Interpretiert man die Koordinaten von $p \in \mathbf{R}_+^n$ als Preise und $c \in \mathbf{R}_+$ als Budgetrestriktion eines Haushalts, so besteht die Hyperebene

$$E(p, c) \;=\; \{x \in \mathbf{R}^n \mid \langle p, x \rangle = c\}$$

genau aus denjenigen Güterbündeln $x \in \mathbf{R}^n$, die bei den Preisen p die Budgetrestriktion c erfüllen und ausschöpfen.

Ist außerdem ω die Anfangsausstattung des Haushalts, so stellt sein Vermögen

$$c \;:=\; \langle p, \omega \rangle$$

eine natürliche Budgetrestriktion dar.

Halbräume

Sei V ein Vektorraum und sei $\langle . , . \rangle : V \times V \to \mathbf{R}$ ein Skalarprodukt auf V. Dann heißt für jeden Vektor $p \in V$ und jede reelle Zahl $c \in \mathbf{R}$ die Menge

$$H(p, c) \;:=\; \{x \in V \mid \langle p, x \rangle \le c\}$$

Halbraum von V bezüglich p und c. Jeder Halbraum ist konvex; damit ist auch der Durchschnitt von beliebig vielen Halbräumen konvex.

Güterbündel mit Budgetrestriktion II

Interpretiert man die Koordinaten von $p \in \mathbf{R}_+^n$ als Preise und $c \in \mathbf{R}_+$ als Budgetrestriktion eines Haushalts, so besteht der Halbraum

$$H(p, c) \;=\; \{x \in \mathbf{R}^n \mid \langle p, x \rangle \le c\}$$

genau aus denjenigen Güterbündeln $x \in \mathbf{R}^n$, die bei den Preisen p die Budgetrestriktion c erfüllen, aber nicht notwendigerweise ausschöpfen.

Linearformen

Sei V ein Vektorraum und sei $\langle . , . \rangle : V \times V \to \mathbf{R}$ ein Skalarprodukt auf V. Dann wird für jeden Vektor $p \in V$ durch

$$x \;\mapsto\; \langle p, x \rangle$$

eine Abbildung $V \to \mathbf{R}$ definiert. Da diese Abbildung reellwertig und linear ist, wird sie als *Linearform* bezüglich p bezeichnet.

Optimale Allokation von Ressourcen I

*Eine Unternehmung stellt zwei Produkte P_1 und P_2 her, die für 4 DM bzw.
für 5 DM pro Einheit verkauft werden. Die Produktionsmengen unterliegen
folgenden Beschränkungen:*

- *Für eine Einheit von P_1 sind eine Einheit des Produktionsfaktors F und
  zwei Einheiten des Produktionsfaktors A erforderlich.*
- *Für eine Einheit von P_2 sind drei Einheiten des Produktionsfaktors F und
  eine Einheit des Produktionsfaktors A erforderlich.*
- *Für jedes der Produkte treten Stückkosten in Höhe von 1 DM auf.*
- *Zur Verfügung stehen 15 Einheiten des Produktionsfaktors F und 12 Ein-
  heiten des Produktionsfaktors A.*
- *Das Kostenbudget beträgt 7 DM.*

*Die Produktionsmengen sollen so bestimmt werden, daß der Umsatz maximiert
wird.*

Notation:

$$x_1 \;\widehat{=}\; \text{Produktionsmenge von } P_1$$
$$x_2 \;\widehat{=}\; \text{Produktionsmenge von } P_2$$

Das Problem besteht also darin, die Zielfunktion

$$(x_1, x_2) \;\mapsto\; 4x_1 + 5x_2$$

unter den Nebenbedingungen

$$
\begin{aligned}
x_1 &+ 3x_2 &\leq&\quad 15 \\
2x_1 &+ x_2 &\leq&\quad 12 \\
x_1 &+ x_2 &\leq&\quad 7 \\
x_1 & &\geq&\quad 0 \\
&x_2 &\geq&\quad 0
\end{aligned}
$$

zu maximieren. *Wir setzen*

$$\boldsymbol{x} \;:=\; \begin{pmatrix} x_1 \\ x_2 \end{pmatrix}$$

$$\boldsymbol{p} \;:=\; \begin{pmatrix} 4 \\ 5 \end{pmatrix}$$

$$\boldsymbol{f} \;:=\; \begin{pmatrix} 1 \\ 3 \end{pmatrix}$$

$$\boldsymbol{a} \;:=\; \begin{pmatrix} 2 \\ 1 \end{pmatrix}$$

$$\boldsymbol{k} \;:=\; \begin{pmatrix} 1 \\ 1 \end{pmatrix}$$

Dann ist

- x der Vektor der Produktionsmengen
- p der Preisvektor
- f der Einsatzvektor für Faktor F
- a der Einsatzvektor für Faktor A
- k der Kostenvektor

Das Problem besteht also darin, die Linearform

$$x \;\mapsto\; \langle p, x \rangle$$

auf der Menge K aller $x \in \mathbf{R}^2$ mit

$$\begin{aligned}
\langle f, x \rangle &\leq 15 \\
\langle a, x \rangle &\leq 12 \\
\langle k, x \rangle &\leq 7 \\
\langle e^1, x \rangle &\geq 0 \\
\langle e^2, x \rangle &\geq 0
\end{aligned}$$

zu maximieren. Wegen

$$\begin{aligned}
\{x \in \mathbf{R}^n \mid \langle e^1, x \rangle \geq 0\} &= \{x \in \mathbf{R}^n \mid \langle -e^1, x \rangle \leq 0\} \\
\{x \in \mathbf{R}^n \mid \langle e^2, x \rangle \geq 0\} &= \{x \in \mathbf{R}^n \mid \langle -e^2, x \rangle \leq 0\}
\end{aligned}$$

definieren nicht nur die ersten drei, sondern auch die letzten zwei Ungleichungen je einen Halbraum. Die Menge K ist also ein Durchschnitt von Halbräumen und daher konvex.

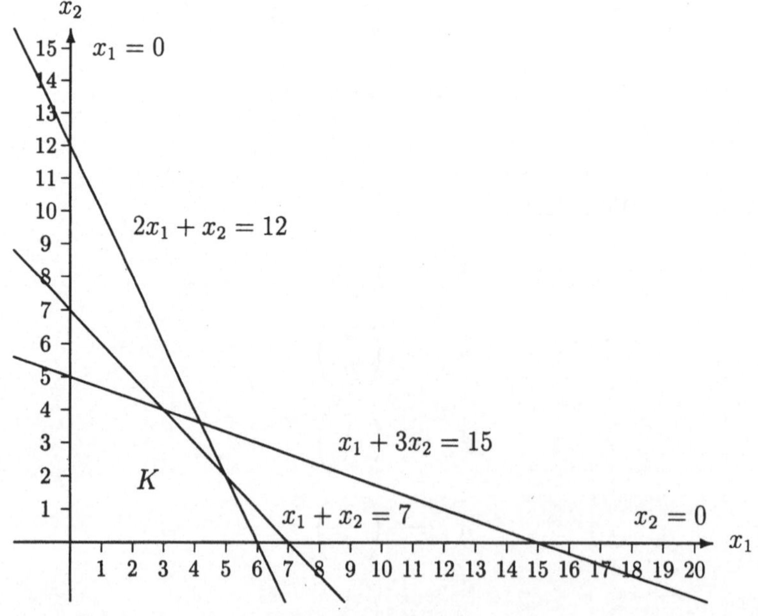

An der graphischen Darstellung erkennt man außerdem, daß die Menge K auch beschränkt ist.

Kapitel 5

Matrizen

Matrizen sind lineare Abbildungen zwischen Euklidischen Vektorräumen: Sie ordnen jedem Vektor des Definitionsbereichs einen Vektor des Wertebereichs zu, und das Bild einer Linearkombination von Vektoren ist gleich der Linearkombination ihrer Bilder.

Mit Hilfe von Matrizen und Vektoren lassen sich lineare Gleichungssysteme in besonders kurzer Form darstellen. Darüber hinaus stellt sich heraus, daß die Eindeutigkeit einer Lösung eines linearen Gleichungssystems vollständig durch die Matrix der Koeffizienten der Unbekannten bestimmt ist.

In diesem Kapitel betrachten wir zunächst die Menge der $m \times n$–Matrizen und die für diese Matrizen erklärten Operationen (Abschnitt 5.1). Wir betrachten sodann Matrizen als lineare Abbildungen (Abschnitt 5.2). In den folgenden Abschnitten betrachten wir quadratische Matrizen, also $n \times n$–Matrizen. Wir beginnen mit den Grundlagen (Abschnitt 5.3) und diskutieren dann die Spur und die Determinante (Abschnitt 5.4) sowie den zentralen Begriff der Regularität einer quadratischen Matrix (Abschnitt 5.5). Abschließend betrachten wir einige quadratische Matrizen mit spezieller Struktur (Abschnitt 5.6).

5.1 Matrixalgebra

Eine Anordnung von $m \cdot n$ reellen Zahlen $a_{11}, a_{12}, \ldots, a_{1n}, a_{21}, a_{22}, \ldots, a_{2n}, \ldots,$ $a_{m1}, a_{m2}, \ldots, a_{mn} \in \mathbf{R}$ in der Form

$$\begin{pmatrix} a_{11} & a_{12} & \cdots & a_{1n} \\ a_{21} & a_{22} & \cdots & a_{2n} \\ \vdots & \vdots & & \vdots \\ a_{m1} & a_{m2} & \cdots & a_{mn} \end{pmatrix}$$

heißt $m \times n$–*Matrix* oder kurz *Matrix*. Die Zahlen a_{ij} heißen *Koeffizienten* der Matrix. Die m Zeilen

$$\begin{pmatrix} a_{i1} & a_{i2} & \cdots & a_{in} \end{pmatrix}$$

heißen *Zeilenvektoren* der Matrix, die n Spalten

$$\begin{pmatrix} a_{1j} \\ a_{2j} \\ \vdots \\ a_{mj} \end{pmatrix}$$

heißen *Spaltenvektoren* der Matrix, und das Paar (m, n) heißt *Dimension* der Matrix. Wir setzen

$$A := \begin{pmatrix} a_{11} & a_{12} & \cdots & a_{1n} \\ a_{21} & a_{22} & \cdots & a_{2n} \\ \vdots & \vdots & & \vdots \\ a_{m1} & a_{m2} & \cdots & a_{mn} \end{pmatrix}$$

Im Fall $n = 1$ ist A ein Vektor.

Wir bezeichnen die Menge aller $m \times n$–Matrizen mit

$$\mathbf{M}^{m,n}$$

Es gilt also $\mathbf{M}^{m,1} = \mathbf{R}^m$.

Addition

Für $A, B \in \mathbf{M}^{m,n}$ sei $A + B$ definiert durch

$$\begin{pmatrix} a_{11} & a_{12} & \cdots & a_{1n} \\ a_{21} & a_{22} & \cdots & a_{2n} \\ \vdots & \vdots & & \vdots \\ a_{m1} & a_{m2} & \cdots & a_{mn} \end{pmatrix} + \begin{pmatrix} b_{11} & b_{12} & \cdots & b_{1n} \\ b_{21} & b_{22} & \cdots & b_{2n} \\ \vdots & \vdots & & \vdots \\ b_{m1} & b_{m2} & \cdots & b_{mn} \end{pmatrix}$$

$$:= \begin{pmatrix} a_{11} + b_{11} & a_{12} + b_{12} & \cdots & a_{1n} + b_{1n} \\ a_{21} + b_{21} & a_{22} + b_{22} & \cdots & a_{2n} + b_{2n} \\ \vdots & \vdots & & \vdots \\ a_{m1} + b_{m1} & a_{m2} + b_{m2} & \cdots & a_{mn} + b_{mn} \end{pmatrix}$$

Die so definierte Abbildung $+ : \mathbf{M}^{m,n} \times \mathbf{M}^{m,n} \to \mathbf{M}^{m,n}$ heißt *Addition* auf $\mathbf{M}^{m,n}$. Offenbar ist $\langle \mathbf{M}^{m,n}, + \rangle$ eine kommutative Gruppe.

Skalarmultiplikation

Für $\alpha \in \mathbf{R}$ und $A \in \mathbf{M}^{m,n}$ sei $\alpha \cdot A$ definiert durch

$$\alpha \cdot \begin{pmatrix} a_{11} & a_{12} & \cdots & a_{1n} \\ a_{21} & a_{22} & \cdots & a_{2n} \\ \vdots & \vdots & & \vdots \\ a_{m1} & a_{m2} & \cdots & a_{mn} \end{pmatrix} := \begin{pmatrix} \alpha a_{11} & \alpha a_{12} & \cdots & \alpha a_{1n} \\ \alpha a_{21} & \alpha a_{22} & \cdots & \alpha a_{2n} \\ \vdots & \vdots & & \vdots \\ \alpha a_{m1} & \alpha a_{m2} & \cdots & \alpha a_{mn} \end{pmatrix}$$

Die so definierte Abbildung $\cdot : \mathbf{R} \times \mathbf{M}^{m,n} \to \mathbf{M}^{m,n}$ heißt *Skalarmultiplikation* auf $\mathbf{M}^{m,n}$. Offenbar ist $\langle \mathbf{M}^{m,n}, +, \cdot \rangle$ ein Vektorraum.

Multiplikation

Für gewisse Matrizen läßt sich auch eine Multiplikation definieren. Dabei können die zu multiplizierenden Matrizen unterschiedliche Dimensionen haben, die aber in bestimmter Weise zusammenpassen müssen:

Für $A \in \mathbf{M}^{l,m}$ und $B \in \mathbf{M}^{m,n}$ sei $A \cdot B$ definiert durch

$$
\begin{pmatrix}
a_{11} & a_{12} & \cdots & a_{1m} \\
a_{21} & a_{22} & \cdots & a_{2m} \\
\vdots & \vdots & & \vdots \\
a_{l1} & a_{l2} & \cdots & a_{lm}
\end{pmatrix}
\cdot
\begin{pmatrix}
b_{11} & b_{12} & \cdots & b_{1n} \\
b_{21} & b_{22} & \cdots & b_{2n} \\
\vdots & \vdots & & \vdots \\
b_{m1} & b_{m2} & \cdots & b_{mn}
\end{pmatrix}
:=
\begin{pmatrix}
c_{11} & c_{12} & \cdots & c_{1n} \\
c_{21} & c_{22} & \cdots & c_{2n} \\
\vdots & \vdots & & \vdots \\
c_{l1} & c_{m2} & \cdots & c_{ln}
\end{pmatrix}
$$

mit

$$
c_{ik} := \sum_{j=1}^{m} a_{ij} b_{jk}
$$

für alle $i \in \{1, 2, \ldots, l\}$ und $k \in \{1, 2, \ldots, n\}$. Die so definierte Abbildung $\cdot : \mathbf{M}^{l,m} \times \mathbf{M}^{m,n} \to \mathbf{M}^{l,n}$ heißt *Matrizenmultiplikation*, und die Matrix $A \cdot B$ heißt *Produkt* oder *Matrizenprodukt* der Matrizen A und B.

Die Matrizenmultiplikation ist assoziativ, denn für $A \in \mathbf{M}^{l,m}$, $B \in \mathbf{M}^{m,n}$ und $C \in \mathbf{M}^{n,r}$ gilt

$$
(A \cdot B) \cdot C = A \cdot (B \cdot C) \in \mathbf{M}^{l,r}
$$

Dagegen ist die Matrizenmultiplikation im allgemeinen nicht kommutativ:
- Für $A \in \mathbf{M}^{m,n}$ und $B \in \mathbf{M}^{n,m}$ mit $m \neq n$ gilt $A \cdot B \in \mathbf{M}^{m,m}$ und $B \cdot A \in \mathbf{M}^{n,n}$ und damit $A \cdot B \neq B \cdot A$.
- Für $A \in \mathbf{M}^{n,n}$ und $B \in \mathbf{M}^{n,n}$ gilt $A \cdot B \in \mathbf{M}^{n,n}$ und $B \cdot A \in \mathbf{M}^{n,n}$, aber im allgemeinen nicht $A \cdot B = B \cdot A$.

Bei der Matrizenmultiplikation kommt es also nicht auf die Reihenfolge der Multiplikationen, wohl aber auf die Reihenfolge der Matrizen an.

Beispiel. Für

$$
A := \begin{pmatrix} 1 & -1 \\ -1 & 1 \end{pmatrix}
$$

$$
B := \begin{pmatrix} 0 & -1 \\ 1 & 0 \end{pmatrix}
$$

gilt

$$A \cdot B \;=\; \begin{pmatrix} 1 & -1 \\ -1 & 1 \end{pmatrix} \cdot \begin{pmatrix} 0 & -1 \\ 1 & 0 \end{pmatrix} \;=\; \begin{pmatrix} -1 & -1 \\ 1 & 1 \end{pmatrix}$$

und

$$B \cdot A \;=\; \begin{pmatrix} 0 & -1 \\ 1 & 0 \end{pmatrix} \cdot \begin{pmatrix} 1 & -1 \\ -1 & 1 \end{pmatrix} \;=\; \begin{pmatrix} 1 & -1 \\ 1 & -1 \end{pmatrix}$$

also $A \cdot B \neq B \cdot A$.

Für die Berechnung des Produktes $C := A \cdot B \in \mathbf{M}^{l,n}$ von Matrizen $A \in \mathbf{M}^{l,m}$ und $B \in \mathbf{M}^{m,n}$ kann man das *Falk'sche Schema* verwenden:

$$B$$

$$
\begin{array}{|ccccc|}
\hline
b_{11} & \cdots & b_{1k} & \cdots & b_{1n} \\
\vdots &   & \vdots &   & \vdots \\
b_{m1} & \cdots & b_{mk} & \cdots & b_{mn} \\
\hline
\end{array}
$$

$$
A \quad
\begin{array}{|ccc|}
\hline
a_{11} & \cdots & a_{1m} \\
\vdots &   & \vdots \\
a_{i1} & \cdots & a_{im} \\
\vdots &   & \vdots \\
a_{l1} & \cdots & a_{lm} \\
\hline
\end{array}
\qquad
\begin{array}{|ccccc|}
\hline
c_{11} & \cdots & c_{1k} & \cdots & c_{1n} \\
\vdots &   & \vdots &   & \vdots \\
c_{i1} & \cdots & c_{ik} & \cdots & c_{in} \\
\vdots &   & \vdots &   & \vdots \\
c_{l1} & \cdots & c_{lk} & \cdots & c_{ln} \\
\hline
\end{array}
$$

$$C := A \cdot B$$

Die Verwendung des Falk'schen Schemas ist vor allem dann vorteilhaft, wenn das Produkt von mehreren Matrizen zu bilden ist.

Mit dem Produkt von Matrizen ist insbesondere das Produkt einer Matrix mit einem Vektor erklärt: Für $A \in \mathbf{M}^{m,n}$ und $\boldsymbol{x} \in \mathbf{R}^n = \mathbf{M}^{n,1}$ gilt $A \cdot \boldsymbol{x} \in \mathbf{M}^{m,1} = \mathbf{R}^m$. Die Koordinaten des Vektors

$$\boldsymbol{y} \;:=\; A \cdot \boldsymbol{x}$$

sind also für alle $j \in \{1, \ldots, m\}$ durch

$$y_j \;:=\; \sum_{i=1}^{n} a_{ij} x_i$$

gegeben.

Materialverflechtung I

Ein Betrieb stellt aus vier Rohstoffen R_1, R_2, R_3, R_4 über drei Zwischenprodukte Z_1, Z_2, Z_3 zwei Endprodukte P_1, P_2 her. Die folgenden Tabellen geben an,

- wieviel Einheiten des Rohstoffs R_i zur Produktion einer Einheit des Zwischenproduktes Z_j benötigt werden, bzw.
- wieviel Einheiten des Zwischenproduktes Z_j zur Produktion einer Einheit des Endproduktes P_k benötigt werden:

↙	Z_1	Z_2	Z_3
R_1	14	0	3
R_2	6	1	7
R_3	3	2	0
R_4	2	1	10

↙	P_1	P_2
Z_1	6	3
Z_2	0	2
Z_3	11	7

Beispielsweise werden für eine Einheit P_1 elf Einheiten Z_3 und für eine Einheit Z_3 sieben Einheiten R_2 benötigt.

Die beiden Produktionsstufen lassen sich durch die Matrizen

$$A := \begin{pmatrix} 14 & 0 & 3 \\ 6 & 1 & 7 \\ 3 & 2 & 0 \\ 2 & 1 & 10 \end{pmatrix} \quad \text{und} \quad B := \begin{pmatrix} 6 & 3 \\ 0 & 2 \\ 11 & 7 \end{pmatrix}$$

beschreiben. Für das Produktionsziel

$$\boldsymbol{p} := \begin{pmatrix} 2 \\ 5 \end{pmatrix}$$

ist der Vektor der Zwischenprodukte gegeben durch

$$\boldsymbol{z} := B \cdot \boldsymbol{p} = \begin{pmatrix} 6 & 3 \\ 0 & 2 \\ 11 & 7 \end{pmatrix} \cdot \begin{pmatrix} 2 \\ 5 \end{pmatrix} = \begin{pmatrix} 27 \\ 10 \\ 57 \end{pmatrix}$$

und für diesen Vektor der Zwischenprodukte ist der Vektor der Rohstoffe gegeben durch

$$\boldsymbol{r} := A \cdot \boldsymbol{z} = \begin{pmatrix} 14 & 0 & 3 \\ 6 & 1 & 7 \\ 3 & 2 & 0 \\ 2 & 1 & 10 \end{pmatrix} \cdot \begin{pmatrix} 27 \\ 10 \\ 57 \end{pmatrix} = \begin{pmatrix} 549 \\ 571 \\ 101 \\ 634 \end{pmatrix}$$

Aufgrund der Assoziativität der Matrizenmultiplikation gilt

$$\boldsymbol{r} = A \cdot \boldsymbol{z} = A \cdot (B \cdot \boldsymbol{p}) = (A \cdot B) \cdot \boldsymbol{p}$$

Daher läßt sich der Vektor der Rohstoffe mit Hilfe der Matrix

$$A \cdot B \ := \ \begin{pmatrix} 14 & 0 & 3 \\ 6 & 1 & 7 \\ 3 & 2 & 0 \\ 2 & 1 & 10 \end{pmatrix} \cdot \begin{pmatrix} 6 & 3 \\ 0 & 2 \\ 11 & 7 \end{pmatrix} = \begin{pmatrix} 117 & 63 \\ 113 & 69 \\ 18 & 13 \\ 122 & 78 \end{pmatrix}$$

direkt aus dem Produktionsziel bestimmen, und man erhält

$$\boldsymbol{r} \ = \ (A \cdot B) \cdot \boldsymbol{p} \ = \ \begin{pmatrix} 117 & 63 \\ 113 & 69 \\ 18 & 13 \\ 122 & 78 \end{pmatrix} \cdot \begin{pmatrix} 2 \\ 5 \end{pmatrix} = \begin{pmatrix} 549 \\ 571 \\ 101 \\ 634 \end{pmatrix}$$

Die Matrix $A \cdot B$ beschreibt also den gesamten Produktionsprozeß.

Die zugehörige Tabelle

	P_1	P_2
R_1	117	63
R_2	113	69
R_3	18	13
R_4	122	78

gibt an, wieviel Einheiten des Rohstoffs R_i für die Produktion einer Einheit des Endproduktes P_k benötigt werden.

Transposition

Für $A \in \mathbf{M}^{m,n}$ heißt die Matrix $C \in \mathbf{M}^{n,m}$ mit

$$c_{ij} \ := \ a_{ji}$$

für alle $i \in \{1, \ldots, n\}$ und $j \in \{1, \ldots, m\}$ die *Transponierte* von A. Die Transponierte der Matrix A wird mit

$$A'$$

oder mit A^T bezeichnet. Der Übergang von einer Matrix zu ihrer Transponierten heißt *Transposition*.

Beispiel. Für die Matrix

$$A \ := \ \begin{pmatrix} -2 & 2 \\ 0 & -3 \\ 1 & -1 \end{pmatrix}$$

gilt

$$A' \ := \ \begin{pmatrix} -2 & 0 & 1 \\ 2 & -3 & -1 \end{pmatrix}$$

und $(A')' = A$.

Der folgende Satz faßt die Eigenschaften der Transposition zusammen:

Satz (Eigenschaften der Transposition).
(a) *Die Transponierte eines Spaltenvektors ist ein Zeilenvektor.*
(b) *Die Transponierte eines Zeilenvektors ist ein Spaltenvektor.*
(c) *Für jede Matrix A gilt $(A')' = A$.*
(d) *Ist $A \cdot B$ definiert, so ist auch $B' \cdot A'$ definiert und es gilt $(A \cdot B)' = B' \cdot A'$.*
(e) *Für alle Vektoren $x, y \in \mathbf{R}^n$ gilt $\langle x, y \rangle = x'y$.*

5.2   Matrizen als lineare Abbildungen

Seien U und V Vektorräume. Eine Abbildung $f : U \to V$ heißt *linear*, wenn für alle $x, y \in U$ und $\alpha, \beta \in \mathbf{R}$

$$f(\alpha x + \beta y) \;=\; \alpha f(x) + \beta f(y)$$

gilt. Man zeigt durch vollständige Induktion, daß f genau dann linear ist, wenn für alle $x^1, \ldots, x^k \in U$ und $\alpha_1, \ldots, \alpha_k \in \mathbf{R}$

$$f\left(\sum_{i=1}^{k} \alpha_i \, x^i\right) \;=\; \sum_{i=1}^{k} \alpha_i \, f(x^i)$$

gilt.

Die Linearität einer Abbildung zwischen Vektorräumen hat eine wichtige Konsequenz:

Satz. *Sind U und V Vektorräume und ist $f : U \to V$ eine lineare Abbildung, so ist*

$$f^{-1}(0) \;=\; \{x \in U \mid f(x) = 0\}$$

ein linearer Teilraum von U und

$$f(U) \;=\; \{y \in V \mid \text{es gibt ein } x \in U \text{ mit } y = f(x)\}$$

ein linearer Teilraum von V.

Beweis. Zum Beweis der ersten Behauptung betrachten wir $x^1, x^2 \in U$ mit

$$f(x^1) \;=\; 0$$
$$f(x^2) \;=\; 0$$

Wegen der Linearität von f gilt für alle $\alpha_1, \alpha_2 \in \mathbf{R}$

$$\begin{aligned}
f(\alpha_1 x^1 + \alpha_2 x^2) &\;=\; \alpha_1 f(x^1) + \alpha_2 f(x^2) \\
&\;=\; 0
\end{aligned}$$

Zum Beweis der zweiten Behauptung betrachten wir $\boldsymbol{y}^1, \boldsymbol{y}^2 \in f(V)$. Dann gibt es $\boldsymbol{x}^1, \boldsymbol{x}^2 \in U$ mit

$$
\begin{aligned}
\boldsymbol{y}^1 &= f(\boldsymbol{x}^1) \\
\boldsymbol{y}^2 &= f(\boldsymbol{x}^2)
\end{aligned}
$$

Wegen der Linearität von f gilt für alle $\alpha_1, \alpha_2 \in \mathbf{R}$

$$
\begin{aligned}
\alpha_1 \boldsymbol{y}^1 + \alpha_2 \boldsymbol{y}^2 &= \alpha_1 f(\boldsymbol{x}^1) + \alpha_2 f(\boldsymbol{x}^2) \\
&= f(\alpha_1 \boldsymbol{x}^1 + \alpha_2 \boldsymbol{x}^2)
\end{aligned}
$$

und damit $\alpha_1 \boldsymbol{y}^1 + \alpha_2 \boldsymbol{y}^2 \in f(U)$. $\qquad\qquad\qquad\qquad\qquad\qquad\square$

Wir betrachten nun lineare Abbildungen zwischen Euklidischen Räumen.

Satz. *Jede Matrix $A \in \mathbf{M}^{m,n}$ ist eine lineare Abbildung $\mathbf{R}^n \to \mathbf{R}^m$.*

Beweis. Für alle $\boldsymbol{x} \in \mathbf{R}^n$ gilt offenbar $A\boldsymbol{x} \in \mathbf{R}^m$. Die Gültigkeit der Gleichung

$$
A(\alpha \boldsymbol{x} + \beta \boldsymbol{y}) = \alpha A\boldsymbol{x} + \beta A\boldsymbol{y}
$$

für alle $\boldsymbol{x}, \boldsymbol{y} \in \mathbf{R}^n$ und $\alpha, \beta \in \mathbf{R}$ beweist man durch Ausrechnen. $\qquad\square$

Folgerung. *Für jede Matrix $A \in \mathbf{M}^{m,n}$ ist*

$$
\{\boldsymbol{x} \in \mathbf{R}^n \mid A\boldsymbol{x} = \boldsymbol{0}\}
$$

ein linearer Teilraum von $\mathbf{R}^n$ und

$$
A(\mathbf{R}^n)
$$

ein linearer Teilraum von $\mathbf{R}^m$.

Materialverflechtung II

Die Matrix

$$
B := \begin{pmatrix} 6 & 3 \\ 0 & 2 \\ 11 & 7 \end{pmatrix}
$$

ordnet jedem Produktionsziel $\boldsymbol{p} \in \mathbf{R}^2$ den Vektor $B\boldsymbol{p} \in \mathbf{R}^3$ der benötigten Mengen der Zwischenprodukte zu, die Matrix

$$
A := \begin{pmatrix} 14 & 0 & 3 \\ 6 & 1 & 7 \\ 3 & 2 & 0 \\ 2 & 1 & 10 \end{pmatrix}
$$

ordnet jedem Vektor $z \in \mathbf{R}^3$ von Mengen von Zwischenprodukten den Vektor $Az \in \mathbf{R}^4$ der benötigten Mengen der Rohstoffe zu, und die Matrix

$$C := A \cdot B = \begin{pmatrix} 14 & 0 & 3 \\ 6 & 1 & 7 \\ 3 & 2 & 0 \\ 2 & 1 & 10 \end{pmatrix} \cdot \begin{pmatrix} 6 & 3 \\ 0 & 2 \\ 11 & 7 \end{pmatrix} = \begin{pmatrix} 117 & 63 \\ 113 & 69 \\ 18 & 13 \\ 122 & 78 \end{pmatrix}$$

ordnet jedem Produktionsziel $p \in \mathbf{R}^2$ den Vektor $Cp \in \mathbf{R}^4$ der benötigten Mengen der Rohstoffe zu. Für die Produktionsziele

$$p^1 := \begin{pmatrix} 2 \\ 5 \end{pmatrix}$$

$$p^2 := \begin{pmatrix} 4 \\ 3 \end{pmatrix}$$

und für deren Linearkombination

$$3p^1 + 2p^2 = 3 \begin{pmatrix} 2 \\ 5 \end{pmatrix} + 2 \begin{pmatrix} 4 \\ 3 \end{pmatrix} = \begin{pmatrix} 14 \\ 21 \end{pmatrix}$$

gilt einerseits

$$C(3p^1 + 2p^2) = \begin{pmatrix} 117 & 63 \\ 113 & 69 \\ 18 & 13 \\ 122 & 78 \end{pmatrix} \cdot \begin{pmatrix} 14 \\ 21 \end{pmatrix}$$

$$= \begin{pmatrix} 2961 \\ 3031 \\ 525 \\ 3346 \end{pmatrix}$$

und andererseits

$$3Cp^1 + 2Cp^2 = 3 \begin{pmatrix} 117 & 63 \\ 113 & 69 \\ 18 & 13 \\ 122 & 78 \end{pmatrix} \cdot \begin{pmatrix} 2 \\ 5 \end{pmatrix} + 2 \begin{pmatrix} 117 & 63 \\ 113 & 69 \\ 18 & 13 \\ 122 & 78 \end{pmatrix} \cdot \begin{pmatrix} 4 \\ 3 \end{pmatrix}$$

$$= 3 \begin{pmatrix} 549 \\ 571 \\ 101 \\ 634 \end{pmatrix} + 2 \begin{pmatrix} 657 \\ 659 \\ 111 \\ 722 \end{pmatrix}$$

$$= \begin{pmatrix} 2961 \\ 3031 \\ 525 \\ 3346 \end{pmatrix}$$

Es gilt also $C(3p^1 + 2p^2) = 3Cp^1 + 2Cp^2$.

Die Bilder der Einheitsvektoren

Bezeichnet man die n Spaltenvektoren einer Matrix $A \in \mathbf{M}^{m,n}$ mit $\boldsymbol{a}^1, \ldots, \boldsymbol{a}^n$, so gilt für alle $j \in \{1, \ldots, n\}$

$$Ae^j = \boldsymbol{a}^j$$

Die Spalten der Matrix A sind also gerade die Bilder der Einheitsvektoren.

Beispiel. Für die 3×4–Matrix

$$A := \begin{pmatrix} 1 & 2 & 3 & 4 \\ -4 & 0 & 5 & 6 \\ 5 & 2 & -2 & -2 \end{pmatrix}$$

gilt

$$Ae^1 = \begin{pmatrix} 1 & 2 & 3 & 4 \\ -4 & 0 & 5 & 6 \\ 5 & 2 & -2 & -2 \end{pmatrix} \cdot \begin{pmatrix} 1 \\ 0 \\ 0 \\ 0 \end{pmatrix} = \begin{pmatrix} 1 \\ -4 \\ 5 \end{pmatrix}$$

$$Ae^2 = \begin{pmatrix} 1 & 2 & 3 & 4 \\ -4 & 0 & 5 & 6 \\ 5 & 2 & -2 & -2 \end{pmatrix} \cdot \begin{pmatrix} 0 \\ 1 \\ 0 \\ 0 \end{pmatrix} = \begin{pmatrix} 2 \\ 0 \\ 2 \end{pmatrix}$$

$$Ae^3 = \begin{pmatrix} 1 & 2 & 3 & 4 \\ -4 & 0 & 5 & 6 \\ 5 & 2 & -2 & -2 \end{pmatrix} \cdot \begin{pmatrix} 0 \\ 0 \\ 1 \\ 0 \end{pmatrix} = \begin{pmatrix} 3 \\ 5 \\ -2 \end{pmatrix}$$

$$Ae^4 = \begin{pmatrix} 1 & 2 & 3 & 4 \\ -4 & 0 & 5 & 6 \\ 5 & 2 & -2 & -2 \end{pmatrix} \cdot \begin{pmatrix} 0 \\ 0 \\ 0 \\ 1 \end{pmatrix} = \begin{pmatrix} 4 \\ 6 \\ -2 \end{pmatrix}$$

Materialverflechtung III

Die Spaltenvektoren der Produktionsmatrix

$$C = \begin{pmatrix} 117 & 63 \\ 113 & 69 \\ 18 & 13 \\ 122 & 78 \end{pmatrix}$$

geben die Mengen der Rohstoffe an, die
– für eine Einheit von P_1 (also das Produktionsziel $\boldsymbol{e}^1$) bzw.
– für eine Einheit von P_2 (also das Produktionsziel $\boldsymbol{e}^2$)
benötigt werden.

Das folgende Ergebnis ist fast offensichtlich, aber nützlich:

Lemma. *Für $A, B \in \mathbf{M}^{m,n}$ sind folgende Aussagen äquivalent:*
(a) *Es gilt $A = B$.*
(b) *Für alle $j \in \{1, \ldots, n\}$ gilt $Ae^j = Be^j$.*
(c) *Für alle $x \in \mathbf{R}^n$ gilt $Ax = Bx$.*

Beweis. Die Implikationen (a) $\Longrightarrow$ (c) und (c) $\Longrightarrow$ (b) sind klar, und wegen $a^j = Ae^j$ und $b^j = Be^j$ gilt auch (b) $\Longrightarrow$ (a). $\qquad\Box$

Der Rang einer Matrix

Für jede Matrix $A \in \mathbf{M}^{m,n}$ ist das Bild von $\mathbf{R}^n$ unter A, also die Menge $A(\mathbf{R}^n)$, ein linearer Teilraum von $\mathbf{R}^m$. Die Dimension von $A(\mathbf{R}^n)$ heißt *Rang* von A und wird mit $\mathrm{rang}\,(A)$ bezeichnet.

Bezeichnet man die Spaltenvektoren von $A \in \mathbf{M}^{m,n}$ wieder mit $a^1, \ldots, a^n$, so gilt für alle $x \in \mathbf{R}^n$

$$Ax \;=\; A\left(\sum_{j=1}^{n} x_j\, e^j\right) \;=\; \sum_{j=1}^{n} x_j\, Ae^j \;=\; \sum_{j=1}^{n} x_j\, a^j$$

Daher gilt

$$A(\mathbf{R}^n) \;=\; \mathrm{span}\,\{a^1, \ldots, a^n\}$$

Der Rang von A ist also gleich der maximalen Zahl linear unabhängiger Spaltenvektoren von A.

Beispiel. Wir bestimmen den Rang der 3×4–Matrix

$$A \;:=\; \begin{pmatrix} 1 & 2 & 3 & 4 \\ -4 & 0 & 5 & 6 \\ 5 & 2 & -2 & -2 \end{pmatrix}$$

Für die Spaltenvektoren a^1, a^2, a^3, a^4 von A gilt

$$\begin{aligned} 8a^3 &= -10a^1 + 17a^2 \\ 4a^4 &= -6a^1 + 11a^2 \end{aligned}$$

und damit $a^3, a^4 \in \mathrm{span}\,\{a^1, a^2\}$. Daraus folgt

$$A(\mathbf{R}^n) \;=\; \mathrm{span}\,\{a^1, a^2, a^3, a^4\} \;=\; \mathrm{span}\,\{a^1, a^2\}$$

Außerdem ist die Menge $\{a^1, a^2\}$ linear unabhängig. Es gilt also $\mathrm{rang}\,(A) = 2$.

Satz. *Für $A \in \mathbf{M}^{m,n}$ gilt*

$$\mathrm{rang}\,(A) \;\leq\; \min\{m,n\}$$

Beweis. Wegen $A(\mathbf{R}^n) \subseteq \mathbf{R}^m$ gilt

$$\mathrm{rang}\,(A) \;\leq\; m$$

und wegen $A(\mathbf{R}^n) = \mathrm{span}\,\{a^1, \ldots, a^n\}$ gilt

$$\mathrm{rang}\,(A) \;\leq\; n$$

Die Behauptung folgt. $\square$

Aufgrund des Satzes sagt man, die Matrix $A \in \mathbf{M}^{m,n}$ habe *vollen Rang*, wenn

$$\mathrm{rang}\,(A) \;=\; \min\{m,n\}$$

gilt.

Der folgende Satz erleichtert in einigen Fällen die Bestimmung des Ranges einer Matrix:

Satz. *Für jede Matrix A gilt* $\mathrm{rang}\,(A) = \mathrm{rang}\,(A')$.

Da die Spaltenvektoren von A' gerade die Zeilenvektoren von A sind, besagt der Satz, daß der Rang von A gleich der maximalen Zahl linear unabhängiger Zeilenvektoren von A ist.

Beispiel. Für die 3×4–Matrix

$$A \;:=\; \begin{pmatrix} 1 & 2 & 3 & 4 \\ -4 & 0 & 5 & 6 \\ 5 & 2 & -2 & -2 \end{pmatrix}$$

gilt

$$A' \;=\; \begin{pmatrix} 1 & -4 & 5 \\ 2 & 0 & 2 \\ 3 & 5 & -2 \\ 4 & 6 & -2 \end{pmatrix}$$

Die erste Spalte von A' ist die Summe der zweiten und dritten Spalte; also sind die Spaltenvektoren von A' linear abhängig und es gilt $\mathrm{rang}\,(A') \leq 2$. Andererseits sind die ersten beiden Spalten nicht Vielfache voneinander und daher linear unabhängig. Also gilt $\mathrm{rang}\,(A') \geq 2$. Daher gilt $\mathrm{rang}\,(A') = 2$, und damit $\mathrm{rang}\,(A) = 2$.

Materialverflechtung IV

Die Produktionsmatrix

$$C \;=\; \begin{pmatrix} 117 & 63 \\ 113 & 69 \\ 18 & 13 \\ 122 & 78 \end{pmatrix}$$

hat vollen Rang:
- *Einerseits gilt* $\operatorname{rang}(C) \le \min\{2,4\} = 2$.
- *Andererseits sind die Spaltenvektoren nicht Vielfache voneinander und damit linear unabhängig; also gilt* $\operatorname{rang}(C) \ge 2$.

Daher gilt $\operatorname{rang}(C) = 2 = \min\{2,4\}$. *Die Matrix C hat also vollen Rang.*

Der Kern einer Matrix

Für jede Matrix $A \in \mathbf{M}^{m,n}$ ist die Menge

$$\operatorname{kern}(A) \;:=\; \{x \in \mathbf{R}^n \mid Ax = 0\}$$

ein linearer Teilraum von $\mathbf{R}^n$. Dieser Teilraum heißt *Nullraum* oder *Kern* von A.

Satz. *Für jede Matrix* $A \in \mathbf{M}^{m,n}$ *gilt*

$$\operatorname{rang}(A) + \dim \operatorname{kern}(A) \;=\; n$$

Dieser tiefliegende Satz besagt, daß die Summe aus der Dimension des Bildes und der Dimension des Kerns einer Matrix gleich der Dimension ihres Wertebereichs ist.

Folgerung. *Für eine Matrix* $A \in \mathbf{M}^{m,n}$ *sind folgende Aussagen äquivalent:*
(a) *Es gilt* $\operatorname{rang}(A) = n$.
(b) *Es gilt* $\dim \operatorname{kern}(A) = 0$.
(c) *Es gilt* $\operatorname{kern}(A) = \{0\}$.

Beispiel. Für die 3×4-Matrix

$$A \;:=\; \begin{pmatrix} 1 & 2 & 3 & 4 \\ -4 & 0 & 5 & 6 \\ 5 & 2 & -2 & -2 \end{pmatrix}$$

gilt

$$\operatorname{rang}(A) \;=\; 2$$

und daher nach dem Satz

$$\dim \ker(A) \;=\; 4 - \operatorname{rang}(A) \;=\; 4 - 2 \;=\; 2$$

Für die Vektoren

$$x^1 := \begin{pmatrix} 6 \\ -11 \\ 0 \\ 4 \end{pmatrix}$$

$$x^2 := \begin{pmatrix} 10 \\ -17 \\ 8 \\ 0 \end{pmatrix}$$

gilt

$$Ax^1 = 0$$
$$Ax^2 = 0$$

und damit $x^1, x^2 \in \ker(A)$. Also gilt $\operatorname{span}\{x^1, x^2\} \subseteq \ker(A)$. Außerdem ist die Menge $\{x^1, x^2\}$ linear unabhängig. Wegen $\dim \ker(A) = 2$ gilt daher

$$\ker(A) \;=\; \operatorname{span}\{x^1, x^2\}$$

Jeder Vektor $x \in \mathbf{R}^4$ mit $Ax = 0$ ist also eine Linearkombination der Vektoren x^1 und x^2.

Lineare Gleichungssysteme

Für $A \in \mathbf{M}^{m,n}$ und $b \in \mathbf{R}^m$ heißt die Gleichung

$$Ax = b$$

lineares Gleichungssystem. Die Matrix A heißt *Koeffizientenmatrix* und der Vektor b heißt *Konstantenvektor* des linearen Gleichungssystems $Ax = b$. Das lineare Gleichungssystem heißt *homogen*, wenn $b = 0$ gilt; andernfalls heißt es *inhomogen.*

Für $A \in \mathbf{M}^{m,n}$ und $b \in \mathbf{R}^m$ heißt ein Vektor $x^* \in \mathbf{R}^n$ *Lösung* des linearen Gleichungssystems $Ax = b$, wenn die Gleichung

$$Ax^* = b$$

gilt. Der folgende Satz klärt die Struktur der Menge aller Lösungen des linearen Gleichungssystems $Ax = b$:

Satz (Struktur der Lösungen eines linearen Gleichungssystems). *Sei $A \in \mathbf{M}^{m,n}$ und $b \in \mathbf{R}^m$.*

(a) *Für jede Lösung y^* des inhomogenen linearen Gleichungssystems $Ax = b$ und jede Lösung z^* des homogenen linearen Gleichungssystems $Ax = 0$ ist $x^* := y^* + z^*$ eine Lösung des inhomogenen linearen Gleichungssystems $Ax = b$.*

(b) *Für je zwei Lösungen x^* und y^* des inhomogenen linearen Gleichungssystems $Ax = b$ ist $z^* := x^* - y^*$ eine Lösung des homogenen linearen Gleichungssystems $Ax = 0$.*

(c) *Die Lösungen des homogenen linearen Gleichungssystems $Ax = 0$ bilden den linearen Teilraum $\operatorname{kern}(A)$ von $\mathbf{R}^n$.*

Beweis. Der Beweis ergibt sich unmittelbar aus der Linearität von A:
(a) Für $y^*, z^* \in \mathbf{R}^n$ mit $Ay^* = b$ und $Az^* = 0$ sei $x^* := y^* + z^*$. Dann gilt

$$
\begin{aligned}
Ax^* &= A(y^* + z^*) \\
&= Ay^* + Az^* \\
&= b
\end{aligned}
$$

(b) Für $x^*, y^* \in \mathbf{R}^n$ mit $Ax^* = b$ und $Ay^* = b$ sei $z^* := x^* - y^*$. Dann gilt

$$
\begin{aligned}
Az^* &= A(x^* - y^*) \\
&= Ax^* - Ay^* \\
&= 0
\end{aligned}
$$

(c) Diese Aussage ist bereits bekannt. $\qquad\qquad\square$

Wir fragen nun nach der Existenz und der Eindeutigkeit von Lösungen eines linearen Gleichungssystems. Der folgende Existenzsatz ist trivial:

Satz (Existenzsatz). *Für $A \in \mathbf{M}^{m,n}$ und $b \in \mathbf{R}^m$ sind folgende Aussagen äquivalent:*
(a) *Das lineare Gleichungssystem $Ax = b$ besitzt eine Lösung.*
(b) *Es gilt $b \in A(\mathbf{R}^n)$.*

Besitzt das lineare Gleichungssystem $Ax = b$ mit $A \in \mathbf{M}^{m,n}$ und $b \in \mathbf{R}^m$ eine Lösung, so ist die Lösung nach dem Satz über die Struktur der Lösungen genau dann eindeutig, wenn $\operatorname{kern}(A) = \{0\}$ gilt; diese Bedingung ist aber gleichwertig mit $\operatorname{rang}(A) = n$. Wir erhalten damit den folgenden Eindeutigkeitssatz:

Satz (Eindeutigkeitssatz). *Sei $A \in \mathbf{M}^{m,n}$.*
(a) *Gilt $\operatorname{rang}(A) = n$, so besitzt für jede Wahl von $b \in \mathbf{R}^m$ das lineare Gleichungssystem $Ax = b$ entweder keine Lösung oder genau eine Lösung.*
(b) *Gilt $\operatorname{rang}(A) < n$, so besitzt für jede Wahl von $b \in \mathbf{R}^m$ das lineare Gleichungssystem $Ax = b$ entweder keine Lösung oder unendlich viele Lösungen.*

Materialverflechtung V

Wir fragen nach der Existenz und Eindeutigkeit eines Produktionsziels $p^* \in \mathbf{R}^2$, bei dessen Produktion ein vorhandener Bestand an Rohstoffen $r \in \mathbf{R}^4$ vollständig aufgebraucht wird. Wir vernachlässigen dabei die Forderung, daß r und p^* positiv sein sollen, und fragen nach der Existenz und Eindeutigkeit einer Lösung $p^* \in \mathbf{R}^2$ des linearen Gleichungssystems $Cp = r$ mit

$$
C = \begin{pmatrix} 117 & 63 \\ 113 & 69 \\ 18 & 13 \\ 122 & 78 \end{pmatrix}
$$

und $r \in \mathbf{R}^4$. Es gilt $C \in \mathbf{M}^{4,2}$ und $\mathrm{rang}\,(C) = 2$. Daher besitzt für jeden Vektor $r \in \mathbf{R}^4$ das lineare Gleichungssystem $Cp = r$ entweder keine Lösung oder genau eine Lösung.

– Das lineare Gleichungssystem

$$
\begin{pmatrix} 117 & 63 \\ 113 & 69 \\ 18 & 13 \\ 122 & 78 \end{pmatrix} \cdot \begin{pmatrix} p_1 \\ p_2 \end{pmatrix} = \begin{pmatrix} 180 \\ 433 \\ 80 \\ 478 \end{pmatrix}
$$

besitzt keine Lösung.

– Das lineare Gleichungssystem

$$
\begin{pmatrix} 117 & 63 \\ 113 & 69 \\ 18 & 13 \\ 122 & 78 \end{pmatrix} \cdot \begin{pmatrix} p_1 \\ p_2 \end{pmatrix} = \begin{pmatrix} 423 \\ 433 \\ 75 \\ 478 \end{pmatrix}
$$

besitzt die Lösung

$$
\begin{pmatrix} p_1^* \\ p_2^* \end{pmatrix} = \begin{pmatrix} 2 \\ 3 \end{pmatrix}
$$

Diese Lösung ist die einzige Lösung.

– Das lineare Gleichungssystem

$$
\begin{pmatrix} 117 & 63 \\ 113 & 69 \\ 18 & 13 \\ 122 & 78 \end{pmatrix} \cdot \begin{pmatrix} p_1 \\ p_2 \end{pmatrix} = \begin{pmatrix} 171 \\ 157 \\ 49 \\ 166 \end{pmatrix}
$$

besitzt die Lösung

$$
\begin{pmatrix} p_1^* \\ p_2^* \end{pmatrix} = \begin{pmatrix} 2 \\ -1 \end{pmatrix}
$$

Diese Lösung ist die einzige Lösung; sie ist ökonomisch jedoch sinnlos.

5.3 Quadratische Matrizen

Jede Matrix $A \in \mathbf{M}^{n,n}$ heißt (n–dimensionale) *quadratische Matrix*. Wir bezeichnen die Menge aller $n \times n$–Matrizen mit

$$\mathbf{M}^n \; := \; \mathbf{M}^{n,n}$$

Die Matrix $O_n \in \mathbf{M}^n$ mit

$$O_n \; := \; \begin{pmatrix} 0 & 0 & \cdots & 0 \\ 0 & 0 & \cdots & 0 \\ \vdots & \vdots & \ddots & \vdots \\ 0 & 0 & \cdots & 0 \end{pmatrix}$$

heißt (n–dimensionale) *Nullmatrix*, und die Matrix $E_n \in \mathbf{M}^n$ mit

$$E_n \; := \; \begin{pmatrix} 1 & 0 & \cdots & 0 \\ 0 & 1 & \cdots & 0 \\ \vdots & \vdots & \ddots & \vdots \\ 0 & 0 & \cdots & 1 \end{pmatrix}$$

heißt (n–dimensionale) *Einheitsmatrix*. Wenn der Zusammenhang klar ist, schreiben wir O statt O_n und E statt E_n.

Lemma.
(a) *Unter Addition und Skalarmultiplikation ist $\mathbf{M}^n$ ein Vektorraum; das neutrale Element der Addition ist die Nullmatrix $O_n \in \mathbf{M}^n$.*
(b) *Unter der Matrizenmultiplikation ist $\mathbf{M}^n$ eine Halbgruppe; das neutrale Element der Matrizenmultiplikation ist die Einheitsmatrix $E_n \in \mathbf{M}^n$.*

Wir haben bereits im ersten Abschnitt dieses Kapitels an einem Beispiel gesehen, daß die Matrizenmultiplikation nicht kommutativ ist.

Potenzen

Für eine Matrix $A \in \mathbf{M}^n$ werden die *Potenzen* A^k mit $k \in \mathbf{N}_0$ induktiv definiert durch

$$\begin{aligned} A^0 &:= E \\ A^{k+1} &:= A^k \cdot A \end{aligned}$$

Dann gilt $A^k \in \mathbf{M}^n$. Außerdem gilt für alle $k, l \in \mathbf{N}_0$

$$A^k \cdot A^l \; = \; A^{k+l} \; = \; A^{l+k} \; = \; A^l \cdot A^k$$

Mit den Potenzen einer quadratischen Matrix rechnet man also genau so wie mit den Potenzen einer reellen Zahl.

Marktanteile I

Wir betrachten die Entwicklung eines Marktes mit drei substituierbaren Produkten in diskreter Zeit.

Unmittelbar nach ihrer Markteinführung halten die Produkte die Marktanteile $x_1, x_2, x_3 \in [0,1]$ mit $x_1 + x_2 + x_3 = 1$. Der Vektor der Marktanteile nach Markteinführung ist dann

$$\boldsymbol{x} := \begin{pmatrix} x_1 \\ x_2 \\ x_3 \end{pmatrix}$$

Der Vektor $\boldsymbol{x}$ heißt Anfangsverteilung.

Nach jeweils einer Zeitperiode wechselt der Anteil a_{ij} derjenigen Konsumenten, die vorher Produkt j gewählt haben, zu Produkt i. Dann ist a_{jj} der Anteil der produkttreuen Konsumenten von Produkt j. Das Übergangsverhalten der Konsumenten läßt sich durch eine Matrix

$$A = \begin{pmatrix} a_{11} & a_{12} & a_{13} \\ a_{21} & a_{22} & a_{23} \\ a_{31} & a_{32} & a_{33} \end{pmatrix}$$

beschreiben, wobei die Summe jeder Spalte von A gleich 1 ist. Der Vektor der Marktanteile nach einer Periode ist dann

$$A\boldsymbol{x}$$

Entsprechend ist

$$A^k \boldsymbol{x}$$

der Vektor der Marktanteile nach k Perioden.

Wir nehmen nun an, daß bei Markteinführung
- *50% aller Konsumenten Produkt 1 wählen,*
- *20% aller Konsumenten Produkt 2 wählen, und*
- *30% aller Konsumenten Produkt 3 wählen.*

Wir nehmen ferner an, daß nach jeweils einer Periode
- *von allen Konsumenten, die vorher Produkt 1 gewählt haben, 40% zu Produkt 2 und 10% zu Produkt 3 wechseln,*
- *von allen Konsumenten, die vorher Produkt 2 gewählt haben, 0% zu Produkt 1 und 60% zu Produkt 3 wechseln, und*
- *von allen Konsumenten, die vorher Produkt 3 gewählt haben, 20% zu Produkt 1 und 20% zu Produkt 2 wechseln.*

Dann gilt

$$x = \begin{pmatrix} 0.5 \\ 0.2 \\ 0.3 \end{pmatrix}$$

und

$$A = \begin{pmatrix} 0.5 & 0 & 0.2 \\ 0.4 & 0.4 & 0.2 \\ 0.1 & 0.6 & 0.6 \end{pmatrix}$$

Das Übergangsverhalten der Konsumenten für jeweils zwei, drei, und vier Perioden wird dann durch die Matrizen

$$A^2 = \begin{pmatrix} 0.27 & 0.12 & 0.22 \\ 0.38 & 0.28 & 0.28 \\ 0.35 & 0.60 & 0.50 \end{pmatrix}$$

$$A^3 = \begin{pmatrix} 0.205 & 0.180 & 0.210 \\ 0.330 & 0.280 & 0.300 \\ 0.465 & 0.540 & 0.490 \end{pmatrix}$$

$$A^4 = \begin{pmatrix} 0.1955 & 0.1980 & 0.2030 \\ 0.3070 & 0.2920 & 0.3020 \\ 0.4975 & 0.5100 & 0.4950 \end{pmatrix}$$

beschrieben, und die Marktanteile nach der ersten, zweiten, dritten und vierten Periode sind durch die Vektoren

$$Ax = \begin{pmatrix} 0.31 \\ 0.34 \\ 0.35 \end{pmatrix}$$

$$A^2x = \begin{pmatrix} 0.225 \\ 0.330 \\ 0.445 \end{pmatrix}$$

$$A^3x = \begin{pmatrix} 0.2015 \\ 0.3110 \\ 0.4875 \end{pmatrix}$$

$$A^4x = \begin{pmatrix} 0.19825 \\ 0.30250 \\ 0.49925 \end{pmatrix}$$

gegeben.

Lineare Gleichungssysteme

Der folgende Satz beschreibt die Lösbarkeit des linearen Gleichungssystems $A\boldsymbol{x} = \boldsymbol{b}$ mit einer quadratischen Matrix A:

Satz (Existenz– und Eindeutigkeitsatz). *Sei $A \in \mathbf{M}^n$.*
(a) *Gilt $\operatorname{rang}(A) = n$, so besitzt für jede Wahl von $\boldsymbol{b} \in \mathbf{R}^n$ das lineare Gleichungssystem $A\boldsymbol{x} = \boldsymbol{b}$ genau eine Lösung.*
(b) *Gilt $\operatorname{rang}(A) < n$, so besitzt für jede Wahl von $\boldsymbol{b} \in \mathbf{R}^n$ das lineare Gleichungssystem $A\boldsymbol{x} = \boldsymbol{b}$ entweder keine Lösung oder unendlich viele Lösungen.*

Beweis.   (a) Gilt $\operatorname{rang}(A) = n$, so besitzt für jede Wahl von $\boldsymbol{b} \in \mathbf{R}^n$ das lineare Gleichungssystem $A\boldsymbol{x} = \boldsymbol{b}$ eine Lösung. Nach dem Satz über die Lösbarkeit eines linearen Gleichungssystems mit beliebiger Koeffizientenmatrix ist die Lösung eindeutig.
(b) Gilt $\operatorname{rang}(A) < n$, so besitzt für jede Wahl von $\boldsymbol{b} \in \mathbf{R}^n$ das lineare Gleichungssystem $A\boldsymbol{x} = \boldsymbol{b}$ nach dem Satz über die Lösbarkeit eines linearen Gleichungssystems mit beliebiger Koeffizientenmatrix entweder keine Lösung oder unendlich viele Lösungen.   □

Folgerung.   *Für $A \in \mathbf{M}^n$ sind folgende Aussagen äquivalent:*
(a) *Es gilt $\operatorname{rang}(A) = n$.*
(b) *Für jede Wahl von $\boldsymbol{b} \in \mathbf{R}^n$ besitzt das lineare Gleichungssystem $A\boldsymbol{x} = \boldsymbol{b}$ genau eine Lösung.*

Folgerung.   *Für $A \in \mathbf{M}^n$ sind folgende Aussagen äquivalent:*
(a) *Es gilt $\operatorname{rang}(A) < n$.*
(b) *Für jede Wahl von $\boldsymbol{b} \in \mathbf{R}^n$ besitzt das lineare Gleichungssystem $A\boldsymbol{x} = \boldsymbol{b}$ entweder keine Lösung oder unendlich viele Lösungen.*

Leontief–Modell I

Eine Volkswirtschaft bestehe aus n Sektoren, wobei jeder Sektor genau ein Gut produziert. Die produzierten Gütermengen werden entweder in einen der Sektoren investiert (interne Nachfrage) oder konsumiert (externe Nachfrage). Die Volkswirtschaft wird durch folgende Größen beschrieben:

x_i *Produktionsmenge von Sektor i*
b_i *externe Nachfrage nach Gut i*
x_{ij} *interne Nachfrage von Sektor i nach Gut j*
q_{ij} *Produktionskoeffizienten (Input–Output–Koeffizienten):*
     Anzahl Einheiten von Gut i,
     die zur Produktion einer Einheit von Gut j benötigt werden

Wir nehmen an, daß die Technologie, die in Form der Produktionskoeffizienten q_{ij} gegeben ist, bekannt ist.

Offenbar gilt

$$x_{ij} \;=\; q_{ij}x_j$$

für alle $i, j \in \{1, \ldots, n\}$ *und*

$$x_i \;=\; b_i + \sum_{j=1}^{n} x_{ij}$$

für alle $i \in \{1, \ldots, n\}$. *Durch Einsetzen erhält man*

$$x_i \;=\; b_i + \sum_{j=1}^{n} q_{ij}x_j$$

für alle $i \in \{1, \ldots, n\}$.

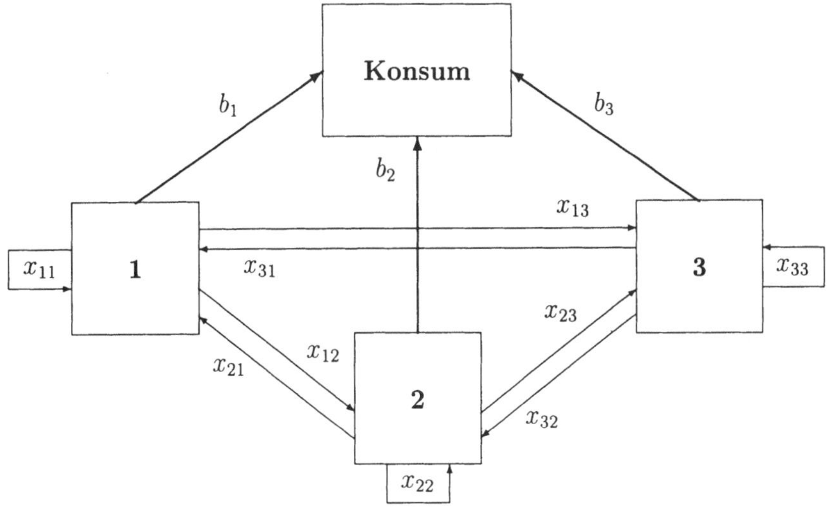

Wir schreiben die letzten n *Gleichungen als lineares Gleichungssystem:*

$$x \;=\; b + Qx$$

Durch Umformen erhält man mit $x = Ex$

$$(E - Q)\,x \;=\; b$$

Für einen Produktionsvektor x *ist* $(E - Q)\,x$ *der Vektor der Mengen, die nicht für die interne Nachfrage benötigt werden.*

Daraus folgt: Wenn die Matrix $E - Q$ *vollen Rang hat, dann besitzt für jede vorgegebene externe Nachfrage* b *das lineare Gleichungssystem* $(E - Q)x = b$ *eine eindeutige Lösung* x^*; *in diesem Fall kann also jede externe Nachfrage* b *durch genau eine Produktion, nämlich durch die Produktion* x^*, *befriedigt werden.*

Eigenwerte und Eigenvektoren

Für eine Matrix $A \in \mathbf{M}^n$ heißt jede Zahl $\lambda \in \mathbf{R}$, für die das lineare Gleichungssystem

$$A\boldsymbol{x} \ = \ \lambda\boldsymbol{x}$$

eine Lösung $\boldsymbol{x}^* \in \mathbf{R}^n \setminus \{0\}$ besitzt, *(reeller) Eigenwert* von A; ist $\lambda \in \mathbf{R}$ ein Eigenwert von A, so heißt jede Lösung $\boldsymbol{x}^* \in \mathbf{R}^n$ des linearen Gleichungssystems $A\boldsymbol{x} = \lambda\boldsymbol{x}$ *(reeller) Eigenvektor* zum Eigenwert λ.

Beispiel. Für die Matrix

$$A \ := \ \begin{pmatrix} 4 & 2 \\ 2 & 1 \end{pmatrix}$$

gilt

$$\begin{pmatrix} 4 & 2 \\ 2 & 1 \end{pmatrix} \cdot \begin{pmatrix} 1 \\ -2 \end{pmatrix} \ = \ \begin{pmatrix} 0 \\ 0 \end{pmatrix} \ = \ 0 \cdot \begin{pmatrix} 1 \\ -2 \end{pmatrix}$$

und

$$\begin{pmatrix} 4 & 2 \\ 2 & 1 \end{pmatrix} \cdot \begin{pmatrix} 2 \\ 1 \end{pmatrix} \ = \ \begin{pmatrix} 10 \\ 5 \end{pmatrix} \ = \ 5 \cdot \begin{pmatrix} 2 \\ 1 \end{pmatrix}$$

Die Matrix A besitzt also die Eigenwerte

$$\lambda_1 \ := \ 0$$
$$\lambda_2 \ := \ 5$$

Der Vektor

$$\boldsymbol{x}^1 \ := \ \begin{pmatrix} 1 \\ -2 \end{pmatrix}$$

ist ein Eigenvektor zum Eigenwert $\lambda_1 = 0$, und der Vektor

$$\boldsymbol{x}^2 \ := \ \begin{pmatrix} 2 \\ 1 \end{pmatrix}$$

ist ein Eigenvektor zum Eigenwert $\lambda_2 = 5$. Außerdem gilt: Für jedes $\alpha \in \mathbf{R}$ ist $\alpha\boldsymbol{x}^1$ ein Eigenvektor zum Eigenwert λ_1 und $\alpha\boldsymbol{x}^2$ ein Eigenvektor zum Eigenwert λ_2.

Sei $\lambda \in \mathbf{R}$ ein Eigenwert der Matrix $A \in \mathbf{M}^n$. Dann läßt sich die Bestimmungsgleichung

$$A\boldsymbol{x} \ = \ \lambda\boldsymbol{x}$$

für die Eigenvektoren zum Eigenwert λ wegen $\boldsymbol{x} = E\boldsymbol{x}$ als homogenes lineares Gleichungssystem

$$(A - \lambda E)\,\boldsymbol{x} \ = \ 0$$

schreiben. Die Menge aller Eigenvektoren zum Eigenwert λ stimmt also mit dem linearen Teilraum $\ker(A - \lambda E)$ des $\mathbf{R}^n$ überein; dieser Teilraum heißt *Eigenraum* zum Eigenwert λ.

Die letzte Überlegung führt unmittelbar auf den folgenden Satz:

Satz. *Sei $A \in \mathbf{M}^n$. Für $\lambda \in \mathbf{R}$ sind folgende Aussagen äquivalent:*
(a) *λ ist ein Eigenwert von A.*
(b) *Es gilt* $\ker(A - \lambda E) \neq \{\mathbf{0}\}$.
(c) *Es gilt* $\operatorname{rang}(A - \lambda E) < n$.

Sind die Eigenwerte einer Matrix bekannt, so lassen sich die zugehörigen Eigenvektoren als Lösungen linearer Gleichungssysteme bestimmen. Es bleibt das Problem, die Eigenwerte der Matrix zu finden. Dieses Problem und weitere Eigenschaften von Eigenwerten betrachten wir in den folgenden Abschnitten.

Marktanteile II

Für die Matrix

$$A := \begin{pmatrix} 0.5 & 0 & 0.2 \\ 0.4 & 0.4 & 0.2 \\ 0.1 & 0.6 & 0.6 \end{pmatrix}$$

gilt

$$\begin{pmatrix} 0.5 & 0 & 0.2 \\ 0.4 & 0.4 & 0.2 \\ 0.1 & 0.6 & 0.6 \end{pmatrix} \cdot \begin{pmatrix} 0.2 \\ 0.3 \\ 0.5 \end{pmatrix} = \begin{pmatrix} 0.2 \\ 0.3 \\ 0.5 \end{pmatrix}$$

Daher ist $\lambda_1 := 1$ ein Eigenwert von A und der Vektor

$$\boldsymbol{x}^1 := \begin{pmatrix} 0.2 \\ 0.3 \\ 0.5 \end{pmatrix}$$

ist ein Eigenvektor zum Eigenwert $\lambda_1 = 1$. Der Eigenvektor $\boldsymbol{x}^1$ geht also nach Anwendung der Matrix A in sich selbst über. Das aber bedeutet: Wenn das Marketing bei der Markteinführung der Produkte zu der Anfangsverteilung $\boldsymbol{x}^1$ geführt hat, dann bleiben die Marktanteile aller Produkte für alle Zeiten gleich.

Leontief–Modell II

Wir betrachten das lineare Gleichungssystem

$$A\boldsymbol{x} = \boldsymbol{b}$$

mit

$$A := E - Q$$

und $0 \leq b \neq 0$. *Wir fragen nach der Existenz und Eindeutigkeit einer Produktion x derart, daß die externe Nachfrage (Konsum) b proportional zur Produktion x ist; wir suchen also einen Produktionsvektor $x \neq 0$ und einen Proportionalitätsfaktor $\lambda \in (0,1]$ mit*

$$\begin{aligned} Ax &= b \\ &= \lambda x \end{aligned}$$

bzw.

$$(A - \lambda E)\,x \;=\; 0$$

Das aber bedeutet: Wir suchen einen Eigenwert λ von A mit $\lambda \in (0,1]$ und einen Eigenvektor x zum Eigenwert λ.

Bemerkung.   Es kann vorkommen, daß für eine Matrix $A \in \mathbf{M}^n$ eine komplexe Zahl $\lambda \in \mathbf{C}$ existiert, sodaß das lineare Gleichungssystem

$$Az \;=\; \lambda z$$

eine Lösung $z^* \in \mathbf{C}^n \backslash \{0\}$ besitzt; in diesem Fall heißt λ *komplexer Eigenwert* von A, und jede Lösung $z^* \in \mathbf{C}^n$ des linearen Gleichungssystems $Az = \lambda z$ heißt *komplexer Eigenvektor* zum Eigenwert λ.

Beispiel.   Für die Matrix

$$A \;:=\; \begin{pmatrix} 1 & 1 & -1 \\ 0 & 1 & 0 \\ 1 & 0 & 1 \end{pmatrix}$$

gilt

$$\begin{pmatrix} 1 & 1 & -1 \\ 0 & 1 & 0 \\ 1 & 0 & 1 \end{pmatrix} \cdot \begin{pmatrix} 0 \\ 1 \\ 1 \end{pmatrix} \;=\; 1 \cdot \begin{pmatrix} 0 \\ 1 \\ 1 \end{pmatrix}$$

$$\begin{pmatrix} 1 & 1 & -1 \\ 0 & 1 & 0 \\ 1 & 0 & 1 \end{pmatrix} \cdot \begin{pmatrix} i \\ 0 \\ 1 \end{pmatrix} \;=\; (1+i) \cdot \begin{pmatrix} i \\ 0 \\ 1 \end{pmatrix}$$

$$\begin{pmatrix} 1 & 1 & -1 \\ 0 & 1 & 0 \\ 1 & 0 & 1 \end{pmatrix} \cdot \begin{pmatrix} -i \\ 0 \\ 1 \end{pmatrix} \;=\; (1-i) \cdot \begin{pmatrix} -i \\ 0 \\ 1 \end{pmatrix}$$

Die Matrix A besitzt daher die komplexen Eigenwerte

$$\begin{aligned} \lambda_1 &:= 1 \\ \lambda_2 &:= 1+i \\ \lambda_3 &:= 1-i \end{aligned}$$

Nur einer dieser Eigenwerte ist reell.

5.4 Spur und Determinante

Für eine quadratische Matrix $A \in \mathbf{M}^n$ gibt es zwei Kennzahlen, die in einem engen Zusammenhang mit den Eigenwerten von A stehen. Diese Kennzahlen sind die Spur und die Determinante von A. Darüber hinaus läßt sich mit Hilfe der Determinante von A erkennen, ob das lineare Gleichungssystem $A\boldsymbol{x} = \boldsymbol{b}$ (für jede Wahl von $\boldsymbol{b} \in \mathbf{R}^n$) eine eindeutige Lösung besitzt.

Die Spur

Für eine quadratische Matrix $A \in \mathbf{M}^n$ heißen die Elemente $a_{11}, \ldots, a_{nn}$ die *Diagonalelemente* von A; sie bilden die *Diagonale* von A. Wir setzen

$$\operatorname{spur}(A) \ := \ \sum_{i=1}^{n} a_{ii}$$

und nennen $\operatorname{spur}(A)$ die *Spur* von A.

Beispiele.
(1) Es gilt

$$\operatorname{spur} \begin{pmatrix} 2 & 0 & 0 & 0 \\ 2 & 1 & 3 & 1 \\ -1 & 1 & 2 & 1 \\ 4 & -1 & 1 & 2 \end{pmatrix} \ = \ 2 + 1 + 2 + 2 \ = \ 7$$

(2) Es gilt

$$\operatorname{spur} \begin{pmatrix} 1 & 2 & 0 & 1 \\ 2 & 0 & 0 & -1 \\ -1 & 1 & 2 & 0 \\ 0 & 3 & 1 & 1 \end{pmatrix} \ = \ 1 + 0 + 2 + 1 \ = \ 4$$

Der folgende Satz faßt die elementaren Eigenschaften der Spur zusammen:

Satz (Eigenschaften der Spur).
(a) *Es gilt* $\operatorname{spur}(E_n) = n$.
(b) *Für alle* $A \in \mathbf{M}^n$ *gilt* $\operatorname{spur}(A') = \operatorname{spur}(A)$.
(c) *Für* $A, B \in \mathbf{M}^n$ *und* $\alpha, \beta \in \mathbf{R}$ *gilt* $\operatorname{spur}(\alpha A + \beta B) = \alpha \operatorname{spur}(A) + \beta \operatorname{spur}(B)$.
(d) *Für* $A \in \mathbf{M}^{m,n}$ *und* $B \in \mathbf{M}^{n,m}$ *gilt* $\operatorname{spur}(AB) = \operatorname{spur}(BA)$.

Darüber hinaus besteht ein Zusammenhang zwischen der Spur einer quadratischen Matrix und ihren Eigenwerten. Wir betrachten diesen Zusammenhang später in einem wichtigen Spezialfall.

Die Determinante

Wir definieren die *Determinante* $\det(A)$ einer Matrix $A \in \mathbf{M}^n$ zunächst nur für $n \in \{1, 2, 3\}$:

- Im Fall $n = 1$ setzen wir

$$\det(\, a_{11}\,) \;:=\; a_{11}$$

- Im Fall $n = 2$ setzen wir

$$\det \begin{pmatrix} a_{11} & a_{12} \\ a_{21} & a_{22} \end{pmatrix} \;:=\; a_{11}a_{22} - a_{21}a_{12}$$

- Im Fall $n = 3$ setzen wir

$$\det \begin{pmatrix} a_{11} & a_{12} & a_{13} \\ a_{21} & a_{22} & a_{23} \\ a_{31} & a_{32} & a_{33} \end{pmatrix}$$

$$:= \; a_{11}a_{22}a_{33} + a_{12}a_{23}a_{31} + a_{13}a_{21}a_{32} - a_{31}a_{22}a_{13} - a_{32}a_{23}a_{11} - a_{33}a_{21}a_{12}$$

$$= \; (a_{11}a_{22}a_{33} + a_{12}a_{23}a_{31} + a_{13}a_{21}a_{32}) - (a_{31}a_{22}a_{13} + a_{32}a_{23}a_{11} + a_{33}a_{21}a_{12})$$

Die Berechnung der Determinante der Matrix

$$\begin{pmatrix} a_{11} & a_{12} & a_{13} \\ a_{21} & a_{22} & a_{23} \\ a_{31} & a_{32} & a_{33} \end{pmatrix}$$

erfolgt am einfachsten wie folgt: Man wiederholt die ersten beiden Spalten der Matrix und erhält das Schema

$$\begin{array}{ccccc} a_{11} & a_{12} & a_{13} & a_{11} & a_{12} \\ a_{21} & a_{22} & a_{23} & a_{21} & a_{22} \\ a_{31} & a_{32} & a_{33} & a_{31} & a_{32} \end{array}$$

Sodann bildet man die Differenz aus der
- Summe der Produkte der drei absteigenden Diagonalen und der
- Summe der Produkte der drei aufsteigenden Diagonalen.

Dies ist die *Sarrus'sche Regel*.

Beispiele.

(1)

$$\det(\, 5\,) \;=\; 5$$

(2)

$$\det \begin{pmatrix} 5 & 4 \\ 3 & 2 \end{pmatrix} \;=\; 10 - 12 \;=\; -2$$

(3) Zur Berechnung der Determinante der Matrix

$$\begin{pmatrix} 1 & 2 & 3 \\ 1 & -1 & -1 \\ 2 & 1 & 0 \end{pmatrix}$$

verwenden wir die Sarrus'sche Regel und erhalten aus dem Schema

$$\begin{array}{ccccc} 1 & 2 & 3 & 1 & 2 \\ 1 & -1 & -1 & 1 & -1 \\ 2 & 1 & 0 & 2 & 1 \end{array}$$

das Ergebnis

$$\det \begin{pmatrix} 1 & 2 & 3 \\ 1 & -1 & -1 \\ 2 & 1 & 0 \end{pmatrix} = (0 - 4 + 3) - (-6 - 1 + 0) = 6$$

Für eine Matrix $A \in \mathbf{M}^n$ bezeichne

$$A_{ij}$$

diejenige Matrix, die durch Streichen der i–ten Zeile und der j–ten Spalte von A entsteht. Dann gilt $A_{ij} \in \mathbf{M}^{n-1}$. Insbesondere gilt
– im Fall $n = 2$

$$\begin{aligned} \det \begin{pmatrix} a_{11} & a_{12} \\ a_{21} & a_{22} \end{pmatrix} &= a_{11}a_{22} - a_{21}a_{12} \\ &= a_{11}a_{22} - a_{12}a_{21} \\ &= a_{11} \det (A_{11}) - a_{12} \det (A_{12}) \end{aligned}$$

– im Fall $n = 3$

$$\det \begin{pmatrix} a_{11} & a_{12} & a_{13} \\ a_{21} & a_{22} & a_{23} \\ a_{31} & a_{32} & a_{33} \end{pmatrix}$$

$$= a_{11}a_{22}a_{33} + a_{12}a_{23}a_{31} + a_{13}a_{21}a_{32} - a_{31}a_{22}a_{13} - a_{32}a_{23}a_{11} - a_{33}a_{21}a_{12}$$

$$= a_{11}(a_{22}a_{33} - a_{32}a_{23}) - a_{12}(a_{21}a_{33} - a_{31}a_{23}) + a_{13}(a_{21}a_{32} - a_{31}a_{22})$$

$$= a_{11} \det \begin{pmatrix} a_{22} & a_{23} \\ a_{32} & a_{33} \end{pmatrix} - a_{12} \det \begin{pmatrix} a_{21} & a_{23} \\ a_{31} & a_{33} \end{pmatrix} + a_{13} \det \begin{pmatrix} a_{21} & a_{22} \\ a_{31} & a_{32} \end{pmatrix}$$

$$= a_{11} \det (A_{11}) - a_{12} \det (A_{12}) + a_{13} \det (A_{13})$$

Aufgrund dieser Beobachtung definieren wir die Determinante einer Matrix $A \in \mathbf{M}^n$ für alle $n \in \mathbf{N}$ induktiv wie folgt:

$$\det (A) := \begin{cases} a_{11} & \text{falls} \quad n = 1 \\ \displaystyle\sum_{j=1}^{n} a_{1j} (-1)^{1+j} \det (A_{1j}) & \text{falls} \quad n \geq 2 \end{cases}$$

Für $n \geq 2$ wird die Determinante von A also durch *Entwicklung nach der ersten Zeile* berechnet. Es läßt sich zeigen, daß man dasselbe Ergebnis durch *Entwicklung nach einer beliebigen Zeile oder Spalte* erhält:

Satz (Entwicklungssatz von Laplace).
(a) *Für alle $i \in \{1, \ldots, n\}$ gilt*

$$\det(A) = \sum_{j=1}^{n} a_{ij} \, (-1)^{i+j} \det(A_{ij})$$

(b) *Für alle $j \in \{1, \ldots, n\}$ gilt*

$$\det(A) = \sum_{i=1}^{n} a_{ij} \, (-1)^{i+j} \det(A_{ij})$$

Beim Entwicklungssatz von Laplace werden die Determinanten der Matrizen A_{ij} also mit Vorzeichen gemäß dem Muster

$$\begin{pmatrix} + & - & + & - & \cdots \\ - & + & - & + & \cdots \\ + & - & + & - & \cdots \\ - & + & - & + & \cdots \\ \vdots & \vdots & \vdots & \vdots & \ddots \end{pmatrix}$$

versehen.

Beispiele.
(1) Entwicklung nach der ersten Zeile:

$$\det \begin{pmatrix} 2 & 0 & 0 & 0 \\ 2 & 1 & 3 & 1 \\ -1 & 1 & 2 & 1 \\ 4 & -1 & 1 & 2 \end{pmatrix} = 2 \cdot (-1)^{1+1} \cdot \det \begin{pmatrix} 1 & 3 & 1 \\ 1 & 2 & 1 \\ -1 & 1 & 2 \end{pmatrix}$$

$$= 2 \cdot 1 \cdot ((4 - 3 + 1) - (-2 + 1 + 6))$$

$$= -6$$

(2) Entwicklung nach der zweiten Zeile:

$$\det \begin{pmatrix} 1 & 2 & 0 & 1 \\ 2 & 0 & 0 & -1 \\ -1 & 1 & 2 & 0 \\ 0 & 3 & 1 & 1 \end{pmatrix}$$

$$= 2 \cdot (-1)^{2+1} \cdot \det \begin{pmatrix} 2 & 0 & 1 \\ 1 & 2 & 0 \\ 3 & 1 & 1 \end{pmatrix} + (-1) \cdot (-1)^{2+4} \cdot \det \begin{pmatrix} 1 & 2 & 0 \\ -1 & 1 & 2 \\ 0 & 3 & 1 \end{pmatrix}$$

$$= 2 \cdot (-1) \cdot (-1) + (-1) \cdot 1 \cdot (-3)$$

$$= 5$$

(3) Entwicklung nach der dritten Spalte:

$$\det \begin{pmatrix} 1 & 2 & 0 & 1 \\ 2 & 0 & 0 & -1 \\ -1 & 1 & 2 & 0 \\ 0 & 3 & 1 & 1 \end{pmatrix}$$

$$= 2 \cdot (-1)^{3+3} \cdot \det \begin{pmatrix} 1 & 2 & 1 \\ 2 & 0 & -1 \\ 0 & 3 & 1 \end{pmatrix} + 1 \cdot (-1)^{4+3} \cdot \det \begin{pmatrix} 1 & 2 & 1 \\ 2 & 0 & -1 \\ -1 & 1 & 0 \end{pmatrix}$$

$$= 2 \cdot 1 \cdot 5 + 1 \cdot (-1) \cdot 5$$

$$= 5$$

Man beachte, daß die Matrizen unter (2) und (3) identisch sind.

Satz (Eigenschaften der Determinante).
(a) *Es gilt* $\det(E) = 1$.
(b) *Für alle* $A \in \mathbf{M}^n$ *gilt* $\det(A') = \det(A)$.
(c) *Sind zwei Zeilen oder Spalten von* $A \in \mathbf{M}^n$ *identisch, so gilt* $\det(A) = 0$.
(d) *Für alle* $c^1, \dots, c^{i-1}, c^{i+1}, \dots, c^n, a, b \in \mathbf{R}^n$ *und* $\alpha, \beta \in \mathbf{R}$ *gilt*

$$\det(c^1, \dots, c^{i-1}, \alpha a + \beta b, c^{i+1}, \dots, c^n)$$
$$= \alpha \det(c^1, \dots, c^{i-1}, a, c^{i+1}, \dots, c^n) + \beta \det(c^1, \dots, c^{i-1}, b, c^{i+1}, \dots, c^n)$$

(e) *Für alle* $A \in \mathbf{M}^n$ *und* $\alpha \in \mathbf{R}$ *gilt* $\det(\alpha A) = \alpha^n \det(A)$.
(f) *Enthält eine Zeile oder Spalte von* $A \in \mathbf{M}^n$ *nur Nullen, so gilt* $\det(A) = 0$.
(g) *Für alle* $A, B \in \mathbf{M}^n$ *gilt* $\det(AB) = \det(A) \cdot \det(B)$.
(h) *Für alle* $A, B \in \mathbf{M}^n$ *gilt* $\det(AB) = \det(BA)$.

Lineare Gleichungssysteme

Das folgende Ergebnis stellt eine Beziehung zwischen der Lösbarkeit eines linearen Gleichungssystems mit einer quadratischen Koeffizientenmatrix und der Determinante der Koeffizientenmatrix her:

Satz (Existenz– und Eindeutigkeitssatz). *Für* $A \in \mathbf{M}^n$ *sind folgende Aussagen äquivalent*:
(a) *Es gilt* $\operatorname{rang}(A) = n$.
(b) *Für jede Wahl von* $b \in \mathbf{R}^n$ *besitzt das lineare Gleichungssystem* $Ax = b$ *genau eine Lösung*.
(c) *Es gilt* $\det(A) \neq 0$.

Beweis. (a) $\Longleftrightarrow$ (b): Diese Äquivalenz ist bereits bekannt.
(a) $\Longrightarrow$ (c): Wenn die Matrix A vollen Rang besitzt, dann hat jedes der n Gleichungssysteme

$$Ax = e^i$$

eine eindeutige Lösung $\boldsymbol{x}^i \in \mathbf{R}^n$. Aus diesen Lösungen bilden wir die Matrix

$$X := (\boldsymbol{x}^1, \ldots, \boldsymbol{x}^n)$$

Dann gilt $X \in \mathbf{M}^n$ und

$$AX = E$$

Daher gilt

$$\begin{aligned}
\det(A) \cdot \det(X) &= \det(AX) \\
&= \det(E) \\
&= 1
\end{aligned}$$

und damit $\det(A) \neq 0$.

(c) $\Longrightarrow$ (a): Wenn die Matrix A nicht vollen Rang besitzt, dann sind die Spalten von A linear abhängig. Dann aber gibt es ein $i \in \{1, \ldots, n\}$ und $\alpha_1, \ldots, \alpha_{i-1}, \alpha_{i+1}, \ldots, \alpha_n \in \mathbf{R}$ mit

$$\boldsymbol{a}^i = \sum_{j \in \{1,\ldots,i-1,i+1,\ldots,n\}} \alpha_j \, \boldsymbol{a}^j$$

und damit

$$\begin{aligned}
\det(A) &= \det(\boldsymbol{a}^1, \ldots, \boldsymbol{a}^{i-1}, \boldsymbol{a}^i, \boldsymbol{a}^{i+1}, \ldots, \boldsymbol{a}^n) \\
&= \det\left(\boldsymbol{a}^1, \ldots, \boldsymbol{a}^{i-1}, \sum_{j \in \{1,\ldots,i-1,i+1,\ldots,n\}} \alpha_j \, \boldsymbol{a}^j, \boldsymbol{a}^{i+1}, \ldots, \boldsymbol{a}^n\right) \\
&= \sum_{j \in \{1,\ldots,i-1,i+1,\ldots,n\}} \alpha_j \det(\boldsymbol{a}^1, \ldots, \boldsymbol{a}^{i-1}, \boldsymbol{a}^j, \boldsymbol{a}^{i+1}, \ldots, \boldsymbol{a}^n) \\
&= 0
\end{aligned}$$

Dabei ergibt sich das letzte Gleichheitszeichen wie folgt: Jede der Matrizen $(\boldsymbol{a}^1, \ldots, \boldsymbol{a}^{i-1}, \boldsymbol{a}^j, \boldsymbol{a}^{i+1}, \ldots, \boldsymbol{a}^n)$ besitzt zwei identische Spalten und ihre Determinante verschwindet. $\qquad\square$

Folgerung. *Für $A \in \mathbf{M}^n$ sind folgende Aussagen äquivalent:*

(a) *Es gilt* $\operatorname{rang}(A) < n$.

(b) *Für jede Wahl von $\boldsymbol{b} \in \mathbf{R}^n$ besitzt das lineare Gleichungssystem $A\boldsymbol{x} = \boldsymbol{b}$ entweder keine Lösung oder unendlich viele Lösungen.*

(c) *Es gilt* $\det(A) = 0$.

Interdependente Märkte I

Wir betrachten eine Ökonomie mit zwei interdependenten Märkten und affin-linearen Angebots- und Nachfragefunktionen. Wir interessieren uns für die Existenz und Eindeutigkeit von Gleichgewichtspreisen.

Die Angebotsfunktion $a : \mathbf{R}^2 \to \mathbf{R}^2$ und die Nachfragefunktion $n : \mathbf{R}^2 \to \mathbf{R}^2$ seien gegeben durch

$$
\begin{aligned}
a(\boldsymbol{p}) &:= \boldsymbol{a} + B\boldsymbol{p} \\
n(\boldsymbol{p}) &:= \boldsymbol{c} + D\boldsymbol{p}
\end{aligned}
$$

mit $\boldsymbol{a}, \boldsymbol{c} \in \mathbf{R}^2$ und $B, D \in \mathbf{M}^2$; der Vektor $\boldsymbol{p} \in \mathbf{R}^2$ heißt Preisvektor. Die Gleichgewichtsbedingung lautet

$$
a(\boldsymbol{p}) = n(\boldsymbol{p})
$$

Daraus ergibt sich das lineare Gleichungssystem

$$
\boldsymbol{a} + B\boldsymbol{p} = \boldsymbol{c} + D\boldsymbol{p}
$$

Es gilt also

$$
(B-D)\boldsymbol{p} = \boldsymbol{c} - \boldsymbol{a}
$$

Die Existenz und Eindeutigkeit von Gleichgewichtspreisen, also die Existenz eines Preisvektors $\boldsymbol{p}^* \in \mathbf{R}^2$ mit $(B-D)\boldsymbol{p}^* = \boldsymbol{c} - \boldsymbol{a}$, ist gleichwertig mit der Bedingung $\det (B-D) \neq 0$.

Wir betrachten nun den Spezialfall

$$
\begin{aligned}
a(\boldsymbol{p}) &:= \begin{pmatrix} 8 \\ 16 \end{pmatrix} + \begin{pmatrix} 8 & 0 \\ 0 & 2 \end{pmatrix} \begin{pmatrix} p_1 \\ p_2 \end{pmatrix} \\
n(\boldsymbol{p}) &:= \begin{pmatrix} 16 \\ 28 \end{pmatrix} + \begin{pmatrix} -4 & 1 \\ 4 & -2 \end{pmatrix} \begin{pmatrix} p_1 \\ p_2 \end{pmatrix}
\end{aligned}
$$

Das lineare Gleichungssystem $(B-D)\boldsymbol{p} = \boldsymbol{c} - \boldsymbol{a}$ hat dann die Gestalt

$$
\begin{pmatrix} 12 & -1 \\ -4 & 4 \end{pmatrix} \begin{pmatrix} p_1 \\ p_2 \end{pmatrix} = \begin{pmatrix} 8 \\ 12 \end{pmatrix}
$$

Wegen

$$
\det (B-D) = \det \begin{pmatrix} 12 & -1 \\ -4 & 4 \end{pmatrix} = 44 \neq 0
$$

hat die Matrix $B-D$ vollen Rang. Daher existieren in diesem Spezialfall eindeutig bestimmte Gleichgewichtspreise.

Für eine quadratische Matrix $A \in \mathbf{M}^n$ mit $\det(A) \neq 0$ besitzt das lineare Gleichungssystem $A\boldsymbol{x} = \boldsymbol{b}$ für jede Wahl von $\boldsymbol{b} \in \mathbf{R}^n$ eine eindeutige Lösung. Diese Lösung läßt sich mit Hilfe von Determinanten explizit angeben:

Satz (Cramer'sche Regel). *Sei $A \in \mathbf{M}^n$ eine Matrix mit* $\det(A) \neq 0$ *und sei $\boldsymbol{b} \in \mathbf{R}^n$. Für alle $i \in \{1, \ldots, n\}$ sei*

$$A_i := (\boldsymbol{a}^1, \ldots, \boldsymbol{a}^{i-1}, \boldsymbol{b}, \boldsymbol{a}^{i+1}, \ldots, \boldsymbol{a}^n)$$

Ist $\boldsymbol{x}^* \in \mathbf{R}^n$ die eindeutige Lösung des linearen Gleichungssystems

$$A\boldsymbol{x} = \boldsymbol{b}$$

so gilt für alle $i \in \{1, \ldots, n\}$

$$x_i^* = \frac{\det(A_i)}{\det(A)}$$

Beweis. Nach den Rechenregeln für Determinanten gilt für alle $i \in \{1, \ldots, n\}$

$$
\begin{aligned}
\det(A_i) &= \det(\boldsymbol{a}^1, \ldots, \boldsymbol{a}^{i-1}, \boldsymbol{b}, \boldsymbol{a}^{i+1}, \ldots, \boldsymbol{a}^n) \\
&= \det(\boldsymbol{a}^1, \ldots, \boldsymbol{a}^{i-1}, A\boldsymbol{x}^*, \boldsymbol{a}^{i+1}, \ldots, \boldsymbol{a}^n) \\
&= \det\left(\boldsymbol{a}^1, \ldots, \boldsymbol{a}^{i-1}, \sum_{k=1}^n x_k^* \boldsymbol{a}^k, \boldsymbol{a}^{i+1}, \ldots, \boldsymbol{a}^n\right) \\
&= \sum_{k=1}^n x_k^* \det(\boldsymbol{a}^1, \ldots, \boldsymbol{a}^{i-1}, \boldsymbol{a}^k, \boldsymbol{a}^{i+1}, \ldots, \boldsymbol{a}^n) \\
&= x_i^* \det(\boldsymbol{a}^1, \ldots, \boldsymbol{a}^{i-1}, \boldsymbol{a}^i, \boldsymbol{a}^{i+1}, \ldots, \boldsymbol{a}^n) \\
&= x_i^* \det(A)
\end{aligned}
$$

Dabei ergibt sich das vorletzte Gleichheitszeichen wie folgt: Für $k \neq i$ besitzt die Matrix $(\boldsymbol{a}^1, \ldots, \boldsymbol{a}^{i-1}, \boldsymbol{a}^k, \boldsymbol{a}^{i+1}, \ldots, \boldsymbol{a}^n)$ zwei identische Spalten und ihre Determinante verschwindet. $\qquad\square$

Beispiel. Für das lineare Gleichungssystem $A\boldsymbol{x} = \boldsymbol{b}$ mit

$$A := \begin{pmatrix} 0 & 2 & 3 \\ 1 & 0 & -1 \\ 0 & 1 & 2 \end{pmatrix}$$

und

$$\boldsymbol{b} := \begin{pmatrix} 1 \\ 0 \\ 1 \end{pmatrix}$$

gilt

$$\det(A) \;=\; -1$$

Das lineare Gleichungssystem $A\boldsymbol{x} = \boldsymbol{b}$ besitzt daher eine eindeutige Lösung $\boldsymbol{x}^* \in \mathbf{R}^3$. Wegen

$$A_1 \;=\; \begin{pmatrix} 1 & 2 & 3 \\ 0 & 0 & -1 \\ 1 & 1 & 2 \end{pmatrix}$$

$$A_2 \;=\; \begin{pmatrix} 0 & 1 & 3 \\ 1 & 0 & -1 \\ 0 & 1 & 2 \end{pmatrix}$$

$$A_3 \;=\; \begin{pmatrix} 0 & 2 & 1 \\ 1 & 0 & 0 \\ 0 & 1 & 1 \end{pmatrix}$$

gilt

$$\det(A_1) \;=\; -1$$
$$\det(A_2) \;=\; 1$$
$$\det(A_3) \;=\; -1$$

Die Koordinaten von $\boldsymbol{x}^*$ sind daher durch

$$x_1^* \;=\; \frac{\det(A_1)}{\det(A)} \;=\; 1$$

$$x_2^* \;=\; \frac{\det(A_2)}{\det(A)} \;=\; -1$$

$$x_3^* \;=\; \frac{\det(A_3)}{\det(A)} \;=\; 1$$

gegeben.

Interdependente Märkte II

Wir setzen $A := B - D$ und $\boldsymbol{b} := \boldsymbol{c} - \boldsymbol{a}$. Im Spezialfall

$$A \;=\; \begin{pmatrix} 12 & -1 \\ -4 & 4 \end{pmatrix}$$

und

$$\boldsymbol{b} \;=\; \begin{pmatrix} 8 \\ 12 \end{pmatrix}$$

gilt

$$\det(A) = \det\begin{pmatrix} 12 & -1 \\ -4 & 4 \end{pmatrix} = 44$$

sowie

$$\det(A_1) = \det\begin{pmatrix} 8 & -1 \\ 12 & 4 \end{pmatrix} = 44$$

$$\det(A_2) = \det\begin{pmatrix} 12 & 8 \\ -4 & 12 \end{pmatrix} = 176$$

Die eindeutige Lösung des linearen Gleichungssystems $Ap = b$ ist daher durch den Preisvektor p^* mit den Koordinaten

$$p_1^* = \frac{\det(A_1)}{\det(A)} = \frac{44}{44} = 1$$

$$p_2^* = \frac{\det(A_2)}{\det(A)} = \frac{176}{44} = 4$$

gegeben.

Bemerkung. Wir betrachten eine quadratische Matrix $A \in \mathbf{M}^n$ mit $n \geq 2$ und $\det(A) \neq 0$. Zur Bestimmung der Lösung des linearen Gleichungssystems $Ax = b$ nach der Cramer'schen Regel sind $n + 1$ Determinanten zu berechnen und n Divisionen durchzuführen. Gemessen an der Zahl der Multiplikationen ist der Rechenaufwand für jede dieser Determinanten gleich $n!$. Der Rechenaufwand zur Bestimmung der Lösung ist daher gleich $(n+1)! + n$:

n	$(n+1)! + n$
2	8
3	27
4	124
5	725
6	5'046
7	40'327
8	362'888
9	3'628'809
10	39'916'810
$\vdots$	$\vdots$

Der Rechenaufwand steigt also in katastrophaler Weise mit der Dimension der Matrix.

Wir werden im nächsten Kapitel ein Verfahren zur Bestimmung aller Lösungen eines linearen Gleichungssystems kennenlernen, das gleichzeitig allgemeiner ist als die Cramer'sche Regel und einen geringeren Rechenaufwand erfordert.

Eigenwerte

Wir betrachten abschließend den Zusammenhang zwischen den Eigenwerten einer quadratischen Matrix und ihrer Determinante.

Satz. *Für $A \in \mathbf{M}^n$ und $\lambda \in \mathbf{R}$ sind äquivalent:*
(a) *λ ist Eigenwert von A.*
(b) *Es gilt $\det(A - \lambda E) = 0$.*

Beweis. λ ist genau dann Eigenwert von A, wenn die Matrix $A - \lambda E$ nicht vollen Rang hat, und diese Bedingung ist gleichwertig mit $\det(A - \lambda E) = 0$. $\square$

Für $A \in \mathbf{M}^n$ ist die durch

$$\lambda \; \mapsto \; \det(A - \lambda E)$$

definierte Abbildung $\mathbf{R} \to \mathbf{R}$ ein Polynom vom Grad n. Dieses Polynom heißt *charakteristisches Polynom* zu A.

Folgerung. *Jede Matrix $A \in \mathbf{M}^n$ besitzt höchstens n reelle Eigenwerte.*

Leontief–Modell III

Wir betrachten das lineare Gleichungssystem

$$A\boldsymbol{x} \; = \; \boldsymbol{b}$$

mit

$$A \; := \; E - Q$$

Für die Matrix Q der Input–Output-Koeffizienten gelte

$$Q \; = \; \begin{pmatrix} 0.3 & 0.2 & 0 \\ 0.2 & 0.3 & 0 \\ 0 & 0 & 0.5 \end{pmatrix}$$

Dann gilt

$$A \; = \; \begin{pmatrix} 0.7 & -0.2 & 0 \\ -0.2 & 0.7 & 0 \\ 0 & 0 & 0.5 \end{pmatrix}$$

und damit

$$\det(A - \lambda E) \; = \; \det \begin{pmatrix} 0.7 - \lambda & -0.2 & 0 \\ -0.2 & 0.7 - \lambda & 0 \\ 0 & 0 & 0.5 - \lambda \end{pmatrix}$$

$$= \; ((0.7 - \lambda)^2 - (-0.2)^2) \cdot (0.5 - \lambda)$$

$$= \; (0.45 - 1.4\lambda + \lambda^2) \cdot (0.5 - \lambda)$$

$$= \; (0.9 - \lambda) \cdot (0.5 - \lambda) \cdot (0.5 - \lambda)$$

Die Eigenwerte sind also

$$\lambda_1 \;=\; 0.5$$
$$\lambda_2 \;=\; 0.5$$
$$\lambda_3 \;=\; 0.9$$

Zugehörige Eigenvektoren sind

$$\boldsymbol{x}^1 \;=\; \begin{pmatrix} 1 \\ 1 \\ 0 \end{pmatrix} \qquad \boldsymbol{x}^2 \;=\; \begin{pmatrix} 0 \\ 0 \\ 1 \end{pmatrix} \qquad \boldsymbol{x}^3 \;=\; \begin{pmatrix} 1 \\ -1 \\ 0 \end{pmatrix}$$

Offenbar ist das System $\{\boldsymbol{x}^1, \boldsymbol{x}^2, \boldsymbol{x}^3\}$ linear unabhängig.

Für alle $\alpha, \beta \in \mathbf{R}$ ist auch jeder Vektor der Form

$$\boldsymbol{x} \;=\; \alpha \boldsymbol{x}^1 + \beta \boldsymbol{x}^2$$

ein Eigenvektor zum Eigenwert 0.5. Für jeden dieser Produktionsvektoren entfallen also 50% der Produktion auf die externe Nachfrage (und damit 50% auf die interne Nachfrage).

Der Eigenvektor $\boldsymbol{x}^3$ besitzt wegen $\boldsymbol{x}^3 \notin \mathbf{R}_+^3$ keine sinnvolle ökonomische Interpretation.

5.5   Reguläre Matrizen

Eine quadratische Matrix $A \in \mathbf{M}^n$ heißt *regulär* oder *invertierbar*, wenn es eine Matrix $C \in \mathbf{M}^n$ gibt mit

$$CA \;=\; E \;=\; AC$$

Da $\mathbf{M}^n$ unter der Matrizenmultiplikation eine Halbgruppe ist, kann es nur eine Matrix $C \in \mathbf{M}^n$ mit dieser Eigenschaft geben.

Ist $A \in \mathbf{M}^n$ regulär, so heißt die eindeutig bestimmte Matrix $C \in \mathbf{M}^n$ mit

$$CA \;=\; E \;=\; AC$$

die *Inverse* von A. Die Inverse von A wird mit

$$A^{-1}$$

bezeichnet.

Lemma. *Unter der Matrizenmultiplikation bilden die regulären Matrizen aus $\mathbf{M}^n$ eine Gruppe; das neutrale Element ist die Einheitsmatrix. Insbesondere gilt:*
(a)   *Die Einheitsmatrix $E \in \mathbf{M}^n$ ist regulär mit $E^{-1} = E$.*
(b)   *Ist $A \in \mathbf{M}^n$ regulär, so ist auch A^{-1} regulär mit $(A^{-1})^{-1} = A$.*
(c)   *Sind $A, B \in \mathbf{M}^n$ regulär, so ist auch AB regulär mit $(AB)^{-1} = B^{-1}A^{-1}$.*

Außerdem überträgt sich die Regularität einer Matrix auf ihre Transponierte:

Lemma. *Ist $A \in \mathbf{M}^n$ regulär, so ist auch A' regulär mit $(A')^{-1} = (A^{-1})'$.*

Die Regularität einer quadratischen Matrix $A \in \mathbf{M}^n$ ist eng mit der eindeutigen Lösbarkeit des linearen Gleichungssystems $Ax = b$ (für jede Wahl von $b \in \mathbf{R}^n$) verbunden; sie läßt sich außerdem am Rang von A und an der Determinante von A erkennen:

Satz (Existenz– und Eindeutigkeitssatz). *Für eine Matrix $A \in \mathbf{M}^n$ sind folgende Aussagen äquivalent:*
(a) *Es gilt* $\operatorname{rang}(A) = n$.
(b) *Für jede Wahl von $b \in \mathbf{R}^n$ besitzt das lineare Gleichungssystem $Ax = b$ genau eine Lösung.*
(c) *Es gilt* $\det(A) \neq 0$.
(d) *A ist regulär.*
In diesem Fall gilt $\det(A^{-1}) = (\det(A))^{-1}$.

Beweis. (a) $\Longleftrightarrow$ (b) $\Longleftrightarrow$ (c) : Diese Äquivalenzen sind bereits bekannt.
(a) $\Longrightarrow$ (d) : Wir nehmen an, daß A vollen Rang hat. Dann besitzt jedes der n linearen Gleichungssysteme

$$Ax \;=\; e^i$$

eine eindeutige Lösung $x^i \in \mathbf{R}^n$. Aus diesen Lösungen bilden wir die Matrix

$$X \;:=\; (x^1, x^2, \cdots, x^n)$$

Dann gilt $X \in \mathbf{M}^n$ und

$$AX \;=\; E$$

Da A vollen Rang hat, hat auch A' vollen Rang. Daher besitzt auch jedes der n linearen Gleichungssysteme

$$A'y \;=\; e^i$$

eine eindeutige Lösung $y^i \in \mathbf{R}^n$. Aus diesen Lösungen bilden wir die Matrix

$$Y \;:=\; (y^1, y^2, \cdots, y^n)$$

Dann gilt $Y \in \mathbf{M}^n$ und

$$A'Y \;=\; E$$

Durch Transponieren erhalten wir

$$Y'A \;=\; E$$

Daher gilt

$$\begin{aligned}
X &= EX \\
&= Y'AX \\
&= Y'E \\
&= Y'
\end{aligned}$$

und damit

$$\begin{aligned}
XA &= Y'A \\
&= E \\
&= AX
\end{aligned}$$

Also ist A regulär.

(d) $\Longrightarrow$ (b) : Da A regulär ist, besitzt das lineare Gleichungssystem $A\boldsymbol{x} = \boldsymbol{b}$ die eindeutige Lösung $\boldsymbol{x}^* := A^{-1}\boldsymbol{b}$.

Ist schließlich A regulär, so gilt

$$\begin{aligned}
\det(A) \cdot \det(A^{-1}) &= \det(AA^{-1}) \\
&= \det(E) \\
&= 1
\end{aligned}$$

Damit ist der Satz bewiesen. $\square$

Folgerung. *Für $A \in \mathbf{M}^n$ sind folgende Aussagen äquivalent:*

(a) *Es gilt* $\mathrm{rang}\,(A) < n$.

(b) *Für jede Wahl von $\boldsymbol{b} \in \mathbf{R}^n$ besitzt das lineare Gleichungssystem $A\boldsymbol{x} = \boldsymbol{b}$ entweder keine Lösung oder unendlich viele Lösungen.*

(c) *Es gilt* $\det(A) = 0$.

(d) *A ist nicht regulär.*

Beispiele.

(1) Das lineare Gleichungssystem $A\boldsymbol{x} = \boldsymbol{b}$ mit

$$\begin{pmatrix} -1 & 0 & 3 \\ 2 & 0 & 0 \\ 4 & 2 & 1 \end{pmatrix} \cdot \begin{pmatrix} x_1 \\ x_2 \\ x_3 \end{pmatrix} = \begin{pmatrix} 1 \\ 4 \\ 3 \end{pmatrix}$$

besitzt die Lösung

$$\boldsymbol{x}^* = \begin{pmatrix} 2 \\ -3 \\ 1 \end{pmatrix}$$

Diese Lösung ist eindeutig, denn es gilt $\mathrm{rang}\,(A) = 3$.

(2) Das lineare Gleichungssystem $Ax = b$ mit

$$\begin{pmatrix} 2 & 1 & 3 \\ 4 & 0 & 4 \\ 0 & 1 & 1 \end{pmatrix} \cdot \begin{pmatrix} x_1 \\ x_2 \\ x_3 \end{pmatrix} = \begin{pmatrix} 1 \\ 1 \\ 1 \end{pmatrix}$$

besitzt keine Lösung.

(3) Für das lineare Gleichungssystem $Ax = b$ mit

$$\begin{pmatrix} 2 & 1 & 3 \\ 4 & 0 & 4 \\ 0 & 1 & 1 \end{pmatrix} \cdot \begin{pmatrix} x_1 \\ x_2 \\ x_3 \end{pmatrix} = \begin{pmatrix} 1 \\ 8 \\ -3 \end{pmatrix}$$

ist für jedes $\alpha \in \mathbf{R}$ der Vektor

$$x^* = \alpha \begin{pmatrix} 1 \\ 1 \\ -1 \end{pmatrix} + \begin{pmatrix} 3 \\ -2 \\ -1 \end{pmatrix}$$

eine Lösung. Das lineare Gleichungssystem $Ax = b$ besitzt daher unendlich viele Lösungen.

Man beachte, daß die linearen Gleichungssysteme unter (2) und (3) dieselbe Koeffizientenmatrix besitzen.

Das folgende Ergebnis gibt eine einfache Bedingung für die Regularität einer quadratischen Matrix:

Satz (Charakterisierung regulärer Matrizen). *Für eine Matrix $A \in \mathbf{M}^n$ sind folgende Aussagen äquivalent:*
(a) *A ist regulär.*
(b) *Es gibt eine Matrix $C \in \mathbf{M}^n$ mit $AC = E$.*
(c) *Es gibt eine Matrix $C \in \mathbf{M}^n$ mit $CA = E$.*
In diesem Fall gilt $C = A^{-1}$.

Beweis. (a) $\Longrightarrow$ (b) : Diese Implikation ist klar.
(b) $\Longrightarrow$ (a) : Wir nehmen an, es gebe eine Matrix $C \in \mathbf{M}^n$ mit $AC = E$. Dann gilt

$$\det(A) \cdot \det(C) \;=\; \det(AC) \;=\; \det(E) \;=\; 1$$

und damit

$$\det(A) \;\neq\; 0$$

Daher ist A nach dem Existenz– und Eindeutigkeitssatz regulär.
(a) $\Longleftrightarrow$ (c) : Der Beweis ist analog zum Beweis der Äquivalenz (a) $\Longleftrightarrow$ (b).
Ist schließlich A regulär, so existiert die Inverse A^{-1} und aus jeder der Gleichungen $AC = E$ und $CA = E$ folgt $C = A^{-1}$. $\qquad \Box$

Bemerkung. Die Inverse einer regulären Matrix $A \in \mathbf{M}^n$ kann man wie folgt bestimmen: Jedes der n linearen Gleichungssysteme

$$A\boldsymbol{x} = \boldsymbol{e}^i$$

besitzt eine eindeutige Lösung $\boldsymbol{x}^i$. Aus diesen Lösungen bilden wir die Matrix

$$X := (\boldsymbol{x}^1, \boldsymbol{x}^2, \cdots, \boldsymbol{x}^n)$$

Dann gilt $X \in \mathbf{M}^n$ und

$$AX = E$$

und damit nach der Charakterisierung regulärer Matrizen

$$A^{-1} = X$$

Wir werden später ein Verfahren kennenlernen, mit dem man die Regularität einer quadratischen Matrix überprüfen und im Fall der Regularität ihre Inverse berechnen kann.

Leontief–Modell IV

Wir betrachten das lineare Gleichungssystem

$$(E - Q)\,\boldsymbol{x} = \boldsymbol{b}$$

Die Matrix $E - Q \in \mathbf{M}^n$ ist genau dann regulär, wenn jede externe Nachfrage $\boldsymbol{b} \in \mathbf{R}^n$ auf genau eine Weise durch eine geeignete Produktion $\boldsymbol{x} \in \mathbf{R}^n$ befriedigt werden kann.

5.6 Spezielle quadratische Matrizen

In diesem Abschnitt betrachten wir einige Klassen quadratischer Matrizen, die sich durch eine besondere Struktur auszeichnen.

Dreiecksmatrizen

Eine quadratische Matrix $D \in \mathbf{M}^n$ heißt
- *obere Dreiecksmatrix*, wenn für alle $i, j \in \{1, \ldots, n\}$ mit $i > j$

$$a_{ij} = 0$$

gilt.
- *untere Dreiecksmatrix*, wenn ihre Transponierte eine obere Dreicksmatrix ist.

Eine quadratische Matrix heißt *Dreiecksmatrix*, wenn sie eine obere Dreiecksmatrix oder eine untere Dreiecksmatrix ist.

Lemma.

(a) *Unter Addition und Skalarmultiplikation bilden die oberen Dreiecksmatrizen aus $\mathbf{M}^n$ einen Vektorraum.*

(b) *Das Produkt von oberen Dreiecksmatrizen aus $\mathbf{M}^n$ ist eine obere Dreiecksmatrix.*

(c) *Die Inverse einer regulären oberen Dreiecksmatrix ist eine obere Dreiecksmatrix.*

Ist $A \in \mathbf{M}^n$ eine Dreiecksmatrix, so lassen sich alle Lösungen des linearen Gleichungssystems

$$A\boldsymbol{x} \; = \; \boldsymbol{b}$$

durch *Rückwärtseinsetzen* bestimmen.

Beispiele.

(1) Für das lineare Gleichungssystem $A\boldsymbol{x} = \boldsymbol{b}$ mit

$$\begin{pmatrix} 1 & 2 & 3 \\ 0 & 4 & 5 \\ 0 & 0 & 6 \end{pmatrix} \cdot \begin{pmatrix} x_1 \\ x_2 \\ x_3 \end{pmatrix} = \begin{pmatrix} 3 \\ 1 \\ 6 \end{pmatrix}$$

erhält man nacheinander $x_3 = 1$, $x_2 = -1$ und $x_1 = 2$. Das lineare Gleichungssystem $A\boldsymbol{x} = \boldsymbol{b}$ besitzt daher die Lösung

$$\boldsymbol{x} \; = \; \begin{pmatrix} 2 \\ -1 \\ 1 \end{pmatrix}$$

Diese Lösung ist eindeutig.

(2) Das lineare Gleichungssystem $A\boldsymbol{x} = \boldsymbol{b}$ mit

$$\begin{pmatrix} 1 & 2 & 3 \\ 0 & 0 & 5 \\ 0 & 0 & 6 \end{pmatrix} \cdot \begin{pmatrix} x_1 \\ x_2 \\ x_3 \end{pmatrix} = \begin{pmatrix} 3 \\ 1 \\ 6 \end{pmatrix}$$

besitzt keine Lösung.

(3) Für das lineare Gleichungssystem $A\boldsymbol{x} = \boldsymbol{b}$ mit

$$\begin{pmatrix} 1 & 2 & 3 \\ 0 & 0 & 5 \\ 0 & 0 & 6 \end{pmatrix} \cdot \begin{pmatrix} x_1 \\ x_2 \\ x_3 \end{pmatrix} = \begin{pmatrix} 3 \\ 5 \\ 6 \end{pmatrix}$$

ist für jedes $\alpha \in \mathbf{R}$ der Vektor

$$\boldsymbol{x} \; = \; \alpha \begin{pmatrix} 2 \\ -1 \\ 0 \end{pmatrix} + \begin{pmatrix} 0 \\ 0 \\ 1 \end{pmatrix}$$

eine Lösung. Das lineare Gleichungssystem $A\boldsymbol{x} = \boldsymbol{b}$ besitzt daher unendlich viele Lösungen.

Man beachte, daß die linearen Gleichungssysteme unter (2) und (3) dieselbe Koeffizientenmatrix besitzen.

Diagonalmatrizen

Eine quadratische Matrix $A \in \mathbf{M}^n$ heißt *Diagonalmatrix*, wenn für alle $i, j \in \{1, \dots, n\}$ mit $i \neq j$

$$a_{ij} = 0$$

gilt.

Lemma.

(a) *Jede Diagonalmatrix ist eine Dreiecksmatrix.*

(b) *Jede Diagonalmatrix ist mit ihrer Transponierten identisch.*

(c) *Unter Addition und Skalarmultiplikation bilden die Diagonalmatrizen aus $\mathbf{M}^n$ einen Vektorraum.*

(d) *Das Produkt von Diagonalmatrizen aus $\mathbf{M}^n$ ist eine Diagonalmatrix.*

(e) *Die Inverse einer regulären Diagonalmatrix ist eine Diagonalmatrix.*

Symmetrische Matrizen

Eine quadratische Matrix $A \in \mathbf{M}^n$ heißt *symmetrisch*, wenn für alle $i, j \in \{1, \dots, n\}$

$$a_{ij} = a_{ji}$$

gilt.

Lemma.

(a) *Jede Diagonalmatrix ist symmetrisch.*

(b) *Eine quadratische Matrix ist genau dann symmetrisch, wenn sie mit ihrer Transponierten übereinstimmt.*

(c) *Unter Addition und Skalarmultiplikation bilden die symmetrischen Matrizen aus $\mathbf{M}^n$ einen Vektorraum.*

Das folgende Beispiel zeigt, daß das Produkt symmetrischer Matrizen nicht symmetrisch sein muß:

Beispiel. Für die symmetrischen Matrizen

$$A := \begin{pmatrix} 2 & 1 \\ 1 & 4 \end{pmatrix}$$

und

$$B := \begin{pmatrix} 1 & 4 \\ 4 & 3 \end{pmatrix}$$

gilt

$$AB = \begin{pmatrix} 2 & 1 \\ 1 & 4 \end{pmatrix} \cdot \begin{pmatrix} 1 & 4 \\ 4 & 3 \end{pmatrix} = \begin{pmatrix} 6 & 11 \\ 17 & 16 \end{pmatrix}$$

Also ist AB nicht symmetrisch.

Satz (Eigenwerte symmetrischer Matrizen). *Sei $A \in \mathbf{M}^n$ eine symmetrische Matrix. Dann gilt:*
(a) *Alle Eigenwerte von A sind reell.*
(b) *Die Matrix A besitzt n linear unabhängige Eigenvektoren $\boldsymbol{x}^1, \ldots, \boldsymbol{x}^n \in \mathbf{R}^n$ und für die zugehörigen Eigenwerte $\lambda_1, \ldots, \lambda_n \in \mathbf{R}$ gilt*

$$\sum_{i=1}^n \lambda_i = \operatorname{spur}(A)$$

und

$$\prod_{i=1}^n \lambda_i = \det(A)$$

Die Eigenwerte $\lambda_1, \ldots, \lambda_n$ sind nicht notwendigerweise alle verschieden.

Quadratische Formen

Sei $A \in \mathbf{M}^n$ eine quadratische Matrix. Die durch

$$\boldsymbol{x} \;\mapsto\; \langle \boldsymbol{x}, A\boldsymbol{x} \rangle$$

definierte Abbildung $\mathbf{R}^n \to \mathbf{R}$ heißt *quadratische Form* zu A. Es gilt

$$
\begin{aligned}
\langle \boldsymbol{x}, A\boldsymbol{x} \rangle &= \boldsymbol{x}' A \boldsymbol{x} \\
&= \sum_{i=1}^n x_i \left(\sum_{j=1}^n a_{ij} x_j \right) \\
&= \sum_{i=1}^n \sum_{j=1}^n a_{ij} x_i x_j
\end{aligned}
$$

Mit Hilfe des letzten Ausdrucks läßt sich die quadratische Form zu A leicht aus den Koeffizienten von A bestimmen.

Eine symmetrische Matrix $A \in \mathbf{M}^n$ heißt
- *positiv definit*, wenn für alle $\boldsymbol{x} \in \mathbf{R}^n \backslash \{\mathbf{0}\}$

$$\langle \boldsymbol{x}, A\boldsymbol{x} \rangle \;>\; 0$$

gilt.
- *positiv semidefinit*, wenn für alle $\boldsymbol{x} \in \mathbf{R}^n$

$$\langle \boldsymbol{x}, A\boldsymbol{x} \rangle \;\geq\; 0$$

gilt.

- *indefinit*, wenn es $y, z \in \mathbf{R}^n$ gibt mit

$$\langle y, Ay \rangle \; < \; 0 \; < \; \langle z, Az \rangle$$

- *negativ semidefinit*, wenn für alle $x \in \mathbf{R}^n$

$$\langle x, Ax \rangle \; \leq \; 0$$

gilt.

- *negativ definit*, wenn für alle $x \in \mathbf{R}^n \setminus \{0\}$

$$\langle x, Ax \rangle \; < \; 0$$

gilt.

Offenbar ist die Matrix A genau dann positiv (semi–)definit, wenn die Matrix $-A$ negativ (semi–)definit ist.

Beispiele.

(1) Sei

$$A \; := \; \begin{pmatrix} 2 & -1 \\ -1 & 1 \end{pmatrix}$$

Dann gilt für alle $x \in \mathbf{R}^2$

$$\begin{aligned} \langle x, Ax \rangle \; &= \; 2x_1^2 - x_1 x_2 - x_1 x_2 + x_2^2 \\ &= \; x_1^2 + (x_1 - x_2)^2 \end{aligned}$$

Daher ist A positiv semidefinit. Außerdem gilt für alle $x \in \mathbf{R}^2$

$$\langle x, Ax \rangle = 0 \; \Longleftrightarrow \; x = 0$$

Daher ist A sogar positiv definit.

(2) Sei

$$A \; := \; \begin{pmatrix} 1 & 1 \\ 1 & 1 \end{pmatrix}$$

Dann gilt für alle $x \in \mathbf{R}^2$

$$\begin{aligned} \langle x, Ax \rangle \; &= \; x_1^2 + x_1 x_2 + x_1 x_2 + x_2^2 \\ &= \; (x_1 + x_2)^2 \end{aligned}$$

Daher ist A positiv semidefinit; für

$$x \; := \; \begin{pmatrix} 1 \\ -1 \end{pmatrix}$$

gilt jedoch

$$\langle x, Ax \rangle \; = \; 0$$

Daher ist A nicht positiv definit.

(3) Sei

$$A \;:=\; \begin{pmatrix} 1 & 1 \\ 1 & -1 \end{pmatrix}$$

Für alle $\boldsymbol{x} \in \mathbf{R}^2$ gilt

$$\begin{aligned} \langle \boldsymbol{x}, A\boldsymbol{x} \rangle \;&=\; x_1^2 + x_1 x_2 + x_1 x_2 - x_2^2 \\ &=\; (x_1 + x_2)^2 - 2x_2^2 \end{aligned}$$

Für

$$\boldsymbol{y} \;:=\; \begin{pmatrix} 1 \\ -1 \end{pmatrix}$$

und

$$\boldsymbol{z} \;:=\; \begin{pmatrix} 1 \\ 0 \end{pmatrix}$$

gilt

$$\langle \boldsymbol{y}, A\boldsymbol{y} \rangle \;=\; -2 \;<\; 0 \;<\; 1 \;=\; \langle \boldsymbol{z}, A\boldsymbol{z} \rangle$$

Daher ist A indefinit.

Satz (Eigenwerte symmetrischer Matrizen). *Sei A eine symmetrische Matrix. Dann gilt:*
(a) *A ist genau dann positiv definit, wenn für alle Eigenwerte $\lambda > 0$ gilt.*
(b) *A ist genau dann positiv semidefinit, wenn für alle Eigenwerte $\lambda \geq 0$ gilt.*
(c) *A ist genau dann indefinit, wenn es Eigenwerte μ, ν gibt mit $\mu < 0 < \nu$.*
(d) *A ist genau dann negativ semidefinit, wenn für alle Eigenwerte $\lambda \leq 0$ gilt.*
(e) *A ist genau dann negativ definit, wenn für alle Eigenwerte $\lambda < 0$ gilt.*

Folgerung. *Sei A eine symmetrische Matrix. Ist A positiv definit oder negativ definit, so ist A regulär.*

Beweis. Ist $A \in \mathbf{M}^n$ positiv definit oder negativ definit, so besitzt A genau n linear unabhängige Eigenvektoren $\boldsymbol{x}^1, \ldots, \boldsymbol{x}^n$ und die zugehörigen Eigenwerte $\lambda_1, \ldots, \lambda_n \in \mathbf{R}$ sind sämtlich von 0 verschieden. Dann aber gilt

$$\det(A) \;=\; \prod_{i=1}^{n} \lambda_i \;\neq\; 0$$

Also ist A regulär. $\qquad\square$

Unitäre Matrizen

Eine quadratische Matrix $A \in \mathbf{M}^n$ heißt *unitär* oder *orthogonal*, wenn

$$A'A \;=\; E$$

gilt. Das folgende Lemma erklärt die Wahl dieser Bezeichnungen:

Lemma. *Sei $A \in \mathbf{M}^n$ unitär. Dann gilt für alle $x, y \in \mathbf{R}^n$*

$$\langle Ax, Ay \rangle \;=\; \langle x, y \rangle$$

Insbesondere gilt
(a) $\langle Ax, Ay \rangle = 0 \iff \langle x, y \rangle = 0$
(b) $\|Ax\| = \|x\|$
(c) *Jeder Eigenwert von A hat den Betrag 1.*

Beweis. Da A unitär ist, gilt

$$
\begin{aligned}
\langle Ax, Ay \rangle \;&=\; (Ax)'Ay \\
&=\; x'A'Ay \\
&=\; x'Ey \\
&=\; x'y \\
&=\; \langle x, y \rangle
\end{aligned}
$$

Die Behauptung folgt. $\square$

Satz. *Jede unitäre Matrix $A \in \mathbf{M}^n$ ist regulär mit $A^{-1} = A'$.*

Die Behauptung folgt unmittelbar aus der Definition einer unitären Matrix und der Charakterisierung regulärer Matrizen.

Die Bedeutung unitärer Matrizen liegt in dem folgenden Satz:

Satz (Hauptachsentheorem). *Sei $A \in \mathbf{M}^n$ eine symmetrische Matrix und sei $\Lambda \in \mathbf{M}^n$ eine Diagonalmatrix, deren Diagonale aus den n Eigenwerten von A besteht. Dann gibt es eine unitäre Matrix $U \in \mathbf{M}^n$ mit*

$$A \;=\; U'\Lambda U$$

und damit $\Lambda = UAU'$.

Folgerung. *Zu jeder positiv semidefiniten Matrix $A \in \mathbf{M}^n$ gibt es eine Matrix $B \in \mathbf{M}^n$ mit*

$$A \;=\; B'B$$

Ist A positiv definit, so ist B regulär.

Diese Folgerung ist eine Umkehrung zu dem folgenden elementaren Ergebnis:

Satz. *Für jede Matrix $B \in \mathbf{M}^n$ ist die Matrix $B'B$ symmetrisch und positiv semidefinit. Ist B regulär, so ist $B'B$ positiv definit.*

Kapitel 6

Lineare Gleichungssysteme

Die wohl wichtigste Aufgabe der linearen Algebra besteht in der Bestimmung
aller Lösungen eines linearen Gleichungssystems. Für ein lineares Gleichungssystem sind drei Fälle möglich: Es besitzt keine Lösung, es besitzt genau eine
Lösung, oder es besitzt unendlich viele Lösungen. Existenz und Eindeutigkeit
von Lösungen hängen vom Bild und vom Kern der Koeffizientenmatrix ab: Ein
lineares Gleichungssystem besitzt genau dann mindestens eine Lösung, wenn
der Konstantenvektor im Bild der Matrix liegt, und es besitzt genau dann
höchstens eine Lösung, wenn der Kern der Matrix nur den Nullvektor enthält.

Die Cramer'sche Regel ist praktisch unbrauchbar: Sie ist nur dann anwendbar,
wenn die Anzahl der Variablen mit der Anzahl der Gleichungen übereinstimmt
und die Koeffizientenmatrix regulär ist; ist die Anzahl der Variablen groß, so ist
darüber hinaus der Rechenaufwand unvertretbar hoch. Man benötigt daher ein
allgemeineres Verfahren, mit dessen Hilfe man mit geringem Rechenaufwand
und für jedes lineare Gleichungssystem alle Lösungen bestimmen kann. Ein
solches Verfahren ist das Austauschverfahren.

In diesem Kapitel entwickeln wir das Austauschverfahren zunächst an einem
Beispiel (Abschnitt 6.1) und formulieren es dann als Algorithmus (Abschnitt
6.2). Sodann zeigen wir, daß das Austauschverfahren auch zur Bestimmung
aller Lösungen einer Matrizengleichung (Abschnitt 6.3), zur Bestimmung des
Kerns und des Ranges einer Matrix (Abschnitt 6.4), und zur Berechnung der
Inversen einer regulären Matrix (Abschnitt 6.5) verwendet werden kann.

6.1 Das Austauschverfahren

Wir betrachten das lineare Gleichungssystem

$$A\boldsymbol{x} = \boldsymbol{b}$$

wobei $A \in \mathbf{M}^{m,n}$ und $\boldsymbol{b} \in \mathbf{R}^m$ bekannt sind. Wir fragen nach der Existenz und
Eindeutigkeit einer Lösung $\boldsymbol{x}^* \in \mathbf{R}^n$ von $A\boldsymbol{x} = \boldsymbol{b}$.

Wir bringen das lineare Gleichungssystem $A\boldsymbol{x} = \boldsymbol{b}$ zunächst in die *Normalform*

$$A\boldsymbol{x} + \boldsymbol{c} \;=\; \boldsymbol{0}$$

mit $\boldsymbol{c} := -\boldsymbol{b}$. Wir betrachten sodann das *allgemeine lineare Gleichungssystem*

$$A\boldsymbol{x} + \boldsymbol{c} \;=\; \boldsymbol{y}$$

mit $\boldsymbol{y} \in \mathbf{R}^m$, das wir auch in der Form

$$\boldsymbol{y} \;=\; A\boldsymbol{x} + \boldsymbol{c}$$

schreiben. Die Koordinaten von $\boldsymbol{x}$ heißen nun *unabhängige* Variable; diejenigen von $\boldsymbol{y}$ heißen *abhängige* Variable.

Um entscheiden zu können, ob das lineare Gleichungssystem $A\boldsymbol{x} = \boldsymbol{b}$ keine, genau eine, oder aber unendlich viele Lösungen besitzt, formen wir das allgemeine lineare Gleichungssystem $\boldsymbol{y} = A\boldsymbol{x} + \boldsymbol{c}$ in mehreren Schritten so um, daß möglichst viele unabhängige Variable x_j gegen abhängige Variable y_i ausgetauscht werden. Jeder dieser Schritte heißt *Austauschschritt*, und die Gesamtheit der Austauschschritte heißt *Austauschverfahren*.

Wir betrachten zunächst als Spezialfall das lineare Gleichungssystem

$$\begin{aligned}
a_{11}x_1 + a_{12}x_2 + c_1 &= 0 \\
a_{21}x_1 + a_{22}x_2 + c_2 &= 0
\end{aligned}$$

also

$$\begin{pmatrix} a_{11} & a_{12} \\ a_{21} & a_{22} \end{pmatrix} \begin{pmatrix} x_1 \\ x_2 \end{pmatrix} + \begin{pmatrix} c_1 \\ c_2 \end{pmatrix} = \begin{pmatrix} 0 \\ 0 \end{pmatrix}$$

Das zugehörige allgemeine lineare Gleichungssystem ist

$$\begin{aligned}
y_1 &= a_{11}x_1 + a_{12}x_2 + c_1 \\
y_2 &= a_{21}x_1 + a_{22}x_2 + c_2
\end{aligned}$$

also

$$\begin{pmatrix} y_1 \\ y_2 \end{pmatrix} = \begin{pmatrix} a_{11} & a_{12} \\ a_{21} & a_{22} \end{pmatrix} \begin{pmatrix} x_1 \\ x_2 \end{pmatrix} + \begin{pmatrix} c_1 \\ c_2 \end{pmatrix}$$

Im Fall $a_{11} \neq 0$ kann man die erste Gleichung nach x_1 auflösen und erhält

$$x_1 \;=\; \frac{1}{a_{11}} y_1 - \frac{a_{12}}{a_{11}} x_2 - \frac{c_1}{a_{11}}$$

sowie, durch Einsetzen dieses Ergebnisses in die zweite Gleichung,

$$
\begin{aligned}
y_2 &= a_{21}x_1 + a_{22}x_2 + c_2 \\
&= a_{21}\left(\frac{1}{a_{11}}y_1 - \frac{a_{12}}{a_{11}}x_2 - \frac{c_1}{a_{11}}\right) + a_{22}x_2 + c_2 \\
&= \frac{a_{21}}{a_{11}}y_1 + \left(a_{22} - a_{21}\frac{a_{12}}{a_{11}}\right)x_2 + \left(c_2 - a_{21}\frac{c_1}{a_{11}}\right) \\
&= \frac{a_{21}}{a_{11}}y_1 + \frac{a_{11}a_{22} - a_{21}a_{12}}{a_{11}}x_2 + \frac{a_{11}c_2 - a_{21}c_1}{a_{11}}
\end{aligned}
$$

und damit das neue lineare Gleichungssystem

$$
\begin{aligned}
x_1 &= \frac{1}{a_{11}}y_1 - \frac{a_{12}}{a_{11}}x_2 - \frac{c_1}{a_{11}} \\[2mm]
y_2 &= \frac{a_{21}}{a_{11}}y_1 + \frac{a_{11}a_{22} - a_{21}a_{12}}{a_{11}}x_2 + \frac{a_{11}c_2 - a_{21}c_1}{a_{11}}
\end{aligned}
$$

also

$$
\begin{pmatrix} x_1 \\ y_2 \end{pmatrix} = \begin{pmatrix} \dfrac{1}{a_{11}} & -\dfrac{a_{12}}{a_{11}} \\ \dfrac{a_{21}}{a_{11}} & \dfrac{a_{11}a_{22} - a_{21}a_{12}}{a_{11}} \end{pmatrix} \begin{pmatrix} y_1 \\ x_2 \end{pmatrix} + \begin{pmatrix} -\dfrac{c_1}{a_{11}} \\ \dfrac{a_{11}c_2 - a_{21}c_1}{a_{11}} \end{pmatrix}
$$

Ist nun

$$
\frac{a_{11}a_{22} - a_{21}a_{12}}{a_{11}} \neq 0
$$

so kann man die zweite Gleichung des neuen linearen Gleichungssystems nach x_2 auflösen und erhält ein lineares Gleichungssystem der Form

$$
\begin{pmatrix} x_1 \\ x_2 \end{pmatrix} = \begin{pmatrix} b_{11} & b_{12} \\ b_{21} & b_{22} \end{pmatrix} \begin{pmatrix} y_1 \\ y_2 \end{pmatrix} + \begin{pmatrix} d_1 \\ d_2 \end{pmatrix}
$$

Setzt man schließlich im letzten linearen Gleichungssystem

$$
\begin{pmatrix} y_1 \\ y_2 \end{pmatrix} := \begin{pmatrix} 0 \\ 0 \end{pmatrix}
$$

so erhält man

$$
\begin{pmatrix} x_1^* \\ x_2^* \end{pmatrix} := \begin{pmatrix} d_1 \\ d_2 \end{pmatrix}
$$

als (eindeutige) Lösung des linearen Gleichungssystems $A\boldsymbol{x} + \boldsymbol{c} = \boldsymbol{0}$.

Das soeben in einem Spezialfall beschriebene Austauschverfahren läßt sich auch im allgemeinen Fall anwenden:

- Die Anzahl n der unabhängigen Variablen darf von der Anzahl m der abhängigen Variablen (also der Anzahl der Gleichungen) verschieden sein.
- Im ersten Austauschschritt kann man (anstelle des Austausches von x_1 gegen y_1 im Fall $a_{11} \neq 0$) ein beliebiges x_τ gegen ein beliebiges y_σ austauschen, wenn $a_{\sigma\tau} \neq 0$ gilt; entsprechendes gilt für die weiteren Austauschschritte.
- Das Austauschverfahren bricht ab, wenn keine unabhängige Variable mehr gegen eine abhängige Variable ausgetauscht werden kann; dies ist genau dann der Fall, wenn entweder alle y_i bereits ausgetauscht sind oder in jeder Gleichung für die nicht ausgetauschten y_i die Koeffizienten aller x_j gleich 0 sind.

Außerdem gilt:

- Der Vektor $\boldsymbol{x}^*$ löst das lineare Gleichungssystem $A\boldsymbol{x} + \boldsymbol{c} = \boldsymbol{0}$ genau dann, wenn die Vektoren $\boldsymbol{y}^* := \boldsymbol{0}$ und $\boldsymbol{x}^*$ das lineare Gleichungssystem $\boldsymbol{y} = A\boldsymbol{x} + \boldsymbol{c}$ lösen.
- Alle Austauschschritte sind umkehrbar. Das bedeutet: Die Vektoren $\boldsymbol{y}^*$ und $\boldsymbol{x}^*$ lösen das lineare Gleichungssystem $\boldsymbol{y} = A\boldsymbol{x} + \boldsymbol{c}$ genau dann, wenn sie jedes der im Verlauf des Austauschverfahrens entstehenden linearen Gleichungssysteme lösen.
- Das lineare Gleichungssystem $A\boldsymbol{x} + \boldsymbol{c} = \boldsymbol{0}$ besitzt eine Lösung genau dann, wenn im letzten linearen Gleichungssystem des Austauschverfahrens $\boldsymbol{y} := \boldsymbol{0}$ gesetzt werden kann.
- Besitzt das lineare Gleichungssystem $A\boldsymbol{x} + \boldsymbol{c} = \boldsymbol{0}$ eine Lösung, so erhält man alle Lösungen, indem man im letzten linearen Gleichungssystem des Austauschverfahrens $\boldsymbol{y} := \boldsymbol{0}$ setzt, die nicht ausgetauschten unabhängigen Variablen als freie Parameter behandelt, und die ausgetauschten unabhängigen Variablen aus den Gleichungen bestimmt.
- Besitzt das lineare Gleichungssystem $A\boldsymbol{x} + \boldsymbol{c} = \boldsymbol{0}$ eine Lösung, so ist die Lösung eindeutig genau dann, wenn bei Abbruch des Austauschverfahrens alle unabhängigen Variablen ausgetauscht sind.

Beispiel. Wir betrachten das lineare Gleichungssystem

$$
\begin{array}{rcrcrcrcr}
x_1 & - & 2x_2 & + & 4x_3 & - & x_4 & = & 2 \\
- \ 3x_1 & + & 3x_2 & - & 3x_3 & + & 4x_4 & = & 3 \\
2x_1 & - & 3x_2 & + & 5x_3 & - & 3x_4 & = & -1
\end{array}
$$

Die Normalform dieses linearen Gleichungssystems ist

$$
\begin{array}{rcrcrcrcrcr}
x_1 & - & 2x_2 & + & 4x_3 & - & x_4 & - & 2 & = & 0 \\
- \ 3x_1 & + & 3x_2 & - & 3x_3 & + & 4x_4 & - & 3 & = & 0 \\
2x_1 & - & 3x_2 & + & 5x_3 & - & 3x_4 & + & 1 & = & 0
\end{array}
$$

Durch Einführung der abhängigen Variablen erhält man das allgemeine lineare Gleichungssystem

$$
\begin{array}{rclcrcrcrcrcr}
y_1 & = & & x_1 & - & 2x_2 & + & 4x_3 & - & x_4 & - & 2 \\
y_2 & = & - & 3x_1 & + & 3x_2 & - & 3x_3 & + & 4x_4 & - & 3 \\
y_3 & = & & 2x_1 & - & 3x_2 & + & 5x_3 & - & 3x_4 & + & 1
\end{array}
$$

1. Austauschschritt (x_1 gegen y_1):
Löst man die Gleichung für y_1 nach x_1 auf, so erhält man die Gleichung

$$x_1 = y_1 + 2x_2 - 4x_3 + x_4 + 2$$

Ersetzt man im vorangehenden Gleichungssystem die Gleichung für y_1 durch die Gleichung für x_1 und setzt man die Gleichung für x_1 in die Gleichungen für y_2 und y_3 ein, so erhält man das neue Gleichungssystem

$$\begin{aligned}
x_1 &= y_1 + 2x_2 - 4x_3 + x_4 + 2 \\
y_2 &= -3y_1 - 3x_2 + 9x_3 + x_4 - 9 \\
y_3 &= 2y_1 + x_2 - 3x_3 - x_4 + 5
\end{aligned}$$

2. Austauschschritt (x_4 gegen y_3):
Löst man die Gleichung für y_3 nach x_4 auf, so erhält man die Gleichung

$$x_4 = 2y_1 + x_2 - 3x_3 - y_3 + 5$$

Ersetzt man im vorangehenden Gleichungssystem die Gleichung für y_3 durch die Gleichung für x_4 und setzt man die Gleichung für x_4 in die Gleichungen für x_1 und y_2 ein, so erhält man das neue Gleichungssystem

$$\begin{aligned}
x_1 &= 3y_1 + 3x_2 - 7x_3 - y_3 + 7 \\
y_2 &= -y_1 - 2x_2 + 6x_3 - y_3 - 4 \\
x_4 &= 2y_1 + x_2 - 3x_3 - y_3 + 5
\end{aligned}$$

3. Austauschschritt (x_2 gegen y_2):
Löst man die Gleichung für y_2 nach x_2 auf, so erhält man die Gleichung

$$x_2 = -\tfrac{1}{2}y_1 - \tfrac{1}{2}y_2 + 3x_3 - \tfrac{1}{2}y_3 - 2$$

Ersetzt man im vorangehenden Gleichungssystem die Gleichung für y_2 durch die Gleichung für x_2 und setzt man die Gleichung für x_2 in die Gleichungen für x_1 und x_4 ein, so erhält man das neue Gleichungssystem

$$\begin{aligned}
x_1 &= \tfrac{3}{2}y_1 - \tfrac{3}{2}y_2 + 2x_3 - \tfrac{5}{2}y_3 + 1 \\
x_2 &= -\tfrac{1}{2}y_1 - \tfrac{1}{2}y_2 + 3x_3 - \tfrac{1}{2}y_3 - 2 \\
x_4 &= \tfrac{3}{2}y_1 - \tfrac{1}{2}y_2 - \tfrac{3}{2}y_3 + 3
\end{aligned}$$

Das Austauschverfahren bricht hier ab (weil alle y_i ausgetauscht sind). Im letzten Gleichungssystem setzen wir $\boldsymbol{y} := \boldsymbol{0}$ und erhalten

$$\begin{aligned}
x_1 &= 2x_3 + 1 \\
x_2 &= 3x_3 - 2 \\
x_4 &= + 3
\end{aligned}$$

Da man x_3 beliebig wählen kann, erhält man für jedes $\alpha \in \mathbf{R}$ eine Lösung

$$\boldsymbol{x}^* := \begin{pmatrix} x_1^* \\ x_2^* \\ x_3^* \\ x_4^* \end{pmatrix} = \begin{pmatrix} 2\alpha + 1 \\ 3\alpha - 2 \\ \alpha \\ 3 \end{pmatrix} = \alpha \begin{pmatrix} 2 \\ 3 \\ 1 \\ 0 \end{pmatrix} + \begin{pmatrix} 1 \\ -2 \\ 0 \\ 3 \end{pmatrix}$$

Das lineare Gleichungssystem besitzt also unendlich viele Lösungen.

Wir betrachten das Beispiel noch einmal, wobei wir jetzt das Austausch-verfahren formalisieren:

Beispiel (Fortsetzung). Wir betrachten das lineare Gleichungssystem

$$\begin{pmatrix} 1 & -2 & 4 & -1 \\ -3 & 3 & -3 & 4 \\ 2 & -3 & 5 & -3 \end{pmatrix} \begin{pmatrix} x_1 \\ x_2 \\ x_3 \\ x_4 \end{pmatrix} = \begin{pmatrix} 2 \\ 3 \\ -1 \end{pmatrix}$$

Das lineare Gleichungssystem in Normalform ist

$$\begin{pmatrix} 1 & -2 & 4 & -1 \\ -3 & 3 & -3 & 4 \\ 2 & -3 & 5 & -3 \end{pmatrix} \begin{pmatrix} x_1 \\ x_2 \\ x_3 \\ x_4 \end{pmatrix} + \begin{pmatrix} -2 \\ -3 \\ 1 \end{pmatrix} = \begin{pmatrix} 0 \\ 0 \\ 0 \end{pmatrix}$$

Das zugehörige allgemeine lineare Gleichungssystem ist

$$\begin{pmatrix} y_1 \\ y_2 \\ y_3 \end{pmatrix} = \begin{pmatrix} 1 & -2 & 4 & -1 \\ -3 & 3 & -3 & 4 \\ 2 & -3 & 5 & -3 \end{pmatrix} \begin{pmatrix} x_1 \\ x_2 \\ x_3 \\ x_4 \end{pmatrix} + \begin{pmatrix} -2 \\ -3 \\ 1 \end{pmatrix}$$

Das allgemeine lineare Gleichungssystem notieren wir nun als Tableau:

	x_1	x_2	x_3	x_4	1
y_1	1^*	-2	4	-1	-2
y_2	-3	3	-3	4	-3
y_3	2	-3	5	-3	1

Nach dem 1. Austauschschritt (x_1 gegen y_1) erhalten wir das neue Tableau

	y_1	x_2	x_3	x_4	1
x_1	1	2	-4	1	2
y_2	-3	-3	9	1	-9
y_3	2	1	-3	-1^*	5

Nach dem 2. Austauschschritt (x_4 gegen y_3) erhalten wir das neue Tableau

	y_1	x_2	x_3	y_3	1
x_1	3	3	-7	-1	7
y_2	-1	-2^*	6	-1	-4
x_4	2	1	-3	-1	5

Nach dem 3. Austauschschritt (x_2 gegen y_2) erhalten wir das neue Tableau

	y_1	y_2	x_3	y_3	1
x_1	$3/2$	$-3/2$	2	$-5/2$	1
x_2	$-1/2$	$-1/2$	3	$-1/2$	-2
x_4	$3/2$	$-1/2$	0	$-3/2$	3

Das Austauschverfahren bricht hier ab (weil alle y_i ausgetauscht sind). Im letzten Tableau setzen wir $y := 0$ und erhalten so für jedes $\alpha \in \mathbf{R}$ eine Lösung

$$
\boldsymbol{x}^* \; := \; \begin{pmatrix} x_1^* \\ x_2^* \\ x_3^* \\ x_4^* \end{pmatrix} = \alpha \begin{pmatrix} 2 \\ 3 \\ 1 \\ 0 \end{pmatrix} + \begin{pmatrix} 1 \\ -2 \\ 0 \\ 3 \end{pmatrix}
$$

Das lineare Gleichungssystem besitzt also unendlich viele Lösungen.

6.2 Das Austauschverfahren als Algorithmus

Wir betrachten das lineare Gleichungssystem in Normalform

$$
A\boldsymbol{x} + \boldsymbol{c} \; = \; \boldsymbol{0}
$$

mit $A \in \mathbf{M}^{m,n}$ und $\boldsymbol{c} \in \mathbf{R}^m$ und das zugehörige allgemeine lineare Gleichungssystem

$$
\boldsymbol{y} \; = \; A\boldsymbol{x} + \boldsymbol{c}
$$

Wir notieren das allgemeine lineare Gleichungssystem nun als *Tableau*:

	x_1	$\ldots$	x_τ	$\ldots$	x_n	1
y_1	a_{11}	$\ldots$	$a_{1\tau}$	$\ldots$	a_{1n}	c_1
$\vdots$	$\vdots$		$\vdots$		$\vdots$	$\vdots$
y_σ	$a_{\sigma 1}$	$\ldots$	$a_{\sigma\tau}$	$\ldots$	$a_{\sigma n}$	c_σ
$\vdots$	$\vdots$		$\vdots$		$\vdots$	$\vdots$
y_m	a_{m1}	$\ldots$	$a_{m\tau}$	$\ldots$	a_{mn}	c_m

Der Austausch einer unabhängigen Variablen x_τ gegen eine abhängige Variable y_σ ist nur dann möglich, wenn $a_{\sigma\tau} \neq 0$ gilt.

Ein Austauschschritt besteht im Übergang vom alten Tableau zu einem neuen Tableau. Wir bezeichnen die Koeffizienten des alten Tableaus einheitlich mit

$$
a_{ij}
$$

(mit $a_{i,n+1} := c_i$) und die Koeffizienten des zu berechnenden neuen Tableaus mit

$$
b_{ij}
$$

Der Übergang vom alten Tableau zum neuen Tableau ist wie folgt definiert:

- Wähle
  - eine y–Zeile σ und
  - eine x–Spalte τ

  mit

$$a_{\sigma\tau} \neq 0$$

- Bezeichne
  - den Koeffizienten $a_{\sigma\tau}$ als *Pivotelement*,
  - die Zeile von y_σ als *Pivotzeile*, und
  - die Spalte von x_τ als *Pivotspalte*.
- Berechne die Koeffizienten des neuen Tableaus wie folgt:
  - Das neue Element an der Stelle des Pivotelements ist definiert durch

$$b_{\sigma\tau} := \frac{1}{a_{\sigma\tau}}$$

  - Die neuen Elemente $b_{\sigma j}$ der Pivotzeile ohne Pivotelement ($j \neq \tau$) sind definiert durch

$$b_{\sigma j} := -\frac{a_{\sigma j}}{a_{\sigma\tau}}$$

  - Die neuen Elemente $b_{i\tau}$ der Pivotspalte ohne Pivotelement ($i \neq \sigma$) sind definiert durch

$$b_{i\tau} := \frac{a_{i\tau}}{a_{\sigma\tau}}$$

  - Die übrigen neuen Elemente b_{ij} ($i \neq \sigma$ und $j \neq \tau$) sind definiert durch die *Rechtecksregel*

$$b_{ij} := \frac{a_{ij}a_{\sigma\tau} - a_{i\tau}a_{\sigma j}}{a_{\sigma\tau}}$$

$$= \frac{1}{a_{\sigma\tau}} \det \begin{pmatrix} a_{ij} & a_{i\tau} \\ a_{\sigma j} & a_{\sigma\tau} \end{pmatrix}$$

Durch Umformung erhält man aus der Rechtecksregel die *Dreiecksregel*

$$b_{ij} = a_{ij} + a_{i\tau}\left(-\frac{a_{\sigma j}}{a_{\sigma\tau}}\right)$$

$$= a_{ij} + a_{i\tau}b_{\sigma j}$$

Bei der Durchführung eines Austauschschrittes ist folgendes zu beachten:
- Die Wahl des Pivotelements $a_{\sigma\tau}$ ist, abgesehen von der Bedingung $a_{\sigma\tau} \neq 0$, frei. Es empfiehlt sich jedoch, das Pivotelement so zu wählen, daß die bei der Berechnung der Koeffizienten des neuen Tableaus erforderlichen Divisionen einfach durchzuführen sind.

- Ist eine Zeile ein Vielfaches der Pivotzeile oder eine Spalte ein Vielfaches der Pivotspalte, so enthält sie nach dem Austauschschritt nur Nullen.
- Enthält eine Zeile oder eine Spalte nur Nullen, so enthält sie auch nach dem Austauschschritt nur Nullen.
- Die Rechtecksregel ist aufgrund der Verwendung der Determinante einer 2×2-Matrix besonders einfach.
- Die Dreiecksregel erspart gegenüber der Rechtecksregel eine Multiplikation pro Koeffizient. Bei Anwendung der Dreiecksregel ist es vorteilhaft, dem alten Tableau die neuen Elemente $b_{\sigma j}$ der Pivotzeile ohne $b_{\sigma\tau}$ als zusätzliche Zeile hinzuzufügen; diese zusätzliche Zeile heißt *Kellerzeile*.

Beispiel (Fortsetzung). Wir notieren das allgemeine lineare Gleichungssystem als Tableau mit Kellerzeile:

	x_1	x_2	x_3	x_4	1
y_1	1^*	-2	4	-1	-2
y_2	-3	3	-3	4	-3
y_3	2	-3	5	-3	1
	$*$	2	-4	1	2

Nach dem 1. Austauschschritt (x_1 gegen y_1) erhalten wir das neue Tableau

	y_1	x_2	x_3	x_4	1
x_1	1	2	-4	1	2
y_2	-3	-3	9	1	-9
y_3	2	1	-3	-1^*	5
	2	1	-3	$*$	5

Nach dem 2. Austauschschritt (x_4 gegen y_3) erhalten wir das neue Tableau

	y_1	x_2	x_3	y_3	1
x_1	3	3	-7	-1	7
y_2	-1	-2^*	6	-1	-4
x_4	2	1	-3	-1	5
	$-1/2$	$*$	3	$-1/2$	-2

Nach dem 3. Austauschschritt (x_2 gegen y_2) erhalten wir das neue Tableau

	y_1	y_2	x_3	y_3	1
x_1	$3/2$	$-3/2$	2	$-5/2$	1
x_2	$-1/2$	$-1/2$	3	$-1/2$	-2
x_4	$3/2$	$-1/2$	0	$-3/2$	3

Das Austauschverfahren bricht hier ab (weil alle y_i ausgetauscht sind). Im letzten Tableau setzen wir $y := 0$ und erhalten so für jedes $\alpha \in \mathbf{R}$ eine Lösung

$$x^* := \begin{pmatrix} x_1^* \\ x_2^* \\ x_3^* \\ x_4^* \end{pmatrix} = \alpha \begin{pmatrix} 2 \\ 3 \\ 1 \\ 0 \end{pmatrix} + \begin{pmatrix} 1 \\ -2 \\ 0 \\ 3 \end{pmatrix}$$

Das lineare Gleichungssystem besitzt also unendlich viele Lösungen.

Da die ausgetauschten abhängigen Variablen y_i am Ende des Austauschverfahrens gleich 0 gesetzt werden, sind ihre Koeffizienten bedeutungslos. Man kann daher auf die Berechnung der neuen Elemente der Pivotspalte verzichten; in diesem Fall spricht man vom *Austauschverfahren mit Spaltentilgung*.

Beispiel (Fortsetzung). Wir notieren das allgemeine lineare Gleichungssystem als Tableau mit Kellerzeile und führen das Austauschverfahren mit Spaltentilgung durch:

	x_1	x_2	x_3	x_4	1
y_1	1^*	-2	4	-1	-2
y_2	-3	3	-3	4	-3
y_3	2	-3	5	-3	1
	$*$	2	-4	1	2

Nach dem 1. Austauschschritt (x_1 gegen y_1) erhalten wir das neue Tableau

	x_2	x_3	x_4	1
x_1	2	-4	1	2
y_2	-3	9	1	-9
y_3	1	-3	-1^*	5
	1	-3	$*$	5

Nach dem 2. Austauschschritt (x_4 gegen y_3) erhalten wir das neue Tableau

	x_2	x_3	1
x_1	3	-7	7
y_2	-2^*	6	-4
x_4	1	-3	5
	$*$	3	-2

Nach dem 3. Austauschschritt (x_2 gegen y_2) erhalten wir das neue Tableau

	x_3	1
x_1	2	1
x_2	3	-2
x_4	0	3

Das Verfahren bricht hier ab. Wir erhalten für jedes $\alpha \in \mathbf{R}$ eine Lösung

$$
x^* := \begin{pmatrix} x_1^* \\ x_2^* \\ x_3^* \\ x_4^* \end{pmatrix} = \alpha \begin{pmatrix} 2 \\ 3 \\ 1 \\ 0 \end{pmatrix} + \begin{pmatrix} 1 \\ -2 \\ 0 \\ 3 \end{pmatrix}
$$

Das lineare Gleichungssystem besitzt also unendlich viele Lösungen.

Die Durchführung des Austauschverfahrens mit Spaltentilgung hat mehrere
Vorteile:
- Der Rechenaufwand wird erheblich verringert.
- Man erkennt leicht, welche Austauschschritte noch möglich sind.
- Man erkennt leicht, ob das lineare Gleichungssystem eine Lösung besitzt
  und ob die Lösung eindeutig ist.

Das Austauschverfahren bricht ab, wenn kein weiterer Austauschschritt durchgeführt werden kann. Bei Abbruch des Austauschverfahrens kann man entscheiden, ob das lineare Gleichungssystem keine, genau eine, oder unendlich
viele Lösungen besitzt:

Bei Abbruch des Austauschverfahrens erfüllt jede nicht ausgetauschte abhängige Variable y_i eine Gleichung der Form

$$y_i = \sum_{j=1}^{n} \gamma_{ij} u_j + \delta_i$$

mit $u_j := x_j$, falls die unabhängige Variable x_j nicht ausgetauscht wurde, und
$u_j := y_{h(j)}$, falls die unabhängige Variable x_j gegen die abhängige Variable $y_{h(j)}$
ausgetauscht wurde. Da das Austauschverfahren abgebrochen ist, läßt sich
keine nicht ausgetauschte unabhängige Variable x_j mehr gegen eine abhängige
Variable austauschen; es gilt also $\gamma_{ij} = 0$ für alle $j \in \{1, \ldots, n\}$ mit $u_j = x_j$.
Wir unterscheiden folgende Fälle:
- Alle x_j sind ausgetauscht:
  - Ein y_i ist nicht ausgetauscht und erfüllt eine Gleichung der Form

$$y_i = \sum_{j=1}^{n} \gamma_{ij} u_j + \delta_i$$

  mit $\delta_i \neq 0$.
  In diesem Fall besitzt das Gleichungssystem *keine* Lösung.
  - Sonst:
  In diesem Fall besitzt das Gleichungssystem *eine eindeutige* Lösung.
- Nicht alle x_j sind ausgetauscht:
  - Ein y_i ist nicht ausgetauscht und erfüllt eine Gleichung der Form

$$y_i = \sum_{j=1}^{n} \gamma_{ij} u_j + \delta_i$$

  mit $\delta_i \neq 0$.
  In diesem Fall besitzt das Gleichungssystem *keine* Lösung.
  - Sonst:
  In diesem Fall besitzt das Gleichungssystem *unendlich viele* Lösungen.
Die nicht ausgetauschten unabhängigen Variablen heißen *freie Variable*.

Marktanteile III

Wir betrachten das lineare Gleichungssystem

$$\begin{pmatrix} 0.5 & 0 & 0.2 \\ 0.4 & 0.4 & 0.2 \\ 0.1 & 0.6 & 0.6 \end{pmatrix} \begin{pmatrix} x_1 \\ x_2 \\ x_3 \end{pmatrix} = \begin{pmatrix} x_1 \\ x_2 \\ x_3 \end{pmatrix}$$

unter der Nebenbedingung

$$\sum_{i=1}^{3} x_i = 1$$

und damit

$$\begin{pmatrix} -0.5 & 0 & 0.2 \\ 0.4 & -0.6 & 0.2 \\ 0.1 & 0.6 & -0.4 \end{pmatrix} \begin{pmatrix} x_1 \\ x_2 \\ x_3 \end{pmatrix} = \begin{pmatrix} 0 \\ 0 \\ 0 \end{pmatrix}$$

unter der Nebenbedingung

$$\begin{pmatrix} 1 & 1 & 1 \end{pmatrix} \begin{pmatrix} x_1 \\ x_2 \\ x_3 \end{pmatrix} = 1$$

Aus dem linearen Gleichungssystem und der Nebenbedingung bilden wir das erweiterte lineare Gleichungssystem

$$\begin{pmatrix} -0.5 & 0 & 0.2 \\ 0.4 & -0.6 & 0.2 \\ 0.1 & 0.6 & -0.4 \\ 1 & 1 & 1 \end{pmatrix} \begin{pmatrix} x_1 \\ x_2 \\ x_3 \end{pmatrix} = \begin{pmatrix} 0 \\ 0 \\ 0 \\ 1 \end{pmatrix}$$

Das erweiterte lineare Gleichungssystem bringen wir in die Normalform

$$\begin{pmatrix} -0.5 & 0 & 0.2 \\ 0.4 & -0.6 & 0.2 \\ 0.1 & 0.6 & -0.4 \\ 1 & 1 & 1 \end{pmatrix} \begin{pmatrix} x_1 \\ x_2 \\ x_3 \end{pmatrix} + \begin{pmatrix} 0 \\ 0 \\ 0 \\ -1 \end{pmatrix} = \begin{pmatrix} 0 \\ 0 \\ 0 \\ 0 \end{pmatrix}$$

Wir notieren das lineare Gleichungssystem in Normalform als Tableau und führen das Austauschverfahren mit Kellerzeile parallel ohne und mit Spaltentilgung durch:

	x_1	x_2	x_3	1
y_1	-0.5	0	0.2	0
y_2	0.4	-0.6	0.2	0
y_3	0.1	0.6	-0.4	0
y_4	1^*	1	1	-1
	$*$	-1	-1	1

	x_1	x_2	x_3	1
y_1	-0.5	0	0.2	0
y_2	0.4	-0.6	0.2	0
y_3	0.1	0.6	-0.4	0
y_4	1^*	1	1	-1
	$*$	-1	-1	1

Nach dem 1. Austauschschritt (x_1 gegen y_4) erhalten wir die neuen Tableaus

	y_4	x_2	x_3	1
y_1	-0.5	0.5	0.7	-0.5
y_2	0.4	-1^*	-0.2	0.4
y_3	0.1	0.5	-0.5	0.1
x_1	1	-1	-1	1
	0.4	$*$	-0.2	0.4

	x_2	x_3	1
y_1	0.5	0.7	-0.5
y_2	-1^*	-0.2	0.4
y_3	0.5	-0.5	0.1
x_1	-1	-1	1
	$*$	-0.2	0.4

Nach dem 2. Austauschschritt (x_2 gegen y_2) erhalten wir die neuen Tableaus

	y_4	y_2	x_3	1
y_1	-0.3	-0.5	0.6^*	-0.3
x_2	0.4	-1	-0.2	0.4
y_3	0.3	-0.5	-0.6	0.3
x_1	0.6	1	-0.8	0.6
	0.5	$5/6$	$*$	0.5

	x_3	1
y_1	0.6^*	-0.3
x_2	-0.2	0.4
y_3	-0.6	0.3
x_1	-0.8	0.6
	$*$	0.5

Nach dem 3. Austauschschritt (x_3 gegen y_1) erhalten wir die neuen Tableaus

	y_4	y_2	y_1	1
x_3	0.5	$5/6$	$5/3$	0.5
x_2	0.3	$-7/6$	$-1/3$	0.3
y_3	0	-1	-1	0
x_1	0.2	$1/3$	$-4/3$	0.2

	1
x_3	0.5
x_2	0.3
y_3	0
x_1	0.2

Das erweiterte lineare Gleichungssystem besitzt also die Lösung

$$\begin{pmatrix} x_1^* \\ x_2^* \\ x_3^* \end{pmatrix} = \begin{pmatrix} 0.2 \\ 0.3 \\ 0.5 \end{pmatrix}$$

Diese Lösung ist eindeutig.

6.3 Matrizengleichungen

Für eine Matrix $A \in \mathbf{M}^{m,n}$ betrachten wir die Gleichung

$$AX = B$$

mit bekannter Matrix $B \in \mathbf{M}^{m,k}$ und unbekannter Matrix $X \in \mathbf{M}^{n,k}$. Eine solche Gleichung heißt *Matrizengleichung*. Wir bringen die Matrizengleichung in die *Normalform*

$$AX + C = O$$

mit $C := -B$.

Bezeichnen wir die Spaltenvektoren von X mit $\boldsymbol{x}^1, \ldots, \boldsymbol{x}^k$ und diejenigen von C mit $\boldsymbol{c}^1, \ldots, \boldsymbol{c}^k$, so ist die Lösung der Matrizengleichung $AX + C = O$ gleichwertig mit der Lösung der k linearen Gleichungssysteme

$$A\boldsymbol{x}^i + \boldsymbol{c}^i \;=\; \boldsymbol{0}$$

Wir können also das Austauschverfahren anwenden.

Beispiel.　Wir betrachten die Matrizengleichung $AX + C = O$ mit

$$A = \begin{pmatrix} 1 & 2 & 0 & 1 & 2 \\ 1 & 3 & 1 & -1 & 2 \\ 0 & 1 & 1 & -2 & 0 \\ 1 & 1 & -1 & 3 & 2 \end{pmatrix} \quad \text{und} \quad C = \begin{pmatrix} 1 & 2 \\ 1 & 1 \\ 0 & -1 \\ 1 & 3 \end{pmatrix}$$

Bei der Durchführung des Austauschverfahrens notieren wir jeden Spaltenvektor von C als Konstantenvektor.

	x_1	x_2	x_3	x_4	x_5	1	1
y_1	1	2	0	1	2	1	2
y_2	1	3	1	-1^*	2	1	1
y_3	0	1	1	-2	0	0	-1
y_4	1	1	-1	3	2	1	3
	1	3	1	$*$	2	1	1

Nach dem 1. Austauschschritt (x_4 gegen y_2) erhalten wir das neue Tableau

	x_1	x_2	x_3	x_5	1	1
y_1	2	5	1	4	2	3
x_4	1	3	1	2	1	1
y_3	-2	-5	-1^*	-4	-2	-3
y_4	4	10	2	8	4	6
	-2	-5	$*$	-4	-2	-3

Nach dem 2. Austauschschritt (x_3 gegen y_3) erhalten wir das neue Tableau

	x_1	x_2	x_5	1	1
y_1	0	0	0	0	0
x_4	-1	-2	-2	-1	-2
x_3	-2	-5	-4	-2	-3
y_4	0	0	0	0	0

Das Verfahren bricht hier ab. Da x_1, x_2 und x_5 beliebig gewählt werden können, ist die allgemeine Lösung der Matrizengleichung $AX + C = O$ gegeben durch

$$X^* = \alpha \begin{pmatrix} 1 & 1 \\ 0 & 0 \\ -2 & -2 \\ -1 & -1 \\ 0 & 0 \end{pmatrix} + \beta \begin{pmatrix} 0 & 0 \\ 1 & 1 \\ -5 & -5 \\ -2 & -2 \\ 0 & 0 \end{pmatrix} + \gamma \begin{pmatrix} 0 & 0 \\ 0 & 0 \\ -4 & -4 \\ -2 & -2 \\ 1 & 1 \end{pmatrix} + \begin{pmatrix} 0 & 0 \\ 0 & 0 \\ -2 & -3 \\ -1 & -2 \\ 0 & 0 \end{pmatrix}$$

mit $\alpha, \beta, \gamma \in \mathbf{R}$.

Der folgende Satz klärt die Existenz und die Eindeutigkeit einer Lösung der Matrizengleichung $AX + C = O$:

Satz (Existenz– und Eindeutigkeitssatz).
(a) *Die Matrizengleichung $AX + C = O$ besitzt eine Lösung genau dann, wenn jedes der linearen Gleichungssysteme $A\boldsymbol{x}^i + \boldsymbol{c}^i = \boldsymbol{0}$ eine Lösung besitzt.*
(b) *Die Matrizengleichung $AX + C = O$ besitzt eine eindeutige Lösung genau dann, wenn jedes der linearen Gleichungssysteme $A\boldsymbol{x}^i + \boldsymbol{c}^i = \boldsymbol{0}$ eine eindeutige Lösung besitzt.*

6.4 Bestimmung von Kern und Rang

Das Austauschverfahren läßt sich auch verwenden, um den Kern und damit auch den Rang einer Matrix $A \in \mathbf{M}^n$ zu bestimmen. Wir betrachten dazu das homogene lineare Gleichungssystem

$$A\boldsymbol{x} \;=\; \boldsymbol{0}$$

Das homogene lineare Gleichungssystem besitzt mindestens eine Lösung, nämlich $\boldsymbol{x}^* := \boldsymbol{0}$; es kann aber noch weitere Lösungen besitzen.

Bei Abbruch des Austauschverfahrens nach k Schritten sind $n-k$ unabhängige Variable nicht ausgetauscht; es gibt also $n-k$ freie Variable, deren Werte beliebig gewählt werden können. Setzt man je eine dieser $n-k$ freien Variablen gleich 1 und alle anderen freien Variablen sowie alle ausgetauschten abhängigen Variablen gleich 0, so erhält man $n-k$ Lösungen $\boldsymbol{x}^1,\dots,\boldsymbol{x}^{n-k}$ des homogenen linearen Gleichungssystems $A\boldsymbol{x} = \boldsymbol{0}$. Diese Lösungen sind linear unabhängig und liegen im Kern von A. Es gilt also

$$\operatorname{span}\left\{\boldsymbol{x}^1,\dots,\boldsymbol{x}^{n-k}\right\} \;\subseteq\; \operatorname{kern}(A)$$

Da das Austauschverfahren alle Lösungen von $A\boldsymbol{x} = \boldsymbol{0}$ liefert, gilt sogar

$$\operatorname{span}\left\{\boldsymbol{x}^1,\dots,\boldsymbol{x}^{n-k}\right\} \;=\; \operatorname{kern}(A)$$

Damit ist der Kern von A bestimmt. Wegen

$$\dim \operatorname{kern}(A) \;=\; n-k$$

und $\dim \operatorname{kern}(A) + \operatorname{rang}(A) = n$ gilt außerdem

$$\operatorname{rang}(A) \;=\; k$$

Damit ist auch der Rang von A bestimmt.

Satz. *Folgende Aussagen sind äquivalent:*
(a) *Genau k Austauschschritte können durchgeführt werden.*
(b) *Genau $n-k$ unabhängige Variable können nicht ausgetauscht werden.*
(c) *Es gilt $\operatorname{rang}(A) = k$.*
(d) *Es gilt $\dim \operatorname{kern}(A) = n-k$.*

Beispiel. Wir betrachten die Matrix

$$A = \begin{pmatrix} 1 & 2 & 0 & 1 & 2 \\ 1 & 3 & 1 & -1 & 2 \\ 0 & 1 & 1 & -2 & 0 \\ 1 & 1 & -1 & 3 & 2 \end{pmatrix}$$

und das zugehörige *homogene* lineare Gleichungssystem $Ax = 0$. Wir führen das Austauschverfahren mit Spaltentilgung durch und verzichten dabei auf den Konstantenvektor $\mathbf{0}$, der durch die einzelnen Austauschschritte nicht verändert wird.

	x_1	x_2	x_3	x_4	x_5
y_1	1	2	0	1	2
y_2	1	3	1	-1^*	2
y_3	0	1	1	-2	0
y_4	1	1	-1	3	2
	1	3	1	$*$	2

Nach dem 1. Austauschschritt (x_4 gegen y_2) erhalten wir das neue Tableau

	x_1	x_2	x_3	x_5
y_1	2	5	1	4
x_4	1	3	1	2
y_3	-2	-5	-1^*	-4
y_4	4	10	2	8
	-2	-5	$*$	-4

Nach dem 2. Austauschschritt (x_3 gegen y_3) erhalten wir das neue Tableau

	x_1	x_2	x_5
y_1	0	0	0
x_4	-1	-2	-2
x_3	-2	-5	-4
y_4	0	0	0

Das Verfahren bricht hier ab. Da x_1, x_2 und x_5 beliebig gewählt werden können, erhalten wir die (linear unabhängigen) speziellen Lösungen

$$x^1 = \begin{pmatrix} 1 \\ 0 \\ -2 \\ -1 \\ 0 \end{pmatrix}, \quad x^2 = \begin{pmatrix} 0 \\ 1 \\ -5 \\ -2 \\ 0 \end{pmatrix}, \quad x^3 = \begin{pmatrix} 0 \\ 0 \\ -4 \\ -2 \\ 1 \end{pmatrix}$$

und damit die allgemeine Lösung

$$x^* = \alpha \begin{pmatrix} 1 \\ 0 \\ -2 \\ -1 \\ 0 \end{pmatrix} + \beta \begin{pmatrix} 0 \\ 1 \\ -5 \\ -2 \\ 0 \end{pmatrix} + \gamma \begin{pmatrix} 0 \\ 0 \\ -4 \\ -2 \\ 1 \end{pmatrix}$$

mit $\alpha, \beta, \gamma \in \mathbf{R}$. Es gilt also

$$\operatorname{kern}(A) \;=\; \operatorname{span}\{x^1, x^2, x^3\}$$

und damit

$$\dim \operatorname{kern}(A) \;=\; 3$$
$$\operatorname{rang}(A) \;=\; 2$$

Dies ist in Übereinstimmung damit, daß genau 2 Austauschschritte durchgeführt wurden und 3 unabhängige Variable nicht ausgetauscht werden können.

Will man nur den Rang einer Matrix bestimmen, so kann man bei der Durchführung des Austauschverfahrens auch auf die Berechnung der neuen Elemente der Pivotzeile verzichten; in diesem Fall enthält das letzte Tableau nur Nullen.

6.5　Bestimmung der Inversen einer regulären Matrix

Eine quadratische Matrix $A \in \mathbf{M}^n$ ist genau dann regulär, wenn $\operatorname{rang}(A) = n$ gilt; dies ist aber gleichbedeutend damit, daß genau n Austauschschritte durchgeführt werden können. Mit Hilfe des Austauschverfahrens kann man also feststellen, ob die Matrix A regulär ist oder nicht.

Wir werden nun sehen, daß man für eine reguläre Matrix mit Hilfe des Austauschverfahrens sogar ihre Inverse bestimmen kann.

Wir betrachten eine reguläre Matrix $A \in \mathbf{M}^n$. Führt man das Austauschverfahren ohne Spaltentilgung und ohne Konstantenvektor vollständig durch, so erhält man aus dem allgemeinen linearen Gleichungssystem

$$y \;=\; Ax$$

nach n Austauschschritten das lineare Gleichungssystem

$$x \;=\; Cy$$

mit einer quadratischen Matrix $C \in \mathbf{M}^n$, deren Koeffizienten aus dem letzten Tableau abgelesen werden können. Wählt man also $x \in \mathbf{R}^n$ beliebig und setzt man $y := Ax$ so erhält man

$$\begin{aligned} Ex \;&=\; x \\ &=\; Cy \\ &=\; CAx \end{aligned}$$

Da $x \in \mathbf{R}^n$ beliebig war, folgt daraus

$$E = CA$$

und damit

$$
\begin{aligned}
A^{-1} &= EA^{-1} \\
&= CAA^{-1} \\
&= C
\end{aligned}
$$

Das letzte Tableau des Austauschverfahrens enthält also die Koeffizienten der Inversen A^{-1} von A.

Ordnet man schließlich die Zeilen und Spalten des letzten Tableaus so um, daß sowohl die unabhängigen als auch die abhängigen Variablen mit aufsteigendem Index erscheinen, so kann man die Inverse von A aus dem umgeordneten Tableau ablesen.

Marktanteile IV

Wir betrachten die quadratische Matrix

$$
A \;:=\; \begin{pmatrix} 0.5 & 0 & 0.2 \\ 0.4 & 0.4 & 0.2 \\ 0.1 & 0.6 & 0.6 \end{pmatrix}
$$

Um festzustellen, ob die Matrix A regulär ist, und gegebenenfalls ihre Inverse zu bestimmen, betrachten wir das allgemeine lineare Gleichungssystem

$$\boldsymbol{y} = A\boldsymbol{x}$$

Wir notieren das lineare Gleichungssystem als Tableau ohne Konstantenvektor und führen das Austauschverfahren ohne Spaltentilgung durch:

	x_1	x_2	x_3
y_1	0.5	0	0.2
y_2	0.4	0.4	0.2
y_3	0.1*	0.6	0.6
	*	-6	-6

Nach dem 1. Austauschschritt (x_1 gegen y_3) erhalten wir

	y_3	x_2	x_3
y_1	5	-3	-2.8
y_2	4	-2^*	-2.2
x_1	10	-6	-6
	2	*	-1.1

Nach dem 2. Austauschschritt (x_2 gegen y_2) erhalten wir

	y_3	y_2	x_3
y_1	-1	1.5	0.5*
x_2	2	-0.5	-1.1
x_1	-2	3	0.6
	2	-3	*

Nach dem 3. Austauschschritt (x_3 gegen y_1) erhalten wir

	y_3	y_2	y_1
x_3	2	-3	2
x_2	-0.2	2.8	-2.2
x_1	-0.8	1.2	1.2

Das Austauschverfahren bricht hier ab. Da alle unabhängigen Variablen ausgetauscht wurden, gilt $\operatorname{rang}(A) = n$. Daher existiert die Inverse A^{-1} von A, und die Koeffizienten der Inversen sind durch das letzte Tableau gegeben. Durch Sortieren der Elemente des letzten Tableaus erhalten wir zunächst

	y_3	y_2	y_1
x_1	-0.8	1.2	1.2
x_2	-0.2	2.8	-2.2
x_3	2	-3	2

und sodann

	y_1	y_2	y_3
x_1	1.2	1.2	-0.8
x_2	-2.2	2.8	-0.2
x_3	2	-3	2

Daraus läßt sich die inverse Matrix

$$A^{-1} := \begin{pmatrix} 1.2 & 1.2 & -0.8 \\ -2.2 & 2.8 & -0.2 \\ 2 & -3 & 2 \end{pmatrix}$$

ablesen.

Ist die Aufteilung des Marktes in einer bestimmten Periode durch den Vektor

$$x := \begin{pmatrix} 0.4 \\ 0.4 \\ 0.2 \end{pmatrix}$$

gegeben, so ist die Aufteilung des Marktes in der vorangehenden Periode durch den Vektor

$$A^{-1}x = \begin{pmatrix} 1.2 & 1.2 & -0.8 \\ -2.2 & 2.8 & -0.2 \\ 2 & -3 & 2 \end{pmatrix} \begin{pmatrix} 0.4 \\ 0.4 \\ 0.2 \end{pmatrix} = \begin{pmatrix} 0.8 \\ 0.2 \\ 0 \end{pmatrix}$$

gegeben.

Da jeder Spaltenvektor von A^{-1} negative Elemente enthält, erkennt man, daß nach der ersten Periode kein Produkt einen Marktanteil von 100% erreichen kann.

Kapitel 7

Lineare Optimierung

Lineare Optimierungsprobleme treten in zahlreichen Modellen der Wirtschaftswissenschaften auf. Ein lineares Optimierungsproblem besteht in der Aufgabe, eine Zielfunktion unter Nebenbedingungen zu maximieren oder zu minimieren, wobei die Zielfunktion bis auf eine additive Konstante eine lineare Funktion in mehreren Variablen ist und die Nebenbedingungen durch Ungleichungen oder Gleichungen für weitere lineare Funktionen der Variablen gegeben sind; außerdem wird vorausgesetzt, daß die Variablen nichtnegativ sind.

Die Nebenbedingungen eines linearen Optimierungsproblems lassen sich durch die Einführung von weiteren nichtnegativen Variablen als lineares Gleichungssystem formulieren. Ein lineares Optimierungsproblem kann also nur dann eine Lösung besitzen, wenn das lineare Gleichungssystem der Nebenbedingungen eine Lösung mit nichtnegativen Variablen besitzt. Eine nichtnegative Lösung des linearen Gleichungssystems der Nebenbedingungen heißt zulässig; sie heißt optimal, wenn sie das lineare Optimierungsproblem löst. Das Problem besteht darin, zunächst eine zulässige Lösung des linearen Gleichungssystems der Nebenbedingungen zu bestimmen und dann von dieser zulässigen Lösung zu einer optimalen Lösung zu gelangen. Der zweite Teil des Problems wird durch das Simplexverfahren gelöst, das sich vom Austauschverfahren lediglich darin unterscheidet, daß es die Nichtnegativitätsbedingungen für die Variablen berücksichtigt.

In diesem Kapitel geben wir zunächst einige Beispiele für lineare Optimierungsprobleme (Abschnitt 7.1). Wir zeigen dann, daß jedes lineare Optimierungsproblem als Minimumproblem in Normalform dargestellt werden kann (Abschnitt 7.2). Für ein Minimumproblem in Normalform betrachten wir das lineare Gleichungssystem der Nebenbedingungen (Abschnitt 7.3), beziehen die Zielfunktion in die Überlegungen mit ein (Abschnitt 7.4), entwickeln aus dem Austauschverfahren das Simplexverfahren (Abschnitt 7.5), und zeigen schließlich, wie man eine zulässige Lösung des linearen Gleichungssystems der Nebenbedingungen bestimmt (Abschnitt 7.6). Abschließend lösen wir die im ersten Abschnitt betrachteten Beispiele (Abschnitt 7.7).

7.1 Beispiele für lineare Optimierungsprobleme

In diesem Abschnitt betrachten wir einige typische Probleme der linearen Optimierung in den Wirtschaftswissenschaften.

Optimale Allokation von Ressourcen II

Eine Unternehmung stellt zwei Produkte P_1 und P_2 her, die für 4 DM bzw. für 5 DM pro Einheit verkauft werden. Die Produktionsmengen unterliegen folgenden Beschränkungen:

– Für eine Einheit von P_1 sind eine Einheit des Produktionsfaktors F und zwei Einheiten des Produktionsfaktors A erforderlich.

– Für eine Einheit von P_2 sind drei Einheiten des Produktionsfaktors F und eine Einheit des Produktionsfaktors A erforderlich.

– Für jedes der Produkte treten Stückkosten in Höhe von 1 DM auf.

– Zur Verfügung stehen 15 Einheiten des Produktionsfaktors F und 12 Einheiten des Produktionsfaktors A.

– Das Kostenbudget beträgt 7 DM.

Die Produktionsmengen sollen so bestimmt werden, daß der Umsatz maximiert wird.

Notation:

$$x_1 \;\;\widehat{=}\;\; \text{Produktionsmenge von } P_1$$
$$x_2 \;\;\widehat{=}\;\; \text{Produktionsmenge von } P_2$$

Zu lösen ist also das folgende Optimierungsproblem:

Maximiere die Zielfunktion

$$4x_1 + 5x_2$$

unter den Nebenbedingungen

$$
\begin{array}{rcrcl}
x_1 & + & 3x_2 & \leq & 15 \\
2x_1 & + & x_2 & \leq & 12 \\
x_1 & + & x_2 & \leq & 7
\end{array}
$$

und den Nichtnegativitätsbedingungen

$$
\begin{array}{rcl}
x_1 & \geq & 0 \\
x_2 & \geq & 0
\end{array}
$$

Die Zielfunktion hängt nur von zwei Variablen ab. Daher läßt sich das Optimierungsproblem graphisch lösen:

- *Jede Nebenbedingung und jede Nichtnegativitätsbedingung definiert einen Halbraum des $\mathbf{R}^2$.*
- *Der Durchschnitt dieser Halbräume ist eine konvexe Menge, die aus allen $\boldsymbol{x} \in \mathbf{R}^2$ besteht, die sämtliche Nebenbedingungen und sämtliche Nichtnegativitätsbedingungen erfüllen. Diese Menge heißt zulässiges Gebiet.*
- *Für jeden Wert $z \in \mathbf{R}$ der Zielfunktion liegen alle $\boldsymbol{x} \in \mathbf{R}^2$ mit*

$$4x_1 + 5x_2 \;=\; z$$

auf einer Geraden; diese Gerade heißt Iso–Umsatz–Gerade zum Umsatz z. Die Iso–Umsatz–Geraden zu verschiedenen Umsätzen sind parallel.
- *Man bestimmt zunächst die Iso–Umsatz–Gerade zum Umsatz 0. Diese Gerade geht durch den Nullpunkt des Koordinatensystems.*
- *Der Wert der Zielfunktion wächst, wenn man x_1 oder x_2 erhöht. Daher verschiebt man die Iso–Umsatz–Gerade zum Umsatz 0 parallel durch das zulässige Gebiet, bis man bei weiterer Parallel–Verschiebung das zulässige Gebiet verlassen würde. Da das zulässige Gebiet beschränkt ist, erreicht man so einen Eckpunkt, für den die Zielfunktion unter allen zulässigen Punkten ihr Maximum annimmt.*

Damit ist das Optimierungsproblem gelöst.

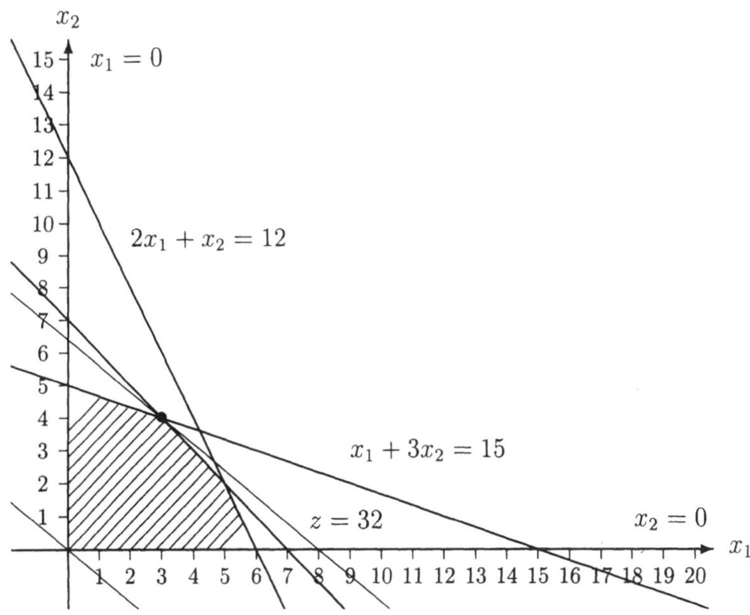

Der Vektor

$$\boldsymbol{x}^* \;=\; \begin{pmatrix} 3 \\ 4 \end{pmatrix}$$

ist eine Lösung des Optimierungsproblems. Der zugehörige Wert der Zielfunktion ist $z^* = 32$.

Transportproblem I

In den Rangierbahnhöfen A und B befinden sich 18 bzw. 12 leere Güterwagen.
In den Güterbahnhöfen R, S und T werden 11, 10 bzw. 9 leere Güterwagen
benötigt. Die Entfernungen in Kilometer zwischen den Rangierbahnhöfen und
den Güterbahnhöfen sind durch die folgende Tabelle gegeben:

	R	S	T
A	5	4	9
B	7	8	10

Das Problem besteht darin, die 30 Güterwagen von den Rangierbahnhöfen zu
den Güterbahnhöfen so zu leiten, daß die Summe der gefahrenen Kilometer
minimiert wird.

Notation:

$$
\begin{aligned}
x_1 &\ \hat{=}\ \text{Anzahl Güterwagen von } A \text{ nach } R \\
x_2 &\ \hat{=}\ \text{Anzahl Güterwagen von } A \text{ nach } S \\
x_3 &\ \hat{=}\ \text{Anzahl Güterwagen von } A \text{ nach } T \\
x_4 &\ \hat{=}\ \text{Anzahl Güterwagen von } B \text{ nach } R \\
x_5 &\ \hat{=}\ \text{Anzahl Güterwagen von } B \text{ nach } S \\
x_6 &\ \hat{=}\ \text{Anzahl Güterwagen von } B \text{ nach } T
\end{aligned}
$$

Zu lösen ist also das folgende Optimierungsproblem:

Minimiere die Zielfunktion

$$5x_1 + 4x_2 + 9x_3 + 7x_4 + 8x_5 + 10x_6$$

unter den Nebenbedingungen

$$
\begin{aligned}
x_1 &&&&&&&& \leq{} && 11 \\
&& x_2 &&&&&& \leq{} && 10 \\
&&&& x_3 &&&& \leq{} && 9 \\
&&&&&& x_4 &&&& \leq{} && 11 \\
&&&&&&&& x_5 && \leq{} && 10 \\
&&&&&&&&&& x_6 \leq{} && 9 \\
x_1 + x_2 + x_3 &&&&&&&& ={} && 18 \\
x_4 + x_5 + x_6 &&&&&&&& ={} && 12 \\
x_1 \phantom{{}+{}} + x_4 &&&&&&&& ={} && 11 \\
x_2 \phantom{{}+{}} + x_5 &&&&&&&& ={} && 10 \\
x_3 \phantom{{}+{}} + x_6 &&&&&&&& ={} && 9
\end{aligned}
$$

und den Nichtnegativitätsbedingungen

$$
\begin{array}{llllllll}
x_1 & & & & & & \geq & 0 \\
& x_2 & & & & & \geq & 0 \\
& & x_3 & & & & \geq & 0 \\
& & & x_4 & & & \geq & 0 \\
& & & & x_5 & & \geq & 0 \\
& & & & & x_6 & \geq & 0
\end{array}
$$

Die Ungleichungen unter den Nebenbedingungen sind offenbar überflüssig, denn sie ergeben sich aus den Nichtnegativitätsbedingungen und den letzten drei Gleichungen unter den Nebenbedingungen. Man erhält damit die folgende Formulierung des Optimierungsproblems:

Minimiere die Zielfunktion

$$5x_1 + 4x_2 + 9x_3 + 7x_4 + 8x_5 + 10x_6$$

unter den Nebenbedingungen

$$
\begin{array}{llllllll}
x_1 & + & x_2 & + & x_3 & & & & & = & 18 \\
& & & & & x_4 & + & x_5 & + & x_6 & = & 12 \\
x_1 & & & & & + & x_4 & & & = & 11 \\
& & x_2 & & & & & + & x_5 & = & 10 \\
& & & & x_3 & & & & + & x_6 & = & 9
\end{array}
$$

und den Nichtnegativitätsbedingungen

$$
\begin{array}{llllllll}
x_1 & & & & & & \geq & 0 \\
& x_2 & & & & & \geq & 0 \\
& & x_3 & & & & \geq & 0 \\
& & & x_4 & & & \geq & 0 \\
& & & & x_5 & & \geq & 0 \\
& & & & & x_6 & \geq & 0
\end{array}
$$

Gesucht ist also eine Lösung des linearen Gleichungssystems der Nebenbedingungen, die die Nichtnegativitätsbedingungen erfüllt und die Zielfunktion minimiert.

Die Anzahl der Variablen läßt sich offenbar reduzieren: Beispielsweise lassen sich die Variablen x_3, x_4, x_5, x_6 und damit auch die Zielfunktion als Funktion der Variablen x_1 und x_2 ausdrücken. Aus den Nebenbedingungen erhält man dann die Gleichungen

$$x_3 = 18 - x_1 - x_2$$

$$\begin{aligned}
x_4 &= 11 - x_1 \\
x_5 &= 10 - x_2 \\
x_6 &= 9 - x_3 \\
&= 9 - (18 - x_1 - x_2) \\
&= x_1 + x_2 - 9
\end{aligned}$$

Durch Einsetzen dieser Gleichungen in die Zielfunktion erhält man

$$5x_1 + 4x_2 + 9x_3 + 7x_4 + 8x_5 + 10x_6 = 229 - x_1 - 3x_2$$

und aus den Nichtnegativitätsbedingungen erhält man die Ungleichungen

$$\begin{aligned}
x_1 &\geq 0 \\
x_2 &\geq 0 \\
18 - x_1 - x_2 &\geq 0 \\
11 - x_1 &\geq 0 \\
10 - x_2 &\geq 0 \\
-9 + x_1 + x_2 &\geq 0
\end{aligned}$$

Damit ergibt sich die folgende Formulierung des Optimierungsproblems:

Minimiere die Zielfunktion

$$229 - x_1 - 3x_2$$

unter den Nebenbedingungen

$$\begin{aligned}
x_1 + x_2 &\leq 18 \\
x_1 &\leq 11 \\
x_2 &\leq 10 \\
x_1 + x_2 &\geq 9
\end{aligned}$$

und den Nichtnegativitätsbedingungen

$$\begin{aligned}
x_1 &\geq 0 \\
x_2 &\geq 0
\end{aligned}$$

In dieser Formulierung läßt sich das Optimierungsproblem wieder graphisch lösen:

- Jede Nebenbedingung und jede Nichtnegativitätsbedingung definiert einen Halbraum des $\mathbf{R}^2$.
- Der Durchschnitt dieser Halbräume ist eine konvexe Menge, die aus allen $\boldsymbol{x} \in \mathbf{R}^2$ besteht, die sämtliche Nebenbedingungen und sämtliche Nichtnegativitätsbedingungen erfüllen. Diese Menge heißt zulässiges Gebiet.

– *Für jeden Wert $z \in \mathbf{R}$ der Zielfunktion liegen alle $\boldsymbol{x} \in \mathbf{R}^2$ mit*

$$229 - x_1 - 3x_2 \;=\; z$$

auf einer Geraden; diese Gerade heißt Iso–Kilometerzahl–Gerade zur Kilometerzahl z. Die Iso–Kilometerzahl–Geraden zu verschiedenen Kilometerzahlen sind parallel.

– *Man bestimmt zunächst die Iso–Kilometerzahl–Gerade zur Kilometerzahl 229. Diese Gerade geht durch den Nullpunkt des Koordinatensystems.*

– *Der Wert der Zielfunktion fällt, wenn man x_1 und x_2 erhöht. Daher verschiebt man die Iso–Kilometerzahl–Gerade zur Kilometerzahl 229 parallel durch das zulässige Gebiet, bis man einen Eckpunkt erreicht und bei weiterer Parallel–Verschiebung das zulässige Gebiet wieder verlassen würde. Für diesen Eckpunkt nimmt die Zielfunktion unter allen zulässigen Punkten ihr Minimum an.*

Damit ist das Optimierungsproblem gelöst.

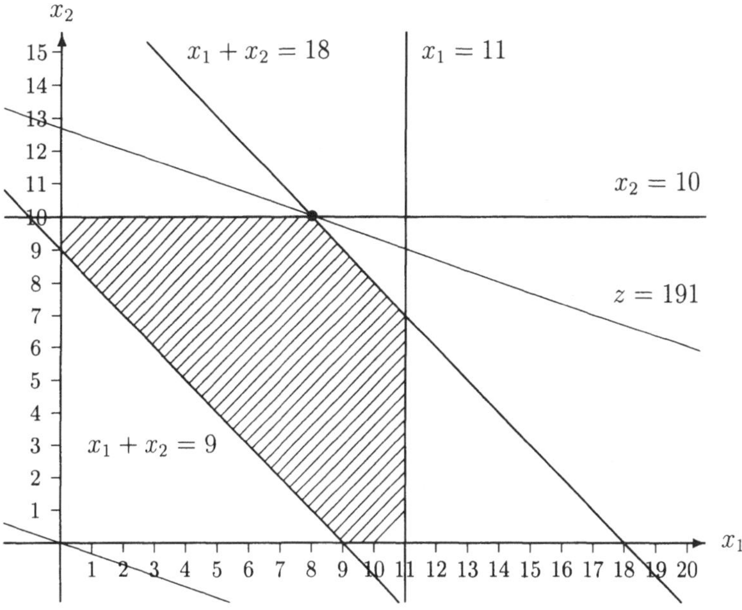

Der Vektor

$$\boldsymbol{x}^* \;=\; \begin{pmatrix} 8 \\ 10 \end{pmatrix}$$

ist eine Lösung des Optimierungsproblems. Der zugehörige Wert der Zielfunktion ist $z^* = 191$.

Portfolio–Planung I

Ein Versicherungsunternehmen möchte Rückstellungen am Kapitalmarkt anlegen. Zu diesem Zweck soll ein Portfolio aus den vier Anlagen A_1, A_2, A_3, A_4 gebildet werden. Diese Anlagen unterscheiden sich in der jährlichen Rendite und im Risiko, das durch einen Risiko–Koeffizienten bewertet wird:

Anlage	A_1	A_2	A_3	A_4
Rendite in %	10	30	50	70
Risiko–Koeffizient	1	2	4	8

Das Portfolio soll so konstruiert werden, daß
- eine möglichst hohe Rendite erzielt wird,
- mindestens 20 % in die Anlage A_1 investiert wird, und
- der Risiko–Koeffizient des Portfolios nicht größer als 5 ist.

Notation:

$$x_1 \; \widehat{=} \; \text{Anteil der Anlage } A_1 \text{ im Portfolio}$$
$$x_2 \; \widehat{=} \; \text{Anteil der Anlage } A_2 \text{ im Portfolio}$$
$$x_3 \; \widehat{=} \; \text{Anteil der Anlage } A_3 \text{ im Portfolio}$$
$$x_4 \; \widehat{=} \; \text{Anteil der Anlage } A_4 \text{ im Portfolio}$$

Zu lösen ist also das folgende Optimierungsproblem:

Maximiere die Zielfunktion

$$0.1x_1 + 0.3x_2 + 0.5x_3 + 0.7x_4$$

unter den Nebenbedingungen

$$
\begin{aligned}
x_1 + x_2 + x_3 + x_4 &= 1 \\
x_1 &\geq 0.2 \\
x_1 + 2x_2 + 4x_3 + 8x_4 &\leq 5
\end{aligned}
$$

und den Nichtnegativitätsbedingungen

$$
\begin{aligned}
x_1 &\geq 0 \\
x_2 &\geq 0 \\
x_3 &\geq 0 \\
x_4 &\geq 0
\end{aligned}
$$

Da die erste Nebenbedingung in Form einer Gleichung gegeben ist, könnte man daran denken, die Gleichung beispielsweise nach x_4 aufzulösen und die Variable x_4 zu eliminieren. Dann entfällt die erste Nebenbedingung. Andererseits entsteht aus der Nichtnegativitätsbedingung $x_4 \geq 0$ wegen $x_4 = 1 - x_1 - x_2 - x_3$ die neue Nebenbedingung $x_1 + x_2 + x_3 \leq 1$. Man erhält also die folgende Formulierung des Optimierungsproblems:

Maximiere die Zielfunktion

$$-0.6x_1 - 0.4x_2 - 0.2x_3 + 0.7$$

unter den Nebenbedingungen

$$
\begin{array}{rcrcrcr}
x_1 & + & x_2 & + & x_3 & \leq & 1 \\
x_1 & & & & & \geq & 0.2 \\
-\ 7x_1 & - & 6x_2 & - & 4x_3 & \leq & -3
\end{array}
$$

und den Nichtnegativitätsbedingungen

$$
\begin{array}{rcr}
x_1 & \geq & 0 \\
x_2 & \geq & 0 \\
x_3 & \geq & 0
\end{array}
$$

Auch in dieser Formulierung ist das Optimierungsproblem nicht graphisch lösbar.

7.2 Das Minimumproblem in Normalform

Die im letzten Abschnitt betrachteten Optimierungsprobleme haben einige Gemeinsamkeiten:
- In jedem Fall ist eine Zielfunktion zu maximieren oder zu minimieren.
- In jedem Fall sind Nebenbedingungen zu beachten, die durch Ungleichungen oder Gleichungen gegeben sind.
- In jedem Fall sind alle Variablen nichtnegativ.

Da in der Zielfunktion und in den Nebenbedingungen nur *lineare* Funktionen der Variablen auftreten, spricht man von einem *linearen Optimierungsproblem* oder auch von einem *linearen Programm*.

Im Allokationsproblem und im Transportproblem war es möglich, auf graphischem Wege eine eindeutige Lösung zu bestimmen, wobei im Transportproblem zunächst die Anzahl der Variablen und der Nebenbedingungen reduziert wurde; bei der Portfolio–Planung war dies dagegen nicht möglich. Grundsätzlich scheidet die graphische Lösung eines linearen Optimierungsproblems immer dann aus, wenn die Zielfunktion oder die Nebenbedingungen von mehr als zwei Variablen abhängen.

Wir benötigen daher einen Algorithmus, mit dem für jedes lineare Optimierungsproblem
- entschieden werden kann, ob eine Lösung existiert, und
- im Falle der Existenz eine Lösung bestimmt werden kann.

Zur Vorbereitung eines solchen Algorithmus vereinbaren wir zunächst eine einheitliche Notation für alle linearen Optimierungsprobleme.

In einem ersten Schritt formulieren wir jedes lineare Optimierungsproblem so, daß
- die Zielfunktion minimiert werden soll und
- alle Nebenbedingungen durch $\leq$ oder $=$ ausgedrückt werden.

Das resultierende Optimierungsproblem heißt *Standard–Minimumproblem*.

Beispiel. Wir betrachten das lineare Optimierungsproblem

Maximiere die Zielfunktion

$$3x_1 - x_2 + 2x_3 + 4$$

unter den Nebenbedingungen

$$
\begin{array}{rcrcr}
x_1 & + & 2x_2 & \leq & 8 \\
 & & x_3 & \geq & -4
\end{array}
$$

und den Nichtnegativitätsbedingungen

$$
\begin{array}{rcr}
x_1 & \geq & 0 \\
x_2 & \geq & 0 \\
x_3 & \geq & 0
\end{array}
$$

Das zugehörige Standard–Minimumproblem ist

Minimiere die Zielfunktion

$$-3x_1 + x_2 - 2x_3 - 4$$

unter den Nebenbedingungen

$$
\begin{array}{rcrcr}
x_1 & + & 2x_2 & \leq & 8 \\
 & - & x_3 & \leq & 4
\end{array}
$$

und den Nichtnegativitätsbedingungen

$$
\begin{array}{rcr}
x_1 & \geq & 0 \\
x_2 & \geq & 0 \\
x_3 & \geq & 0
\end{array}
$$

Wir setzen das Beispiel später fort.

Im Transportproblem war es möglich, die Nebenbedingungen durch ein lineares Gleichungssystem auszudrücken. Dies läßt sich für jedes Standard–Minimumproblem erreichen, indem man für jede Ungleichung eine zusätzliche Variable mit Nichtnegativitätsbedingung einführt. Diese zusätzlichen Variablen werden als *Schlupfvariable* bezeichnet.

Wir betrachten also ein Standard–Minimumproblem und führen für jede Ungleichung eine Schlupfvariable ein; gleichzeitig bringen wir alle Konstanten auf die linke Seite. Das resultierende Optimierungsproblem heißt *Minimumproblem mit Schlupfvariablen*.

Beispiel (Fortsetzung). Wir betrachten das Standard–Minimumproblem

Minimiere die Zielfunktion

$$-3x_1 + x_2 - 2x_3 - 4$$

unter den Nebenbedingungen

$$
\begin{array}{rcrcl}
x_1 & + & 2x_2 & & & \le & 8 \\
 & & & - & x_3 & \le & 4
\end{array}
$$

und den Nichtnegativitätsbedingungen

$$
\begin{array}{rcl}
x_1 & \ge & 0 \\
x_2 & \ge & 0 \\
x_3 & \ge & 0
\end{array}
$$

Das zugehörige Minimumproblem mit Schlupfvariablen ist

Minimiere die Zielfunktion

$$-3x_1 + x_2 - 2x_3 - 4$$

unter den Nebenbedingungen

$$
\begin{array}{rcrcrcrcl}
x_1 & + & 2x_2 & & & + & x_4 & & & - & 8 & = & 0 \\
 & & & - & x_3 & & & + & x_5 & - & 4 & = & 0
\end{array}
$$

und den Nichtnegativitätsbedingungen

$$
\begin{array}{rcl}
x_1 & \ge & 0 \\
x_2 & \ge & 0 \\
x_3 & \ge & 0 \\
x_4 & \ge & 0 \\
x_5 & \ge & 0
\end{array}
$$

Wir setzen das Beispiel später fort.

In einem letzten Schritt multiplizieren wir in einem Minimumproblem mit Schlupfvariablen jede Gleichung, die eine negative Konstante enthält, mit -1, um ausschließlich Gleichungen mit positiven Konstanten zu erhalten. Das resultierende Optimierungsproblem heißt *Minimumproblem in Normalform*.

Beispiel (Fortsetzung). Wir betrachten das Minimumproblem mit Schlupf-variablen

Minimiere die Zielfunktion

$$-3x_1 + x_2 - 2x_3 - 4$$

unter den Nebenbedingungen

$$x_1 \;+\; 2x_2 \qquad\quad +\; x_4 \qquad\qquad -\; 8 \;=\; 0$$
$$-\; x_3 \qquad\quad +\; x_5 \;-\; 4 \;=\; 0$$

und den Nichtnegativitätsbedingungen

$$
\begin{aligned}
x_1 &\quad\ge 0\\
x_2 &\quad\ge 0\\
x_3 &\quad\ge 0\\
x_4 &\quad\ge 0\\
x_5 &\quad\ge 0
\end{aligned}
$$

Das zugehörige Minimumproblem in Normalform ist

Minimiere die Zielfunktion (Z)

$$-3x_1 + x_2 - 2x_3 - 4$$

unter den Nebenbedingungen (G)

$$-\; x_1 \;-\; 2x_2 \qquad\quad -\; x_4 \qquad\qquad +\; 8 \;=\; 0$$
$$x_3 \qquad\qquad -\; x_5 \;+\; 4 \;=\; 0$$

und den Nichtnegativitätsbedingungen (N)

$$
\begin{aligned}
x_1 &\quad\ge 0\\
x_2 &\quad\ge 0\\
x_3 &\quad\ge 0\\
x_4 &\quad\ge 0\\
x_5 &\quad\ge 0
\end{aligned}
$$

Wir setzen das Beispiel später fort.

Ein Minimumproblem in Normalform läßt sich kurz wie folgt schreiben:

Minimiere die *Zielfunktion* (Z)

$$\boldsymbol{c'x} + c$$

unter der *Nebenbedingung* (G)

$$A\boldsymbol{x} + \boldsymbol{a} \;=\; \boldsymbol{0}$$

mit $\boldsymbol{a} \ge \boldsymbol{0}$ und der *Nichtnegativitätsbedingung* (N)

$$\boldsymbol{x} \;\ge\; \boldsymbol{0}$$

Ist
- m die Anzahl der Nebenbedingungen und
- n die Anzahl der Variablen inklusive der Schlupfvariablen,

so gilt $\boldsymbol{c} \in \mathbf{R}^n$, $c \in \mathbf{R}$, $A \in \mathbf{M}^{m,n}$, $\boldsymbol{a} \in \mathbf{R}^m_+$, und $\boldsymbol{x} \in \mathbf{R}^n$; dabei sind diejenigen Koordinaten von $\boldsymbol{c}$, die zu den Schlupfvariablen gehören, gleich 0.

Satz (Lösung eines linearen Optimierungsproblems).
(a) *Jede Lösung eines linearen Optimierungsproblems ist Lösung des zugehörigen Standard–Minimumproblems, und umgekehrt.*
(b) *Zu jeder Lösung eines Standard–Minimumproblems gibt es genau eine Lösung des zugehörigen Minimumproblems mit Schlupfvariablen, und umgekehrt.*
(c) *Jede Lösung eines Minimumproblems mit Schlupfvariablen ist Lösung des zugehörigen Minimumproblems in Normalform, und umgekehrt.*

Der Satz ergibt sich aus der Tatsache, daß alle Umformungen umkehrbar sind.

7.3 Basisdarstellungen und Basislösungen

Wir betrachten das Minimumproblem in Normalform:

Minimiere die Zielfunktion (Z)

$$c'x + c$$

unter der Nebenbedingung (G)

$$Ax + a = 0$$

mit $a \geq 0$ und der Nichtnegativitätsbedingung (N)

$$x \geq 0$$

Wenn das lineare Gleichungssystem (G) keine Lösung besitzt, dann kann auch das lineare Optimierungsproblem, das dem Minimumproblem in Normalform zugrunde liegt, keine Lösung besitzen. Wir untersuchen daher zunächst die Lösbarkeit des linearen Gleichungssystems (G)

$$Ax + a = 0$$

und betrachten dazu das allgemeine lineare Gleichungssystem

$$y = Ax + a$$

das wir als Tableau notieren:

	x_1	$\ldots$	x_n	1
y_1	a_{11}	$\ldots$	a_{1n}	a_1
$\vdots$	$\vdots$		$\vdots$	$\vdots$
y_m	a_{m1}	$\ldots$	a_{mn}	a_m

Wir führen nun das Austauschverfahren durch. Bei Abbruch des Austauschverfahrens stellt man fest, ob das lineare Gleichungssystem (G)
- keine Lösung oder
- mindestens eine Lösung

besitzt.

Wenn das lineare Gleichungssystem (G) eine Lösung besitzt, dann erhält man bei Abbruch des Austauschverfahrens aus dem letzten Tableau nach Streichung aller Zeilen und Spalten der abhängigen Variablen ein zu (G) äquivalentes Tableau der Form

	x_{ν_1}	$\cdots$	$x_{\nu_{n-k}}$	1
x_{μ_1}	b_{11}	$\cdots$	$b_{1,n-k}$	b_1
$\vdots$	$\vdots$		$\vdots$	$\vdots$
x_{μ_k}	b_{k1}	$\cdots$	$b_{k,n-k}$	b_k

Dabei ist k die Anzahl der durchgeführten Austauschschritte.

Jedes zu (G) äquivalente Tableau der Form

	x_{ν_1}	$\cdots$	$x_{\nu_{n-k}}$	1
x_{μ_1}	b_{11}	$\cdots$	$b_{1,n-k}$	b_1
$\vdots$	$\vdots$		$\vdots$	$\vdots$
x_{μ_k}	b_{k1}	$\cdots$	$b_{k,n-k}$	b_k

heißt *Basisdarstellung* von (G), und der Vektor $x \in \mathbf{R}^n$ mit den Koordinaten

$$x_{\nu_j} := 0 \quad \text{für alle } j \in \{1, \ldots, n-k\}$$
$$x_{\mu_i} := b_i \quad \text{für alle } i \in \{1, \ldots, k\}$$

heißt *Basislösung* von (G).

Beispiel (Fortsetzung). Wir betrachten das Minimumproblem in Normalform

Minimiere die Zielfunktion (Z)

$$-3x_1 + x_2 - 2x_3 - 4$$

unter den Nebenbedingungen (G)

$$
\begin{aligned}
- x_1 - 2x_2 \qquad\quad - x_4 \qquad\quad + 8 &= 0 \\
x_3 \qquad\quad - x_5 + 4 &= 0
\end{aligned}
$$

und den Nichtnegativitätsbedingungen (N)

$$
\begin{aligned}
x_1 &\geq 0 \\
x_2 &\geq 0 \\
x_3 &\geq 0 \\
x_4 &\geq 0 \\
x_5 &\geq 0
\end{aligned}
$$

Wir untersuchen die Lösbarkeit des linearen Gleichungssystems (G) mit Hilfe des Austauschverfahrens:

	x_1	x_2	x_3	x_4	x_5	1
y_1	-1	-2	0	-1	0	8
y_2	0	0	1	0	-1^*	4

Nach dem Austausch von x_5 gegen y_2 erhalten wir das neue Tableau

	x_1	x_2	x_3	x_4	1
y_1	-1	-2	0	-1^*	8
x_5	0	0	1	0	4

Nach dem Austausch von x_4 gegen y_1 erhalten wir das neue Tableau

	x_1	x_2	x_3	1
x_4	-1	-2	0	8
x_5	0	0	1	4

Das Austauschverfahren bricht hier ab. Das letzte Tableau ist eine Basisdarstellung von (G) und liefert die Basislösung

$$x = \begin{pmatrix} 0 \\ 0 \\ 0 \\ 8 \\ 4 \end{pmatrix}$$

Da $x_1, x_2, x_3 \in \mathbf{R}_+$ frei wählbar sind, besitzt (G) sogar unendlich viele Lösungen.

Die Basisdarstellung und die Basislösung des linearen Gleichungssystems hängt von der Wahl der Pivotelemente ab:

Beispiel (Fortsetzung). Wir untersuchen die Lösbarkeit des linearen Gleichungssystems (G) noch einmal mit Hilfe des Austauschverfahrens, wobei wir jetzt andere Pivotelemente wählen:

	x_1	x_2	x_3	x_4	x_5	1
y_1	-1	-2	0	-1	0	8
y_2	0	0	1^*	0	-1	4

Nach dem Austausch von x_3 gegen y_2 erhalten wir das neue Tableau

	x_1	x_2	x_4	x_5	1
y_1	-1	-2	-1^*	0	8
x_3	0	0	0	1	-4

Nach dem Austausch von x_4 gegen y_1 erhalten wir das neue Tableau

	x_1	x_2	x_5	1
x_4	-1	-2	0	8
x_3	0	0	1	-4

Das Austauschverfahren bricht hier ab. Das letzte Tableau ist wieder eine Basisdarstellung von (G) und liefert die Basislösung

$$x = \begin{pmatrix} 0 \\ 0 \\ -4 \\ 8 \\ 0 \end{pmatrix}$$

Diese Basislösung ist von der vorher gefundenen verschieden.

Eine Lösung des linearen Gleichungssystems (G) heißt

– *zulässig*, wenn sie die Nichtnegativitätsbedingung (N) erfüllt, und sie heißt

– *optimal*, wenn sie zulässig ist und die Zielfunktion (Z) minimiert.

Insbesondere heißt eine Basislösung $x \in \mathbf{R}^n$ *zulässig*, wenn $x \geq 0$ gilt. Offenbar ist eine Basislösung genau dann zulässig, wenn in der zugehörigen Basisdarstellung $b \geq 0$ gilt; in diesem Fall heißt die Basisdarstellung ebenfalls *zulässig*.

Für das Minimumproblem in Normalform sind wegen der Nichtnegativitätsbedingung (N) nur zulässige Lösungen des linearen Gleichungssystems (G) von Interesse; andererseits zeigt das Beispiel, daß das Austauschverfahren je nach Wahl der Pivotelemente nicht immer eine zulässige Basislösung liefert. Wir werden später ein Verfahren angeben, das im Fall der Existenz einer Lösung von (G) stets zu einer zulässigen Basislösung und damit zu einer zulässigen Basisdarstellung von (G) führt.

7.4 Das Simplexkriterium

Wir betrachten weiterhin das Minimumproblem in Normalform:

Minimiere die Zielfunktion (Z)

$$c'x + c$$

unter der Nebenbedingung (G)

$$Ax + a = 0$$

mit $a \geq 0$ und der Nichtnegativitätsbedingung (N)

$$x \geq 0$$

Wir betrachten wieder das allgemeine lineare Gleichungssystem

$$y = Ax + a$$

Außerdem beziehen wir nun die Zielfunktion in unsere Betrachtung mit ein und setzen

$$z := c'x + c$$

Wir erhalten damit das zu (G) und (Z) äquivalente *erweiterte Tableau*

	x_1	$\cdots$	x_n	1
y_1	a_{11}	$\cdots$	a_{1n}	a_1
$\vdots$	$\vdots$		$\vdots$	$\vdots$
y_m	a_{m1}	$\cdots$	a_{mn}	a_m
z	c_1	$\cdots$	c_n	c

Wir beziehen die Zielfunktion auch in das Austauschverfahren ein, indem wir die letzte Zeile des erweiterten Tableaus bei jedem Austauschschritt mit umgeformen. Wenn das lineare Gleichungssystem (G) eine Lösung besitzt, dann erhält man bei Abbruch des Austauschverfahrens aus dem letzten Tableau nach Streichung aller Zeilen und Spalten der abhängigen Variablen ein zu (G) und (Z) äquivalentes Tableau der Form

	x_{ν_1}	$\cdots$	$x_{\nu_{n-k}}$	1
x_{μ_1}	b_{11}	$\cdots$	$b_{1,n-k}$	b_1
$\vdots$	$\vdots$		$\vdots$	$\vdots$
x_{μ_k}	b_{k1}	$\cdots$	$b_{k,n-k}$	b_k
z	d_1	$\cdots$	d_{n-k}	d

wobei k wieder die Anzahl der durchgeführten Austauschschritte ist. Streicht man in diesem Tableau die letzte Zeile, so erhält man eine Basisdarstellung von (G) und eine Basislösung x. Dem Tableau entnimmt man, daß für die Basislösung x die Zielfunktion den Wert d hat.

Ein zu (G) und (Z) äquivalentes Tableau der Form

	x_{ν_1}	$\cdots$	$x_{\nu_{n-k}}$	1
x_{μ_1}	b_{11}	$\cdots$	$b_{1,n-k}$	b_1
$\vdots$	$\vdots$		$\vdots$	$\vdots$
x_{μ_k}	b_{k1}	$\cdots$	$b_{k,n-k}$	b_k
z	d_1	$\cdots$	d_{n-k}	d

heißt *Simplextableau*, wenn die darin enthaltene Basisdarstellung von (G), und damit die Basislösung x, zulässig ist; dies ist genau dann der Fall, wenn $b \geq 0$ gilt.

Beispiel (Fortsetzung). Wir betrachten das Minimumproblem in Normalform

Minimiere die Zielfunktion (Z)

$$-3x_1 + x_2 - 2x_3 - 4$$

unter den Nebenbedingungen (G)

$$
\begin{aligned}
-\,x_1 \;-\; 2x_2 && -\; x_4 && +\; 8 &= 0 \\
&& x_3 && -\; x_5 \;+\; 4 &= 0
\end{aligned}
$$

und den Nichtnegativitätsbedingungen (N)

$$
\begin{aligned}
x_1 && \geq 0 \\
x_2 && \geq 0 \\
x_3 && \geq 0 \\
x_4 && \geq 0 \\
x_5 && \geq 0
\end{aligned}
$$

Das lineare Gleichungssystem (G) und die Zielfunktion (Z) lassen sich durch das folgende Tableau darstellen:

	x_1	x_2	x_3	x_4	x_5	1
y_1	-1	-2	0	-1	0	8
y_2	0	0	1	0	-1^*	4
z	-3	1	-2	0	0	-4

Nach dem Austausch von x_5 gegen y_2 erhalten wir das neue Tableau

	x_1	x_2	x_3	x_4	1
y_1	-1	-2	0	-1^*	8
x_5	0	0	1	0	4
z	-3	1	-2	0	-4

Nach dem Austausch von x_4 gegen y_1 erhalten wir das neue Tableau

	x_1	x_2	x_3	1
x_4	-1	-2	0	8
x_5	0	0	1	4
z	-3	1	-2	-4

Das Austauschverfahren bricht hier ab. Das letzte Tableau ist ein Simplextableau, und für die zugehörige (zulässige) Basislösung

$$ x = \begin{pmatrix} 0 \\ 0 \\ 0 \\ 8 \\ 4 \end{pmatrix} $$

hat die Zielfunktion den Wert $z = -4$.

Wir führen das Austauschverfahren ein weiteres Mal durch, wobei wir jetzt andere Pivotelemente wählen:

	x_1	x_2	x_3	x_4	x_5	1
y_1	-1	-2	0	-1	0	8
y_2	0	0	1^*	0	-1	4
z	-3	1	-2	0	0	-4

Nach dem Austausch von x_3 gegen y_2 erhalten wir das neue Tableau

	x_1	x_2	x_4	x_5	1
y_1	-1	-2	-1^*	0	8
x_3	0	0	0	1	-4
z	-3	1	0	-2	4

Nach dem Austausch von x_4 gegen y_1 erhalten wir das neue Tableau

	x_1	x_2	x_5	1
x_4	-1	-2	0	8
x_3	0	0	1	-4
z	-3	1	-2	4

Das Austauschverfahren bricht hier ab. Das letzte Tableau ist kein Simplextableau.

Für ein Simplextableau

	x_{ν_1}	$\ldots$	x_{ν_j}	$\ldots$	$x_{\nu_{n-k}}$	1
x_{μ_1}	b_{11}	$\ldots$	b_{1j}	$\ldots$	$b_{1,n-k}$	b_1
$\vdots$	$\vdots$				$\vdots$	$\vdots$
x_{μ_i}	b_{i1}	$\ldots$	b_{ij}	$\ldots$	$b_{i,n-k}$	b_i
$\vdots$	$\vdots$				$\vdots$	$\vdots$
x_{μ_k}	b_{k1}	$\ldots$	b_{kj}	$\ldots$	$b_{k,n-k}$	b_k
z	d_1	$\ldots$	d_j	$\ldots$	d_{n-k}	d

unterscheiden wir folgende Fälle:

(S$_1$) Für alle $j \in \{1, \ldots, n-k\}$ gilt $d_j \geq 0$.

(S$_2$) Es gibt ein $j \in \{1, \ldots, n-k\}$ mit $d_j < 0$ und $b_{ij} \geq 0$ für alle $i \in \{1, \ldots, k\}$.

(S$_3$) Es gilt weder **(S$_1$)** noch **(S$_2$)**.

Satz (Simplexkriterium).

(a) *Erfüllt ein Simplextableau* **(S$_1$)**, *so ist die zugehörige Basislösung eine optimale Lösung des linearen Gleichungssystems* (G) *und damit auch eine Lösung des linearen Optimierungsproblems; in diesem Fall ist der minimale Wert der Zielfunktion gleich* d.

(b) *Erfüllt ein Simplextableau* **(S$_2$)**, *so hat das lineare Optimierungsproblem keine Lösung.*

Beweis. Das im Simplextableau enthaltene lineare Gleichungssystem ist zum linearen Gleichungssystem (G) äquivalent.

(a) Erfüllt das Simplextableau **(S$_1$)**, so minimiert die zugehörige Basislösung $\boldsymbol{x}$ mit

   – $x_{\nu_j} := 0$ für alle $j \in \{1, \ldots, n-k\}$

   – $x_{\mu_i} := b_i$ für alle $i \in \{1, \ldots, k\}$

die Zielfunktion und der zugehörige Wert der Zielfunktion ist gleich d.

(b) Erfüllt das Simplextableau **(S$_2$)**, so kann für die zulässige Lösung $\boldsymbol{x}$ (des linearen Gleichungssystems (G)) mit

   – $x_{\nu_j} := \alpha$

   – $x_{\nu_l} := 0$ für alle $l \in \{1, \ldots, n-k\} \setminus \{j\}$

   – $x_{\mu_i} := b_{ij}\alpha + b_i$ für alle $i \in \{1, \ldots, k\}$.

durch geeignete Wahl von $\alpha \in \mathbf{R}_+$ ein beliebig kleiner Wert $z := d_j\alpha + d$ der Zielfunktion erreicht werden.

Damit ist die Behauptung bewiesen. $\square$

Aufgrund des Satzes heißt ein Simplextableau

– *optimal*, wenn es **(S$_1$)** erfüllt.

– *entscheidbar*, wenn es **(S$_1$)** oder **(S$_2$)** erfüllt.

– *nicht entscheidbar*, wenn es **(S$_3$)**, also weder **(S$_1$)** noch **(S$_2$)**, erfüllt.

Beispiel (Fortsetzung). Wir betrachten das Minimumproblem in Normalform

Minimiere die Zielfunktion (Z)

$$-3x_1 + x_2 - 2x_3 - 4$$

unter den Nebenbedingungen (G)

$$\begin{aligned}
-\ x_1\ -\ 2x_2\quad\qquad -\ x_4\qquad\qquad +\ 8 &= 0 \\
x_3\qquad\quad -\ x_5\ +\ 4 &= 0
\end{aligned}$$

und den Nichtnegativitätsbedingungen (N)

$$\begin{aligned}
x_1\qquad\qquad\qquad\qquad &\geq 0 \\
x_2\qquad\qquad\qquad &\geq 0 \\
x_3\qquad\qquad &\geq 0 \\
x_4\qquad &\geq 0 \\
x_5 &\geq 0
\end{aligned}$$

Das Optimierungsproblem ist äquivalent mit dem Simplextableau

	x_1	x_2	x_3	1
x_4	-1	-2	0	8
x_5	0	0	1	4
z	-3	1	-2	-4

Dieses Simplextableau erfüllt (S_2) und ist daher entscheidbar. Jeder Vektor der Form

$$\boldsymbol{x} = \alpha \begin{pmatrix} 0 \\ 0 \\ 1 \\ 0 \\ 1 \end{pmatrix} + \begin{pmatrix} 0 \\ 0 \\ 0 \\ 8 \\ 4 \end{pmatrix}$$

mit $\alpha \in \mathbf{R}_+$ ist eine zulässige Lösung, und der zugehörige Wert der Zielfunktion ist

$$z = -2\alpha - 4$$

Die Zielfunktion ist also nach unten unbeschränkt und es gibt keine Lösung des Optimierungsproblems.

7.5 Das Simplexverfahren

Unser Ziel ist es, von einem nicht entscheidbaren Simplextableau mit Hilfe des Austauschverfahrens in endlich vielen Schritten zu einem entscheidbaren Simplextableau zu gelangen.

Um dieses Ziel zu erreichen, organisieren wir die einzelnen Austauschschritte so, daß wir von einem gegebenen Simplextableau

	x_{ν_1}	$\ldots$	x_{ν_τ}	$\ldots$	$x_{\nu_{n-k}}$	1
x_{μ_1}	b_{11}	$\ldots$	$b_{1\tau}$	$\ldots$	$b_{1,n-k}$	b_1
$\vdots$	$\vdots$		$\vdots$		$\vdots$	$\vdots$
x_{μ_σ}	$b_{\sigma 1}$	$\ldots$	$b_{\sigma\tau}$	$\ldots$	$b_{\sigma,n-k}$	b_σ
$\vdots$	$\vdots$		$\vdots$		$\vdots$	$\vdots$
x_{μ_k}	b_{k1}	$\ldots$	$b_{k\tau}$	$\ldots$	$b_{k,n-k}$	b_k
z	d_1	$\ldots$	d_τ	$\ldots$	d_{n-k}	d

durch den Austausch von x_{ν_τ} gegen x_{μ_σ} zu einem neuen Simplextableau

	x_{ν_1}	$\ldots$	x_{μ_σ}	$\ldots$	$x_{\nu_{n-k}}$	1
x_{μ_1}	b'_{11}	$\ldots$	$b'_{1\tau}$	$\ldots$	$b'_{1,n-k}$	b'_1
$\vdots$	$\vdots$		$\vdots$		$\vdots$	$\vdots$
x_{ν_τ}	$b'_{\sigma 1}$	$\ldots$	$b'_{\sigma\tau}$	$\ldots$	$b'_{\sigma,n-k}$	b'_σ
$\vdots$	$\vdots$		$\vdots$		$\vdots$	$\vdots$
x_{μ_k}	b'_{k1}	$\ldots$	$b'_{k\tau}$	$\ldots$	$b'_{k,n-k}$	b'_k
z	d'_1	$\ldots$	d'_τ	$\ldots$	d'_{n-k}	d'

mit einem nicht größeren Wert der Zielfunktion $d' \leq d$ gelangen. Dazu ist es erforderlich, bestimmte Regeln für die Wahl des Pivotelements zu beachten.

Die Regeln für die Wahl des Pivotelements $b_{\sigma\tau}$ ($\neq 0$) ergeben sich wie folgt:
- Wegen $b_\sigma \geq 0$ und

$$b'_\sigma \; := \; \frac{b_\sigma}{-b_{\sigma\tau}}$$

ist die Forderung $b'_\sigma \geq 0$ gleichwertig mit der Forderung

$$b_{\sigma\tau} \; < \; 0$$

- Wegen $b_\sigma \geq 0$ sowie $b_i \geq 0$ und

$$b'_i \; := \; b_i + b_{i\tau}\,\frac{b_\sigma}{-b_{\sigma\tau}}$$

ist die Forderung $b'_i \geq 0$ im Fall $b_{\sigma\tau} < 0$
  - für $i \in \{1, \ldots, k\}$ mit $b_{i\tau} \geq 0$ automatisch erfüllt;
  - für $i \in \{1, \ldots, k\}$ mit $b_{i\tau} < 0$ gleichwertig mit

$$\frac{b_\sigma}{-b_{\sigma\tau}} \; \leq \; \frac{b_i}{-b_{i\tau}}$$

- Wegen $b_\sigma \geq 0$ und

$$d' \quad := \quad d + d_\tau \, \frac{b_\sigma}{-b_{\sigma\tau}}$$

ist die Forderung $d' \leq d$ im Fall $b_{\sigma\tau} < 0$ gleichwertig mit

$$d_\tau \quad \leq \quad 0$$

Die Forderung, daß der Wert der Zielfunktion nicht wachsen soll, bestimmt also die Wahl der Pivotspalte, während die Forderung, daß die Koeffizienten des Konstantenvektors nach dem Austauschschritt wieder positiv sein sollen, die Wahl der Pivotzeile bestimmt.

Die Wahl eines Pivotelements $b_{\sigma\tau}$ mit $d_\tau = 0$ ist offenbar sinnlos, da in diesem Fall der Wert der Zielfunktion durch den Austauschschritt nicht verändert wird; wir können diesen Fall daher ausschließen.

Um von einem gegebenen Simplextableau durch einen Austauschschritt zu einem neuen Simplextableau mit einem nicht größeren Wert der Zielfunktion zu gelangen, ist das Pivotelement daher wie folgt zu wählen:
- Wähle die Pivotspalte $\tau \in \{1,\ldots,n-k\}$ so, daß

$$d_\tau \quad < \quad 0$$

und

$$b_{i\tau} \quad < \quad 0$$

für (mindestens) ein $i \in \{1,\ldots,k\}$ gilt.
- Wähle die Pivotzeile $\sigma \in \{1,\ldots,k\}$ so, daß

$$b_{\sigma\tau} \quad < \quad 0$$

und

$$\frac{b_\sigma}{-b_{\sigma\tau}} \quad = \quad \min\left\{ \frac{b_i}{-b_{i\tau}} \,\middle|\, b_{i\tau} < 0 \right\}$$

gilt.

Ein Austauschschritt mit dieser Wahl des Pivotelements heißt *Simplexschritt*. Eine Folge von Simplexschritten heißt *Simplexverfahren*.

Bemerkung.   Jeder Simplexschritt erzeugt eine neue Basislösung. Da es höchstens

$$\binom{n}{k}$$

verschiedene Basislösungen gibt, gibt es nur endlich viele verschiedene zu einer Basislösung gehörende Werte der Zielfunktion.

- Wenn bei der Durchführung eines Simplexverfahrens vor jedem Simplexschritt mit Pivotelement $b_{\sigma\tau}$ die strikte Ungleichung $b_\sigma > 0$ gilt, dann gilt nach jedem Simplexschritt $d' < d$; in diesem Fall endet das Simplexverfahren nach endlich vielen Schritten.
- Andernfalls kann es zu einer unendlichen Folge von Simplexschritten mit $d' = d$ kommen.

Man kann das Simplexverfahren so spezialisieren, daß man auch im letztgenannten Fall in endlich vielen Schritten zu einem entscheidbaren Simplextableau gelangt.

Montageproblem

An den Bändern A und B können Motoren M_1 und Motoren M_2 montiert werden.
- An Band A können pro Stunde 2 Motoren M_1 oder 2 Motoren M_2 montiert werden.
- An Band B können pro Stunde 3 Motoren M_1 oder 2 Motoren M_2 montiert werden.
- Benötigt werden doppelt soviel Motoren M_2 wie Motoren M_1.

Die Montage ist so zu organisieren, daß innerhalb von 8 Stunden eine maximale Anzahl von Motoren montiert wird.

Notation:

$$x_1 \ \hat{=} \ \text{Anzahl Montagestunden für Motoren } M_1 \text{ an Band } A$$
$$x_2 \ \hat{=} \ \text{Anzahl Montagestunden für Motoren } M_2 \text{ an Band } A$$
$$x_3 \ \hat{=} \ \text{Anzahl Montagestunden für Motoren } M_1 \text{ an Band } B$$
$$x_4 \ \hat{=} \ \text{Anzahl Montagestunden für Motoren } M_2 \text{ an Band } B$$

Dann ist
- die Anzahl Motoren M_1 gleich $2x_1 + 3x_3$ und
- die Anzahl Motoren M_2 gleich $2x_2 + 2x_4$.

Da genau doppelt soviel Motoren M_2 wie Motoren M_1 montiert werden sollen, ist es gleichgültig, ob das Optimierungsproblem
- für die Anzahl Motoren M_1 oder
- für die Anzahl Motoren M_2

formuliert wird.

Das lineare Optimierungsproblem ist

Maximiere die Zielfunktion

$$2x_1 + 3x_3$$

unter den Nebenbedingungen

$$x_1 + x_2 \leq 8$$
$$x_3 + x_4 \leq 8$$
$$2(2x_1 + 3x_3) = 2x_2 + 2x_4$$

und den Nichtnegativitätsbedingungen

$$x_1 \geq 0$$
$$x_2 \geq 0$$
$$x_3 \geq 0$$
$$x_4 \geq 0$$

Das zugehörige Minimumproblem in Normalform ist

Minimiere die Zielfunktion (Z)

$$-2x_1 - 3x_3$$

unter den Nebenbedingungen (G)

$$-x_1 - x_2 - x_5 + 8 = 0$$
$$-x_3 - x_4 - x_6 + 8 = 0$$
$$4x_1 - 2x_2 + 6x_3 - 2x_4 = 0$$

und den Nichtnegativitätsbedingungen (N)

$$x_1 \geq 0$$
$$x_2 \geq 0$$
$$x_3 \geq 0$$
$$x_4 \geq 0$$
$$x_5 \geq 0$$
$$x_6 \geq 0$$

Wir untersuchen die Lösbarkeit des linearen Gleichungssystems (G) mit Hilfe des Austauschverfahrens und bilden das um die Zielfunktion (Z) erweiterte Tableau:

	x_1	x_2	x_3	x_4	x_5	x_6	1
y_1	-1	-1	0	0	-1^*	0	8
y_2	0	0	-1	-1	0	-1	8
y_3	4	-2	6	-2	0	0	0
z	-2	0	-3	0	0	0	0

Nach dem Austausch von x_5 gegen y_1 erhalten wir das neue Tableau

	x_1	x_2	x_3	x_4	x_6	1
x_5	-1	-1	0	0	0	8
y_2	0	0	-1	-1	-1^*	8
y_3	4	-2	6	-2	0	0
z	-2	0	-3	0	0	0

Nach dem Austausch von x_6 gegen y_2 erhalten wir das neue Tableau

	x_1	x_2	x_3	x_4	1
x_5	-1	-1	0	0	8
x_6	0	0	-1	-1	8
y_3	4	-2	6	-2^*	0
z	-2	0	-3	0	0

Nach dem Austausch von x_4 gegen y_3 erhalten wir das neue Tableau

	x_1	x_2	x_3	1
x_5	-1	-1	0	8
x_6	-2	1	-4	8
x_4	2	-1	3	0
z	-2	0	-3	0

Das letzte Tableau ist ein Simplextableau und liefert die zulässige Basislösung

$$ \boldsymbol{x} \;=\; \begin{pmatrix} 0 \\ 0 \\ 0 \\ 0 \\ 8 \\ 8 \end{pmatrix} $$

Für diese Basislösung gilt: Alle Bänder stehen still.

Zur Lösung des Optimierungsproblems führen wir nun das Simplexverfahren durch:

	x_1	x_2	x_3	1
x_5	-1	-1	0	8
x_6	-2	1	-4^*	8
x_4	2	-1	3	0
z	-2	0	-3	0

Nach dem Austausch von x_3 gegen x_6 erhalten wir das neue Simplextableau

	x_1	x_2	x_6	1
x_5	-1	-1^*	0	8
x_3	$-1/2$	$1/4$	$-1/4$	2
x_4	$1/2$	$-1/4$	$-3/4$	6
z	$-1/2$	$-3/4$	$3/4$	-6

Nach dem Austausch von x_2 gegen x_5 erhalten wir das neue Simplextableau

	x_1	x_5	x_6	1
x_2	-1	-1	0	8
x_3	$-3/4$	$-1/4$	$-1/4$	4
x_4	$3/4$	$1/4$	$-3/4$	4
z	$1/4$	$3/4$	$3/4$	-12

Dieses Simplextableau erfüllt $(\mathbf{S_1})$. *Es ist daher optimal und insbesondere entscheidbar.*

Der Vektor

$$x^* = \begin{pmatrix} 0 \\ 8 \\ 4 \\ 4 \\ 0 \\ 0 \end{pmatrix}$$

ist eine Lösung des linearen Optimierungsproblems, und der zugehörige Wert der Zielfunktion ist $z^* = -12$.

Wir erhalten also folgendes Ergebnis:
- *An Band A werden 0 Stunden für die Montage von Motoren* M_1 *und 8 Stunden für die Montage von Motoren* M_2 *verwendet.*
- *An Band B werden 4 Stunden für die Montage von Motoren* M_1 *und 4 Stunden für die Montage von Motoren* M_2 *verwendet.*
- *Beide Bänder sind voll ausgelastet. Das drückt sich darin aus, daß beide Schlupfvariablen den Wert 0 haben.*

Aus den Montagekapazitäten der Bänder ergibt sich damit:
- *An Band A werden 0 Motoren* M_1 *und 16 Motoren* M_2 *montiert.*
- *An Band B werden 12 Motoren* M_1 *und 8 Motoren* M_2 *montiert.*
- *Insgesamt werden 12 Motoren* M_1 *und 24 Motoren* M_2, *also doppelt so viele Motoren* M_2 *wie Motoren* M_1, *montiert.*
- *Die Anzahl der Motoren* M_1 *ist gleich dem negativen Wert der Zielfunktion. (Beachte den Übergang vom Maximumproblem zum Minimumproblem.)*

Die Lösung des Optimierungsproblems ist auch mit der folgenden Überlegung in Einklang:
- *Die Montagekapazität für Motoren* M_1 *ist an Band B größer als an Band A.*
- *Die Montagekapazität für Motoren* M_2 *ist an beiden Bändern gleich.*

Daher ist es sinnvoll, Motoren M_1 *bevorzugt an Band B zu montieren.*

7.6   Bestimmung einer zulässigen Basislösung

Wir klären nun die Frage, wie man für ein Minimumproblem in Normalform ein erstes Simplextableau findet.

Wir betrachten weiterhin das Minimumproblem in Normalform, das wir im folgenden auch als *Originalproblem* bezeichnen:

Minimiere die Zielfunktion (Z)

$$c'x + c$$

unter der Nebenbedingung (G)

$$Ax + a = 0$$

mit $a \geq 0$ und der Nichtnegativitätsbedingung (N)

$$x \geq 0$$

Wir betrachten wieder das allgemeine lineare Gleichungssystem

$$y = Ax + a$$

und setzen

$$z := c'x + c$$

Wir formulieren nun das zugehörige *Hilfsproblem*, das wieder ein Minimumproblem in Normalform ist:

Minimiere die Zielfunktion

$$1'y$$

unter der Nebenbedingung

$$Ax - y + a = 0$$

mit $a \geq 0$ und der Nichtnegativitätsbedingung

$$\begin{aligned} x &\geq 0 \\ y &\geq 0 \end{aligned}$$

Mit

$$\widetilde{c} := (1'A)'$$

und

$$\widetilde{c} := 1'a$$

erhalten wir wegen

$$1'y = 1'(Ax + a) = (1'A)x + 1'a = \widetilde{c}'x + \widetilde{c}$$

das zum Hilfsproblem äquivalente Minimumproblem in Normalform:

Minimiere die Zielfunktion $(\widetilde{Z})$

$$\widetilde{c}'x + \widetilde{c}$$

unter der Nebenbedingung $(\widetilde{G})$

$$Ax - y + a = 0$$

mit $a \geq 0$ und der Nichtnegativitätsbedingung $(\widetilde{N})$

$$\begin{aligned} x &\geq 0 \\ y &\geq 0 \end{aligned}$$

Das lineare Gleichungssystem $(\widetilde{G})$

$$Ax - y + a \;=\; 0$$

ist gleichwertig mit

$$y \;=\; Ax + a$$

und daher mit dem Tableau

	x_1	$\cdots$	x_n	1
y_1	a_{11}	$\cdots$	a_{1n}	a_1
$\vdots$	$\vdots$		$\vdots$	$\vdots$
y_m	a_{m1}	$\cdots$	a_{mn}	a_m

Wegen $a \geq 0$ enthält dieses Tableau die zulässige Basislösung

$$\begin{pmatrix} x \\ y \end{pmatrix} \;=\; \begin{pmatrix} 0 \\ a \end{pmatrix}$$

von $(\widetilde{G})$.

Wir setzen nun

$$\widetilde{z} \;:=\; \widetilde{c}'x + \widetilde{c}$$

Dann ist das erweiterte Tableau

	x_1	$\cdots$	x_n	1
y_1	a_{11}	$\cdots$	a_{1n}	a_1
$\vdots$	$\vdots$		$\vdots$	$\vdots$
y_m	a_{m1}	$\cdots$	a_{mn}	a_m
$\widetilde{z}$	$\widetilde{c}_1$	$\cdots$	$\widetilde{c}_n$	$\widetilde{c}$

ein Simplextableau für das Hilfsproblem.

Ausgehend von diesem Simplextableau läßt sich nun das Simplexverfahren für das Hilfsproblem durchführen.

Satz. *Das letzte Simplextableau für das Hilfsproblem ist stets optimal.*

Beweis. Das Simplexverfahren bricht ab, sobald ein entscheidbares Simplextableau erreicht ist. Für das letzte Simplextableau gilt also S_1 oder S_2. Wegen $y \geq 0$ und $\widetilde{z} = \widetilde{c}'x + \widetilde{c} = 1'y \geq 0$ ist die Zielfunktion des Hilfsproblems durch 0 nach unten beschränkt; daher kann der Fall S_2 nicht auftreten. $\square$

Anhand eines optimalen Simplextableaus für das Hilfsproblem läßt sich entscheiden, ob das lineare Gleichungssystem (G) des Originalproblems eine zulässige Basislösung besitzt; ist dies der Fall, so läßt sich aus dem optimalen Simplextableau für das Hilfsproblem außerdem eine zulässige Basislösung von (G) ablesen.

Satz. *Sei $\tilde{z}$ der optimale Wert der Zielfunktion des Hilfsproblems und sei*

$$\begin{pmatrix} \tilde{\boldsymbol{x}} \\ \tilde{\boldsymbol{y}} \end{pmatrix}$$

eine Lösung des Hilfsproblems. Dann gilt:
(a) *Im Fall $\tilde{z} = 0$ ist $\tilde{\boldsymbol{x}}$ eine zulässige Basislösung von (G).*
(b) *Im Fall $\tilde{z} > 0$ besitzt das Originalproblem keine Lösung.*

Beweis. Als Lösung des Hilfsproblems ist der Vektor

$$\begin{pmatrix} \tilde{\boldsymbol{x}} \\ \tilde{\boldsymbol{y}} \end{pmatrix}$$

eine zulässige Basislösung von $(\widetilde{G})$; es gilt also

$$A\tilde{\boldsymbol{x}} + \boldsymbol{a} \;=\; \tilde{\boldsymbol{y}}$$

und $\tilde{\boldsymbol{y}} \geq \boldsymbol{0}$. Außerdem gilt

$$\tilde{z} \;=\; \boldsymbol{1}'\tilde{\boldsymbol{y}}$$

Im Fall $\tilde{z} = 0$ folgt daraus $\tilde{\boldsymbol{y}} = \boldsymbol{0}$, und damit

$$A\tilde{\boldsymbol{x}} + \boldsymbol{a} \;=\; \boldsymbol{0}$$

Daher ist $\tilde{\boldsymbol{x}}$ eine zulässige Basislösung von (G).
Im Fall $\tilde{z} > 0$ gibt es dagegen ein $i \in \{1, \ldots, m\}$ mit $\tilde{y}_i > 0$; dann aber besitzt das lineare Gleichungssystem (G)

$$A\boldsymbol{x} + \boldsymbol{a} \;=\; \boldsymbol{0}$$

keine zulässige Lösung. Daher besitzt das Originalproblem keine Lösung. □

Aufgrund des Satzes ist es sinnvoll, das erste Simplextableau für das Hilfsproblem um die Zielfunktion (Z) des Originalproblems zu erweitern und die Zielfunktion (Z) bei jedem Simplexschritt mit umzuformen. Man beginnt also mit dem erweiterten Simplextableau

	x_1	$\ldots$	x_n	1
y_1	a_{11}	$\ldots$	a_{1n}	a_1
$\vdots$	$\vdots$		$\vdots$	$\vdots$
y_m	a_{m1}	$\ldots$	a_{mn}	a_m
z	c_1	$\ldots$	c_n	c
$\tilde{z}$	$\tilde{c}_1$	$\ldots$	$\tilde{c}_n$	$\tilde{c}$

und führt das Simplexverfahren mit Spaltentilgung für das Hilfsproblem durch.
Sei $\widetilde{z}$ der optimale Wert der Zielfunktion des Hilfsproblems. Wir unterscheiden
folgende Fälle:

- Es gilt $\widetilde{z} > 0$:
  In diesem Fall besitzt das Originalproblem keine Lösung.
- Es gilt $\widetilde{z} = 0$ und alle y_i sind ausgetauscht:
  In diesem Fall enthält das letzte Tableau ein erstes Simplextableau für das
  Originalproblem.
- Es gilt $\widetilde{z} = 0$ und mindestens ein y_i ist nicht ausgetauscht:
  In diesem Fall wird das Austauschverfahrens mit Spaltentilgung durch-
  geführt, um weitere y_i gegen geeignete x_j auszutauschen; die Wahl der
  Pivotelemente ist dabei frei. Das letzte Tableau enthält ein erstes Simplex-
  tableau für das Originalproblem.

Im Fall $\widetilde{z} = 0$ erhält man das erste Simplextableau für das Originalproblem,
indem man im letzten Tableau alle noch vorhandenen Zeilen der abhängigen
Variablen sowie die Zeile der Zielfunktion für das Hilfsproblem streicht.

Beispiel. Wir betrachten das Minimumproblem in Normalform

Minimiere die Zielfunktion (Z)

$$x_1 + x_2 + 3$$

unter den Nebenbedingungen (G)

$$
\begin{array}{rrrrrrrr}
- & x_1 & - & x_2 & + & 2x_3 & + & x_4 & & & & & + & 1 & = & 0 \\
& x_1 & - & x_2 & + & x_3 & & & + & x_5 & & & + & 2 & = & 0 \\
& x_1 & & & - & x_3 & & & & & + & x_6 & & & = & 0
\end{array}
$$

und den Nichtnegativitätsbedingungen (N)

$$
\begin{array}{rl}
x_1 & \geq 0 \\
x_2 & \geq 0 \\
x_3 & \geq 0 \\
x_4 & \geq 0 \\
x_5 & \geq 0 \\
x_6 & \geq 0
\end{array}
$$

Wir setzen

$$
\begin{array}{rcrrrrrrrrr}
y_1 & := & - & x_1 & - & x_2 & + & 2x_3 & + & x_4 & & & & & + & 1 \\
y_2 & := & & x_1 & - & x_2 & + & x_3 & & & + & x_5 & & & + & 2 \\
y_3 & := & & x_1 & & & - & x_3 & & & & & + & x_6 &
\end{array}
$$

und

$$
\begin{aligned}
\widetilde{z} \ :=\ & y_1 + y_2 + y_3 \\
=\ & x_1 - 2x_2 + 2x_3 + x_4 + x_5 + x_6 + 3
\end{aligned}
$$

Wir lösen zunächst das zugehörige Hilfsproblem, um ein erstes Simplextableau für das Originalproblem zu bestimmen. Der Ausgangspunkt ist das Tableau

	x_1	x_2	x_3	x_4	x_5	x_6	1
y_1	-1	-1^*	2	1	0	0	1
y_2	1	-1	1	0	1	0	2
y_3	1	0	-1	0	0	1	0
z	1	1	0	0	0	0	3
$\widetilde{z}$	1	-2	2	1	1	1	3

Nach dem Austausch von x_2 gegen y_1 erhalten wir das neue Tableau

	x_1	x_3	x_4	x_5	x_6	1
x_2	-1	2	1	0	0	1
y_2	2	-1	-1^*	1	0	1
y_3	1	-1	0	0	1	0
z	0	1	1	0	0	4
$\widetilde{z}$	3	-2	-1	1	1	1

Nach dem Austausch von x_4 gegen y_2 erhalten wir das neue Tableau

	x_1	x_3	x_5	x_6	1
x_2	1	1	1	0	2
x_4	2	-1	1	0	1
y_3	1	-1^*	0	1	0
z	1	0	1	0	5
$\widetilde{z}$	1	-1	0	1	0

Nach dem Austausch von x_3 gegen y_3 erhalten wir das neue Tableau

	x_1	x_5	x_6	1
x_2	2	1	1	2
x_4	1	1	-1	1
x_3	1	0	1	0
z	1	1	0	5
$\widetilde{z}$	0	0	0	0

Das Simplexverfahren für das Hilfsproblem bricht hier ab. Wegen

$$\widetilde{z} \;=\; 0$$

liefert das letzte Tableau mit

$$\widetilde{x} \;:=\; \begin{pmatrix} 0 \\ 2 \\ 0 \\ 1 \\ 0 \\ 0 \end{pmatrix}$$

eine zugehörige Basislösung für das Originalproblem; der zugehörige Wert der Zielfunktion ist $z = 5$.

Daher erhalten wir aus dem letzten Tableau ein erstes Simplextableau für das Originalproblem. Dieses Simplextableau erfüllt (S_1); es ist also optimal. Daher ist $\tilde{x}$ eine Lösung des Originalproblems.

7.7 Algorithmische Lösung der Beispiele

In diesem Abschnitt lösen wir die im ersten Abschnitt dieses Kapitels betrachteten linearen Optimierungsprobleme mit Hilfe des Simplexverfahrens.

Optimale Allokation von Ressourcen III

Wir betrachten das folgende lineare Optimierungsproblem:

> *Maximiere die Zielfunktion*

$$4x_1 + 5x_2$$

> *unter den Nebenbedingungen*

$$
\begin{array}{rcrcl}
x_1 & + & 3x_2 & \leq & 15 \\
2x_1 & + & x_2 & \leq & 12 \\
x_1 & + & x_2 & \leq & 7
\end{array}
$$

> *und den Nichtnegativitätsbedingungen*

$$
\begin{array}{rcl}
x_1 & \geq & 0 \\
x_2 & \geq & 0
\end{array}
$$

Das zugehörige Standard–Minimumproblem ist

> *Minimiere die Zielfunktion*

$$-4x_1 - 5x_2$$

> *unter den Nebenbedingungen*

$$
\begin{array}{rcrcl}
x_1 & + & 3x_2 & \leq & 15 \\
2x_1 & + & x_2 & \leq & 12 \\
x_1 & + & x_2 & \leq & 7
\end{array}
$$

> *und den Nichtnegativitätsbedingungen*

$$
\begin{array}{rcl}
x_1 & \geq & 0 \\
x_2 & \geq & 0
\end{array}
$$

Das zugehörige Minimumproblem mit Schlupfvariablen ist

Minimiere die Zielfunktion

$$-4x_1 - 5x_2$$

unter den Nebenbedingungen

$$
\begin{array}{rcrcrcrcrcr}
x_1 &+& 3x_2 &+& x_3 & & & & &=& 15 \\
2x_1 &+& x_2 & & &+& x_4 & & &=& 12 \\
x_1 &+& x_2 & & & & &+& x_5 &=& 7
\end{array}
$$

und den Nichtnegativitätsbedingungen

$$
\begin{array}{rcl}
x_1 & & \geq 0 \\
x_2 & & \geq 0 \\
x_3 & & \geq 0 \\
x_4 & & \geq 0 \\
x_5 & & \geq 0
\end{array}
$$

Das zugehörige Minimumproblem in Normalform ist

Minimiere die Zielfunktion (Z)

$$-4x_1 - 5x_2$$

unter den Nebenbedingungen (G)

$$
\begin{array}{rcrcrcrcrcrcr}
-&x_1 &-& 3x_2 &-& x_3 & & & & &+& 15 &=& 0 \\
-&2x_1 &-& x_2 & & &-& x_4 & & &+& 12 &=& 0 \\
-&x_1 &-& x_2 & & & & &-& x_5 &+& 7 &=& 0
\end{array}
$$

und den Nichtnegativitätsbedingungen (N)

$$
\begin{array}{rcl}
x_1 & & \geq 0 \\
x_2 & & \geq 0 \\
x_3 & & \geq 0 \\
x_4 & & \geq 0 \\
x_5 & & \geq 0
\end{array}
$$

Wir lösen zuerst das zugehörige Hilfsproblem, um ein erstes Simplextableau für das Originalproblem zu bestimmen. Der Ausgangspunkt ist das Tableau

	x_1	x_2	x_3	x_4	x_5	1
y_1	-1	-3	-1	0	0	15
y_2	-2	-1	0	-1	0	12
y_3	-1	-1	0	0	-1^*	7
z	-4	-5	0	0	0	0
$\widetilde{z}$	-4	-5	-1	-1	-1	34

Nach dem Austausch von x_5 gegen y_3 erhalten wir das neue Tableau

	x_1	x_2	x_3	x_4	1
y_1	-1	-3	-1	0	15
y_2	-2	-1	0	-1^*	12
x_5	-1	-1	0	0	7
z	-4	-5	0	0	0
$\widetilde{z}$	-3	-4	-1	-1	27

Nach dem Austausch von x_4 gegen y_2 erhalten wir das neue Tableau

	x_1	x_2	x_3	1
y_1	-1	-3	-1^*	15
x_4	-2	-1	0	12
x_5	-1	-1	0	7
z	-4	-5	0	0
$\widetilde{z}$	-1	-3	-1	15

Nach dem Austausch von x_3 gegen y_1 erhalten wir das neue Tableau

	x_1	x_2	1
x_3	-1	-3	15
x_4	-2	-1	12
x_5	-1	-1	7
z	-4	-5	0
$\widetilde{z}$	0	0	0

Das Simplexverfahren für das Hilfsproblem bricht hier ab. Wegen

$$\widetilde{z} \;=\; 0$$

liefert das letzte Tableau mit

$$\widetilde{x} \;:=\; \begin{pmatrix} 0 \\ 0 \\ 15 \\ 12 \\ 7 \end{pmatrix}$$

eine zulässige Basislösung für das Originalproblem; der zugehörige Wert der Zielfunktion ist $z = 0$.

Daher erhalten wir aus dem letzten Tableau ein erstes Simplextableau für das Originalproblem:

	x_1	x_2	1
x_3	-1	-3^*	15
x_4	-2	-1	12
x_5	-1	-1	7
z	-4	-5	0

Nach dem Austausch von x_2 gegen x_3 erhalten wir das neue Simplextableau

	x_1	$x_3.$	1
x_2	$-1/3$	$-1/3$	5
x_4	$-5/3$	$1/3$	7
x_5	$-2/3^*$	$1/3$	2
z	$-7/3$	$5/3$	-25

Nach dem Austausch von x_1 gegen x_5 erhalten wir das neue Simplextableau

	x_5	x_3	1
x_2	$1/2$	$-1/2$	4
x_4	$5/2$	$-1/2$	2
x_1	$-3/2$	$1/2$	3
z	$7/2$	$1/2$	-32

Dieses Simplextableau erfüllt $(\mathbf{S_1})$; es ist also optimal. Daher ist der Vektor

$$\boldsymbol{x}^* := \begin{pmatrix} 3 \\ 4 \\ 0 \\ 2 \\ 0 \end{pmatrix}$$

eine *Lösung des Originalproblems.*

Das Optimierungsproblem wird also durch die Produktion von
- *3 Einheiten von* P_1 *und*
- *4 Einheiten von* P_2

gelöst.

Transportproblem II

Wir betrachten das folgende lineare Optimierungsproblem:

Minimiere die Zielfunktion

$$5x_1 + 4x_2 + 9x_3 + 7x_4 + 8x_5 + 10x_6$$

unter den Nebenbedingungen

$$
\begin{array}{rcr}
x_1 & \leq & 11 \\
x_2 & \leq & 10 \\
x_3 & \leq & 9 \\
x_4 & \leq & 11 \\
x_5 & \leq & 10 \\
x_6 & \leq & 9
\end{array}
$$

$$
\begin{array}{rcl}
x_1 + x_2 + x_3 & = & 18 \\
x_4 + x_5 + x_6 & = & 12 \\
x_1 \phantom{{}+{}} + x_4 & = & 11 \\
x_2 \phantom{{}+{}} + x_5 & = & 10 \\
x_3 \phantom{{}+{}} + x_6 & = & 9
\end{array}
$$

und den Nichtnegativitätsbedingungen

$$
\begin{array}{rcl}
x_1 & \geq & 0 \\
x_2 & \geq & 0 \\
x_3 & \geq & 0 \\
x_4 & \geq & 0 \\
x_5 & \geq & 0 \\
x_6 & \geq & 0
\end{array}
$$

Aufgrund der letzten drei Nebenbedingungen und der Nichtnegativitätsbedingungen sind die Ungleichungen unter den Nebenbedingungen überflüssig. Das ursprüngliche Optimierungsproblem läßt sich daher wie folgt reduzieren:

Minimiere die Zielfunktion

$$
5x_1 + 4x_2 + 9x_3 + 7x_4 + 8x_5 + 10x_6
$$

unter den Nebenbedingungen

$$
\begin{array}{rcl}
x_1 + x_2 + x_3 & = & 18 \\
x_4 + x_5 + x_6 & = & 12 \\
x_1 \phantom{{}+{}} + x_4 & = & 11 \\
x_2 \phantom{{}+{}} + x_5 & = & 10 \\
x_3 \phantom{{}+{}} + x_6 & = & 9
\end{array}
$$

und den Nichtnegativitätsbedingungen

$$
\begin{array}{rcl}
x_1 & \geq & 0 \\
x_2 & \geq & 0 \\
x_3 & \geq & 0 \\
x_4 & \geq & 0 \\
x_5 & \geq & 0 \\
x_6 & \geq & 0
\end{array}
$$

Da die Nebenbedingungen alle in Form von Gleichungen gegeben sind, erhält man unmittelbar das zugehörige Minimumproblem in Normalform:

Minimiere die Zielfunktion (Z)

$$5x_1 + 4x_2 + 9x_3 + 7x_4 + 8x_5 + 10x_6$$

unter den Nebenbedingungen (G)

$$
\begin{aligned}
-\,x_1 \; - \; x_2 \; - \; x_3 \qquad\qquad\qquad\qquad\qquad\; +\;18 &= 0\\
-\,x_4 \; - \; x_5 \; - \; x_6 \; +\;12 &= 0\\
-\,x_1 \qquad\qquad\qquad\; -\;x_4 \qquad\qquad\qquad\; +\;11 &= 0\\
-\,x_2 \qquad\qquad\qquad\; -\;x_5 \qquad\qquad\; +\;10 &= 0\\
-\,x_3 \qquad\qquad\qquad\; -\;x_6 \; +\;9 &= 0
\end{aligned}
$$

und den Nichtnegativitätsbedingungen (N)

$$
\begin{aligned}
x_1 &\geq 0\\
x_2 &\geq 0\\
x_3 &\geq 0\\
x_4 &\geq 0\\
x_5 &\geq 0\\
x_6 &\geq 0
\end{aligned}
$$

Wir lösen zuerst das zugehörige Hilfsproblem, um ein erstes Simplextableau für das Originalproblem zu bestimmen. Der Ausgangspunkt ist das Tableau

	x_1	x_2	x_3	x_4	x_5	x_6	1
y_1	-1	-1	-1	0	0	0	18
y_2	0	0	0	-1	-1	-1	12
y_3	-1	0	0	-1	0	0	11
y_4	0	-1	0	0	-1	0	10
y_5	0	0	-1	0	0	-1^*	9
z	5	4	9	7	8	10	0
$\widetilde{z}$	-2	-2	-2	-2	-2	-2	60

Nach dem Austausch von x_6 gegen y_5 erhalten wir das neue Tableau

	x_1	x_2	x_3	x_4	x_5	1
y_1	-1	-1	-1	0	0	18
y_2	0	0	1	-1	-1^*	3
y_3	-1	0	0	-1	0	11
y_4	0	-1	0	0	-1	10
x_6	0	0	-1	0	0	9
z	5	4	-1	7	8	90
$\widetilde{z}$	-2	-2	0	-2	-2	42

Nach dem Austausch von x_5 gegen y_2 erhalten wir das neue Tableau

	x_1	x_2	x_3	x_4		1
y_1	-1	-1	-1	0		18
x_5	0	0	1	-1		3
y_3	-1	0	0	-1		11
y_4	0	-1	-1^*	1		7
x_6	0	0	-1	0		9
z	5	4	7	-1		114
$\widetilde{z}$	-2	-2	-2	0		36

Nach dem Austausch von x_3 gegen y_4 erhalten wir das neue Tableau

	x_1	x_2	x_4		1
y_1	-1^*	0	-1		11
x_5	0	-1	0		10
y_3	-1	0	-1		11
x_3	0	-1	1		7
x_6	0	1	-1		2
z	5	-3	6		163
$\widetilde{z}$	-2	0	-2		22

Nach dem Austausch von x_1 gegen y_1 erhalten wir das neue Tableau

	x_2	x_4		1
x_1	0	-1		11
x_5	-1	0		10
y_3	0	0		0
x_3	-1	1		7
x_6	1	-1		2
z	-3	1		218
$\widetilde{z}$	0	0		0

Das Simplexverfahren für das Hilfsproblem bricht hier ab. Wegen

$$\widetilde{z} \; = \; 0$$

liefert das letzte Tableau mit

$$\widetilde{\boldsymbol{x}} \; := \; \begin{pmatrix} 11 \\ 0 \\ 7 \\ 0 \\ 10 \\ 2 \end{pmatrix}$$

eine zulässige Basislösung für das Originalproblem; der zugehörige Wert der Zielfunktion ist $z = 218$.

Da im letzten Tableau die Zeile der einzigen nicht ausgetauschten abhängigen Variablen y_3 nur Nullen enthält, erhalten wir durch Streichen dieser Zeile und der Zeile der Zielfunktion für das Hilfsproblem ein erstes Simplextableau für das Originalproblem:

	x_2	x_4	1
x_1	0	-1	11
x_5	-1	0	10
x_3	-1^*	1	7
x_6	1	-1	2
z	-3	1	218

Nach dem Austausch von x_2 gegen x_3 erhalten wir das neue Tableau

	x_3	x_4	1
x_1	0	-1	11
x_5	1	-1^*	3
x_2	-1	1	7
x_6	-1	0	9
z	3	-2	197

Nach dem Austausch von x_4 gegen x_5 erhalten wir das neue Tableau

	x_3	x_5	1
x_1	-1	1	8
x_4	1	-1	3
x_2	0	-1	10
x_6	-1	0	9
z	1	2	191

Dieses Simplextableau erfüllt $(\mathbf{S_1})$; es ist also optimal. Daher ist der Vektor

$$\boldsymbol{x}^* := \begin{pmatrix} 8 \\ 10 \\ 0 \\ 3 \\ 0 \\ 9 \end{pmatrix}$$

eine Lösung des Originalproblems.

Das Optimierungsproblem wird also durch den Transport von
- 8 Güterwagen von A nach R,
- 10 Güterwagen von A nach S,
- 0 Güterwagen von A nach T,
- 3 Güterwagen von B nach R,
- 0 Güterwagen von B nach S und
- 9 Güterwagen von B nach T

gelöst.

Portfolio–Planung II

Wir betrachten das folgende lineare Optimierungsproblem:

Maximiere die Zielfunktion

$$0.1x_1 + 0.3x_2 + 0.5x_3 + 0.7x_4$$

unter den Nebenbedingungen

$$
\begin{array}{rcrcrcrcr}
x_1 & + & x_2 & + & x_3 & + & x_4 & = & 1 \\
x_1 & & & & & & & \geq & 0.2 \\
x_1 & + & 2x_2 & + & 4x_3 & + & 8x_4 & \leq & 5
\end{array}
$$

und den Nichtnegativitätsbedingungen

$$
\begin{array}{rcl}
x_1 & \geq & 0 \\
x_2 & \geq & 0 \\
x_3 & \geq & 0 \\
x_4 & \geq & 0
\end{array}
$$

Das zugehörige Standard–Minimumproblem ist

Minimiere die Zielfunktion

$$-0.1x_1 - 0.3x_2 - 0.5x_3 - 0.7x_4$$

unter den Nebenbedingungen

$$
\begin{array}{rcrcrcrcr}
x_1 & + & x_2 & + & x_3 & + & x_4 & = & 1 \\
-\ x_1 & & & & & & & \leq & -0.2 \\
x_1 & + & 2x_2 & + & 4x_3 & + & 8x_4 & \leq & 5
\end{array}
$$

und den Nichtnegativitätsbedingungen

$$
\begin{array}{rcl}
x_1 & \geq & 0 \\
x_2 & \geq & 0 \\
x_3 & \geq & 0 \\
x_4 & \geq & 0
\end{array}
$$

Das zugehörige Minimumproblem mit Schlupfvariablen ist

Minimiere die Zielfunktion

$$-0.1x_1 - 0.3x_2 - 0.5x_3 - 0.7x_4$$

unter den Nebenbedingungen

$$
\begin{array}{rcrcrcrcrcrcrcr}
x_1 & + & x_2 & + & x_3 & + & x_4 & & & & -\ 1 & & & = & 0 \\
-\ x_1 & & & & & & & + & x_5 & & & + & 0.2 & = & 0 \\
x_1 & + & 2x_2 & + & 4x_3 & + & 8x_4 & & & + & x_6 & -\ 5 & & = & 0
\end{array}
$$

und den Nichtnegativitätsbedingungen

$$
\begin{aligned}
x_1 && \geq 0 \\
x_2 && \geq 0 \\
x_3 && \geq 0 \\
x_4 && \geq 0 \\
x_5 && \geq 0 \\
x_6 && \geq 0
\end{aligned}
$$

Das zugehörige Minimumproblem in Normalform ist

Minimiere die Zielfunktion (Z)

$$
-0.1x_1 - 0.3x_2 - 0.5x_3 - 0.7x_4
$$

unter den Nebenbedingungen (G)

$$
\begin{aligned}
-x_1 - x_2 - x_3 - x_4 && + 1 &= 0 \\
-x_1 && + x_5 && + 0.2 &= 0 \\
-x_1 - 2x_2 - 4x_3 - 8x_4 && - x_6 + 5 &= 0
\end{aligned}
$$

und den Nichtnegativitätsbedingungen (N)

$$
\begin{aligned}
x_1 && \geq 0 \\
x_2 && \geq 0 \\
x_3 && \geq 0 \\
x_4 && \geq 0 \\
x_5 && \geq 0 \\
x_6 && \geq 0
\end{aligned}
$$

Wir lösen zuerst das zugehörige Hilfsproblem, um ein erstes Simplextableau für das Originalproblem zu bestimmen. Der Ausgangspunkt ist das Tableau

	x_1	x_2	x_3	x_4	x_5	x_6	1
y_1	-1	-1	-1	-1	0	0	1
y_2	-1^*	0	0	0	1	0	0.2
y_3	-1	-2	-4	-8	0	-1	5
z	-0.1	-0.3	-0.5	-0.7	0	0	0
$\tilde{z}$	-3	-3	-5	-9	1	-1	6.2

Nach dem Austausch von x_1 gegen y_2 erhalten wir das neue Tableau

	x_2	x_3	x_4	x_5	x_6	1
y_1	-1^*	-1	-1	-1	0	0.8
x_1	0	0	0	1	0	0.2
y_3	-2	-4	-8	-1	-1	4.8
z	-0.3	-0.5	-0.7	-0.1	0	-0.02
$\tilde{z}$	-3	-5	-9	-2	-1	5.6

Nach dem Austausch von x_2 gegen y_1 erhalten wir das neue Tableau

	x_3	x_4	x_5	x_6	1
x_2	-1^*	-1	-1	0	0.8
x_1	0	0	1	0	0.2
y_3	-2	-6	1	-1	3.2
z	-0.2	-0.4	0.2	0	-0.26
$\widetilde{z}$	-2	-6	1	-1	3.2

Nach dem Austausch von x_3 gegen x_2 erhalten wir das neue Tableau

	x_2	x_4	x_5	x_6	1
x_3	-1	-1	-1	0	0.8
x_1	0	0	1	0	0.2
y_3	2	-4^*	3	-1	1.6
z	0.2	-0.2	0.4	0	-0.42
$\widetilde{z}$	2	-4	3	-1	1.6

Nach dem Austausch von x_4 gegen y_3 erhalten wir das neue Tableau

	x_2	x_5	x_6	1
x_3	-1.5	-1.75	0.25	0.4
x_1	0	1	0	0.2
x_4	0.5	0.75	-0.25	0.4
z	0.1	0.25	0.05	-0.5
$\widetilde{z}$	0	0	0	0

Das Simplexverfahren für das Hilfsproblem bricht hier ab. Wegen

$$\widetilde{z} \; = \; 0$$

liefert das letzte Tableau mit

$$\widetilde{\boldsymbol{x}} \; := \; \begin{pmatrix} 0.2 \\ 0 \\ 0.4 \\ 0.4 \\ 0 \\ 0 \end{pmatrix}$$

eine zulässige Basislösung für das Originalproblem; der zugehörige Wert der Zielfunktion ist $z = -0.5$.

Daher erhalten wir aus dem letzten Tableau ein erstes Simplextableau für das Originalproblem. Dieses Simplextableau erfüllt $(\mathbf{S_1})$; es ist also optimal. Daher ist $\widetilde{\boldsymbol{x}}$ eine Lösung des Originalproblems.

Das Optimierungsproblem wird also gelöst durch die Bildung eines Portfolios, das zu 20% aus Anlage A_1 und zu je 40% aus den Anlagen A_3 und A_4 besteht.

Kapitel 8

Lineare Differenzengleichungen

Die Modellierung wirtschaftlicher Zusammenhänge in diskreter Zeit führt auf die Betrachtung von Folgen reeller Zahlen, die die Zustände der betrachteten wirtschaftlichen Größen zu verschiedenen Zeitpunkten angeben. Dabei werden im Modell oft nicht die Zustände selbst, sondern nur die Zustandsübergänge explizit beschrieben. Damit stellt sich das Problem, für die Glieder einer derart rekursiv definierten Folge eine geschlossene Formel zu finden, die für die Untersuchung der zeitlichen Entwicklung benötigt wird. Ein besonders günstiger Fall liegt vor, wenn die Zustände zu jedem Zeitpunkt linear von Zuständen der Vergangenheit abhängen; in diesem Fall erhält man eine geschlossene Formel für die Glieder einer rekursiv definierten Folge durch die Lösung einer linearen Differenzengleichung.

In diesem Kapitel stellen wir zunächst einige Grundlagen über Folgen bereit (Abschnitt 8.1). Ausgehend vom Problem der expliziten Beschreibung der Glieder einer rekursiv definierten Folge untersuchen wir dann die Lösbarkeit einer linearen Differenzengleichung 1. Ordnung mit beliebigen Koeffizienten (Abschnitt 8.2) und die Lösbarkeit einer linearen Differenzengleichung 2. Ordnung mit konstanten Koeffizienten (Abschnitt 8.3). Abschließend ergänzen wir diese Ausführungen um einige weiterführende Bemerkungen (Abschnitt 8.4).

8.1 Folgen

Eine Abbildung $f : \mathbf{N}_0 \to \mathbf{R}$ heißt *Folge*. Anstelle von $\mathbf{N}_0$ wird auch $\mathbf{N}$ oder eine andere unendliche Teilmenge von $\mathbf{N}_0$ als Definitionsbereich einer Folge verwendet.

Eine Folge $f : \mathbf{N}_0 \to \mathbf{R}$ ist durch ihre Werte $f(n)$ definiert. Wir setzen für alle $n \in \mathbf{N}_0$

$$f_n \ := \ f(n)$$

und nennen f_n das n–te *Glied* der Folge f.

Im folgenden schreiben wir meistens

$$\{f_n\}_{n\in\mathbf{N}_0}$$

anstelle von f.

Für zwei Folgen $f = \{f_n\}_{n\in\mathbf{N}_0}$ und $g = \{g_n\}_{n\in\mathbf{N}_0}$ sei die Folge $f + g$ gliedweise definiert durch

$$(f + g)_n \ := \ f_n + g_n$$

Die so definierte Abbildung heißt *Addition* auf der Menge aller Folgen.

Für eine Folge $f = \{f_n\}_{n\in\mathbf{N}_0}$ und $\alpha \in \mathbf{R}$ sei die Folge αf gliedweise definiert durch

$$(\alpha f)_n \ := \ \alpha f_n$$

Die so definierte Abbildung heißt *Skalarmultiplikation* auf der Menge aller Folgen.

Satz. *Unter Addition und Skalarmultiplikation bildet die Menge aller Folgen einen Vektorraum.*

Eine Folge kann entweder
- *explizit* durch eine geschlossene Formel für die Glieder oder
- *rekursiv* durch Angabe der ersten Glieder und einer Rekursionsformel für die übrigen Glieder
definiert werden.

Beispiele (Explizit definierte Folgen).
(1) **Konstante Folge:** Für jedes $c \in \mathbf{R}$ hat die Folge $\{f_n\}_{n\in\mathbf{N}_0}$ mit $f_n := c$ die Glieder

$$c, c, c, c, c, \ldots$$

(2) Die Folge $\{f_n\}_{n\in\mathbf{N}_0}$ mit $f_n := n$ hat die Glieder

$$0, 1, 2, 3, 4, \ldots$$

(3) Die Folge $\{f_n\}_{n\in\mathbf{N}_0}$ mit $f_n := 2^n$ hat die Glieder

$$1, 2, 4, 8, 16, \ldots$$

(4) Die Folge $\{f_n\}_{n\in\mathbf{N}_0}$ mit $f_n := (-1/2)^n$ hat die Glieder

$$1, -\frac{1}{2}, \frac{1}{4}, -\frac{1}{8}, \frac{1}{16}, \ldots$$

(5) Die Folge $\{f_n\}_{n \in \mathbf{N}_0}$ mit $f_n := 3/7^n$ hat die Glieder

$$3, \frac{3}{7}, \frac{3}{49}, \frac{3}{343}, \frac{3}{2401}, \ldots$$

(6) Die Folge $\{f_n\}_{n \in \mathbf{N}_0}$ mit $f_n := 3/(7+2n)$ hat die Glieder

$$\frac{3}{7}, \frac{1}{3}, \frac{3}{11}, \frac{3}{13}, \frac{1}{5}, \ldots$$

(7) Die Folge $\{f_n\}_{n \in \mathbf{N}_0}$ mit $f_n := (n-1)/(2n^2+1)$ hat die Glieder

$$-1, 0, \frac{1}{9}, \frac{2}{19}, \frac{1}{11}, \ldots$$

Beispiele (Rekursiv definierte Folgen).
(1) Die Folge $\{f_n\}_{n \in \mathbf{N}_0}$ mit $f_0 := 3$ und $f_{n+1} := 10 - f_n^2$ für alle $n \in \mathbf{N}_0$ hat die Glieder

$$3, 1, 9, -71, -5031, \ldots$$

(2) **Fibonacci–Zahlen:** Die Folge $\{f_n\}_{n \in \mathbf{N}_0}$ mit $f_0 := 1$, $f_1 := 1$ und $f_{n+2} := f_n + f_{n+1}$ für alle $n \in \mathbf{N}_0$ hat die Glieder

$$1, 1, 2, 3, 5, 8, 13, 21, 34, 55, 89, \ldots$$

Dies ist die Folge der Fibonacci–Zahlen.

Weitere wichtige Folgen sind arithmetische Folgen und geometrische Folgen:
Eine Folge $\{f_n\}_{n \in \mathbf{N}_0}$ heißt
- *arithmetisch*, wenn es eine Zahl $c \in \mathbf{R}$ gibt, sodaß für alle $n \in \mathbf{N}_0$

$$f_{n+1} \;=\; f_n + c$$

gilt.
- *geometrisch*, wenn es eine Zahl $q \in \mathbf{R}$ gibt, sodaß für alle $n \in \mathbf{N}_0$

$$f_{n+1} \;=\; f_n \cdot q$$

gilt.
Durch vollständige Induktion zeigt man:
- Eine Folge $\{f_n\}_{n \in \mathbf{N}_0}$ ist genau dann arithmetisch, wenn es eine Zahl c gibt mit

$$f_n \;=\; f_0 + nc$$

für alle $n \in \mathbf{N}_0$.

- Eine Folge $\{f_n\}_{n\in\mathbf{N}_0}$ ist genau dann geometrisch, wenn es eine Zahl q gibt mit

$$f_n \;=\; f_0 \cdot q^n$$

für alle $n \in \mathbf{N}_0$.

Die Glieder einer arithmetischen oder geometrischen Folge lassen sich also explizit mit Hilfe des *Anfangswertes* f_0 und des *Zuwachses* c bzw. des *Wachstumsfaktors* q angeben.

Für rekursiv definierte Folgen stellt sich allgemein das Problem, eine explizite Formel für die Glieder der Folge zu finden. Dieses Problem ist lösbar, wenn die ersten k Glieder $f_0, f_1, \ldots, f_{k-1}$ einer Folge $\{f_n\}_{n\in\mathbf{N}_0}$ gegeben sind und die folgenden Glieder durch eine Rekursionsformel der Form

$$f_{n+k} \;:=\; \sum_{i=0}^{k-1} a_i f_{n+i} + b$$

mit $a_0, a_1, \ldots, a_{k-1}, b \in \mathbf{R}$ und $n \in \mathbf{N}_0$ definiert sind. Wir behandeln die Fälle $k = 1$ und $k = 2$ in den nächsten beiden Abschnitten.

Beispiel (Fibonacci–Zahlen). Die Folge der Fibonacci–Zahlen ist durch die Anfangswerte $f_0 = f_1 := 1$ und die Rekursionsformel

$$f_{n+2} \;:=\; f_n + f_{n+1}$$

mit $n \in \mathbf{N}_0$ definiert.

Rekursiv definierte Folgen entstehen oft auf natürliche Weise in einem ökonomischen Modell:

Cobweb–Modell I

Ein Gut werde zu diskreten Zeitpunkten $n \in \mathbf{N}$ zu möglicherweise unterschiedlichen Preisen p_n gehandelt. Wir treffen folgende Annahmen:

- *Das Angebot zum Zeitpunkt n ist abhängig vom alten Preis p_{n-1} und gegeben durch*

$$y_n^A(p_{n-1}) \;:=\; ap_{n-1} - b$$

mit $a, b > 0$.

- *Die Nachfrage zum Zeitpunkt n ist abhängig vom aktuellen Preis p_n und gegeben durch*

$$y_n^N(p_n) \;:=\; c - dp_n$$

mit $c, d > 0$.

– *Zu jedem Zeitpunkt stellt sich ein Gleichgewicht zwischen Angebot und Nachfrage ein.*

Aus der Gleichgewichtsbedingung

$$y_n^A(p_{n-1}) \;=\; y_n^N(p_n)$$

ergibt sich durch Einsetzen der Angebots– und Nachfragefunktionen die Bedingung

$$p_n \;=\; \frac{b+c}{d} - \frac{a}{d}\, p_{n-1}$$

Aus dieser Bedingung erhält man zu jedem Anfangspreis p eine rekursiv definierte Folge $\{p_n^*\}_{n\in\mathbf{N}_0}$ von Gleichgewichtspreisen, die durch $p_0^* := p$ und

$$p_{n+1}^* \;:=\; \frac{b+c}{d} - \frac{a}{d}\, p_n^*$$

für alle $n \in \mathbf{N}_0$ gegeben ist.

Der Anfangspreis ist eine fiktive Größe und dient einzig und allein dazu, die erste Angebotsmenge festzulegen; andererseits ist er implizit durch die erste Angebotsmenge bestimmt. Durch die Wahl des Anfangspreises bzw. der ersten Angebotsmenge wird aufgrund der Rekursionsformel die gesamte Entwicklung der Gleichgewichtspreise und der Gleichgewichtsmengen festgelegt. Insbesondere sind für den Anfangspreis

$$p_0 \;:=\; \frac{b+c}{a+d}$$

die Gleichgewichtspreise p_n und die Gleichgewichtsmengen $y_n := y_n^A(p_{n-1}) = y_n^N(p_n)$ zu allen Zeitpunkten identisch und es gilt

$$p_n \;=\; \frac{b+c}{a+d}$$

und

$$y_n \;=\; \frac{ac-bd}{a+d}$$

Es stellt sich die Frage nach einer expliziten Formel für alle Gleichgewichtspreise in Abhängigkeit von einem beliebigen Anfangspreis; aus einer expliziten Formel für die Gleichgewichtspreise ergibt sich dann eine explizite Formel für die Gleichgewichtsmengen.

8.2 Lineare Differenzengleichungen 1. Ordnung

Seien $\{a_n\}_{n\in\mathbf{N}_0}$ und $\{b_n\}_{n\in\mathbf{N}_0}$ gegebene Folgen und sei $\{f_n\}_{n\in\mathbf{N}_0}$ eine unbekannte Folge. Dann heißt die Folge der linearen Gleichungen

$$f_{n+1} + a_n f_n \;=\; b_n$$

lineare Differenzengleichung 1. Ordnung. Die Differenzengleichung heißt *homogen*, wenn $b_n = 0$ für alle $n \in \mathbf{N}_0$ gilt; andernfalls heißt sie *inhomogen*.

Eine Folge $\{f_n^*\}_{n\in\mathbf{N}_0}$ heißt *Lösung* der Differenzengleichung

$$f_{n+1} + a_n f_n \;=\; b_n$$

wenn für alle $n \in \mathbf{N}_0$ die Gleichung $f_{n+1}^* + a_n f_n^* = b_n$ gilt, und sie erfüllt die *Anfangsbedingung*

$$f_0 \;=\; \alpha$$

mit $\alpha \in \mathbf{R}$, wenn $f_0^* = \alpha$ gilt.

Satz (Struktur der Lösungen einer linearen Differenzengleichung).
(a) *Für jede Lösung g^* der inhomogenen Differenzengleichung*

$$f_{n+1} + a_n f_n \;=\; b_n$$

und für jede Lösung h^* der homogenen Differenzengleichung

$$f_{n+1} + a_n f_n \;=\; 0$$

ist $f^* := g^* + h^*$ eine Lösung der inhomogenen Differenzengleichung.
(b) *Für je zwei Lösungen f^* und g^* der inhomogenen Differenzengleichung*

$$f_{n+1} + a_n f_n \;=\; b_n$$

ist $h^* := f^* - g^*$ eine Lösung der homogenen Differenzengleichung

$$f_{n+1} + a_n f_n \;=\; 0$$

(c) *Die Lösungen der homogenen Differenzengleichung*

$$f_{n+1} + a_n f_n \;=\; 0$$

bilden einen Vektorraum der Dimension 1.

Beweis. Der Beweis von (a) und (b) ist elementar, und ebenso leicht sieht man, daß die Lösungen der homogenen Differenzengleichungen einen Vektorraum bilden. Um die Dimension dieses Vektorraums zu klären, bemerken wir, daß jede Lösung f^* der homogenen Differenzengleichung durch ihren Anfangswert f_0^* bestimmt ist und daß verschiedene Anfangswerte verschiedene Lösungen liefern; daher besteht eine Bijektion zwischen dem Vektorraum der Lösungen der homogenen Differenzengleichung und dem eindimensionalen Vektorraum $\mathbf{R} = \mathbf{R}^1$. $\qquad\square$

Die allgemeine Lösung einer inhomogenen linearen Differenzengleichung 1. Ordnung

Sei f^* eine Lösung der Differenzengleichung

$$f_{n+1} + a_n f_n = b_n$$

Dann gilt

$$
\begin{aligned}
f_n^* &= (-a_{n-1})f_{n-1}^* + b_{n-1} \\
&= (-a_{n-1})(-a_{n-2}f_{n-2}^* + b_{n-2}) + b_{n-1} \\
&= (-a_{n-1})(-a_{n-2})f_{n-2}^* + (-a_{n-1})b_{n-2} + b_{n-1}
\end{aligned}
$$

Diese Umformung deutet bereits die allgemeine Form der Lösung der linearen Differenzengleichung 1. Ordnung an:

Satz (Allgemeine Lösung einer inhomogenen Differenzengleichung).
Für eine Folge $\{f_n^*\}_{n\in\mathbf{N}_0}$ sind folgende Aussagen äquivalent:
(a) $\{f_n^*\}_{n\in\mathbf{N}_0}$ ist Lösung der Differenzengleichung

$$f_{n+1} + a_n f_n = b_n$$

(b) Es gibt ein $\alpha \in \mathbf{R}$ derart, daß für alle $n \in \mathbf{N}_0$

$$f_n^* = \left(\prod_{i=0}^{n-1}(-a_i)\right)\alpha + \sum_{j=0}^{n-1}\left(\prod_{i=j+1}^{n-1}(-a_i)\right)b_j$$

gilt.
In diesem Fall gilt $f_0^* = \alpha$.

Bemerkung. In der Formulierung des Satzes und im nachfolgenden Beweis werden die Konventionen $\prod_{k=0}^{-1} c_k := 1$ und $\sum_{k=0}^{-1} c_k := 0$ verwendet.

Beweis. (a) $\Longrightarrow$ (b): Wir führen den Beweis durch vollständige Induktion. Sei $\alpha := f_0^*$. Dann gilt

$$f_0^* = \left(\prod_{i=0}^{-1}(-a_i)\right)\alpha + \sum_{j=0}^{-1}\left(\prod_{i=j+1}^{-1}(-a_i)\right)b_j$$

Wir nehmen nun an, daß für $n \in \mathbf{N}_0$

$$f_n^* = \left(\prod_{i=0}^{n-1}(-a_i)\right)\alpha + \sum_{j=0}^{n-1}\left(\prod_{i=j+1}^{n-1}(-a_i)\right)b_j$$

gilt. Dann gilt

$$
\begin{aligned}
f^*_{n+1} &= (-a_n)\, f^*_n + b_n \\[2mm]
&= (-a_n)\left(\left(\prod_{i=0}^{n-1}(-a_i)\right)\alpha + \sum_{j=0}^{n-1}\left(\prod_{i=j+1}^{n-1}(-a_i)\right)b_j\right) + b_n \\[2mm]
&= \left(\prod_{i=0}^{n}(-a_i)\right)\alpha + \sum_{j=0}^{n-1}\left(\prod_{i=j+1}^{n}(-a_i)\right)b_j + b_n \\[2mm]
&= \left(\prod_{i=0}^{n}(-a_i)\right)\alpha + \sum_{j=0}^{n}\left(\prod_{i=j+1}^{n}(-a_i)\right)b_j
\end{aligned}
$$

(b) $\Longrightarrow$ (a): Für alle $n \in \mathbf{N}_0$ gilt

$$
\begin{aligned}
f^*_{n+1} &= \left(\prod_{i=0}^{n}(-a_i)\right)\alpha + \sum_{j=0}^{n}\left(\prod_{i=j+1}^{n}(-a_i)\right)b_j \\[2mm]
&= \left(\prod_{i=0}^{n}(-a_i)\right)\alpha + \sum_{j=0}^{n-1}\left(\prod_{i=j+1}^{n}(-a_i)\right)b_j + b_n \\[2mm]
&= (-a_n)\left(\left(\prod_{i=0}^{n-1}(-a_i)\right)\alpha + \sum_{j=0}^{n-1}\left(\prod_{i=j+1}^{n-1}(-a_i)\right)b_j\right) + b_n \\[2mm]
&= (-a_n)\, f^*_n + b_n
\end{aligned}
$$

Außerdem gilt $f^*_0 = \alpha$. $\qquad\qquad\qquad\qquad\qquad\qquad\qquad\qquad\quad\Box$

Folgerung.

(a) *Eine lineare Differenzengleichung 1. Ordnung ohne Anfangsbedingung hat unendlich viele Lösungen.*

(b) *Eine lineare Differenzengleichung 1. Ordnung mit Anfangsbedingung hat eine eindeutige Lösung.*

Die allgemeine Lösung einer linearen Differenzengleichung 1. Ordnung hat eine besonders einfache Gestalt, wenn die Folgen der Koeffizienten konstant sind:

Folgerung. *Sei $a, b \in \mathbf{R}$. Für eine Folge $\{f^*_n\}_{n \in \mathbf{N}_0}$ sind folgende Aussagen äquivalent:*

(a) *$\{f^*_n\}_{n \in \mathbf{N}_0}$ ist Lösung der Differenzengleichung*

$$
f_{n+1} + a f_n = b
$$

(b) *Es gibt ein $\alpha \in \mathbf{R}$ derart, daß für alle $n \in \mathbf{N}_0$*

$$
f^*_n = (-a)^n\,\alpha + \left(\sum_{k=0}^{n-1}(-a)^k\right)b
$$

gilt.

In diesem Fall gilt

$$f_n^* = \begin{cases} \alpha + nb & \text{falls } a = -1 \\[2mm] (-a)^n \alpha + \dfrac{1 - (-a)^n}{1 + a} b & \text{falls } a \neq -1 \end{cases}$$

für alle $n \in \mathbf{N}_0$, *insbesondere also* $f_0^* = \alpha$.

Cobweb–Modell II

Im Cobweb-Modell gibt es zu jedem Anfangspreis p eine Folge von Gleichgewichtspreisen $\{p_n^*\}_{n \in \mathbf{N}_0}$; diese Folge genügt der Bedingung

$$p_{n+1}^* = \frac{b+c}{d} - \frac{a}{d} p_n^*$$

und erfüllt daher die inhomogene lineare Differenzengleichung 1. Ordnung

$$p_{n+1} + \frac{a}{d} p_n = \frac{b+c}{d}$$

mit der Anfangsbedingung $p_0 = p$.

Für die Gleichgewichtspreise gilt dann

$$\begin{aligned} p_n^* &= \left(-\frac{a}{d}\right)^n p + \frac{1 - (-a/d)^n}{1 + a/d} \frac{b+c}{d} \\[2mm] &= \left(-\frac{a}{d}\right)^n p + \left(1 - \left(-\frac{a}{d}\right)^n\right)\frac{b+c}{a+d} \\[2mm] &= \frac{b+c}{a+d} + \left(-\frac{a}{d}\right)^n \left(p - \frac{b+c}{a+d}\right) \end{aligned}$$

und für die gehandelten Mengen gilt

$$\begin{aligned} y_n^A(p_{n-1}^*) &= a\, p_{n-1}^* - b \\[2mm] &= a\left(\frac{b+c}{a+d} + \left(-\frac{a}{d}\right)^{n-1}\left(p - \frac{b+c}{a+d}\right)\right) - b \\[2mm] &= \frac{ac - bd}{a+d} + a\left(-\frac{a}{d}\right)^{n-1}\left(p - \frac{b+c}{a+d}\right) \end{aligned}$$

und

$$\begin{aligned} y_n^N(p_n^*) &= c - d\, p_n^* \\[2mm] &= c - d\left(\frac{b+c}{a+d} + \left(-\frac{a}{d}\right)^n\left(p - \frac{b+c}{a+d}\right)\right) \\[2mm] &= \frac{ac - bd}{a+d} - d\left(-\frac{a}{d}\right)^n\left(p - \frac{b+c}{a+d}\right) \end{aligned}$$

Natürlich gilt $y_n^A(p_{n-1}^*) = y_n^N(p_n^*)$. Der Anfangspreis p bei Markteinführung ist beliebig wählbar.

Entwicklung des Volkseinkommens nach Harrod I

Im Modell von Harrod wird angenommen, daß
- die Ersparnis proportional zum Volkseinkommen ist,
- die Investition proportional zur Veränderung des Volkseinkommens ist, und
- die Ersparnis gleich der Investition ist.

Wir bezeichnen
- mit Y_n^* das Volkseinkommen in Periode n,
- mit S_n die Ersparnis in Periode n, und
- mit I_n die Investition in Periode n.

Dann gilt für alle $n \in \mathbf{N}_0$

$$
\begin{aligned}
S_n &= s\,Y_n^* \\
I_{n+1} &= a\,(Y_{n+1}^* - Y_n^*) \\
S_n &= I_n
\end{aligned}
$$

Die Koeffizienten s und a heißen Sparrate bzw. Investitionsrate. Wir nehmen an, daß $0 \le s < a < 1$ gilt.

Aus den Modellannahmen ergibt sich

$$
\begin{aligned}
a\,(Y_{n+1}^* - Y_n^*) &= I_{n+1} \\
&= S_{n+1} \\
&= s\,Y_{n+1}^*
\end{aligned}
$$

Die Folge $\{Y_n^*\}_{n \in \mathbf{N}_0}$ erfüllt also die homogene lineare Differenzengleichung 1. Ordnung

$$
Y_{n+1} - \frac{a}{a-s}\,Y_n = 0
$$

Daher gilt für alle $n \in \mathbf{N}_0$

$$
Y_n^* = \left(\frac{a}{a-s}\right)^n \alpha
$$

mit $\alpha \in \mathbf{R}$; insbesondere gilt $Y_0^* = \alpha$.

Entwicklung des Volkseinkommens nach Boulding I

Im Modell von Boulding wird angenommen, daß
- der Konsum eine lineare Funktion des Volkseinkommens ist,
- die Einkommensveränderung proportional zur Investition ist, und
- das Volkseinkommen in Konsum und Investition zerfällt.

Wir bezeichnen
- mit Y_n^* das Volkseinkommen in Periode n,
- mit C_n den Konsum in Periode n, und
- mit I_n die Investition in Periode n.

Dann gilt für alle $n \in \mathbf{N}_0$

$$
\begin{aligned}
C_n &= c + m\,Y_n^* \\
Y_{n+1}^* - Y_n^* &= b\,I_n \\
Y_n^* &= C_n + I_n
\end{aligned}
$$

Der Koeffizient m heißt marginale Konsumrate. Wir nehmen an, daß $b > 0$ und $0 < m < 1$ gilt.

Aus den Modellannahmen ergibt sich

$$
\begin{aligned}
Y_{n+1}^* - Y_n^* &= b\,I_n \\
&= b\,(Y_n^* - C_n) \\
&= b\,(Y_n^* - (c + m\,Y_n^*)) \\
&= b\,(1-m)\,Y_n^* - b\,c
\end{aligned}
$$

Die Folge $\{Y_n^*\}_{n\in\mathbf{N}_0}$ erfüllt also die inhomogene lineare Differenzengleichung 1. Ordnung

$$
Y_{n+1} - (1 + b\,(1-m))\,Y_n = -b\,c
$$

Daher gilt für alle $n \in \mathbf{N}_0$

$$
\begin{aligned}
Y_n^* &= (1 + b\,(1-m))^n\,\alpha + \frac{1 - (1 + b\,(1-m))^n}{-b\,(1-m)}\,(-b\,c) \\
&= (1 + b\,(1-m))^n\,\alpha + \frac{1 - (1 + b\,(1-m))^n}{1-m}\,c \\
&= \frac{c}{1-m} + (1 + b\,(1-m))^n\left(\alpha - \frac{c}{1-m}\right)
\end{aligned}
$$

mit $\alpha \in \mathbf{R}$; insbesondere gilt $Y_0^* = \alpha$. Für $\alpha := c/(1-m)$ ist das Volkseinkommen in allen Perioden identisch und gleich α.

Abschreibungen

Wir betrachten eine Investition K, die im Laufe von mehreren Jahren ganz oder teilweise abgeschrieben werden soll. Wir bezeichnen
- mit K_n^* den Restwert am Ende des Jahres n und
- mit A_n die Abschreibung am Ende des Jahres $n+1$.
Die Verwendung unterschiedlicher Indizes für Abschreibungen und Restwerte zum selben Zeitpunkt ist auf den ersten Blick befremdlich; sie wird sich aber als nützlich erweisen. Es gilt $K_0^* = K$ und für alle $n \in \mathbf{N}_0$

$$
K_{n+1}^* = K_n^* - A_n
$$

Die Folge $\{K_n^*\}_{n\in\mathbf{N}_0}$ erfüllt also die lineare Differenzengleichung 1. Ordnung

$$K_{n+1} - K_n = -A_n$$

mit der Anfangsbedingung $K_0 = K$. Daher gilt für alle $n \in \mathbf{N}_0$

$$
\begin{aligned}
K_n^* &= K + \sum_{j=0}^{n-1}(-A_j) \\
&= K - \sum_{j=0}^{n-1} A_j
\end{aligned}
$$

Wir unterscheiden nun verschiedene Arten von Abschreibungen:

- Lineare Abschreibung: Wir verlangen, daß die Investition nach N Jahren vollständig abgeschrieben ist und daß die Abschreibungen in diesen N Jahren konstant sind. Wir setzen also

$$K_N^* := 0$$

und

$$A_n := \begin{cases} A & \text{falls} & n \le N - 1 \\ 0 & \text{falls} & n \ge N \end{cases}$$

Dann gilt für alle $n \in \{0, 1, \ldots, N\}$

$$K_n^* = K - nA$$

Für $n = N$ erhält man aus dieser Gleichung

$$A = \frac{K}{N}$$

Damit ist die jährliche Abschreibung bestimmt.
- Arithmetisch degressive Abschreibung: Wir verlangen, daß die Investition nach N Jahren vollständig abgeschrieben ist und daß die Abschreibungen in diesen N Jahren der Beziehung

$$A_n = A_{n-1} - d$$

mit $d \ge 0$ genügen. Wir setzen also

$$K_N^* := 0$$

und

$$A_n := \begin{cases} A_0 - nd & \text{falls} & n \le N - 1 \\ 0 & \text{falls} & n \ge N \end{cases}$$

Dann gilt für alle $n \in \{0, 1, \ldots, N\}$

$$
\begin{aligned}
K_n^* &= K - \sum_{j=0}^{n-1} A_j \\
&= K - \sum_{j=0}^{n-1} (A_0 - jd) \\
&= K - nA_0 + d \sum_{j=0}^{n-1} j \\
&= K - nA_0 + \frac{n(n-1)}{2} d
\end{aligned}
$$

Für $n = N$ erhält man aus dieser Gleichung

$$
A_0 = \frac{K}{N} + \frac{N-1}{2} d
$$

und

$$
d = \frac{2}{N-1} \left(A_0 - \frac{K}{N} \right)
$$

Damit ist die erste Abschreibung A_0 oder die Differenz d zwischen aufeinanderfolgenden Abschreibungen frei wählbar; wegen $A_{N-1} \geq 0$ und $d \geq 0$ sind dabei die Bedingungen

$$
\frac{K}{N} \leq A_0 \leq 2\frac{K}{N}
$$

und

$$
d \leq \frac{2K}{N(N-1)}
$$

zu beachten.

- Geometrisch degressive Abschreibung: Wir verlangen, daß die Restwerte eine geometrische Folge bilden. Dann gilt $K_0^* = K$ und für alle $n \in \mathbf{N}_0$

$$
K_{n+1}^* = r\, K_n^*
$$

Die Folge $\{K_n^*\}_{n \in \mathbf{N}_0}$ erfüllt also die lineare Differenzengleichung 1. Ordnung

$$
K_{n+1} - r\, K_n = 0
$$

mit der Anfangsbedingung $K_0 = K$. Daher gilt für alle $n \in \mathbf{N}_0$

$$
K_n^* = r^n K
$$

Da der Restwert der Investition nach n Jahren stets strikt positiv ist, ist bei der geometrisch degressiven Abschreibung eine vollständige Abschreibung der Investition in endlich vielen Jahren nicht möglich.

Man kann zeigen, daß bei der geometrisch degressiven Abschreibung auch die Abschreibungen eine geometrische Folge bilden. Andererseits gilt: Bilden die Abschreibungen eine geometrische Folge mit $A_0 = (1-r)K$, so bilden auch die Restwerte eine geometrische Folge.

Die drei Abschreibungsformen hängen wie folgt zusammen:
- Die Restwerte werden bei der linearen Abschreibung arithmetisch und bei der geometrisch degressiven Abschreibung geometrisch reduziert.
- Die Abschreibungen werden bei der arithmetisch degressiven Abschreibung arithmetisch und bei der geometrisch degressiven Abschreibung geometrisch reduziert.

Damit ist die geometrisch degressive Abschreibung gleichzeitig ein Analogon zur linearen Abschreibung und zur arithmetisch degressiven Abschreibung.

Wir erläutern diese Ergebnisse an einem Beispiel: Ein PKW mit einem Neuwert von 40'000 DM soll im Laufe von fünf Jahren abgeschrieben werden. Wir setzen $K := 40'000$ und vergleichen
- die lineare Abschreibung mit $A := 8'000$,
- die arithmetisch degressive Abschreibung mit $d := 1'500$, und
- die geometrisch degressive Abschreibung mit $r := 0.70$:

Man erhält die folgende Tabelle (gerundet):

	linear		arithmetisch degr.		geometrisch degr.	
n	Restwert	Abschr.	Restwert	Abschr.	Restwert	Abschr.
0	40'000	8'000	40'000	11'000	40'000	12'000
1	32'000	8'000	29'000	9'500	28'000	8'400
2	24'000	8'000	19'500	8'000	19'600	5'880
3	16'000	8'000	11'500	6'500	13'720	4'116
4	8'000	8'000	5'000	5'000	9'604	2'881
5	0		0		6'723	

Bei der geometrisch degressiven Abschreibung besitzt der PKW also nach fünf Jahren noch einen Restwert von 6'723 DM.

Verzinsung mit Zinseszins und Sonderzahlungen

Bei der Verzinsung sind folgende Größen von Interesse:
- der Zins(fuß) $p \in \mathbf{R}_+$ in Prozent
- der Zinssatz $i := p/100$
- der Zinsfaktor $q := 1 + i = 1 + p/100$

Für viele Berechnungen ist vor allem der Zinsfaktor q von Bedeutung.

Wir betrachten ein Anfangskapital K, das über mehrere Jahre mit Zinseszins verzinst wird. Wir nehmen an, daß der Zinssatz variabel ist und daß am Ende jedes Jahres eine Sonderzahlung erfolgt. Wir bezeichnen
- mit K_n^* das Kapital am Ende des Jahres n,
- mit i_n den Zinssatz für das Jahr $n+1$,
- mit q_n den Zinsfaktor für das Jahr $n+1$, und
- mit Z_n die Sonderzahlung am Ende des Jahres $n+1$.

Dann gilt $K_0^* = K$ und für alle $n \in \mathbf{N}_0$

$$K_{n+1}^* - K_n^* \;=\; i_n K_n^* + Z_n$$

Die Folge $\{K_n^*\}_{n\in\mathbf{N}_0}$ erfüllt also die lineare Differenzengleichung 1. Ordnung

$$K_{n+1} - q_n K_n \;=\; Z_n$$

mit der Anfangsbedingung $K_0 = K$. Daher gilt

$$K_n^* \;=\; \left(\prod_{k=0}^{n-1} q_k\right) K + \sum_{j=0}^{n-1}\left(\prod_{k=j+1}^{n-1} q_k\right) Z_j$$

Wir spezialisieren das Ergebnis für den Fall eines konstanten Zinssatzes und/ oder konstanter Sonderzahlungen:
- Bei konstantem Zinssatz $i_n = i$ gilt

$$K_n^* \;=\; q^n K + \sum_{j=0}^{n-1} q^{n-1-j} Z_j$$

- Bei konstanten Sonderzahlungen $Z_n = Z$ gilt

$$K_n^* \;=\; \left(\prod_{k=0}^{n-1} q_k\right) K + \sum_{j=0}^{n-1}\left(\prod_{k=j+1}^{n-1} q_k\right) Z$$

- Bei konstanten Sonderzahlungen $Z_n = Z$ und konstantem Zinssatz $i_n = i$ gilt

$$
\begin{aligned}
K_n^* \;&=\; q^n K + \sum_{j=0}^{n-1} q^{n-1-j} Z \\[2mm]
&=\; q^n K + \left(\sum_{k=0}^{n-1} q^k\right) Z \\[2mm]
&=\; q^n K + \frac{q^n - 1}{q - 1} Z
\end{aligned}
$$

– *Ohne Sonderzahlungen gilt*

$$K_n^* = \left(\prod_{k=0}^{n-1} q_k\right) K$$

– *Ohne Sonderzahlungen mit konstantem Zinssatz $i_n = i$ gilt*

$$K_n^* = q^n K$$

Damit ist die Verzinsung mit Zinseszins und Sonderzahlungen geklärt.

Wir betrachten ein Beispiel für die Verzinsung mit Zinseszins bei variablem Zinssatz und ohne Sonderzahlungen: Ein Betrag von 1000 DM wird am 31. Januar 1997 in Bundesschatzbriefen mit siebenjähriger Laufzeit angelegt. Die Entwicklung des Kapitals über sieben Jahre ist in der folgenden Tabelle dargestellt (gerundet):

n	Kapital	Zinssatz	Zinsfaktor
0	1'000.00	0.0300	1.0300
1	1'030.00	0.0375	1.0375
2	1'068.63	0.0450	1.0450
3	1'116.71	0.0525	1.0525
4	1'175.34	0.0625	1.0625
5	1'248.80	0.0700	1.0700
6	1'336.22	0.0700	1.0700
7	1'429.75		

Dasselbe Endkapital wird durch eine Kapitalanlage mit konstanter Verzinsung und ohne Sonderzahlungen erreicht, wenn der Zinssatz $i = 0.0524$ zugrunde gelegt wird; der zugehörige Zinsfaktor $q = 1.0524$ wird als geometrisches Mittel

$$q := \sqrt[7]{\prod_{k=0}^{6} q_k}$$

bestimmt.

Tilgungsrechnung

Wir betrachten eine Schuld S, die im Laufe von mehreren Jahren abgetragen werden soll. Die Zahlungen am Jahresende setzen sich aus Zinsen und Tilgung zusammen und heißen Annuitäten.

Wir bezeichnen
– mit S_n^* die Restschuld am Ende des Jahres n,
– mit T_n die Tilgung am Ende des Jahres $n+1$, und
– mit A_n die Annuität am Ende des Jahres $n+1$.

Dann gilt $S_0^* = S$ und für alle $n \in \mathbf{N}_0$

$$A_n \;=\; i\,S_n^* + T_n$$

und

$$S_{n+1}^* \;=\; S_n^* - T_n$$

Neben der Schuld S können also die Tilgungen oder die Annuitäten vorgegeben werden.

– Vorgegebene Tilgungen: Wegen

$$S_{n+1}^* \;=\; S_n^* - T_n$$

erfüllt die Folge $\{S_n^*\}_{n\in\mathbf{N}_0}$ die lineare Differenzengleichung 1. Ordnung

$$S_{n+1} - S_n \;=\; -T_n$$

mit der Anfangsbedingung $S_0 = S$. Daraus folgt

$$S_n^* \;=\; S - \sum_{j=0}^{n-1} T_j$$

und damit

$$\begin{aligned}
A_n \;&=\; i\,S_n^* + T_n \\[2mm]
&=\; (q-1)\left(S - \sum_{j=0}^{n-1} T_j\right) + T_n \\[2mm]
&=\; q\left(S - \sum_{j=0}^{n-1} T_j\right) - \left(S - \sum_{j=0}^{n} T_j\right)
\end{aligned}$$

Wir betrachten nun den Fall, daß die Schuld nach N Jahren getilgt ist und daß die Tilgungen konstant sind. Wir setzen also

$$S_N^* \;:=\; 0$$

und

$$T_n \;:=\; \begin{cases} T & \text{falls} \quad n \le N-1 \\ 0 & \text{falls} \quad n \ge N \end{cases}$$

Für $n = N$ erhält man

$$0 \;=\; S - NT$$

und damit

$$T = \frac{S}{N}$$

Also gilt für alle $n \in \{0, 1, \ldots, N-1\}$

$$
\begin{aligned}
A_n &= q\left(S - \sum_{j=0}^{n-1} T\right) - \left(S - \sum_{j=0}^{n} T\right) \\
&= q\,(S - nT) - (S - (n+1)T) \\
&= q\left(S - n\,\frac{S}{N}\right) - \left(S - (n+1)\,\frac{S}{N}\right) \\
&= \left((q-1)(N-n) + 1\right)\frac{S}{N}
\end{aligned}
$$

Daraus ergibt sich

$$A_0 = \left((q-1)N + 1\right)\frac{S}{N}$$

und

$$A_n = A_{n-1} - (q-1)\frac{S}{N}$$

für alle $n \in \{1, \ldots, N-1\}$. Damit sind die Tilgungen und die Annuitäten durch die Schuld, den Zinsfaktor, und die Anzahl der Jahre, nach denen die Schuld getilgt ist, bestimmt.

– Vorgegebene Annuitäten: Aus den Gleichungen

$$
\begin{aligned}
A_n &= i\,S_n^* + T_n \\
S_{n+1}^* &= S_n^* - T_n
\end{aligned}
$$

erhält man durch Addition die Gleichung

$$A_n + S_{n+1}^* = q\,S_n^*$$

Die Folge $\{S_n^*\}_{n \in \mathbf{N}_0}$ erfüllt also die lineare Differenzengleichung 1. Ordnung

$$S_{n+1} - q\,S_n = -A_n$$

mit der Anfangsbedingung $S_0 = S$. Daraus folgt

$$S_n^* = q^n S - \sum_{j=0}^{n-1} q^{n-1-j} A_j$$

und damit

$$T_n \;=\; A_n - i\,S_n^*$$

$$=\; A_n - (q-1)\left(q^n S - \sum_{j=0}^{n-1} q^{n-1-j} A_j\right)$$

Wir betrachten nun den Fall, daß die Schuld nach N Jahren getilgt ist und daß die Annuitäten konstant sind. Wir setzen also

$$S_N^* \;:=\; 0$$

und

$$A_n \;:=\; \begin{cases} A & \text{falls} \quad n \le N-1 \\ 0 & \text{falls} \quad n \ge N \end{cases}$$

Für $n = N$ erhält man

$$0 \;=\; q^N S - \frac{q^N - 1}{q-1}\,A$$

und damit

$$A \;=\; (q-1)\,\frac{q^N}{q^N - 1}\,S$$

Daraus folgt für alle $n \in \{0, 1, \ldots, N-1\}$

$$T_n \;=\; A - (q-1)\left(q^n S - \sum_{j=0}^{n-1} q^{n-1-j} A\right)$$

$$=\; A - (q-1)\left(q^n S - \frac{q^n - 1}{q-1}\,A\right)$$

$$=\; q^n\left(A - (q-1)\,S\right)$$

$$=\; q^n\left((q-1)\,\frac{q^N}{q^N - 1}\,S - (q-1)\,S\right)$$

$$=\; q^n\,\frac{q-1}{q^N - 1}\,S$$

Daraus ergibt sich

$$T_0 \;=\; \frac{q-1}{q^N - 1}\,S$$

und

$$T_n \;=\; q\,T_{n-1}$$

für alle $n \in \{1, \ldots, N-1\}$. Damit sind die Annuitäten und die Tilgungen durch die Schuld, den Zinsfaktor, und die Anzahl der Jahre, nach denen die Schuld getilgt ist, bestimmt.

Wir erläutern diese Ergebnisse an einem Beispiel: *Eine Schuld von 100'000 DM mit einem Zins von 8% soll innerhalb von fünf Jahren abgetragen werden.*

– Bei konstanter Tilgung beträgt die Tilgung

$$T \; = \; \frac{100'000}{5} \; = \; 20'000$$

und für die Annuitäten gilt

$$A_0 \; = \; ((1.08-1)\cdot 5 + 1)\,\frac{100'000}{5} \; = \; 28'000$$

sowie für $n \in \{1,\ldots,4\}$

$$A_n \; = \; A_{n-1} - (1.08-1)\frac{100'000}{5} \; = \; A_{n-1} - 1600$$

Man erhält die folgende Tabelle:

n	Schuld	Zinsen	Tilgung	Annuität
0	100'000	8'000	20'000	28'000
1	80'000	6'400	20'000	26'400
2	60'000	4'800	20'000	24'800
3	40'000	3'200	20'000	23'200
4	20'000	1'600	20'000	21'600
5	0			

– Bei konstanten Annuitäten beträgt die Annuität

$$A \; = \; 0.08 \,\frac{1.08^5}{1.08^5 - 1}\, 100'000 \; \approx \; 25'045.65$$

und für die Tilgungen gilt

$$T_0 \; = \; \frac{1.08-1}{1.08^5 - 1}\, 100'000 \; \approx \; 17'045.64$$

sowie für $n \in \{1,\ldots,4\}$

$$T_n \; = \; 1.08\, T_{n-1}$$

Man erhält die folgende Tabelle (gerundet):

n	Schuld	Zinsen	Tilgung	Annuität
0	100'000	8'000	17'046	25'046
1	82'954	6'636	18'409	25'046
2	64'545	5'163	19'882	25'046
3	44'663	3'573	21'473	25'046
4	23'190	1'855	23'190	25'046
5	0			

Bei vorgegebener Tilgungsdauer kann man also entweder konstante Tilgungen oder konstante Annuitäten wählen.

8.3 Lineare Differenzengleichungen 2. Ordnung

Seien $\{a_n\}_{n\in\mathbb{N}_0}$, $\{b_n\}_{n\in\mathbb{N}_0}$, und $\{c_n\}_{n\in\mathbb{N}_0}$ gegebene Folgen mit

$$b_n \neq 0$$

für mindestens ein $n \in \mathbb{N}_0$ und sei $\{f_n\}_{n\in\mathbb{N}_0}$ eine unbekannte Folge. Dann heißt die Folge der linearen Gleichungen

$$f_{n+2} + a_n f_{n+1} + b_n f_n = c_n$$

lineare Differenzengleichung 2. Ordnung. Die Differenzengleichung heißt *homogen*, wenn $c_n = 0$ für alle $n \in \mathbb{N}_0$ gilt; andernfalls heißt sie *inhomogen*.

Bemerkung. Die Bedingung an die Folge $\{b_n\}_{n\in\mathbb{N}_0}$ bedeutet keine Einschränkung der Allgemeinheit: Gilt nämlich $b_n = 0$ für alle $n \in \mathbb{N}_0$, so liegt eine lineare Differenzengleichung 1. Ordnung vor, für die wir die allgemeine Lösung bereits bestimmt haben.

Eine Folge $\{f_n^*\}_{n\in\mathbb{N}_0}$ heißt *Lösung* der Differenzengleichung

$$f_{n+2} + a_n f_{n+1} + b_n f_n = c_n$$

wenn für alle $n \in \mathbb{N}_0$ die Gleichung $f_{n+2}^* + a_n f_{n+1}^* + b_n f_n^* = c_n$ gilt, und sie erfüllt die *Anfangsbedingung*

$$f_0 = \alpha$$
$$f_1 = \beta$$

mit $\alpha, \beta \in \mathbb{R}$, wenn $f_0^* = \alpha$ und $f_1^* = \beta$ gilt.

Satz (Struktur der Lösungen einer linearen Differenzengleichung).
(a) *Für jede Lösung g^* der inhomogenen Differenzengleichung*

$$f_{n+2} + a_n f_{n+1} + b_n f_n = c_n$$

und jede Lösung h^* der homogenen Differenzengleichung

$$f_{n+2} + a_n f_{n+1} + b_n f_n = 0$$

ist $f^* := g^* + h^*$ eine Lösung der inhomogenen Differenzengleichung.
(b) *Für je zwei Lösungen f^* und g^* der inhomogenen Differenzengleichung*

$$f_{n+2} + a_n f_{n+1} + b_n f_n = c_n$$

ist $h^* := f^* - g^*$ eine Lösung der homogenen Differenzengleichung

$$f_{n+2} + a_n f_{n+1} + b_n f_n = 0$$

(c) *Die Lösungen der homogenen Differenzengleichung*

$$f_{n+2} + a_n f_{n+1} + b_n f_n = 0$$

bilden einen Vektorraum der Dimension 2 .

Aufgrund des Satzes genügt es,
– alle Lösungen der homogenen Differenzengleichung

$$f_{n+2} + a_n f_{n+1} + b_n f = 0$$

und
– eine partikuläre Lösung der inhomogenen Differenzengleichung

$$f_{n+2} + a_n f_{n+1} + b_n f = c$$

zu bestimmen; jede Lösung der inhomogenen Differenzengleichung erhält man dann als Summe einer Lösung der homogenen Differenzengleichung und der partikulären Lösung der inhomogenen Differenzengleichung.

Die Bestimmung der allgemeinen Lösung einer linearen Differenzengleichung 2. Ordnung ist schwieriger als im Fall einer linearen Differenzengleichung 1. Ordnung und gelingt nur unter bestimmten Annahmen an die Folgen der Koeffizienten.

Wir beschränken uns im folgenden auf den Fall konstanter Koeffizienten. Wir betrachten also die lineare Differenzengleichung 2. Ordnung

$$f_{n+2} + a\, f_{n+1} + b\, f_n = c$$

mit $a, b, c \in \mathbf{R}$ und setzen voraus, daß

$$b \neq 0$$

gilt.

Die allgemeine Lösung einer homogenen linearen Differenzengleichung 2. Ordnung

Wir bestimmen nun die allgemeine Lösung der homogenen linearen Differenzengleichung 2. Ordnung

$$f_{n+2} + a\, f_{n+1} + b\, f_n = 0$$

Wir betrachten dazu für jedes $\lambda \in \mathbf{C}$ die Folge $\{h_n(\lambda)\}_{n \in \mathbf{N}_0}$ mit

$$h_n(\lambda) := \lambda^n$$

und hoffen, daß einige dieser Folgen die homogene Differenzengleichung lösen.

Für jede Wahl von $\lambda \in \mathbf{C}$ gilt

$$
\begin{aligned}
h_{n+2}(\lambda) + a\, h_{n+1}(\lambda) + b\, h_n(\lambda) &= \lambda^{n+2} + a\lambda^{n+1} + b\lambda^n \\
&= \lambda^n \left(\lambda^2 + a\lambda + b \right)
\end{aligned}
$$

Die Folge $\{h_n(\lambda)\}_{n \in \mathbf{N}_0}$ ist also genau dann eine Lösung der homogenen Differenzengleichung

$$
f_{n+2} + a\, f_{n+1} + b\, f_n = 0
$$

wenn $\lambda = 0$ oder

$$
\lambda^2 + a\lambda + b = 0
$$

gilt. Der Fall $\lambda = 0$ ist ohne Interesse, denn die Folge $\{h_n(0)\}_{n \in \mathbf{N}_0}$ liefert wegen $h_n(0) = 0$ nur die ohnehin offensichtliche triviale Lösung.

Wir bestimmen daher diejenigen Folgen $\{h_n(\lambda)\}_{n \in \mathbf{N}_0}$, für die der Parameter λ die Bedingung $\lambda^2 + a\lambda + b = 0$ erfüllt. Wir unterscheiden dabei drei Fälle:
- Im Fall $a^2/4 > b$ besitzt die Gleichung $\lambda^2 + a\lambda + b = 0$ die reellen Lösungen

$$
\lambda_{1,2} := -\frac{a}{2} \pm \sqrt{\frac{a^2}{4} - b}
$$

und es gilt $\lambda_1 \neq \lambda_2$. In diesem Fall ist jede der Folgen $\{\lambda_1^n\}_{n \in \mathbf{N}_0}$ und $\{\lambda_2^n\}_{n \in \mathbf{N}_0}$ eine Lösung der homogenen Differenzengleichung, und diese Folgen sind nicht Vielfache voneinander. Daher ist jede Folge $\{h_n^*\}_{n \in \mathbf{N}_0}$ mit

$$
h_n^* = \alpha_1\, \lambda_1^n + \alpha_2\, \lambda_2^n
$$

und $\alpha_1, \alpha_2 \in \mathbf{R}$ eine Lösung der homogenen Differenzengleichung, und es gibt keine anderen Lösungen.
- Im Fall $a^2/4 = b$ besitzt die Gleichung $\lambda^2 + a\lambda + b = 0$ die reelle Lösung

$$
\lambda_0 := -\frac{a}{2}
$$

In diesem Fall ist die Folge $\{\lambda_0^n\}_{n \in \mathbf{N}_0}$ eine Lösung der homogenen Differenzengleichung; außerdem ist auch die Folge $\{n\, \lambda_0^n\}_{n \in \mathbf{N}_0}$ eine Lösung, und die Folgen sind nicht Vielfache voneinander. Daher ist jede Folge $\{h_n^*\}_{n \in \mathbf{N}_0}$ mit

$$
h_n^* = \alpha_1\, \lambda_0^n + \alpha_2\, n\, \lambda_0^n
$$

und $\alpha_1, \alpha_2 \in \mathbf{R}$ eine Lösung der homogenen Differenzengleichung, und es gibt keine anderen Lösungen.

– Im Fall $a^2/4 < b$ besitzt die Gleichung $\lambda^2 + a\lambda + b = 0$ die konjugiert komplexen Lösungen

$$\lambda_{1,2} = -\frac{a}{2} \pm i \sqrt{b - \frac{a^2}{4}}$$

und es gilt $\lambda_1 \neq \lambda_2$. In diesem Fall ist jede der Folgen $\{\lambda_1^n\}_{n\in\mathbf{N}_0}$ und $\{\lambda_2^n\}_{n\in\mathbf{N}_0}$ eine komplexe Lösung der homogenen Differenzengleichung; damit ist auch jede komplexe Linearkombination dieser Folgen wieder eine Lösung. Das Ziel ist es nun, durch die Bildung geeigneter Linearkombinationen dieser Folgen reelle Lösungen zu erzeugen. Da λ_1 und λ_2 konjugiert komplexe Zahlen sind mit

$$|\lambda_{1,2}| = b^{1/2} \neq 0$$

gibt es ein eindeutig bestimmtes $\varphi \in [0, 2\pi)$ mit

$$b^{1/2} \cos(\varphi) = -\frac{a}{2}$$

$$b^{1/2} \sin(\varphi) = \sqrt{b - \frac{a^2}{4}}$$

und

$$\lambda_{1,2} = b^{1/2} \cos(\varphi) \pm i\, b^{1/2} \sin(\varphi)$$

Die Formel von DeMoivre liefert nun

$$\lambda_{1,2}^n = b^{n/2} \cos(n\varphi) \pm i\, b^{n/2} \sin(n\varphi)$$

Sei nun

$$h_n^{(1)} := \frac{1}{2}\lambda_1^n + \frac{1}{2}\lambda_2^n$$

$$h_n^{(2)} := \frac{-i}{2}\lambda_1^n + \frac{i}{2}\lambda_2^n$$

Dann gilt

$$h_n^{(1)} := b^{n/2} \cos(n\varphi)$$
$$h_n^{(2)} := b^{n/2} \sin(n\varphi)$$

Dann ist jede der Folgen $\{h_n^{(1)}\}_{n\in\mathbf{N}_0}$ und $\{h_n^{(2)}\}_{n\in\mathbf{N}_0}$ eine reelle Lösung der homogenen Differenzengleichung, und die Folgen sind nicht Vielfache voneinander. Daher ist jede Folge $\{h_n^*\}_{n\in\mathbf{N}_0}$ mit

$$h_n^* = \alpha_1 b^{n/2} \cos(n\varphi) + \alpha_2 b^{n/2} \sin(n\varphi)$$

und $\alpha_1, \alpha_2 \in \mathbf{R}$ eine reelle Lösung der homogenen Differenzengleichung, und es gibt keine anderen reellen Lösungen.
Wir fassen diese Ergebnisse zusammen:

Satz (Allgemeine Lösung einer homogenen Differenzengleichung).
*Der Vektorraum aller Lösungen der homogenen linearen Differenzengleichung
2. Ordnung*

$$f_{n+2} + a\,f_{n+1} + b\,f_n = 0$$

besteht aus allen Folgen $\{h_n^*\}_{n\in\mathbf{N}_0}$, die
(a) *im Fall $a^2/4 > b$ für alle $n \in \mathbf{N}_0$ die Gleichung*

$$h_n^* = \alpha_1 \left(-\frac{a}{2} + \sqrt{\frac{a^2}{4} - b} \right)^n + \alpha_2 \left(-\frac{a}{2} - \sqrt{\frac{a^2}{4} - b} \right)^n$$

mit $\alpha_1, \alpha_2 \in \mathbf{R}$ erfüllen.
(b) *im Fall $a^2/4 = b$ für alle $n \in \mathbf{N}_0$ die Gleichung*

$$h_n^* = \alpha_1 \left(-\frac{a}{2} \right)^n + \alpha_2\, n \left(-\frac{a}{2} \right)^n$$

mit $\alpha_1, \alpha_2 \in \mathbf{R}$ erfüllen.
(c) *im Fall $a^2/4 < b$ für alle $n \in \mathbf{N}_0$ die Gleichung*

$$h_n^* = \alpha_1\, b^{n/2} \cos(n\varphi) + \alpha_2\, b^{n/2} \sin(n\varphi)$$

*mit $\alpha_1, \alpha_2 \in \mathbf{R}$ erfüllen, wobei $\varphi \in [0, 2\pi)$ durch die beiden Gleichungen
$b^{1/2} \cos(\varphi) = -a/2$ und $b^{1/2} \sin(\varphi) = \sqrt{b - a^2/4}$ bestimmt ist.*

Beispiel (Fibonacci–Zahlen). Für die Folge $\{f_n^*\}_{n\in\mathbf{N}_0}$ der Fibonacci–Zahlen gilt
$f_1^* = f_0^* = 1$ und

$$f_{n+2}^* = f_{n+1}^* + f_n^*$$

für alle $n \in \mathbf{N}_0$. Sie erfüllt daher die (homogene) lineare Differenzengleichung 2.
Ordnung

$$f_{n+2} - f_{n+1} - f_n = 0$$

mit der Anfangsbedingung $f_1 = f_0 = 1$. Die Gleichung

$$\lambda^2 - \lambda - 1 = 0$$

hat die reellen Lösungen

$$\lambda_{1,2} = \frac{1 \pm \sqrt{5}}{2}$$

Daher ist jede Folge $\{f_n^*\}_{n\in\mathbf{N}_0}$ mit

$$f_n^* = \alpha_1\, \lambda_1^n + \alpha_2\, \lambda_2^n$$

$$= \alpha_1 \left(\frac{1 + \sqrt{5}}{2} \right)^n + \alpha_2 \left(\frac{1 - \sqrt{5}}{2} \right)^n$$

und $\alpha_1, \alpha_2 \in \mathbf{R}$ eine Lösung. Aus der Anfangsbedingung $f_1^* = f_0^* = 1$ ergibt sich das lineare Gleichungssystem

$$\begin{array}{ccccc} \alpha_1 & + & & \alpha_2 & = & 1 \\[2mm] \left(\dfrac{1+\sqrt{5}}{2}\right)\alpha_1 & + & \left(\dfrac{1-\sqrt{5}}{2}\right)\alpha_2 & & = & 1 \end{array}$$

Dieses Gleichungssystem besitzt die eindeutige Lösung

$$\begin{pmatrix} \alpha_1 \\ \alpha_2 \end{pmatrix} = \frac{1}{2\sqrt{5}} \begin{pmatrix} 1+\sqrt{5} \\ -1+\sqrt{5} \end{pmatrix}$$

Die Folge der Fibonacci–Zahlen kann daher durch die Formel

$$f_n^* = \frac{1}{\sqrt{5}}\left(\left(\frac{1+\sqrt{5}}{2}\right)^{n+1} - \left(\frac{1-\sqrt{5}}{2}\right)^{n+1}\right)$$

explizit dargestellt werden. Beispielsweise erhält man aus der Formel $f_{24}^* = 75'025$.

Partikuläre Lösung einer inhomogenen linearen Differenzengleichung 2. Ordnung

Wir bestimmen nun eine spezielle Lösung der inhomogenen linearen Differenzengleichung 2. Ordnung

$$f_{n+2} + a\,f_{n+1} + b\,f_n = c$$

Eine solche spezielle Lösung wird auch als *partikuläre Lösung* bezeichnet.

Das folgende Ergebnis läßt sich leicht verifizieren:

Satz (Partikuläre Lösung einer inhomogenen Differenzengleichung).
Eine partikuläre Lösung der inhomogenen linearen Differenzengleichung 2. Ordnung

$$f_{n+2} + a\,f_{n+1} + b\,f_n = c$$

ist
(a) *im Fall $1 + a + b \neq 0$ durch die Folge $\{g_n^*\}_{n\in\mathbf{N}_0}$ mit*

$$g_n^* = \frac{c}{1+a+b}$$

gegeben.
(b) *im Fall $1 + a + b = 0$ und $2 + a \neq 0$ durch die Folge $\{g_n^*\}_{n\in\mathbf{N}_0}$ mit*

$$g_n^* = \frac{c}{2+a}\,n$$

gegeben.
(c) *im Fall $1 + a + b = 0$ und $2 + a = 0$ durch die Folge $\{g_n^*\}_{n\in\mathbf{N}_0}$ mit*

$$g_n^* = \frac{c}{4+a}\,n^2$$

gegeben.

Die allgemeine Lösung einer inhomogenen linearen Differenzengleichung 2. Ordnung

Die allgemeine Lösung der inhomogenen Differenzengleichung

$$f_{n+2} + a f_{n+1} + b f_n \;=\; c$$

mit $a, b, c \in \mathbf{R}$ erhält man nun als Summe der allgemeinen Lösung der zugehörigen homogenen Differenzengleichung und einer partikulären Lösung der inhomogenen Differenzengleichung.

Multiplikator–Akzelerator–Modell nach Samuelson I

Im Multiplikator–Akzelerator–Modell von Samuelson wird angenommen, daß
- *der Konsum proportional zum Volkseinkommen der letzten Periode ist,*
- *die Investition eine lineare Funktion der Veränderung des Konsums ist, und*
- *das Einkommen in Konsum und Investition zerfällt.*

Wir bezeichnen
- *mit Y_n^* das Volkseinkommen in Periode n,*
- *mit C_n den Konsum in Periode n, und*
- *mit I_n die Investition in Periode n.*

Dann gilt für alle $n \in \mathbf{N}_0$

$$
\begin{aligned}
C_{n+1} &= m\, Y_n^* \\
I_{n+1} &= r + s\,(C_{n+1} - C_n) \\
Y_n^* &= C_n + I_n
\end{aligned}
$$

mit $m \in (0,1)$ und $s > 0$.

Aus den Modellannahmen ergibt sich

$$
\begin{aligned}
Y_{n+2}^* &= C_{n+2} + I_{n+2} \\
&= C_{n+2} + r + s\,(C_{n+2} - C_{n+1}) \\
&= (1+s)\,C_{n+2} - s\,C_{n+1} + r \\
&= (1+s) m\, Y_{n+1}^* - sm\, Y_n^* + r
\end{aligned}
$$

Die Folge $\{Y_n^*\}_{n \in \mathbf{N}_0}$ erfüllt also die inhomogene lineare Differenzengleichung 2. Ordnung

$$Y_{n+2} - (1+s) m\, Y_{n+1} + sm\, Y_n \;=\; r$$

Wir bestimmen zunächst die allgemeine Lösung der zugehörigen homogenen Differenzengleichung und sodann eine partikuläre Lösung der inhomogenen Differenzengleichung.

Zur Untersuchung der homogenen Differenzengleichung betrachten wir die Gleichung

$$\lambda^2 - (1+s)m\,\lambda + sm \;=\; 0$$

Wir unterscheiden drei Fälle:
- Im Fall

$$m \;>\; \frac{4s}{(1+s)^2}$$

ist jede Folge $\{Y_n^{\circ}\}_{n\in\mathbf{N}_0}$ mit

$$Y_n^{\circ} \;=\; \alpha_1 \left(\frac{(1+s)\,m}{2} + \sqrt{\frac{(1+s)^2 m^2}{4} - sm} \right)^n$$
$$+ \alpha_2 \left(\frac{(1+s)\,m}{2} - \sqrt{\frac{(1+s)^2 m^2}{4} - sm} \right)^n$$

und $\alpha_1, \alpha_2 \in \mathbf{R}$ eine Lösung der homogenen Differenzengleichung.
- Im Fall

$$m \;=\; \frac{4s}{(1+s)^2}$$

ist jede Folge $\{Y_n^{\circ}\}_{n\in\mathbf{N}_0}$ mit

$$Y_n^{\circ} \;=\; \alpha_1 \left(\frac{(1+s)\,m}{2} \right)^n + \alpha_2\, n \left(\frac{(1+s)\,m}{2} \right)^n$$

und $\alpha_1, \alpha_2 \in \mathbf{R}$ eine Lösung der homogenen Differenzengleichung.
- Im Fall

$$m \;<\; \frac{4s}{(1+s)^2}$$

sei $\varphi \in [0, 2\pi)$ durch die Gleichungen

$$(sm)^{1/2} \cos(\varphi) \;=\; \frac{(1+s)m}{2}$$
$$(sm)^{1/2} \sin(\varphi) \;=\; \sqrt{sm - \frac{(1+s)^2 m^2}{4}}$$

bestimmt. Dann ist jede Folge $\{Y_n^{\circ}\}_{n\in\mathbf{N}_0}$ mit

$$Y_n^{\circ} \;=\; \alpha_1\, (sm)^{n/2} \cos(n\varphi) + \alpha_2\, (sm)^{n/2} \sin(n\varphi)$$

und $\alpha_1, \alpha_2 \in \mathbf{R}$ eine Lösung der homogenen Differenzengleichung.

*Damit ist die allgemeine Lösung der homogenen Differenzengleichung für jede
Wahl der marginalen Konsumrate m und der Sparrate s bestimmt.*

Außerdem ist die Folge $\{Y_n^\bullet\}_{n\in\mathbf{N}_0}$ mit

$$Y_n^\bullet \;=\; \frac{r}{1-m}$$

eine partikuläre Lösung der inhomogenen Differenzengleichung.

Daher ist jede Folge $\{Y_n^*\}_{n\in\mathbf{N}_0}$ mit

$$Y_n^* \;=\; Y_n^\circ + Y_n^\bullet$$

*eine Lösung der inhomogenen Differenzengleichung, und es gibt keine anderen
Lösungen.*

*Schließlich werden durch die Wahl der Anfangsbedingung, also durch die Fest-
legung von Y_0^* und Y_1^*, die Koeffizienten α_1 und α_2 bestimmt, die in der
Definition der Folge $\{Y_n^\circ\}_{n\in\mathbf{N}_0}$ auftreten.*

Eine Verallgemeinerung

Für $a, b \in \mathbf{R}$ mit $b \neq 0$ und eine Folge $\{c_n\}_{n\in\mathbf{N}_0}$ kann man unter bestimmten
Annahmen an die Folge $\{c_n\}_{n\in\mathbf{N}_0}$ die allgemeine Lösung der linearen Differenzengleichung 2. Ordnung

$$f_{n+2} + a\,f_{n+1} + b\,f_n \;=\; c_n$$

bestimmen. Dabei bestimmt man die allgemeine Lösung der zugehörigen
homogenen Differenzengleichung wie im Fall $c_n = c$; die Bestimmung einer
partikulären Lösung der inhomogenen Differenzengleichung hängt jedoch von
der Art der Folge $\{c_n\}_{n\in\mathbf{N}_0}$ ab.

Als Beispiel betrachten wir den Fall einer Folge $\{c_n\}_{n\in\mathbf{N}_0}$ mit

$$c_n \;=\; \sum_{i=0}^{k} r_i\, n^i$$

In diesem Fall werden alle Glieder der Folge $\{c_n\}_{n\in\mathbf{N}_0}$ durch das Polynom c
mit

$$c(x) \;:=\; \sum_{i=0}^{k} r_i\, x^i$$

erzeugt; es ist daher naheliegend, eine partikuläre Lösung der inhomogenen
Differenzengleichung unter allen Folgen $\{g_n\}_{n\in\mathbf{N}_0}$ zu suchen, die von einem

Polynom g erzeugt werden; dabei ist der Grad des Polynoms g geeignet zu wählen. Die Koeffizienten von g erhält man dann durch Koeffizientenvergleich aus der Gleichung

$$g(n{+}2) + a\,g(n{+}1) + b\,g(n) \;=\; c(n)$$

Für Einzelheiten verweisen wir auf den entsprechenden Abschnitt über lineare Differentialgleichungen, in dem wir diesen Fall ausführlich behandeln.

8.4   Der Differenzenoperator

Sei $f = \{f_n\}_{n\in\mathbf{N}_0}$ eine Folge.

Für alle $n \in \mathbf{N}_0$ definieren wir die *Differenz*

$$(\Delta f)_n \;:=\; f_{n+1} - f_n$$

Dann ist $\{(\Delta f)_n\}_{n\in\mathbf{N}_0}$ wieder eine Folge. Diese Folge wird mit

$$\Delta f$$

bezeichnet und heißt *Differenzenfolge* zu f.

Ordnet man jeder Folge ihre Differenzenfolge zu, so erhält man eine Abbildung des Vektorraums aller Folgen in sich. Diese Abbildung wird mit

$$\Delta$$

bezeichnet und heißt *Differenzenoperator*.

Satz.   *Der Differenzenoperator ist eine lineare Abbildung.*

Beweis.   Sind $f = \{f_n\}_{n\in\mathbf{N}_0}$ und $g = \{g_n\}_{n\in\mathbf{N}_0}$ Folgen und $\alpha, \beta \in \mathbf{R}$, so gilt für alle $n \in \mathbf{N}_0$

$$
\begin{aligned}
(\Delta(\alpha f + \beta g))_n &= (\alpha f + \beta g)_{n+1} - (\alpha f + \beta g)_n \\
&= (\alpha f_{n+1} + \beta g_{n+1}) - (\alpha f_n + \beta g_n) \\
&= \alpha(f_{n+1} - f_n) + \beta(g_{n+1} - g_n) \\
&= \alpha(\Delta f)_n + \beta(\Delta g)_n
\end{aligned}
$$

Damit ist die Behauptung gezeigt. $\square$

Wegen $(\Delta f)_n = f_{n+1} - f_n$ läßt sich die lineare Differenzengleichung 1. Ordnung

$$f_{n+1} + a f_n \;=\; b_n$$

mit $a \in \mathbf{R}$ unter Verwendung des Differenzenoperators in der Form

$$(\Delta f)_n + (a+1)f_n \;=\; b_n$$

schreiben. Diese Umformung erklärt die Bezeichnung als Differenzengleichung.

Als weitere Abbildung des Vektorraums aller Folgen in sich definieren wir durch

$$(If)_n \;:=\; f_n$$

die *Identität I*.

Satz. *Die Identität ist eine lineare Abbildung.*

Unter Verwendung des Differenzenoperators und der Identität läßt sich die lineare Differenzengleichung

$$f_{n+1} + af_n \;=\; b_n$$

in der Form

$$(\Delta f)_n + (a+1)(If)_n \;=\; b_n$$

schreiben. Definiert man schließlich $\Delta + (a+1)\,I$ durch

$$\Big(\Delta + (a+1)\,I\Big)f \;:=\; \Delta f + (a+1)\,If$$

so ist $\Delta + (a+1)\,I$ wieder eine lineare Abbildung des Vektorraums aller Folgen in sich und man erhält

$$\begin{aligned}
\Big(\big(\Delta + (a+1)\,I\big)f\Big)_n &= \Big(\Delta f + (a+1)\,If\Big)_n \\
&= (\Delta f)_n + (a+1)(If)_n \\
&= b_n
\end{aligned}$$

und damit

$$\Big(\Delta + (a+1)\,I\Big)f \;=\; b$$

mit $b := \{b_n\}_{n \in \mathbf{N}_0}$.

Für den Differenzenoperator Δ werden die *Potenzen* Δ^k mit $k \in \mathbf{N}_0$ induktiv definiert durch

$$\begin{aligned}
(\Delta^0 f)_n &:= f_n \\
(\Delta^{k+1} f)_n &:= (\Delta^k f)_{n+1} - (\Delta^k f)_n
\end{aligned}$$

Dann gilt $\Delta^0 = I$ und

$$(\Delta^k f)_n \;=\; \sum_{i=0}^{k} \binom{k}{i}(-1)^i f_{n+k-i}$$

Dann ist jede Potenz Δ^k eine lineare Abbildung des Vektorraums aller Folgen in sich.

Wegen $(\Delta^2 f)_n = f_{n+2} - 2f_{n+1} + f_n$ und $(\Delta f)_n = f_{n+1} - f_n$ erhält man für die lineare Differenzengleichung 2. Ordnung

$$f_{n+2} + a\,f_{n+1} + b\,f_n \;=\; c_n$$

mit $a, b \in \mathbf{R}$ die Darstellung

$$(\Delta^2 f)_n + (2+a)\,(\Delta f)_n + (1+a+b)\,f_n \;=\; c_n$$

und damit

$$\left(\Delta^2 + (2+a)\,\Delta + (1+a+b)\,I\right) f \;=\; c$$

mit $c = \{c_n\}_{n\in \mathbf{N}_0}$. Es fällt auf, daß die in der letzten Gleichung auftretenden Koeffizienten von Δ und I auch bei der Bestimmung einer partikulären Lösung der inhomogenen linearen Differenzengleichung 2. Ordnung von Bedeutung sind.

Bemerkung.   Es ist möglich und reizvoll, lineare Differenzengleichungen in ihrer Darstellung durch Potenzen des Differenzenoperators zu studieren. Dieser Zugang liefert eine Analogie zwischen linearen Differenzengleichungen und linearen Differentialgleichungen; in Anwendungen erweist er sich jedoch als schwerfällig, da ein gegebenes Modell in den meisten Fällen direkt auf eine Rekursionsformel führt, deren Übersetzung in eine Gleichung für Differenzen zusätzlichen und vermeidbaren Aufwand erfordert.

Kapitel 9

Konvergenz von Folgen, Reihen und Produkten

Für dynamische Modelle in diskreter Zeit stellt sich die Frage nach der langfristigen Entwicklung der betrachteten Größen; so ist etwa von Interesse, ob sich die Preise oder die gehandelten Mengen eines Gutes im Laufe der Zeit stabilisieren. Diese Frage führt auf das Problem der Konvergenz von Folgen.

In diesem Kapitel führen wir zunächst den Begriff der Konvergenz einer Folge ein und geben notwendige und hinreichende Bedingungen für Konvergenz und Divergenz (Abschnitt 9.1). Wir untersuchen dann die Konvergenz unendlicher Reihen (Abschnitt 9.2) und unendlicher Produkte (Abschnitt 9.3).

9.1 Konvergenz von Folgen

Für $a \in \mathbf{R}$ und $\varepsilon > 0$ heißt das offene Intervall

$$(a - \varepsilon, a + \varepsilon) \;=\; \{x \in \mathbf{R} \mid |x - a| < \varepsilon\}$$

ε-*Umgebung* von a.

Eine Folge $\{a_n\}_{n \in \mathbf{N}_0}$ heißt
- *konvergent*, wenn es ein $a \in \mathbf{R}$ gibt derart, daß für jedes $\varepsilon > 0$ ein $n_\varepsilon \in \mathbf{N}_0$ existiert, sodaß für alle $n \in \mathbf{N}_0$ mit $n \geq n_\varepsilon$

$$|a_n - a| \;<\; \varepsilon$$

  gilt; in diesem Fall heißt a *Grenzwert* der Folge $\{a_n\}_{n \in \mathbf{N}_0}$ und man sagt, daß die Folge $\{a_n\}_{n \in \mathbf{N}_0}$ gegen a konvergiert.
- *divergent*, wenn sie nicht konvergent ist.

Eine Folge $\{a_n\}_{n \in \mathbf{N}_0}$ ist also genau dann konvergent, wenn es ein $a \in \mathbf{R}$ gibt derart, daß für jedes $\varepsilon > 0$ die ε-Umgebung $(a - \varepsilon, a + \varepsilon)$ von a alle außer endlich viele Glieder der Folge enthält.

Anstelle von $\mathbf{N}_0$ wird auch $\mathbf{N}$ oder eine andere unendliche Teilmenge von $\mathbf{N}_0$ als Definitionsbereich einer Folge verwendet.

Bevor wir Beispiele für konvergente und divergente Folgen geben, klären wir die Eindeutigkeit des Grenzwerts einer konvergenten Folge:

Satz. *Der Grenzwert einer konvergenten Folge ist eindeutig bestimmt.*

Beweis. Sei $\{a_n\}_{n \in \mathbf{N}_0}$ eine konvergente Folge und seien $a, a' \in \mathbf{R}$ Grenzwerte der Folge. Dann gibt es für alle $\varepsilon > 0$ ein $n_\varepsilon \in \mathbf{N}$ derart, daß für alle $n \in \mathbf{N}$ mit $n \geq n_\varepsilon$ sowohl $|a_n - a| < \varepsilon/2$ als auch $|a_n - a'| < \varepsilon/2$ gilt. Dann aber gilt nach der Dreiecksungleichung für alle $n \in \mathbf{N}$ mit $n \geq n_\varepsilon$

$$
\begin{aligned}
|a - a'| &= |(a - a_n) - (a_n - a')| \\
&\leq |a - a_n| + |a_n - a'| \\
&< \frac{\varepsilon}{2} + \frac{\varepsilon}{2} \\
&= \varepsilon
\end{aligned}
$$

Da $\varepsilon > 0$ beliebig war, folgt aus der Ungleichung $a = a'$. $\qquad\square$

Ist die Folge $\{a_n\}_{n \in \mathbf{N}_0}$ konvergent mit Grenzwert $a \in \mathbf{R}$, so schreiben wir

$$
\lim_{n \to \infty} a_n = a
$$

Diese Notation ist durch die Eindeutigkeit des Grenzwerts gerechtfertigt.

Beispiele.
(1) **Konstante Folge:** Für jedes $c \in \mathbf{R}$ ist die Folge $\{a_n\}_{n \in \mathbf{N}_0}$ mit

$$
a_n := c
$$

konvergent mit $\lim_{n \to \infty} a_n = c$.
(2) **Harmonische Folge:** Die Folge $\{a_n\}_{n \in \mathbf{N}}$ mit

$$
a_n := \frac{1}{n}
$$

ist konvergent mit $\lim_{n \to \infty} a_n = 0$.
(3) Die Folge $\{a_n\}_{n \in \mathbf{N}_0}$ mit

$$
a_n := n
$$

ist divergent.
(4) Die Folge $\{a_n\}_{n \in \mathbf{N}_0}$ mit

$$
a_n := \frac{1}{2^n}
$$

ist konvergent mit $\lim_{n \to \infty} a_n = 0$.

(5) Die Folge $\{a_n\}_{n \in \mathbf{N}_0}$ mit

$$a_n \;:=\; (-1)^n$$

ist divergent.

Die folgenden Sätze zeigen, wie man aus konvergenten Folgen neue konvergente Folgen gewinnen kann:

Satz. *Seien $\{a_n\}_{n \in \mathbf{N}_0}$ und $\{b_n\}_{n \in \mathbf{N}_0}$ konvergente Folgen und sei $c \in \mathbf{R}$. Dann gilt:*
(a) *Die Folge $\{a_n + b_n\}_{n \in \mathbf{N}_0}$ ist konvergent mit*

$$\lim_{n \to \infty} (a_n + b_n) \;=\; \lim_{n \to \infty} a_n + \lim_{n \to \infty} b_n$$

(b) *Die Folge $\{ca_n\}_{n \in \mathbf{N}_0}$ ist konvergent mit*

$$\lim_{n \to \infty} (ca_n) \;=\; c \cdot \lim_{n \to \infty} a_n$$

Insbesondere bilden die konvergenten Folgen einen Vektorraum.

Aufgrund des Satzes ist der Grenzwert einer Linearkombination konvergenter Folgen gleich der Linearkombination ihrer Grenzwerte.

Satz. *Seien $\{a_n\}_{n \in \mathbf{N}_0}$ und $\{b_n\}_{n \in \mathbf{N}_0}$ konvergente Folgen. Dann gilt:*
(a) *Die Folge $\{a_n b_n\}_{n \in \mathbf{N}_0}$ ist konvergent mit*

$$\lim_{n \to \infty} (a_n b_n) \;=\; \left(\lim_{n \to \infty} a_n \right) \cdot \left(\lim_{n \to \infty} b_n \right)$$

(b) *Im Fall $b_n \neq 0$ für alle $n \in \mathbf{N}_0$ und $\lim_{n \to \infty} b_n \neq 0$ ist die Folge $\{a_n / b_n\}_{n \in \mathbf{N}_0}$ konvergent mit*

$$\lim_{n \to \infty} \frac{a_n}{b_n} \;=\; \frac{\displaystyle\lim_{n \to \infty} a_n}{\displaystyle\lim_{n \to \infty} b_n}$$

Beispiele.
(1) Die Folge $\{a_n\}_{n \in \mathbf{N}}$ mit

$$a_n \;:=\; 3\,\frac{1}{2^n} - 5\,\frac{1}{n}$$

ist konvergent mit $\lim_{n \to \infty} a_n = 0$.
(2) Die Folge $\{a_n\}_{n \in \mathbf{N}}$ mit

$$a_n \;:=\; \frac{9n + 1}{3n - 5} \;=\; \frac{9 + 1/n}{3 - 5/n}$$

ist konvergent mit $\lim_{n \to \infty} a_n = 3$.

Nullfolgen

Eine konvergente Folge mit Grenzwert 0 heißt *Nullfolge*. Offenbar ist eine Folge $\{a_n\}_{n\in\mathbb{N}_0}$ genau dann eine Nullfolge, wenn die Folge $\{|a_n|\}_{n\in\mathbb{N}_0}$ eine Nullfolge ist.

Beispiele.
(1) Die Folge $\{a_n\}_{n\in\mathbb{N}_0}$ mit

$$a_n \;:=\; \frac{1}{2^n}$$

ist eine Nullfolge.

(2) Die Folge $\{a_n\}_{n\in\mathbb{N}_0}$ mit

$$a_n \;:=\; \left(-\frac{1}{2}\right)^n$$

ist eine Nullfolge.

(3) Für jedes $p\in[1,\infty)$ ist die Folge $\{a_n\}_{n\in\mathbb{N}}$ mit

$$a_n \;:=\; \frac{1}{n^p}$$

eine Nullfolge.

Satz. *Die Nullfolgen bilden einen Vektorraum.*

Satz. *Sind $\{a_n\}_{n\in\mathbb{N}_0}$ und $\{b_n\}_{n\in\mathbb{N}_0}$ Nullfolgen, so ist auch $\{a_nb_n\}_{n\in\mathbb{N}_0}$ eine Nullfolge.*

Das folgende Ergebnis beschreibt den Zusammenhang zwischen konvergenten Folgen und Nullfolgen:

Satz. *Für eine Folge $\{a_n\}_{n\in\mathbb{N}_0}$ und $a\in\mathbb{R}$ sind folgende Aussagen äquivalent:*
(a) *Die Folge $\{a_n\}_{n\in\mathbb{N}_0}$ ist konvergent mit Grenzwert a.*
(b) *Die Folge $\{a_n-a\}_{n\in\mathbb{N}_0}$ ist eine Nullfolge.*
(c) *Die Folge $\{|a_n-a|\}_{n\in\mathbb{N}_0}$ ist eine Nullfolge.*

Beispiel. Die Folge $\{a_n\}_{n\in\mathbb{N}}$ mit

$$a_n \;:=\; \frac{n+1}{n} \;=\; 1+\frac{1}{n}$$

ist konvergent mit $\lim_{n\to\infty} a_n = 1$.

In der Tat: Die Folge $\{1/n\}_{n\in\mathbb{N}}$ ist eine Nullfolge.

Die geometrische Folge

Eine besonders häufig auftretende und auch für theoretische Zwecke wichtige Folge ist die geometrische Folge. Der folgende Satz klärt die Konvergenz bzw. Divergenz der Folge $\{q^n\}_{n\in\mathbf{N}_0}$ in Abhängigkeit von $q \in \mathbf{R}$:

Satz. *Die geometrische Folge $\{q^n\}_{n\in\mathbf{N}_0}$ ist genau dann konvergent, wenn*

$$-1 < q \leq 1$$

gilt. Im Fall $|q| < 1$ ist die Folge $\{q^n\}_{n\in\mathbf{N}_0}$ eine Nullfolge; im Fall $q = 1$ ist die Folge $\{q^n\}_{n\in\mathbf{N}_0}$ konstant.

Beweis. Wir führen den Beweis durch Fallunterscheidung:
- Im Fall $q = 0$ ist die Folge $\{q^n\}_{n\in\mathbf{N}_0}$ eine Nullfolge und daher konvergent.
- Im Fall $0 < |q| < 1$ gilt

$$\frac{1}{|q|} > 1$$

Also gibt es ein $h > 0$ mit

$$\frac{1}{|q|} = 1 + h$$

Dann gilt aber nach dem binomischen Satz und wegen $h > 0$

$$\frac{1}{|q^n|} = \frac{1}{|q|^n}$$

$$= (1 + h)^n$$

$$= \sum_{k=0}^{n} \binom{n}{k} 1^k h^{n-k}$$

$$= \sum_{k=0}^{n-2} \binom{n}{k} h^{n-k} + nh + 1$$

$$> nh$$

und damit

$$|q^n| < \frac{1}{h} \cdot \frac{1}{n}$$

Also ist die Folge $\{q^n\}_{n\in\mathbf{N}_0}$ eine Nullfolge und daher konvergent.
- Im Fall $q = 1$ ist die Folge $\{q^n\}_{n\in\mathbf{N}_0}$ konstant und daher konvergent.
- Im Fall $q = -1$ ist die Folge $\{q^n\}_{n\in\mathbf{N}_0}$ divergent.
- Im Fall $|q| > 1$ gilt $|1/q|^n = 1/|q| < 1$. Also ist die Folge $\{|1/q|^n\}_{n\in\mathbf{N}_0}$, und damit auch die Folge $\{1/q^n\}_{n\in\mathbf{N}_0}$, eine Nullfolge. Daher ist die Folge $\{q^n\}_{n\in\mathbf{N}_0}$ divergent.

Damit ist der Satz bewiesen. $\qquad\square$

Cobweb–Modell III

Im Cobweb–Modell sind die Gleichgewichtspreise p_n^* und die Gleichgewichtsmengen $y_n^* := y_n^A(p_{n-1}^*) = y_n^N(p_n^*)$ in Abhängigkeit vom Anfangspreis p durch

$$p_n^* := \frac{b+c}{a+d} + \left(-\frac{a}{d}\right)^n \left(p - \frac{b+c}{a+d}\right)$$

und

$$y_n^* := \frac{ac-bd}{a+d} - d\left(-\frac{a}{d}\right)^n \left(p - \frac{b+c}{a+d}\right)$$

gegeben.
– Im Fall

$$p = \frac{b+c}{a+d}$$

ist sowohl die Folge der Gleichgewichtspreise als auch die Folge der Gleichgewichtsmengen konstant.
– Im Fall

$$p \neq \frac{b+c}{a+d}$$

ist sowohl die Folge der Gleichgewichtspreise als auch die Folge der Gleichgewichtsmengen genau dann konvergent, wenn $a < d$ gilt; in diesem Fall gilt

$$\lim_{n\to\infty} p_n^* = \frac{b+c}{a+d}$$

und

$$\lim_{n\to\infty} y_n^* = \frac{ac-bd}{a+d}$$

Die Bedingung $a < d$ bedeutet, daß bei einer Erhöhung des Preises um eine Einheit die Erhöhung des Angebots kleiner als die Verringerung der Nachfrage ist.
Das Ergebnis über die Konvergenz der Folge der Gleichgewichtspreise und der Folge der Gleichgewichtsmengen wird anschaulich klar, wenn man für die Fälle $a < d$, $a = d$ und $a > d$ die Angebotsfunktion und die Nachfragefunktion zeichnet und für einen beliebigen Anfangspreis p graphisch die Werte $p_0^*, y_1^*, p_1^*, y_2^*, \dots$ bestimmt.

Wir suchen nun nach möglichst einfachen Bedingungen für die Konvergenz oder Divergenz einer Folge.

Beschränkte Folgen

Eine Folge $\{a_n\}_{n\in\mathbf{N}_0}$ heißt
- *beschränkt*, wenn es ein $c \in \mathbf{R}$ gibt, sodaß für alle $n \in \mathbf{N}_0$

$$|a_n| \leq c$$

gilt.
- *unbeschränkt*, wenn sie nicht beschränkt ist.

Satz.
(a) *Jede konvergente Folge ist beschränkt.*
(b) *Jede unbeschränkte Folge ist divergent.*

Die Umkehrungen der Aussagen des Satzes gelten jedoch nicht, wie man am folgenden Beispiel erkennt:

Beispiel. Die Folge $\{a_n\}_{n\in\mathbf{N}_0}$ mit

$$a_n \ := \ (-1)^n$$

ist beschränkt und divergent.

Monotone Folgen

Eine Folge $\{a_n\}_{n\in\mathbf{N}_0}$ heißt
- *streng monoton wachsend*, wenn für alle $n \in \mathbf{N}_0$

$$a_n \ < \ a_{n+1}$$

gilt.
- *monoton wachsend*, wenn für alle $n \in \mathbf{N}_0$

$$a_n \ \leq \ a_{n+1}$$

gilt.
- *monoton fallend*, wenn für alle $n \in \mathbf{N}_0$

$$a_n \ \geq \ a_{n+1}$$

gilt.
- *streng monoton fallend*, wenn für alle $n \in \mathbf{N}_0$

$$a_n \ > \ a_{n+1}$$

gilt.
Eine Folge heißt *(streng) monoton*, wenn sie (streng) monoton wachsend oder (streng) monoton fallend ist.

Obwohl die Monotonie einer Folge eine recht einfache Eigenschaft zu sein scheint, ist sie nicht immer leicht zu überprüfen:

Beispiele.
(1) Für alle $x \in \mathbf{R}\setminus\{0\}$ ist die Folge $\{a_n\}_{n \in \{n_x, n_x+1, \dots\}}$ mit $n_x \in \mathbf{N}_0$ und $n_x > -x$ sowie

$$a_n \; := \; \left(1 + \frac{x}{n}\right)^n$$

streng monoton wachsend.

In der Tat: Für alle $m \in \mathbf{N}_0$ mit $m \geq 2$ und für alle $z \in \mathbf{R}$ mit $0 < |z| < 1$ gilt die *Ungleichung von Bernoulli*

$$(1 + z)^m \; > \; 1 + m\,z$$

(Beweis durch vollständige Induktion). Aus der Ungleichung von Bernoulli erhalten wir für alle $n \in \{n_x, n_x + 1, \dots\}$

$$\begin{aligned}
\frac{a_{n+1}}{a_n} \;&=\; \frac{\left(1 + \dfrac{x}{n+1}\right)^{n+1}}{\left(1 + \dfrac{x}{n}\right)^{n}} \\[2em]
&=\; \frac{\left(\dfrac{n+1+x}{n+1}\right)^{n+1} \cdot \dfrac{n+x}{n}}{\left(\dfrac{n+x}{n}\right)^{n+1}} \\[2em]
&=\; \left(\frac{n+1+x}{n+1} \cdot \frac{n}{n+x}\right)^{n+1} \cdot \frac{n+x}{n} \\[1em]
&=\; \left(1 - \frac{x}{(n+1)(n+x)}\right)^{n+1} \cdot \frac{n+x}{n} \\[1em]
&>\; \left(1 - (n+1)\,\frac{x}{(n+1)(n+x)}\right) \cdot \frac{n+x}{n} \\[1em]
&=\; \left(1 - \frac{x}{n+x}\right) \cdot \frac{n+x}{n} \\[1em]
&=\; 1
\end{aligned}$$

und damit

$$a_{n+1} \; > \; a_n$$

Also ist die Folge $\{a_n\}_{n \in \{n_x, n_x+1, \dots\}}$ streng monoton wachsend.

(2) Die Folge $\{a_n\}_{n \in \mathbf{N}}$ mit

$$a_n \; := \; \left(1 + \frac{1}{n}\right)^n$$

ist streng monoton wachsend.
Dies folgt aus (1).

(3) Die Folge $\{b_n\}_{n\in\mathbf{N}}$ mit

$$b_n \ := \ \left(1+\frac{1}{n}\right)^{n+1}$$

ist streng monoton fallend.

Dieses Ergebnis ist auf den ersten Blick überraschend, denn wegen (2) wissen wir, daß die Folge $\{a_n\}_{n\in\mathbf{N}}$ mit

$$a_n \ := \ \left(1+\frac{1}{n}\right)^{n}$$

streng monoton wachsend ist. Wegen (1) ist aber auch die Folge $\{c_n\}_{n\in\{2,3,\dots\}}$ mit

$$c_n \ := \ \left(1-\frac{1}{n}\right)^{n}$$

streng monoton wachsend. Nun gilt für alle $n \in \mathbf{N}$

$$b_n \cdot c_{n+1} \ = \ \left(1+\frac{1}{n}\right)^{n+1} \cdot \left(1-\frac{1}{n+1}\right)^{n+1}$$

$$= \ \left(\frac{n+1}{n} \cdot \frac{n}{n+1}\right)^{n+1}$$

$$= \ 1$$

und damit

$$b_n \ = \ \frac{1}{c_{n+1}}$$

$$> \ \frac{1}{c_{n+2}}$$

$$= \ b_{n+1}$$

Also ist die Folge $\{b_n\}_{n\in\mathbf{N}}$ streng monoton fallend.

Satz. *Eine monotone Folge ist genau dann konvergent, wenn sie beschränkt ist.*

Wir betrachten nun einige Anwendungen dieses wichtigen Satzes:

Entwicklung des Volkseinkommens nach Harrod II

Im Modell von Harrod sind die Volkseinkommen Y_n^* *durch*

$$Y_n^* \ := \ \left(\frac{a}{a-s}\right)^{n}\alpha$$

bestimmt. Im Fall $\alpha = 0$ *ist die Folge der Volkseinkommen konstant; im Fall* $\alpha \neq 0$ *ist sie monoton und divergent, insbesondere also unbeschränkt.*

Entwicklung des Volkseinkommens nach Boulding II

Im Modell von Boulding sind die Volkseinkommen Y_n^* durch

$$Y_n^* := \frac{c}{1-m} + (1 + b\,(1-m))^n \left(\alpha - \frac{c}{1-m} \right)$$

bestimmt. Im Fall $\alpha = c/(1-m)$ ist die Folge der Volkseinkommen konstant; im Fall $\alpha \neq c/(1-m)$ ist sie monoton und divergent, insbesondere also unbeschränkt.

Intervallschachtelung

Ein Paar von Folgen $(\{a_n\}_{n\in\mathbf{N}_0}, \{b_n\}_{n\in\mathbf{N}_0})$ heißt *Intervallschachtelung*, wenn
(i)   für alle $n \in \mathbf{N}_0$ die Ungleichung $a_n \leq b_n$ gilt,
(ii) die Folge $\{a_n\}_{n\in\mathbf{N}_0}$ monoton wachsend ist,
(iii) die Folge $\{b_n\}_{n\in\mathbf{N}_0}$ monoton fallend ist, und
(iv) die Folge $\{b_n - a_n\}_{n\in\mathbf{N}_0}$ eine Nullfolge ist.

Satz.   *Ist $(\{a_n\}_{n\in\mathbf{N}_0}, \{b_n\}_{n\in\mathbf{N}_0})$ eine Intervallschachtelung, so gibt es genau ein $c \in \mathbf{R}$ mit*

$$c \in \bigcap_{n=0}^{\infty} [a_n, b_n]$$

und es gilt

$$\lim_{n\to\infty} a_n = c = \lim_{n\to\infty} b_n$$

Beweis.   Die Folgen $\{a_n\}_{n\in\mathbf{N}_0}$ und $\{b_n\}_{n\in\mathbf{N}_0}$ sind nach Voraussetzung monoton; wegen $a_0 \leq a_n \leq b_n \leq b_0$ sind sie außerdem beschränkt. Also sind die Folgen $\{a_n\}_{n\in\mathbf{N}_0}$ und $\{b_n\}_{n\in\mathbf{N}_0}$ konvergent. Sei nun

$$a := \lim_{n\to\infty} a_n$$

und

$$b := \lim_{n\to\infty} b_n$$

Aus den Voraussetzungen folgt

$$\begin{aligned}
b - a &= \lim_{n\to\infty} (b - a) \\
&= \lim_{n\to\infty} \Big((b - b_n) + (b_n - a_n) + (a_n - a) \Big) \\
&= \lim_{n\to\infty} (b - b_n) + \lim_{n\to\infty} (b_n - a_n) + \lim_{n\to\infty} (a_n - a) \\
&= 0
\end{aligned}$$

und damit

$$a \;=\; b$$

Wir setzen

$$c \;:=\; a \;=\; b$$

Dann gilt

$$\lim_{n\to\infty} a_n \;=\; c \;=\; \lim_{n\to\infty} b_n$$

Außerdem gilt $a_n \le c \le b_n$ für alle $n \in \mathbf{N}_0$, und damit

$$c \;\in\; \bigcap_{n=0}^{\infty} [a_n, b_n]$$

Sei schließlich $d \in \bigcap_{n=0}^{\infty}[a_n, b_n]$. Dann gilt $a_n \le d \le b_n$ für alle $n \in \mathbf{N}_0$, also $c = \lim_{n\to\infty} a_n \le d \le \lim_{n\to\infty} b_n = c$, und damit $d = c$. $\qquad\square$

Beispiel (Euler'sche Zahl). Das Paar $(\{a_n\}_{n\in\mathbf{N}}, \{b_n\}_{n\in\mathbf{N}})$ mit

$$a_n \;:=\; \left(1 + \frac{1}{n}\right)^n$$

$$b_n \;:=\; \left(1 + \frac{1}{n}\right)^{n+1}$$

ist eine Intervallschachtelung.
In der Tat:
- für alle $n \in \mathbf{N}$ gilt $a_n \le b_n$,
- die Folge $\{a_n\}_{n\in\mathbf{N}}$ ist monoton wachsend,
- die Folge $\{b_n\}_{n\in\mathbf{N}}$ ist monoton fallend, und
- die Folge $\{b_n - a_n\}_{n\in\mathbf{N}}$ ist eine Nullfolge, denn für alle $n \in \mathbf{N}$ gilt

$$\begin{aligned}
0 \;&\le\; b_n - a_n \\
&=\; a_n\left(1 + \frac{1}{n}\right) - a_n \\
&=\; a_n \cdot \frac{1}{n} \\
&\le\; b_n \cdot \frac{1}{n} \\
&\le\; b_1 \cdot \frac{1}{n}
\end{aligned}$$

Also konvergieren die Folgen $\{a_n\}_{n\in\mathbf{N}}$ und $\{b_n\}_{n\in\mathbf{N}}$ und es gibt genau eine Zahl $e \in \mathbf{R}$ mit

$$\lim_{n\to\infty}\left(1 + \frac{1}{n}\right)^n \;=\; e \;=\; \lim_{n\to\infty}\left(1 + \frac{1}{n}\right)^{n+1}$$

Die Zahl e heißt *Euler'sche Zahl.* Wir berechnen e näherungsweise:

n	a_n	b_n
1	2	4
10	2.593'743	2.853'117
100	2.704'814	2.731'862
1'000	2.716'923	2.719'641
10'000	2.718'146	2.718'418
100'000	2.718'268	2.718'295
1'000'000	2.718'281	2.718'283
$\vdots$	$\vdots$	$\vdots$

Die Intervallschachtelung konvergiert in diesem Fall äußerst langsam: Um eine weitere Dezimale exakt zu bestimmen, muß der Rechenaufwand jeweils verzehnfacht werden.

Die einfachste Intervallschachtelung ist die Bisektion, bei der die Länge der Intervalle bei jedem Schritt halbiert wird.

Beispiel (Bisektion). Wir konstruieren eine Intervallschachtelung zur näherungsweisen Berechnung der Quadratwurzel $\sqrt{c}$ einer Zahl $c \in (0, \infty)$. Als erstes Intervall wählen wir

$$[a_0, b_0]$$

mit $\sqrt{c} \in [a_0, b_0]$. Ist $[a_n, b_n]$ bereits definiert, so setzen wir

$$c_n := \frac{a_n + b_n}{2}$$

und

$$[a_{n+1}, b_{n+1}] := \begin{cases} [c_n, b_n] & \text{falls} \quad c_n^2 \leq c \\ [a_n, c_n] & \text{falls} \quad c_n^2 > c \end{cases}$$

Dann ist das Paar $(\{a_n\}_{n \in \mathbf{N}_0}, \{b_n\}_{n \in \mathbf{N}_0})$ eine Intervallschachtelung, und für alle $n \in \mathbf{N}_0$ gilt

$$a_n \leq \sqrt{c} \leq b_n$$

Also gilt

$$\lim_{n \to \infty} a_n = \sqrt{c} = \lim_{n \to \infty} b_n$$

Daher läßt sich $\sqrt{c}$ durch jede der Folgen $\{a_n\}_{n \in \mathbf{N}_0}$ und $\{b_n\}_{n \in \mathbf{N}_0}$ beliebig genau approximieren.

Beispielsweise erhält man für $c := 13$ mit $[a_0, b_0] := [3, 4]$

n	a_n	b_n
0	3	4
1	3.5	4
2	$\underline{3}$.5	$\underline{3}$.75
3	$\underline{3}$.5	$\underline{3}$.625
4	$\underline{3}$.562'5	$\underline{3}$.625
5	$\underline{3}$.593'75	$\underline{3}$.625
6	$\underline{3}$.593'75	$\underline{3}$.609'375
7	$\underline{3}$.601'536	$\underline{3}$.609'375
$\vdots$	$\vdots$	$\vdots$

Auch in diesem Fall konvergiert die Intervallschachtelung recht langsam.

Das Newton–Verfahren (Spezialfall)

Die näherungsweise Berechnung der Quadratwurzel $\sqrt{c}$ einer Zahl $c \in (0, \infty)$ läßt sich wesentlich schneller durchführen, wenn man anstelle der Intervallschachtelung das *Newton–Verfahren* verwendet.

Ausgangspunkt ist die Feststellung, daß

$$x^* := \sqrt{c}$$

die einzige positive Lösung der quadratischen Gleichung

$$x^2 = c$$

ist, und daß diese quadratische Gleichung sich in der Form

$$x = \frac{1}{2}\left(x + \frac{c}{x}\right)$$

schreiben läßt.

Wir definieren nun eine Folge $\{x_n\}_{n \in \mathbf{N}_0}$ rekursiv durch beliebige Wahl von $x_0 > 0$ und

$$x_{n+1} := \frac{1}{2}\left(x_n + \frac{c}{x_n}\right)$$

für alle $n \in \mathbf{N}_0$. Dann gilt $x_n > 0$ für alle $n \in \mathbf{N}_0$. Wenn die Folge $\{x_n\}_{n \in \mathbf{N}_0}$ konvergiert, dann konvergiert auch die Folge $\{x_{n+1}\}_{n \in \mathbf{N}_0}$, und die Grenzwerte sind identisch; im Fall $\lim_{n\to\infty} x_n \neq 0$ gilt daher

$$
\begin{aligned}
\lim_{n\to\infty} x_n &= \lim_{n\to\infty} x_{n+1} \\
&= \lim_{n\to\infty} \frac{1}{2}\left(x_n + \frac{c}{x_n}\right) \\
&= \frac{1}{2}\left(\lim_{n\to\infty} x_n + \frac{c}{\lim_{n\to\infty} x_n}\right)
\end{aligned}
$$

und damit

$$
\lim_{n\to\infty} x_n = x^*
$$

Wegen $x^* = \sqrt{c}$ bedeutet das gerade, daß $\sqrt{c}$ beliebig genau durch ein Glied der Folge $\{x_n\}_{n\in\mathbf{N}_0}$ approximiert werden kann.

Zu zeigen ist also, daß die Folge $\{x_n\}_{n\in\mathbf{N}_0}$ konvergiert mit

$$
\lim_{n\to\infty} x_n \neq 0
$$

In der Tat: Aus der Definition der Folge $\{x_n\}_{n\in\mathbf{N}_0}$ ergibt sich für alle $n \in \mathbf{N}_0$

$$
\begin{aligned}
x_{n+1}^2 &= \left(\frac{1}{2}\left(x_n + \frac{c}{x_n}\right)\right)^2 \\
&= \left(\frac{x_n^2+c}{2x_n}\right)^2 \\
&= \frac{(x_n^2+c)^2}{4x_n^2} \\
&= \frac{(x_n^2-c)^2 + 4x_n^2 c}{4x_n^2} \\
&= \frac{(x_n^2-c)^2}{4x_n^2} + c \\
&\geq c
\end{aligned}
$$

Für alle $n \in \mathbf{N}$ gilt also $c \leq x_n^2$ und damit

$$
\sqrt{c} \leq x_n
$$

und

$$
\frac{c}{x_n} \leq x_n
$$

Aus der letzten Ungleichung erhält man

$$x_{n+1} = \frac{1}{2}\left(x_n + \frac{c}{x_n}\right)$$

$$\leq \frac{1}{2}(x_n + x_n)$$

$$= x_n$$

Also ist die Folge $\{x_n\}_{n\in\mathbf{N}}$ (ohne den Startwert x_0) monoton fallend; wegen $\sqrt{c} \leq x_n$ und $x_n \leq x_1$ ist sie außerdem beschränkt. Die Folge $\{x_n\}_{n\in\mathbf{N}}$ ist also monoton und beschränkt, und daher konvergent. Dann aber konvergiert auch die Folge $\{x_n\}_{n\in\mathbf{N}_0}$, und wegen $\sqrt{c} \leq x_n$ für alle $n \in \mathbf{N}$ gilt $\lim_{n\to\infty} x_n \neq 0$.

Beispiel. Wir berechnen $\sqrt{c}$ für $c := 13$.
- Mit dem Startwert $x_0 := 1$ liefert das Newton-Verfahren bei 6-stelliger Genauigkeit folgende Werte:

n	x_n	$13/x_n$
0	1	13
1	7	1.857'143
2	4.428'572	2.935'484
3	3.682'028	3.530'663
4	3.606'345	3.604'757
5	3.605'551	3.605'551

Die Approximation von $\sqrt{13}$ durch x_5 ist auf sechs Stellen hinter dem Komma exakt.
- Mit dem Startwert $x_0 := 4 > \sqrt{13}$ liefert das Newton-Verfahren bei 6-stelliger Genauigkeit folgende Werte:

n	x_n	$13/x_n$
0	4	3.25
1	3.625	3.586'207
2	3.605'603	3.605'500
3	3.605'551	3.605'551

In diesem Fall ist bereits die Approximation von $\sqrt{13}$ durch x_3 auf sechs Stellen hinter dem Komma exakt.

Bemerkung. Wir haben gezeigt, daß die Folge $\{x_n\}_{n\in\mathbf{N}_0}$ unabhängig von der Wahl des Startwerts $x_0 > 0$ gegen $\sqrt{c}$ konvergiert. Das Beispiel zeigt jedoch, daß die Wahl des Startwerts die *Konvergenzgeschwindigkeit* des Verfahrens bestimmt. Offenbar ist es sinnvoll, einen Startwert $x_0 > \sqrt{c}$ zu wählen: Der erste Sprung nach oben wird dadurch vermieden.

Teilfolgen und Häufungspunkte

Ist $\{a_n\}_{n\in\mathbf{N}_0}$ eine Folge, so heißt für jede streng monoton wachsende Folge $\{n_k\}_{k\in\mathbf{N}_0} \subseteq \mathbf{N}_0$ die Folge $\{a_{n_k}\}_{k\in\mathbf{N}_0}$ *Teilfolge* von $\{a_n\}_{n\in\mathbf{N}_0}$. Offenbar übertragen sich alle Monotonie–, Konvergenz– und Beschränktheitseigenschaften einer Folge auf jede ihrer Teilfolgen; insbesondere folgt aus

$$\lim_{n\to\infty} a_n = a$$

für jede Teilfolge $\{a_{n_k}\}_{k\in\mathbf{N}_0}$

$$\lim_{k\to\infty} a_{n_k} = a$$

Andererseits ist es möglich, daß gewisse Teilfolgen einer Folge konvergieren, obwohl die Folge selbst divergiert:

Beispiel.   Die Folge $\{a_n\}_{n\in\mathbf{N}_0}$ mit

$$a_n := (-1)^n$$

ist beschränkt, aber nicht konvergent. Für alle $k \in \mathbf{N}_0$ gilt

$$a_{2k} = 1$$

und

$$a_{2k+1} = -1$$

Die Folgen $\{a_{2k}\}_{k\in\mathbf{N}_0}$ und $\{a_{2k+1}\}_{k\in\mathbf{N}_0}$ sind also konstante, und damit konvergente, Teilfolgen der divergenten Folge $\{a_n\}_{n\in\mathbf{N}_0}$; die Grenzwerte dieser Teilfolgen sind verschieden.

Satz (Bolzano–Weierstraß).   *Jede beschränkte Folge besitzt eine konvergente Teilfolge.*

Jede Zahl $a \in \mathbf{R}$, die Grenzwert einer konvergenten Teilfolge von $\{a_n\}_{n\in\mathbf{N}_0}$ ist, heißt *Häufungspunkt* der Folge $\{a_n\}_{n\in\mathbf{N}_0}$.

Satz.
(a)   *Eine beschränkte Folge besitzt mindestens einen Häufungspunkt.*
(b)   *Eine monotone Folge besitzt höchstens einen Häufungspunkt.*
(c)   *Eine Folge ist genau dann konvergent, wenn sie beschränkt ist und genau einen Häufungspunkt besitzt.*

Aus dem Satz folgt die bereits bekannte Tatsache, daß eine monotone Folge genau dann konvergent ist, wenn sie beschränkt ist.

Cauchy–Folgen

Eine Folge $\{a_n\}_{n\in\mathbb{N}_0}$ heißt *Cauchy-Folge*, wenn es zu jedem $\varepsilon > 0$ ein $n_\varepsilon \in \mathbb{N}_0$ gibt, sodaß für alle $n \in \mathbb{N}_0$ mit $n \geq n_\varepsilon$ und für alle $m \in \mathbb{N}_0$

$$|a_{n+m} - a_n| \leq \varepsilon$$

gilt.

Satz (Cauchy-Kriterium). *Eine Folge ist genau dann konvergent, wenn sie eine Cauchy-Folge ist.*

Aufgrund des Cauchy-Kriteriums ist jede Cauchy-Folge konvergent; damit ist aber der Grenzwert der Folge noch nicht bestimmt. Das folgende Ergebnis zeigt, daß man den Grenzwert einer Cauchy-Folge mit Hilfe einer beliebigen Teilfolge bestimmen kann:

Folgerung. *Ist $\{a_n\}_{n\in\mathbb{N}_0}$ eine Cauchy-Folge und ist a ein Häufungspunkt von $\{a_n\}_{n\in\mathbb{N}_0}$, so gilt $\lim_{n\to\infty} a_n = a$.*

Beweis. Sei $\{a_{n_k}\}_{k\in\mathbb{N}_0}$ eine Teilfolge von $\{a_n\}_{n\in\mathbb{N}_0}$ mit

$$\lim_{k\to\infty} a_{n_k} = a$$

Dann gilt

$$|a_n - a| \leq |a_n - a_{n_k}| + |a_{n_k} - a|$$

Da $\{a_n\}_{n\in\mathbb{N}_0}$ eine Cauchy-Folge ist und die Teilfolge $\{a_{n_k}\}_{k\in\mathbb{N}_0}$ konvergent ist mit $\lim_{k\to\infty} a_{n_k} = a$, folgt aus der Ungleichung

$$\lim_{k\to\infty} a_n = a$$

Die Behauptung ist damit gezeigt. $\qquad\square$

Die Bedeutung des Cauchy-Kriteriums wird vor allem bei der Untersuchung der Konvergenz unendlicher Reihen deutlich.

9.2 Konvergenz von Reihen

Sei $\{a_k\}_{k\in\mathbb{N}_0}$ eine Folge.

Für $n \in \mathbb{N}_0$ heißt

$$s_n := \sum_{k=0}^{n} a_k$$

die *n-te Partialsumme* der Folge $\{a_k\}_{k\in\mathbb{N}_0}$.

Die Folge $\{s_n\}_{n\in\mathbf{N}_0}$ der Partialsummen der Folge $\{a_k\}_{k\in\mathbf{N}_0}$ heißt (*unendliche*) *Reihe* und wird mit

$$\sum_{k=0}^{\infty} a_k$$

bezeichnet. Wir nennen a_k den k-ten *Summanden* oder das k-te *Glied* der Reihe.

Eine Reihe ist also nichts anderes als eine Folge, deren Glieder als Partialsummen einer anderen Folge definiert sind. Anstelle von $\mathbf{N}_0$ wird auch $\mathbf{N}$ oder eine andere unendliche Teilmenge von $\mathbf{N}_0$ als Definitionsbereich einer Folge und der zugehörigen Reihe verwendet.

Wir studieren im folgenden die Konvergenz bzw. Divergenz der Reihe $\sum_{k=0}^{\infty} a_k$, also die Konvergenz bzw. Divergenz der Folge $\{s_n\}_{n\in\mathbf{N}}$ der Partialsummen.

Eine Reihe heißt
- *konvergent*, wenn die Folge der Partialsummen konvergent ist.
- *divergent*, wenn die Folge der Partialsummen divergent ist.

Im Fall der Konvergenz der Reihe $\sum_{k=0}^{\infty} a_k$ bezeichnen wir ihren Grenzwert ebenfalls mit $\sum_{k=0}^{\infty} a_k$.

Beispiele.
(1) **Harmonische Reihe:** Die Reihe

$$\sum_{k=1}^{\infty} \frac{1}{k}$$

ist divergent.
In der Tat: Für alle $n \in \mathbf{N}$ gilt

$$
\begin{aligned}
s_{2^n} &= \sum_{k=1}^{2^n} \frac{1}{k} \\[2mm]
&= 1 + \sum_{j=0}^{n-1} \sum_{i=1}^{2^j} \frac{1}{2^j + i} \\[2mm]
&\geq 1 + \sum_{j=0}^{n-1} \sum_{i=1}^{2^j} \frac{1}{2^j + 2^j} \\[2mm]
&= 1 + \sum_{j=0}^{n-1} \frac{1}{2} \\[2mm]
&= 1 + \frac{n}{2}
\end{aligned}
$$

Also ist die Folge $\{s_{2^n}\}_{n\in\mathbf{N}}$ unbeschränkt. Dann ist aber auch die Folge $\{s_n\}_{n\in\mathbf{N}}$ unbeschränkt und daher divergent.

(2) Die Reihe

$$\sum_{k=1}^{\infty} \frac{1}{k^2}$$

ist konvergent.

In der Tat: Für alle $k \in \mathbf{N}$ mit $k \geq 2$ gilt

$$
\begin{aligned}
\frac{1}{k^2} &\leq \frac{1}{k^2 - k} \\
&= \frac{1}{(k-1)k} \\
&= \frac{1}{k-1} - \frac{1}{k}
\end{aligned}
$$

Daraus folgt für alle $n \in \mathbf{N}$

$$
\begin{aligned}
s_n &= \sum_{k=1}^{n} \frac{1}{k^2} \\
&= 1 + \sum_{k=2}^{n} \frac{1}{k^2} \\
&\leq 1 + \sum_{k=2}^{n} \left(\frac{1}{k-1} - \frac{1}{k} \right) \\
&= 1 + \left(1 - \frac{1}{n} \right) \\
&\leq 2
\end{aligned}
$$

Also ist die monotone Folge $\{s_n\}_{n \in \mathbf{N}}$ beschränkt und daher konvergent.

(3) Die Reihe

$$\sum_{k=1}^{\infty} \left(1 + \frac{1}{k^2} \right)$$

ist divergent.

In der Tat: Für alle $n \in \mathbf{N}$ gilt

$$
\begin{aligned}
s_n &= \sum_{k=1}^{n} \left(1 + \frac{1}{k^2} \right) \\
&\geq \sum_{k=1}^{n} 1 \\
&= n
\end{aligned}
$$

Also ist die Folge $\{s_n\}_{n \in \mathbf{N}}$ unbeschränkt und daher divergent.

Der folgende Satz zeigt, wie man aus konvergenten Reihen neue konvergente Reihen gewinnen kann:

Satz. *Seien $\sum_{k=0}^{\infty} a_k$ und $\sum_{k=0}^{\infty} b_k$ konvergente Reihen und sei $c \in \mathbf{R}$. Dann gilt:*
(a) *Die Reihe $\sum_{k=0}^{\infty}(a_k + b_k)$ ist konvergent mit*

$$\sum_{k=0}^{\infty}(a_k + b_k) = \sum_{k=0}^{\infty} a_k + \sum_{k=0}^{\infty} b_k$$

(b) *Die Reihe $\sum_{k=0}^{\infty}(ca_k)$ ist konvergent mit*

$$\sum_{k=0}^{\infty}(ca_k) = c \cdot \sum_{k=0}^{\infty} a_k$$

Insbesondere bilden die konvergenten Reihen einen Vektorraum.

Dieser Satz ist ein Spezialfall des entsprechenden Satzes für Folgen.

Satz (Notwendige Bedingung). *Wenn die Reihe $\sum_{k=0}^{\infty} a_k$ konvergent ist, dann ist $\{a_k\}_{k \in \mathbf{N}_0}$ eine Nullfolge.*

Beweis. Wir nehmen an, daß die Reihe $\sum_{k=0}^{\infty} a_k$ konvergent ist, und setzen

$$s := \lim_{n \to \infty} s_n = \lim_{n \to \infty} \sum_{k=0}^{n} a_k$$

Dann gilt

$$s = \lim_{n \to \infty} s_{n+1} = \lim_{n \to \infty} \sum_{k=0}^{n+1} a_k$$

und damit

$$\lim_{n \to \infty} a_{n+1} = \lim_{n \to \infty} \left(\sum_{k=0}^{n+1} a_k - \sum_{k=0}^{n} a_k \right)$$
$$= \lim_{n \to \infty} \sum_{k=0}^{n+1} a_k - \lim_{n \to \infty} \sum_{k=0}^{n} a_k$$
$$= s - s$$
$$= 0$$

Damit ist die Behauptung gezeigt. $\qquad\square$

Die Umkehrung des Satzes ist jedoch falsch, wie man am folgenden Beispiel erkennt:

Beispiel (Harmonische Reihe). Die Folge $\{a_k\}_{k\in\mathbf{N}}$ mit

$$a_k \;:=\; \frac{1}{k}$$

ist eine Nullfolge, aber die Reihe

$$\sum_{k=1}^{\infty} \frac{1}{k}$$

ist divergent.

Die wichtigste Reihe neben der harmonischen Reihe ist die geometrische Reihe, die aus den Partialsummen der geometrischen Folge gebildet wird:

Satz (Geometrische Reihe). *Die geometrische Reihe*

$$\sum_{k=0}^{\infty} q^k$$

ist genau dann konvergent, wenn $|q| < 1$ gilt. In diesem Fall gilt

$$\sum_{k=0}^{\infty} q^k \;=\; \frac{1}{1-q}$$

Beweis. Wir führen den Beweis durch Fallunterscheidung:
- Im Fall $|q| < 1$ gilt

$$\lim_{n\to\infty} \sum_{k=0}^{n} q^k \;=\; \lim_{n\to\infty} \frac{1-q^{n+1}}{1-q} \;=\; \frac{1}{1-q}$$

- Im Fall $|q| \geq 1$ ist die Folge $\{q^k\}_{k\in\mathbf{N}_0}$ keine Nullfolge. Daher ist die Reihe $\sum_{k=0}^{\infty} q^k$ divergent.

Damit ist die Behauptung gezeigt. $\qquad\square$

Eine recht spezielle aber dennoch nützliche hinreichende Bedingung für die Konvergenz einer Reihe ist die folgende:

Satz (Leibniz–Bedingung für alternierende Reihen). *Ist $\{a_k\}_{k\in\mathbf{N}_0}$ eine monotone Nullfolge, so ist die Reihe $\sum_{k=0}^{\infty}(-1)^k a_k$ konvergent.*

Beweis. Ohne Beschränkung der Allgemeinheit können wir annehmen, daß $a_0 \geq a_1 \geq a_2 \geq \ldots \geq 0$ gilt. Wir setzen

$$c_n \;:=\; s_{2n+1} \;=\; \sum_{k=0}^{2n+1} (-1)^k a_k$$

und

$$d_n \; := \; s_{2n} \; = \; \sum_{k=0}^{2n} (-1)^k a_k$$

Dann ist das Paar $(\{c_n\}_{n\in \mathbf{N}_0}, \{d_n\}_{n\in \mathbf{N}_0})$ eine Intervallschachtelung. Also gilt

$$\lim_{n\to\infty} c_n \; = \; \lim_{n\to\infty} d_n$$

Sei nun $s := \lim_{n\to\infty} c_n = \lim_{n\to\infty} d_n$. Dann enthält jede ε–Umgebung von s von jeder der Folgen $\{c_n\}_{n\in \mathbf{N}_0}$ und $\{d_n\}_{n\in \mathbf{N}_0}$, und damit von der Folge $\{s_n\}_{n\in \mathbf{N}_0}$, alle außer endlich viele Glieder. Also ist die Folge $\{s_n\}_{n\in \mathbf{N}_0}$, und damit die Reihe $\sum_{k=0}^{\infty} a_k$, konvergent. $\qquad\qquad\square$

Beispiel. Die Reihe

$$\sum_{k=1}^{\infty} \frac{(-1)^k}{k}$$

ist konvergent.

Das Cauchy–Kriterium

Eine Reihe $\sum_{k=0}^{\infty} a_k$ erfüllt die *Cauchy-Bedingung*, wenn es für alle $\varepsilon > 0$ ein $n_\varepsilon \in \mathbf{N}$ gibt, sodaß für alle $n \in \mathbf{N}$ mit $n \geq n_\varepsilon$ und für alle $m \in \mathbf{N}$

$$\left| \sum_{k=0}^{n+m} a_k - \sum_{k=0}^{n} a_k \right| \; < \; \varepsilon$$

gilt.

Satz (Cauchy–Kriterium). *Eine Reihe ist genau dann konvergent, wenn sie die Cauchy-Bedingung erfüllt.*

Beispiele.
(1) **Harmonische Reihe:** Die Reihe

$$\sum_{k=1}^{\infty} \frac{1}{k}$$

ist divergent.
In der Tat: Es gilt

$$\left| \sum_{k=1}^{2n} \frac{1}{k} - \sum_{k=1}^{n} \frac{1}{k} \right| \; = \; \sum_{k=n+1}^{2n} \frac{1}{k}$$

$$\geq \; \sum_{k=n+1}^{2n} \frac{1}{2n}$$

$$= \; \frac{1}{2}$$

Die Behauptung folgt aus dem Cauchy-Kriterium.

(2) Die Reihe

$$\sum_{k=1}^{\infty} \frac{1}{k^2}$$

ist konvergent.

In der Tat: Für alle $n, m \in \mathbf{N}$ gilt

$$\left| \sum_{k=1}^{n+m} \frac{1}{k^2} - \sum_{k=1}^{n} \frac{1}{k^2} \right| = \sum_{k=n+1}^{n+m} \frac{1}{k^2}$$

$$\leq \sum_{k=n+1}^{n+m} \frac{1}{(k-1)\,k}$$

$$= \sum_{k=n+1}^{n+m} \left(\frac{1}{k-1} - \frac{1}{k} \right)$$

$$= \frac{1}{n} - \frac{1}{n+m}$$

$$\leq \frac{1}{n}$$

Die Behauptung folgt aus dem Cauchy–Kriterium.

Absolut konvergente Reihen

Eine Reihe $\sum_{k=0}^{\infty} a_k$ heißt *absolut konvergent*, wenn die Reihe $\sum_{k=0}^{\infty} |a_k|$ konvergent ist. Offenbar ist jede Reihe mit positiven Gliedern genau dann absolut konvergent, wenn sie konvergent ist.

Satz. *Jede absolut konvergente Reihe ist konvergent.*

Beweis. Die Behauptung folgt aus der Dreiecksungleichung

$$\left| \sum_{k=0}^{n+m} a_k - \sum_{k=0}^{n} a_k \right| = \left| \sum_{k=n+1}^{n+m} a_k \right|$$

$$\leq \sum_{k=n+1}^{n+m} |a_k|$$

$$= \sum_{k=0}^{n+m} |a_k| - \sum_{k=0}^{n} |a_k|$$

und dem Cauchy–Kriterium. $\square$

Die Umkehrung dieses Satzes ist jedoch falsch, wie man am folgenden Beispiel erkennt:

Beispiel. Die Reihe

$$\sum_{k=1}^{\infty} \frac{(-1)^k}{k}$$

ist konvergent, aber nicht absolut konvergent.

Wir betrachten nun einige Bedingungen für die absolute Konvergenz bzw. die Divergenz einer Reihe:

Satz (Majoranten–Minoranten–Test). *Seien $\sum_{k=0}^{\infty} a_k$ und $\sum_{k=0}^{\infty} b_k$ Reihen mit*

$$|a_k| \leq b_k$$

für alle $k \in \mathbf{N}_0$.
(a) *Wenn die Reihe $\sum_{k=0}^{\infty} b_k$ konvergent ist, dann ist die Reihe $\sum_{k=0}^{\infty} a_k$ absolut konvergent.*
(b) *Wenn die Reihe $\sum_{k=0}^{\infty} |a_k|$ divergent ist, dann ist auch die Reihe $\sum_{k=0}^{\infty} b_k$ divergent.*

Beweis.   Die erste Behauptung folgt aus dem Cauchy–Kriterium, und die zweite Behauptung folgt aus der ersten.   □

Beispiele.
(1) Für alle $p \in [2, \infty)$ ist die Reihe

$$\sum_{k=1}^{\infty} \frac{1}{k^p}$$

konvergent.
In der Tat: Die Reihe

$$\sum_{k=1}^{\infty} \frac{1}{k^2}$$

ist eine konvergente Majorante.
(2) Für alle $p \in [0, 1]$ ist die Reihe

$$\sum_{k=1}^{\infty} \frac{1}{k^p}$$

divergent.
In der Tat: Die harmonische Reihe

$$\sum_{k=1}^{\infty} \frac{1}{k}$$

ist eine divergente Minorante.

(3) Die Reihe

$$\sum_{k=1}^{\infty} \frac{q^k}{k}$$

ist
- konvergent für alle $q \in \mathbf{R}$ mit $|q| < 1$.
- divergent für alle $q \in \mathbf{R}$ mit $q \geq 1$.

In der Tat: Im Fall $|q| < 1$ ist die geometrische Reihe

$$\sum_{k=1}^{\infty} |q|^k$$

eine konvergente Majorante, und im Fall $q \geq 1$ ist die harmonische Reihe

$$\sum_{k=1}^{\infty} \frac{1}{k}$$

eine divergente Minorante.

Im Fall $q \leq -1$ liefert der Majoranten–Minoranten–Test keine Entscheidung.

Der Majoranten–Minoranten–Test ist besonders einfach, aber er ist nur dann anwendbar, wenn die gegebene Reihe gliedweise mit einer anderen Reihe verglichen werden kann, deren Konvergenz bzw. Divergenz bereits bekannt ist.

Zusammen mit der Konvergenz der geometrischen Reihe für $q \in (0,1)$ erhält man aus dem Majoranten–Minoranten–Test zwei weitere Tests auf absolute Konvergenz bzw. Divergenz einer Reihe, die beide ausschließlich auf den Eigenschaften der Glieder der Reihe beruhen:

Satz (Quotiententest). *Sei $\sum_{k=0}^{\infty} a_k$ eine Reihe mit $a_k \neq 0$ für alle $k \in \mathbf{N}_0$.*
(a) *Wenn es ein $q \in (0,1)$ gibt, sodaß für alle $k \in \mathbf{N}_0$*

$$\left| \frac{a_{k+1}}{a_k} \right| \leq q$$

gilt, dann ist die Reihe $\sum_{k=0}^{\infty} a_k$ absolut konvergent.
(b) *Wenn für alle $k \in \mathbf{N}_0$ die Ungleichung*

$$1 \leq \left| \frac{a_{k+1}}{a_k} \right|$$

gilt, dann ist die Reihe $\sum_{k=0}^{\infty} a_k$ divergent.

Beweis. Im ersten Fall gilt für alle $k \in \mathbf{N}$

$$|a_k| \leq |a_0| \cdot q^k$$

und die Behauptung folgt aus der Konvergenz der geometrischen Reihe für $q \in (0,1)$ und dem Majoranten–Minoranten–Test.
Im zweiten Fall ist $\{a_k\}_{k \in \mathbf{N}_0}$ keine Nullfolge, und die Behauptung folgt. $\square$

Oft ist es günstig, die folgende Variante des Quotiententests anzuwenden:

Folgerung. *Sei $\sum_{k=0}^{\infty} a_k$ eine Reihe mit $a_k \neq 0$ für alle $k \in \mathbf{N}_0$.*
(a) *Wenn die Folge $\{|a_{k+1}/a_k|\}_{k \in \mathbf{N}_0}$ konvergent ist mit*

$$\lim_{k \to \infty} \left| \frac{a_{k+1}}{a_k} \right| < 1$$

dann ist die Reihe $\sum_{k=0}^{\infty} a_k$ absolut konvergent.
(b) *Wenn die Folge $\{|a_{k+1}/a_k|\}_{k \in \mathbf{N}_0}$ konvergent ist mit*

$$\lim_{k \to \infty} \left| \frac{a_{k+1}}{a_k} \right| > 1$$

dann ist die Reihe $\sum_{k=0}^{\infty} a_k$ divergent.

Beispiele.
(1) Die Reihe

$$\sum_{k=0}^{\infty} \frac{k^2}{2^k}$$

ist konvergent.
In der Tat: Für alle $k \in \mathbf{N}_0$ mit $k \geq 1$ gilt

$$\left| \frac{a_{k+1}}{a_k} \right| \;=\; \frac{(k+1)^2}{2^{k+1}} \cdot \frac{2^k}{k^2} \;=\; \frac{1}{2} \left(\frac{k+1}{k} \right)^2$$

Die Behauptung folgt aus dem Quotiententest.
(2) Die Reihe

$$\sum_{k=1}^{\infty} \frac{q^k}{k}$$

ist
– konvergent für alle $q \in \mathbf{R}$ mit $|q| < 1$.
– divergent für alle $q \in \mathbf{R}$ mit $|q| > 1$.
Dies folgt aus dem Quotiententest.
Im Fall $|q| = 1$ liefert der Quotiententest keine Entscheidung.

Satz (Wurzeltest). *Sei $\sum_{k=0}^{\infty} a_k$ eine Reihe.*
(a) *Wenn es ein $q \in (0, 1)$ gibt, sodaß für alle $k \in \mathbf{N}_0$*

$$\sqrt[k]{|a_k|} \leq q$$

gilt, dann ist die Reihe $\sum_{k=0}^{\infty} a_k$ absolut konvergent.
(b) *Wenn für alle $k \in \mathbf{N}_0$ die Ungleichung*

$$1 \leq \sqrt[k]{|a_k|}$$

gilt, dann ist die Reihe $\sum_{k=0}^{\infty} a_k$ divergent.

Beweis. Im ersten Fall gilt für alle $k \in \mathbf{N}_0$

$$|a_k| \leq q^k$$

und die Behauptung folgt aus der Konvergenz der geometrischen Reihe für $q \in (0,1)$ und dem Majoranten–Minoranten–Test.

Im zweiten Fall ist $\{a_k\}_{k \in \mathbf{N}_0}$ keine Nullfolge, und die Behauptung folgt. $\qquad\square$

Oft ist es günstig, die folgende Variante des Wurzeltests anzuwenden:

Folgerung. *Sei $\sum_{k=0}^{\infty} a_k$ eine Reihe.*
(a) *Wenn die Folge $\{\sqrt[k]{|a_k|}\}_{k \in \mathbf{N}_0}$ konvergent ist mit*

$$\lim_{k \to \infty} \sqrt[k]{|a_k|} < 1$$

   dann ist die Reihe $\sum_{k=0}^{\infty} a_k$ absolut konvergent.
(b) *Wenn die Folge $\{\sqrt[k]{|a_k|}\}_{k \in \mathbf{N}_0}$ konvergent ist mit*

$$\lim_{k \to \infty} \sqrt[k]{|a_k|} > 1$$

   dann ist die Reihe $\sum_{k=0}^{\infty} a_k$ divergent.

Beispiel. Die Reihe

$$\sum_{k=0}^{\infty} \left(\frac{k}{k+1} \right)^{k^2}$$

ist konvergent.

In der Tat: Für alle $k \in \mathbf{N}_0$ gilt

$$\sqrt[k]{\left(\frac{k}{k+1} \right)^{k^2}} = \left(\frac{k}{k+1} \right)^{k} = \frac{1}{(1+1/k)^k}$$

Nun ist aber die Folge $\{b_k\}_{k \in \mathbf{N}}$ mit

$$b_k := \left(1 + \frac{1}{k} \right)^k$$

(streng) monoton wachsend mit $b_1 = 2$. Daher gilt für alle $k \in \mathbf{N}_0$ mit $k \geq 2$

$$\sqrt[k]{\left(\frac{k}{k+1} \right)^{k^2}} \leq \frac{1}{2} < 1$$

Die Behauptung folgt aus dem Wurzeltest.

Wir haben bereits bemerkt und auch davon Gebrauch gemacht, daß die ersten Glieder einer Reihe für ihre Konvergenz-Eigenschaften ohne Bedeutung sind. Daher genügt es, den Majoranten–Minoranten–Test, den Quotiententest, und den Wurzeltest auf die Reihe $\sum_{k=k_0}^{\infty} a_k$ mit beliebigem $k_0 \in \mathbf{N}_0$ anzuwenden; es genügt also, die in diesen Tests auftretenden Ungleichungen für alle $k \in \mathbf{N}_0$ mit $k \geq k_0$ zu überprüfen.

Potenzreihen

Eine Reihe der Form

$$\sum_{k=0}^{\infty} a_k q^k$$

mit $q \in \mathbf{R}$ heißt *Potenzreihe*.

Die Konvergenzeigenschaften einer Potenzreihe werden weitgehend durch das folgende bemerkenswerte Ergebnis beschrieben:

Satz (Konvergenzradius). *Zu jeder Folge $\{a_k\}_{k \in \mathbf{N}_0}$ gibt es eine eindeutig bestimmte Zahl $r \in [0, \infty]$ mit folgenden Eigenschaften:*
(a) *Für alle $q \in \mathbf{R}$ mit $|q| < r$ ist die Potenzreihe $\sum_{k=0}^{\infty} a_k q^k$ absolut konvergent.*
(b) *Für alle $q \in \mathbf{R}$ mit $|q| > r$ ist die Potenzreihe $\sum_{k=0}^{\infty} a_k q^k$ divergent.*

Zu jeder Potenzreihe gehört also eine eindeutig bestimmte Zahl $r \in [0, \infty]$ derart, daß die Potenzreihe
- für alle $q \in \mathbf{R}$ mit $|q| < r$ konvergiert und
- für alle $q \in \mathbf{R}$ mit $|q| > r$ divergiert;

für $q \in \mathbf{R}$ mit $|q| = r$ ist die Konvergenz der Potenzreihe dagegen nicht geklärt. Die Zahl r heißt *Konvergenzradius* der Potenzreihe.

Um die Konvergenz einer Potenzreihe vollständig, also für alle $q \in \mathbf{R}$, zu klären, ist es oft erforderlich, mehrere Tests auf Konvergenz oder Divergenz einer Reihe anzuwenden:

Beispiele.
(1) **Geometrische Reihe:** Die Potenzreihe

$$\sum_{k=0}^{\infty} q^k$$

ist
- konvergent für alle $q \in \mathbf{R}$ mit $q \in (-1, 1)$.
- divergent für alle $q \in \mathbf{R}$ mit $q \in \mathbf{R} \setminus (-1, 1)$.
In der Tat: Die Behauptung folgt aus dem Satz über die geometrische Reihe. Der Konvergenzradius der geometrischen Reihe ist $r = 1$.
(2) Die Potenzreihe

$$\sum_{k=1}^{\infty} \frac{q^k}{k}$$

ist
- konvergent für alle $q \in \mathbf{R}$ mit $q \in [-1, 1)$.
- divergent für alle $q \in \mathbf{R}$ mit $q \in \mathbf{R} \setminus [-1, 1)$.

In der Tat:
- Der Quotiententest liefert Konvergenz im Fall $|q| < 1$ und Divergenz im Fall $|q| > 1$.
- Die Leibniz–Bedingung für alternierende Reihen liefert Konvergenz im Fall $q = -1$.
- Im Fall $q = 1$ ist die Potenzreihe die harmonische Reihe und daher divergent.

Der Konvergenzradius der Potenzreihe ist $r = 1$.

(3) **Exponentialreihe:** Die Potenzreihe

$$\sum_{k=0}^{\infty} \frac{q^k}{k!}$$

ist für alle $q \in \mathbf{R}$ konvergent. Dies folgt aus dem Quotiententest.

(4) Die Potenzreihe

$$\sum_{k=0}^{\infty} \frac{(-1)^k q^{2k}}{(2k)!}$$

ist für alle $q \in \mathbf{R}$ konvergent. Dies folgt aus dem Quotiententest.

(5) Die Potenzreihe

$$\sum_{k=0}^{\infty} \frac{(-1)^k q^{2k+1}}{(2k+1)!}$$

ist für alle $q \in \mathbf{R}$ konvergent. Dies folgt aus dem Quotiententest.

9.3 Konvergenz von Produkten

Für eine Folge $\{a_k\}_{k \in \mathbf{N}_0}$ und $n \in \mathbf{N}_0$ heißt

$$p_n \;:=\; \prod_{k=0}^{n} a_k$$

das n-te *Partialprodukt* der Folge $\{a_k\}_{k \in \mathbf{N}_0}$.

Die Folge $\{p_n\}_{n \in \mathbf{N}_0}$ der Partialprodukte einer Folge $\{a_k\}_{k \in \mathbf{N}_0}$ heißt (*unendliches*) *Produkt* und wird mit

$$\prod_{k=0}^{\infty} a_k$$

bezeichnet. Wir nennen a_k den k-ten *Faktor* oder das k-te *Glied* des Produkts.

Ein Produkt ist also nichts anderes als eine Folge, deren Glieder als Partialprodukte einer anderen Folge definiert sind. Anstelle von $\mathbf{N}_0$ wird auch $\mathbf{N}$ oder eine andere unendliche Teilmenge von $\mathbf{N}_0$ als Definitionsbereich einer Folge und des zugehörigen Produkts verwendet.

Ein Produkt heißt
- *konvergent*, wenn die Folge der Partialprodukte konvergent ist.
- *divergent*, wenn die Folge der Partialprodukte divergent ist.

Im Fall der Konvergenz des Produktes $\prod_{k=0}^{\infty} a_k$ bezeichnen wir seinen Grenzwert ebenfalls mit $\prod_{k=0}^{\infty} a_k$.

Wir verzichten darauf, allgemeine Sätze über die Konvergenz von Produkten anzugeben, und begnügen uns mit einigen Beispielen:

Beispiele.

(1) Das Produkt

$$\prod_{k=2}^{\infty}\left(1 - \frac{1}{k}\right)$$

ist konvergent mit $\prod_{k=2}^{\infty}(1 - 1/k) = 0$.
In der Tat: Für alle $n \in \mathbf{N}$ mit $n \geq 2$ gilt

$$p_n \;=\; \prod_{k=2}^{n}\left(1 - \frac{1}{k}\right) \;=\; \prod_{k=2}^{n}\left(\frac{k-1}{k}\right) \;=\; \frac{1}{n}$$

(2) Das Produkt

$$\prod_{k=2}^{\infty}\left(1 + \frac{1}{k}\right)$$

ist divergent.
In der Tat: Für alle $n \in \mathbf{N}$ mit $n \geq 2$ gilt

$$p_n \;=\; \prod_{k=2}^{n}\left(1 + \frac{1}{k}\right) \;=\; \prod_{k=2}^{n}\left(\frac{k+1}{k}\right) \;=\; \frac{n+1}{2}$$

(3) Das Produkt

$$\prod_{k=2}^{\infty}\left(1 - \frac{1}{k^2}\right)$$

ist konvergent mit $\prod_{k=2}^{n}(1 - 1/k^2) = 1/2$.
In der Tat: Für alle $n \in \mathbf{N}$ mit $n \geq 2$ gilt wegen (1) und (2)

$$p_n \;=\; \prod_{k=2}^{\infty}\left(1 - \frac{1}{k^2}\right) \;=\; \prod_{k=2}^{n}\left(1 - \frac{1}{k}\right) \cdot \prod_{k=2}^{n}\left(1 + \frac{1}{k}\right) \;=\; \frac{1}{n} \cdot \frac{n+1}{2} \;=\; \frac{1}{2} \cdot \frac{n+1}{n}$$

Kapitel 10

Stetige Funktionen in einer Variablen

Betrachtet man die Nachfrage nach einem Gut in Abhängigkeit vom Preis des Gutes, so stellt sich die Frage, ob eine kontinuierliche Veränderung des Preises zu einer ebenfalls kontinuierlichen oder aber zu einer sprunghaften Veränderung der Nachfrage führt. Dies ist aber gerade die Frage nach der Stetigkeit der Nachfragefunktion. Allgemein steht der Begriff der Stetigkeit im Mittelpunkt der Untersuchung reeller Funktionen.

In diesem Kapitel führen wir mit Hilfe des Konvergenzbegriffes für Folgen zunächst den Begriff der Stetigkeit einer reellen Funktion in einer Variablen ein (Abschnitt 10.1). Wir untersuchen dann den Zusammenhang zwischen Stetigkeit und anderen Eigenschaften reeller Funktionen, die in den Wirtschaftswissenschaften von Interesse sind (Abschnitt 10.2). Abschließend betrachten wir einige spezielle stetige Funktionen (Abschnitt 10.3).

Im gesamten Kapitel sei $J \subseteq \mathbf{R}$ eine nichtleere Menge.

10.1   Stetigkeit

Eine Funktion $f : J \to \mathbf{R}$ heißt
- *stetig in* $x \in J$, wenn für jede Folge $\{z_n\}_{n \in \mathbf{N}_0} \subseteq J$ mit $\lim_{n \to \infty} z_n = x$ die Folge $\{f(z_n)\}_{n \in \mathbf{N}_0}$ konvergent ist mit $\lim_{n \to \infty} f(z_n) = f(x)$; das bedeutet gerade, daß

$$\lim_{n \to \infty} f(z_n) \;=\; f\left(\lim_{n \to \infty} z_n\right)$$

gilt.
- *unstetig in* $x \in J$, wenn f nicht stetig in x ist.
- *stetig*, wenn f für jedes $x \in J$ stetig in x ist.
- *nirgends stetig*, wenn f für kein $x \in J$ stetig in x ist.

Ist f unstetig in x, so heißt x *Unstetigkeitsstelle* oder *Sprungstelle* von f.

Beispiele.

(1) **Konstante Funktion:** Für jedes $c \in \mathbf{R}$ ist die Funktion $f : \mathbf{R} \to \mathbf{R}$ mit

$$f(x) \; := \; c$$

stetig.

(2) **Identität:** Die Funktion $f : \mathbf{R} \to \mathbf{R}$ mit

$$f(x) \; := \; x$$

ist stetig.

(3) **Heaviside–Funktion:** Die Funktion $f : \mathbf{R} \to \mathbf{R}$ mit

$$f(x) \; := \; \begin{cases} 0 & \text{falls} \quad x < 0 \\ 1 & \text{falls} \quad x \geq 0 \end{cases}$$

ist unstetig in 0.

(4) **Dirichlet–Funktion:** Die Funktion $f : \mathbf{R} \to \mathbf{R}$ mit

$$f(x) \; := \; \begin{cases} 0 & \text{falls} \quad x \in \mathbf{Q} \\ 1 & \text{falls} \quad x \in \mathbf{R}\setminus\mathbf{Q} \end{cases}$$

ist nirgends stetig.

Die folgenden Sätze zeigen, wie man aus stetigen Funktionen neue stetige Funktionen gewinnen kann:

Satz. *Seien $f : J \to \mathbf{R}$ und $g : J \to \mathbf{R}$ stetig in $x_0 \in J$ und sei $c \in \mathbf{R}$. Dann gilt:*
(a) *Die Funktion $f + g$ mit $(f+g)(x) := f(x) + g(x)$ ist stetig in x_0.*
(b) *Die Funktion cf mit $(cf)(x) := c\,f(x)$ ist stetig in x_0.*
Inbesondere bilden die stetigen Funktionen $J \to \mathbf{R}$ einen Vektorraum.

Satz. *Seien $f : J \to \mathbf{R}$ und $g : J \to \mathbf{R}$ stetig in $x_0 \in J$. Dann gilt:*
(a) *Die Funktion $f \cdot g$ mit $(f \cdot g)(x) := f(x) \cdot g(x)$ ist stetig in x_0.*
(b) *Im Fall $g(x) \neq 0$ für alle $x \in J$ ist die Funktion f/g mit $(f/g)(x) := f(x)/g(x)$ stetig in x_0.*
(c) *Die Funktion $\max\{f, g\}$ mit $(\max\{f, g\})(x) := \max\{f(x), g(x)\}$ ist stetig in x_0.*
(d) *Die Funktion $\min\{f, g\}$ mit $(\min\{f, g\})(x) := \min\{f(x), g(x)\}$ ist stetig in x_0.*

Beispiele.

(1) **Potenzfunktion:** Für alle $n \in \mathbf{N}$ ist die Funktion $f : \mathbf{R} \to \mathbf{R}$ mit

$$f(x) \; := \; x^n$$

stetig.

(2) **Polynom:** Für alle $n \in \mathbf{N}_0$ und $a_0, a_1, \ldots, a_n \in \mathbf{R}$ ist die Funktion $f : \mathbf{R} \to \mathbf{R}$ mit

$$f(x) \; := \; \sum_{k=0}^{n} a_k x^k$$

stetig.

(3) **Betrag:** Die Funktion $f : \mathbf{R} \to \mathbf{R}$ mit

$$f(x) \; := \; |x|$$

ist stetig.

Ein weiteres Ergebnis über die Erhaltung von Stetigkeit ist das folgende:

Satz. *Seien $g : J \to \mathbf{R}$ und $h : J_h \to \mathbf{R}$ Funktionen mit $g(J) \subseteq J_h$ und sei g stetig in x_0 und h stetig in $g(x_0)$. Dann ist die Funktion $h \circ g : J \to \mathbf{R}$ mit $(h \circ g)(x) := h(g(x))$ stetig in x_0.*

Beispiel. Die Funktion $f : \mathbf{R} \to \mathbf{R}$ mit

$$f(x) \; := \; |x^3 - 1|$$

ist stetig.
In der Tat: Es gilt $f = h \circ g$ mit $g(x) := x^3 - 1$ und $h(x) := |x|$.

Umsatz– und Gewinnmaximierung I

Eine Unternehmung produziere ein Gut, das mit Fixkosten c und konstanten Stückkosten d hergestellt wird. Die Herstellungskosten für y Einheiten des Gutes sind dann gegeben durch

$$K(y) \; := \; c + dy$$

mit $c, d > 0$. Werden y Einheiten zum Preis p pro Stück verkauft, so ergeben sich Umsatz und Gewinn gemäß

$$U(y, p) \; := \; yp$$

und

$$G(y, p) \; := \; U(y, p) - K(y)$$

Aufgrund der Marktkräfte bestehe eine affin–lineare Preis–Absatz–Beziehung

$$y(p) \; := \; a - bp$$

mit $a, b > 0$, die wegen der eineindeutigen Beziehung zwischen Absatz und Preis auch in der Form

$$p(y) \ := \ \frac{a - y}{b}$$

geschrieben werden kann. Durch Einsetzen erhält man

$$\begin{aligned}
U(y) \ &:= \ U(y, p(y)) \\
&= \ y\, p(y) \\
&= \ y\, \frac{a - y}{b} \\
&= \ \frac{ay - y^2}{b}
\end{aligned}$$

und

$$\begin{aligned}
G(y) \ &:= \ G(y, p(y)) \\
&= \ U(y, p(y)) - K(y) \\
&= \ \frac{ay - y^2}{b} - (c + dy) \\
&= \ \frac{-bc + (a - bd)y - y^2}{b}
\end{aligned}$$

Umsatz und Gewinn sind also stetige Funktionen des Absatzes.

10.2　Stetige Funktionen

Die Stetigkeit einer Funktion ist unter anderem im Hinblick auf die Existenz von Nullstellen, Fixpunkten, und globalen Maximierern und Minimierern von Interesse.

Nullstellen und Fixpunkte

Sei $f : J \to \mathbf{R}$ eine Funktion. Dann heißt $x_0 \in J$
- *Nullstelle* von f, wenn

$$f(x_0) \ = \ 0$$

gilt.
- *Fixpunkt* von f, wenn

$$f(x_0) \ = \ x_0$$

gilt.
Offenbar ist $x_0 \in J$ genau dann ein Fixpunkt der Funktion f, wenn x_0 eine Nullstelle der Funktion $g : J \to \mathbf{R}$ mit $g(x) := f(x) - x$ ist.

Satz (Nullstellen–Satz). *Sei $f : [a, b] \to \mathbf{R}$ stetig mit*

$$f(a) \leq 0 \leq f(b)$$

oder

$$f(b) \leq 0 \leq f(a)$$

Dann besitzt f eine Nullstelle.

Beweis. Wir nehmen an, daß

$$f(a) \leq 0 \leq f(b)$$

gilt. Wir konstruieren nun eine Folge von Intervallen $\{[a_n, b_n]\}_{n \in \mathbf{N}_0}$: Sei

$$[a_0, b_0] := [a, b]$$

Ist $[a_n, b_n]$ bereits definiert, so setzen wir

$$c_n := \frac{a_n + b_n}{2}$$

und

$$[a_{n+1}, b_{n+1}] := \begin{cases} [c_n, b_n] & \text{falls} \quad f(c_n) \leq 0 \\ [a_n, c_n] & \text{falls} \quad f(c_n) > 0 \end{cases}$$

Dann ist das Paar $(\{a_n\}_{n \in \mathbf{N}_0}, \{b_n\}_{n \in \mathbf{N}_0})$ eine Intervallschachtelung. Also gibt es ein $c \in [a, b]$ mit

$$\lim_{n \to \infty} a_n = c = \lim_{n \to \infty} b_n$$

Wegen der Stetigkeit von f gilt daher

$$\lim_{n \to \infty} f(a_n) = f(c) = \lim_{n \to \infty} f(b_n)$$

Andererseits gilt nach Konstruktion der Intervallschachtelung

$$\lim_{n \to \infty} f(a_n) \leq 0 \leq \lim_{n \to \infty} f(b_n)$$

Also gilt $f(c) = 0$. $\qquad\qquad\qquad\qquad\qquad\qquad\qquad\qquad\qquad\qquad\qquad\quad\square$

Beispiel. Die Funktion $f : \mathbf{R} \to \mathbf{R}$ mit

$$f(x) := x^4 - 6x^3 + 13x^2 - 24x + 1$$

hat eine Nullstelle im Intervall $[0, 2]$.

In der Tat: Die Funktion f ist stetig und es gilt $f(0) = 1 \geq 0$ und $f(2) = -27 \leq 0$.

Als unmittelbare Folgerung aus dem Nullstellen–Satz ergibt sich der Fixpunkt–Satz:

Satz (Fixpunkt–Satz). *Sei $f : [a, b] \to \mathbf{R}$ stetig mit*

$$f(a) \leq a \quad und \quad b \leq f(b)$$

oder

$$a \leq f(a) \quad und \quad f(b) \leq b$$

Dann besitzt f einen Fixpunkt.

Beweis. Sei

$$g(x) \ := \ f(x) - x$$

Dann ist g eine stetige Funktion $[a, b] \to \mathbf{R}$ und es gilt

$$g(a) \ \leq \ 0 \ \leq \ g(b)$$

oder

$$g(b) \ \leq \ 0 \ \leq \ g(a)$$

Die Behauptung folgt nun aus dem Nullstellen–Satz. $\qquad\square$

Beispiel. Die Funktion $f : \mathbf{R} \to \mathbf{R}$ mit

$$f(x) \ := \ |\, x^3 - 1\,|$$

hat einen Fixpunkt im Intervall $[1, 2]$.
In der Tat: Die Funktion f ist stetig und es gilt $f(1) = 0 \leq 1$ und $f(2) = 7 \geq 2$.

Globale Maximierer und Minimierer

Sei $f : J \to \mathbf{R}$ eine Funktion. Dann heißt $x_0 \in J$
– *globaler Maximierer* von f, wenn für alle $x \in J$

$$f(x) \ \leq \ f(x_0)$$

gilt; in diesem Fall heißt $f(x_0)$ *globales Maximum* von f.
– *globaler Minimierer* von f, wenn für alle $x \in J$

$$f(x_0) \ \leq \ f(x)$$

gilt; in diesem Fall heißt $f(x_0)$ *globales Minimum* von f.
Offenbar ist $x_0 \in J$ genau dann ein globaler Minimierer der Funktion f, wenn x_0 ein globaler Maximierer der Funktion $-f$ ist.

Satz (Minimum–Maximum–Zwischenwert–Satz). *Sei $f : [a,b] \to \mathbf{R}$ stetig. Dann gilt:*
(a) *f besitzt ein globales Minimum.*
(b) *f besitzt ein globales Maximum.*
(c) *$f([a,b])$ ist ein abgeschlossenes Intervall.*

Umsatz– und Gewinnmaximierung II

Das Modell ist ökonomisch sinnvoll für $y \in [0,a]$. Wir betrachten daher die Funktionen $U : [0,a] \to \mathbf{R}$ und $G : [0,a] \to \mathbf{R}$ mit

$$U(y) \;=\; \frac{ay - y^2}{b}$$

und

$$G(y) \;=\; \frac{-bc + (a - bd)y - y^2}{b}$$

Jede dieser Funktionen ist stetig und besitzt daher ein globales Maximum.

Beschränkte Funktionen

Sei $J_0 \subseteq J$. Eine Funktion $f : J \to \mathbf{R}$ heißt
– *beschränkt* auf J_0, wenn es eine Zahl $c \in \mathbf{R}$ gibt derart, daß für alle $x \in J_0$

$$|f(x)| \;\leq\; c$$

gilt.
– *beschränkt*, wenn sie beschränkt auf J ist.
– *unbeschränkt*, wenn sie nicht beschränkt ist.
Eine Funktion f ist also genau dann beschränkt, wenn ihr Bild $f(J)$ in einem Intervall liegt.

Aus dem Minimum–Maximum–Zwischenwert–Satz erhält man sofort das folgende Ergebnis:

Satz. *Sei $f : [a,b] \to \mathbf{R}$ eine Funktion. Ist f stetig, so ist f beschränkt.*

Die Umkehrung dieses Satzes ist jedoch falsch, wie man am folgenden Beispiel erkennt:

Beispiel (Heaviside–Funktion). Die Funktion $f : [-1,1] \to \mathbf{R}$ mit

$$f(x) \;:=\; \begin{cases} 0 & \text{falls} \quad x < 0 \\ 1 & \text{falls} \quad x \geq 0 \end{cases}$$

ist beschränkt, aber nicht stetig.

Wir betrachten nun einige weitere Eigenschaften von Funktionen, die in den Wirtschaftswissenschaften von besonderem Interesse sind, und untersuchen diese Eigenschaften in Bezug auf Stetigkeit.

Monotone Funktionen

Wir betrachten zunächst die *Wachstumseigenschaften* einer Funktion:

Sei $J_0 \subseteq J$. Eine Funktion $f : J \to \mathbf{R}$ heißt
– *streng monoton wachsend* auf J_0, wenn für alle $x, y \in J_0$ mit $x < y$

$$f(x) \ < \ f(y)$$

  gilt.
– *monoton wachsend* auf J_0, wenn für alle $x, y \in J_0$ mit $x < y$

$$f(x) \ \leq \ f(y)$$

  gilt.
– *monoton fallend* auf J_0, wenn für alle $x, y \in J_0$ mit $x < y$

$$f(x) \ \geq \ f(y)$$

  gilt.
– *streng monoton fallend* auf J_0, wenn für alle $x, y \in J_0$ mit $x < y$

$$f(x) \ > \ f(y)$$

  gilt.

Offenbar ist die Funktion f genau dann (streng) monoton wachsend auf J_0, wenn die Funktion $-f$ (streng) monoton fallend auf J_0 ist.

Eine Funktion $f : J \to \mathbf{R}$ heißt (*streng*) *monoton wachsend* bzw. (*streng*) *monoton fallend*, wenn sie (streng) monoton wachsend auf J bzw. (streng) monoton fallend auf J ist.

Eine Funktion heißt (*streng*) *monoton*, wenn sie (streng) monoton wachsend oder (streng) monoton fallend ist.

Beispiele.
(1) **Affin–lineare Funktion:** Die Funktion $f : \mathbf{R} \to \mathbf{R}$ mit

$$f(x) \ := \ a + b\,x$$

  ist
  – streng monoton wachsend, falls $b > 0$.
  – konstant, falls $b = 0$.
  – streng monoton fallend, falls $b < 0$.
(2) Die Funktion $f : (0, \infty) \to \mathbf{R}$ mit $f(x) := 1/x$ ist streng monoton fallend.
   In der Tat: Für alle $x \in (0, \infty)$ und $h \in (0, \infty)$ gilt $x < x + h$ und damit

$$\frac{1}{x+h} \ < \ \frac{1}{x}$$

  Also ist f streng monoton fallend.

(3) **Betrag:** Die Funktion $f : \mathbf{R} \to \mathbf{R}$ mit $f(x) := |x|$ ist streng monoton fallend auf $(-\infty, 0]$ und streng monoton wachsend auf $[0, \infty)$; sie ist jedoch nicht monoton.

(4) Die Funktion $f : \mathbf{R} \to \mathbf{R}$ mit $f(x) := x^2$ ist streng monoton fallend auf $(-\infty, 0]$ und streng monoton wachsend auf $[0, \infty)$; sie ist jedoch nicht monoton.

(5) Die Funktion $f : \mathbf{R} \to \mathbf{R}$ mit $f(x) := x^3$ ist streng monoton wachsend. In der Tat: Für alle $x \in \mathbf{R}$ und $h \in (0, \infty)$ gilt

$$
\begin{aligned}
(x + h)^3 &= x^3 + 3x^2 h + 3xh^2 + h^3 \\
&= x^3 + \left(12x^2 + 12xh + 4h^2\right) h/4 \\
&= x^3 + \left(3x^2 + (3x + 2h)^2\right) h/4 \\
&> x^3
\end{aligned}
$$

Also ist f streng monoton wachsend.

Satz. *Sei $f : [a, b] \to \mathbf{R}$ eine Funktion. Ist f monoton, so ist f beschränkt.*

Das folgende Beispiel zeigt, daß eine monotone Funktion nicht notwendigerweise stetig ist:

Beispiel (Heaviside–Funktion). Die Funktion $f : [-1, 1] \to \mathbf{R}$ mit

$$
f(x) \;:=\; \begin{cases} 0 & \text{falls} \quad x < 0 \\ 1 & \text{falls} \quad x \geq 0 \end{cases}
$$

ist monoton, aber nicht stetig.

Der folgende Satz zeigt, daß eine Funktion $f : J \to \mathbf{R}$, die stetig und streng monoton ist, eine Umkehrfunktion $f^{-1} : f(J) \to \mathbf{R}$ besitzt, die ebenfalls stetig ist und in gleicher Weise streng monoton ist wie f:

Satz. *Sei $f : J \to \mathbf{R}$ eine Funktion.*

(a) *Ist f stetig und streng monoton, so besitzt f eine Umkehrfunktion*

$$
f^{-1} : f(J) \to \mathbf{R}
$$

(b) *Ist f stetig und streng monoton wachsend, so ist auch die Umkehrfunktion f^{-1} stetig und streng monoton wachsend.*

(c) *Ist f stetig und streng monoton fallend, so ist auch die Umkehrfunktion f^{-1} stetig und streng monoton fallend.*

Beispiel (Potenzfunktion). Für alle $n \in \mathbf{N}$ ist die Funktion $f : \mathbf{R}_+ \to \mathbf{R}$ mit

$$
f(x) \;:=\; x^n
$$

stetig und streng monoton wachsend. Damit ist als Umkehrfunktion von f auch die Funktion $g : \mathbf{R}_+ \to \mathbf{R}$ mit

$$
g(x) \;:=\; \sqrt[n]{x}
$$

stetig und streng monoton wachsend.

Die Funktionen $f : \mathbf{R}_+ \to \mathbf{R} : x \mapsto x^n$ und $g : \mathbf{R}_+ \to \mathbf{R} : x \mapsto \sqrt[n]{x}$ sind beide streng monoton wachsend und dennoch sehr verschieden: f wächst immer stärker, g wächst immer schwächer.

Konvexe und konkave Funktionen

Wir betrachten nun die *Krümmungseigenschaften* einer Funktion:

Sei $J_0 \subseteq J$ konvex. Eine Funktion $f : J \to \mathbf{R}$ heißt
- *streng konvex* auf J_0, wenn für alle $x, y \in J_0$ mit $x \neq y$ und alle $\lambda \in (0, 1)$

$$f(\lambda x + (1-\lambda)y) \;\; < \;\; \lambda f(x) + (1-\lambda)f(y)$$

    gilt.
- *konvex* auf J_0, wenn für alle $x, y \in J_0$ und alle $\lambda \in (0, 1)$

$$f(\lambda x + (1-\lambda)y) \;\; \leq \;\; \lambda f(x) + (1-\lambda)f(y)$$

    gilt.
- *konkav* auf J_0, wenn für alle $x, y \in J_0$ und alle $\lambda \in (0, 1)$

$$f(\lambda x + (1-\lambda)y) \;\; \geq \;\; \lambda f(x) + (1-\lambda)f(y)$$

    gilt.
- *streng konkav* auf J_0, wenn für alle $x, y \in J_0$ mit $x \neq y$ und alle $\lambda \in (0, 1)$

$$f(\lambda x + (1-\lambda)y) \;\; > \;\; \lambda f(x) + (1-\lambda)f(y)$$

    gilt.

Offenbar ist die Funktion f genau dann (streng) konvex auf J_0, wenn die Funktion $-f$ (streng) konkav auf J_0 ist.

Eine Funktion $f : J \to \mathbf{R}$ heißt (*streng*) *konvex* bzw. (*streng*) *konkav*, wenn J konvex ist und f (streng) konvex auf J bzw. (streng) konkav auf J ist.

Beispiele.
(1) **Betrag:** Die Funktion $f : \mathbf{R} \to \mathbf{R}$ mit

$$f(x) \;\; := \;\; |x|$$

ist konvex, aber nicht streng konvex.
In der Tat: Für alle $x, y \in \mathbf{R}$ mit $x \neq y$ und für alle $\lambda \in (0, 1)$ gilt

$$|\lambda x + (1-\lambda)y| \;\; \leq \;\; \lambda|x| + (1-\lambda)|y|$$

Im Fall $x, y \geq 0$ und im Fall $x, y \leq 0$ gilt sogar das Gleichheitszeichen.
(2) Die Funktion $f : \mathbf{R} \to \mathbf{R}$ mit

$$f(x) \;\; := \;\; x^2$$

ist streng konvex.
In der Tat: Für alle $x, y \in \mathbf{R}$ mit $x \neq y$ und für alle $\lambda \in (0, 1)$ gilt

$$\begin{aligned}
(\lambda x + (1-\lambda)y)^2 \;\; &= \;\; \lambda^2 x^2 + 2\lambda(1-\lambda)\,xy + (1-\lambda)^2 y^2 \\
&= \;\; \lambda x^2 + (1-\lambda)y^2 - \lambda(1-\lambda)(x-y)^2 \\
&< \;\; \lambda x^2 + (1-\lambda)y^2
\end{aligned}$$

(3) Die Funktion $f : \mathbf{R}_+ \to \mathbf{R}$ mit

$$f(x) \ := \ \sqrt{x}$$

ist streng konkav.

In der Tat: Für alle $x, y \in \mathbf{R}_+$ mit $x \neq y$ und für alle $\lambda \in (0,1)$ gilt

$$\left(\lambda\sqrt{x} + (1-\lambda)\sqrt{y}\right)^2 \ < \ \lambda\,x + (1-\lambda)\,y$$

Da die Funktion f streng monoton wachsend ist, folgt aus dieser Ungleichung durch Anwendung von f

$$\lambda\sqrt{x} + (1-\lambda)\sqrt{y} \ < \ \sqrt{\lambda\,x + (1-\lambda)\,y}$$

und damit

$$\sqrt{\lambda\,x + (1-\lambda)\,y} \ > \ \lambda\sqrt{x} + (1-\lambda)\sqrt{y}$$

(4) Die Funktion $f : \mathbf{R} \to \mathbf{R}$ mit

$$f(x) \ := \ x^3$$

ist streng konkav auf $(-\infty, 0]$ und streng konvex auf $[0, \infty)$; sie ist jedoch weder konvex noch konkav.

In der Tat: Für alle $x, y \in \mathbf{R}$ mit $x \neq y$ und alle $\lambda \in (0,1)$ gilt

$$(\lambda\,x + (1-\lambda)\,y)^3 \ = \ \lambda\,x^3 + (1-\lambda)\,y^3 - \lambda(1-\lambda)\,(x-y)^2\Big((1+\lambda)\,x + (2-\lambda)\,y\Big)$$

Außerdem gilt

$$f\left(\frac{1}{2}\cdot(-2) + \frac{1}{2}\cdot 0\right) \ > \ \frac{1}{2}f(-2) + \frac{1}{2}f(0)$$

sowie

$$f\left(\frac{1}{2}\cdot 0 + \frac{1}{2}\cdot 2\right) \ < \ \frac{1}{2}f(0) + \frac{1}{2}f(2)$$

Die Behauptung folgt.

Satz. *Sei $f : [a,b] \to \mathbf{R}$ eine Funktion. Ist f konvex oder konkav, so ist f beschränkt.*

Häufig kann man aus Konvexität oder Konkavität auf Stetigkeit schließen:

Satz. *Sei $f : (a,b) \to \mathbf{R}$ eine Funktion. Ist f konvex oder konkav, so ist f stetig.*

Die Aussage des Satzes wird falsch, wenn man das offene Intervall (a,b) durch eine beliebige konvexe Menge ersetzt.

10.3   Spezielle stetige Funktionen

Wir betrachten nun einige spezielle stetige Funktionen in einer Variablen:

Polynome

Für $n \in \mathbf{N}_0$ und $a_0, a_1, \ldots, a_n \in \mathbf{R}$ mit $a_n \neq 0$ heißt die Funktion $f : \mathbf{R} \to \mathbf{R}$ mit

$$f(x) \; := \; \sum_{k=0}^{n} a_k x^k$$

(*reelles*) *Polynom vom Grad n*. Jedes Polynom ist stetig.

Ein Polynom vom Grad 1 heißt *affin-lineare Funktion*.

Bemerkung.   Eine affin-lineare Funktion f ist genau dann linear, wenn $f(0) = 0$ gilt. In den Wirtschaftswissenschaften werden affin-lineare Funktionen jedoch oft auch als lineare Funktionen bezeichnet.

Aufgrund der Stetigkeit ist jedes Polynom auf jedem abgeschlossenen Intervall beschränkt. Andererseits zeigt das Beispiel der Polynome, daß eine stetige Funktion auf $\mathbf{R}$ unbeschränkt sein kann:

Satz.   *Jedes Polynom ist unbeschränkt oder konstant.*

Beweis.   Sei f ein Polynom, das nicht konstant ist. Dann gibt es ein $n \in \mathbf{N}$ und $a_0, a_1, \ldots, a_n \in \mathbf{R}$ mit $a_n \neq 0$ und

$$f(x) \; = \; a_0 + a_1 x + a_2 x^2 + \ldots + a_{n-1} x^{n-1} + a_n x^n$$

Wir nehmen an, daß f beschränkt ist. Dann gibt es ein $c \in \mathbf{R}$ mit

$$-c \; \leq \; a_0 + a_1 x + \ldots + a_{n-1} x^{n-1} + a_n x^n \; \leq \; c$$

für alle $x \in \mathbf{R}$. Also gilt

$$-c - a_0 \; \leq \; a_1 x + \ldots + a_{n-1} x^{n-1} + a_n x^n \; \leq \; c - a_0$$

und damit

$$\frac{-c - a_0}{x^n} \; \leq \; \frac{a_1}{x^{n-1}} + \ldots + \frac{a_{n-1}}{x} + a_n \; \leq \; \frac{c - a_0}{x^n}$$

für alle $x \in \mathbf{R} \backslash \{0\}$. Mit $x \to \infty$ folgt daraus $a_n = 0$; dies ist ein Widerspruch. Also ist f unbeschränkt. $\qquad\qquad\square$

Wir untersuchen jetzt die Nullstellen eines Polynoms. Zu diesem Zweck ist es sinnvoll, die Definition von Polynomen wie folgt zu verallgemeinern:

Für $n \in \mathbf{N}_0$ und $a_0, a_1, \ldots, a_n \in \mathbf{R}$ mit $a_n \neq 0$ heißt die Funktion $f : \mathbf{C} \to \mathbf{C}$ mit

$$f(z) \; := \; \sum_{k=0}^{n} a_k z^k$$

komplexes Polynom vom Grad n.

Durch das Studium komplexer Polynome erhält man eine Aussage über die Anzahl der Nullstellen eines Polynoms:

Satz (Fundamentalsatz der Algebra). *Zu jedem komplexen Polynom f vom Grad $n \in \mathbf{N}$ gibt es ein $c \in \mathbf{R} \backslash \{0\}$ und $z_1, \ldots, z_n \in \mathbf{C}$ mit*

$$f(z) \; = \; c \cdot \prod_{j=1}^{n} (z - z_j)$$

Insbesondere gilt $f(z) = 0$ genau dann, wenn $z \in \{z_j\}_{j \in \{1,\ldots,n\}}$ gilt. Die Darstellung ist eindeutig.

Das folgende Beispiel zeigt, daß man in der Produktdarstellung eines komplexen Polynoms vom Grad $n \in \mathbf{N}$ im allgemeinen nicht $z_1, \ldots, z_n \in \mathbf{R}$ wählen kann:

Beispiel. Für das komplexe Polynom $f : \mathbf{C} \to \mathbf{C}$ mit

$$f(z) \; := \; z^2 + 1$$

gilt

$$f(z) \; = \; (z - i)(z + i)$$

und damit $z_1 = -i$ und $z_2 = i$. Aufgrund des Fundamentalsatzes der Algebra gibt es außer i und $-i$ keine weiteren Nullstellen, und damit keine reellen Nullstellen.

Eine Nullstelle $z_0 \in \mathbf{C}$ heißt *p–fache Nullstelle* eines komplexen Polynoms, wenn in der Produktdarstellung der Faktor $(z - z_0)$ genau p–mal auftritt.

Beispiel. Für das komplexe Polynom $f : \mathbf{C} \to \mathbf{C}$ mit

$$f(z) \; := \; z^4 + 2z^2 + 1$$

gilt

$$f(z) \; = \; (z^2 + 1)^2 \; = \; (z - i)(z + i)(z - i)(z + i)$$

und damit $z_1 = z_3 = -i$ und $z_2 = z_4 = i$. Also ist sowohl $-i$ als auch i eine doppelte Nullstelle des Polynoms.

Das letzte Beispiel zeigt, daß die in der Produktdarstellung eines komplexen Polynoms auftretenden komplexen Zahlen nicht alle verschieden sein müssen. Beide Beispiele lassen vermuten, daß für ein komplexes Polynom mit jeder komplexen Zahl auch die konjugiert-komplexe Zahl eine Nullstelle ist:

Lemma.   *Sei f ein komplexes Polynom und $z \in \mathbf{C}$. Dann gilt $f(z) = 0$ genau dann, wenn $f(\overline{z}) = 0$ gilt.*

Beweis.   Es gilt

$$\overline{f(z)} \;=\; \overline{\sum_{k=0}^{n} a_k\, z^k} \;=\; \sum_{k=0}^{n} a_k\, \overline{z}^k \;=\; f(\overline{z})$$

Daraus folgt die Behauptung. $\square$

Wir kehren nun zur Betrachtung reeller Polynome zurück.

Satz (Reelle Produktdarstellung).   *Sei $f : \mathbf{R} \to \mathbf{R}$ ein Polynom vom Grad $n \in \mathbf{N}$ mit*

$$f(x) \;=\; \sum_{k=0}^{n} a_k x^k$$

Dann gibt es $l, m \in \mathbf{N}$ und $p_1, \ldots, p_l, q_1, \ldots, q_m \in \mathbf{N}$ sowie $b_1, \ldots, b_l, c_1, \ldots, c_m,$ $d_1, \ldots, d_m \in \mathbf{R}$ derart, daß für alle $x \in \mathbf{R}$

$$f(x) \;=\; a_n \cdot \prod_{i=1}^{l} (b_i + x)^{p_i} \cdot \prod_{j=1}^{m} (c_j + d_j x + x^2)^{q_j}$$

gilt. Insbesondere gilt

$$\sum_{i=1}^{l} p_i + 2 \sum_{j=1}^{m} q_j \;=\; n$$

und $f(-b_i) = 0$ für alle $i \in \{1, \ldots, l\}$.

Beweis.   Ist $z_i \in \mathbf{R}$ eine p_i-fache (reelle) Nullstelle des zugehörigen komplexen Polynoms, so tritt in der Produktdarstellung der Faktor $z - z_i$ genau p_i-mal auf. Wir setzen also $b_i := -z_i$.
Ist $z_j \in \mathbf{C} \setminus \mathbf{R}$ eine q_j-fache Nullstelle des zugehörigen komplexen Polynoms, so tritt in der Produktdarstellung jeder der Faktoren $z - z_j$ und $z - \overline{z}_j$ genau q_j-mal auf. Nun gilt aber

$$(z - z_j)(z - \overline{z}_j) \;=\; z^2 - (z_j + \overline{z}_j)\, z + z_j \overline{z}_j$$

Wir setzen also $c_j := z_j \overline{z}_j$ und $d_j := -(z_j + \overline{z}_j)$. Dann gilt $c_j = |z_j|^2 \in \mathbf{R}$ und $d_j = -2 \operatorname{Re}(z_j) \in \mathbf{R}$. $\square$

Der folgende Interpolationssatz verallgemeinert die Existenz und Eindeutigkeit einer Geraden durch zwei vorgegebene Punkte in der Ebene:

Satz (Interpolationssatz). *Für jede Wahl von $n \in \mathbf{N}$, $x_0, x_1, \ldots, x_n \in \mathbf{R}$ und $y_0, y_1, \ldots, y_n \in \mathbf{R}$ mit $x_0 < x_1 < \ldots < x_n$ gibt es genau ein Polynom f vom Grad kleiner oder gleich n mit*

$$f(x_j) = y_j$$

für alle $j \in \{0, 1, \ldots, n\}$.

Beispiel. Wir bestimmen das eindeutig bestimmte Polynom f mit

$$\begin{aligned}
f(-2) &= -27 \\
f(0) &= 5 \\
f(1) &= 9 \\
f(3) &= 83
\end{aligned}$$

Aus der Gleichung

$$f(x) = a_0 + a_1 x + a_2 x^2 + a_3 x^3$$

ergibt sich das lineare Gleichungssystem

$$\begin{array}{rcrcrcrcr}
a_0 & - & 2\,a_1 & + & 4\,a_2 & - & 8\,a_3 & = & -27 \\
a_0 & & & & & & & = & 5 \\
a_0 & + & a_1 & + & a_2 & + & a_3 & = & 9 \\
a_0 & + & 3\,a_1 & + & 9\,a_2 & + & 27\,a_3 & = & 83
\end{array}$$

Das lineare Gleichungssystem besitzt die eindeutige Lösung

$$\begin{pmatrix} a_0^* \\ a_1^* \\ a_2^* \\ a_3^* \end{pmatrix} = \begin{pmatrix} 5 \\ 2 \\ -1 \\ 3 \end{pmatrix}$$

Daher ist das gesuchte Polynom durch

$$f(x) = 5 + 2\,x - x^2 + 3\,x^3$$

gegeben. Dieses Polynom ist vom Grad 3.

Es ist unmittelbar klar, daß Vielfache, Summen und Produkte von Polynomen wieder Polynome sind. Der Quotient von zwei Polynomen ist jedoch
- im allgemeinen nicht auf ganz $\mathbf{R}$ definiert und
- im allgemeinen kein Polynom.

Diese Beobachtung führt uns auf den allgemeineren Begriff der rationalen Funktion.

Rationale Funktionen

Eine Funktion $f : J \to \mathbf{R}$ heißt *rationale Funktion*, wenn es Polynome P und Q gibt mit $Q(x) \neq 0$ für alle $x \in J$ und

$$f = \frac{P}{Q}$$

Jede rationale Funktion ist stetig.

Beispiel. Die Funktion $f : \mathbf{R} \to \mathbf{R}$ mit

$$f(x) := \frac{6x^4 + 2x^3 - 3x^2 - 5x - 1}{x^2 + 1}$$

ist eine rationale Funktion. Wir werden später sehen, daß f kein Polynom ist.

Stückkosten I

Die Produktionskosten für die Herstellung von y Einheiten eines Gutes seien gegeben durch die Kostenfunktion $K : (0, \infty) \to \mathbf{R}$ mit

$$K(y) := ay^2 + by + c$$

mit $a < 0 < b, c$. Dann sind die Stückkosten durch die rationale Funktion $k : (0, \infty) \to \mathbf{R}$ mit

$$k(y) := \frac{ay^2 + by + c}{y}$$

gegeben.

Unser Ziel ist es nun, die Darstellung einer rationalen Funktion zu vereinfachen. Eine rationale Funktion f mit der Darstellung

$$f = \frac{P}{Q}$$

heißt
- *ganz rational*, falls man $Q = 1$ wählen kann.
- *echt gebrochen rational*, falls $P \neq 0$ gilt und der Grad von P kleiner ist als der Grad von Q.

Die ganz rationalen Funktionen sind also gerade die Polynome.

Satz. *Jede rationale Funktion ist die Summe einer ganz rationalen Funktion und einer echt gebrochen rationalen Funktion.*

Anstelle eines Beweises illustrieren wir den Satz an einem Beispiel:

Beispiel (Polynomdivision). Die rationale Funktion $f : \mathbf{R} \to \mathbf{R}$ mit

$$f(x) \;\; := \;\; \frac{6x^4 + 2x^3 - 3x^2 - 5x - 1}{x^2 + 1}$$

ist weder ganz rational noch echt gebrochen rational. Sie besitzt die Darstellung

$$f(x) \;\; = \;\; 6x^2 + 2x + 9 + \frac{-7x + 8}{x^2 + 1}$$

Wir erhalten das Ergebnis durch Polynomdivision:

$$
\begin{array}{rl}
& (6x^4 + 2x^3 - 3x^2 - 5x - 1) \;\; : \;\; (x^2 + 1) \;\; = \;\; 6x^2 + 2x - 9 + \frac{-7x + 8}{x^2 + 1} \\
- & \;\; 6x^4 \qquad\quad + 6x^2 \\
\hline
= & \qquad\quad 2x^3 - 9x^2 - 5x - 1 \\
- & \qquad\quad 2x^3 \qquad\quad + 2x \\
\hline
= & \qquad\qquad\quad -9x^2 - 7x - 1 \\
- & \qquad\qquad\quad -9x^2 \qquad - 9 \\
\hline
= & \qquad\qquad\qquad\quad -7x + 8
\end{array}
$$

Die Polynomdivision läßt sich auch in der Form

$$
\begin{aligned}
\frac{6x^4 + 2x^3 - 3x^2 - 5x - 1}{x^2 + 1} \;\; &= \;\; 6x^2 + \frac{2x^3 - 9x^2 - 5x - 1}{x^2 + 1} \\
&= \;\; 6x^2 + 2x + \frac{-9x^2 - 7x - 1}{x^2 + 1} \\
&= \;\; 6x^2 + 2x - 9 + \frac{-7x + 8}{x^2 + 1}
\end{aligned}
$$

schreiben.

Stückkosten II

Die Stückkostenfunktion $k : (0, \infty) \to \mathbf{R}$ *mit*

$$k(y) \;\; = \;\; \frac{ay^2 + by + c}{y}$$

läßt sich in der Form

$$k(y) \;\; = \;\; ay + b + \frac{c}{y}$$

darstellen.

Wir betrachten abschließend eine Darstellung einer echt gebrochen rationalen Funktion, die für die Integration vorteilhaft ist:

Satz (Partialbruchzerlegung). *Jede echt gebrochen rationale Funktion läßt sich auf genau eine Weise als Summe von echt gebrochen rationalen Funktionen der Form*

$$\frac{a}{(c+x)^p}$$

bzw.

$$\frac{a+bx}{(c+dx+x^2)^q}$$

darstellen.

Die Bestimmung der Koeffizienten in der Darstellung einer echt gebrochen rationalen Funktion $f = P/Q$ erfolgt durch Multiplikation dieser Gleichung mit Q und anschließenden Koeffizientenvergleich.

Potenzreihen

Eine Funktion $f : (-r, r) \to \mathbf{R}$ mit $r > 0$ besitzt eine *Potenzreihendarstellung*, wenn es eine Potenzreihe

$$\sum_{k=0}^{\infty} a_k x^k$$

mit Konvergenzradius r gibt, die für alle $x \in (-r, r)$ die Gleichung

$$f(x) \;=\; \sum_{k=0}^{\infty} a_k x^k$$

erfüllt.

Satz (Potenzreihe). *Jede Funktion $f : (-r, r) \to \mathbf{R}$, die eine Potenzreihendarstellung*

$$f(x) \;=\; \sum_{k=0}^{\infty} a_k x^k$$

besitzt, ist stetig.

Beispiele.
(1) **Exponentialfunktion:** Die Potenzreihe

$$\sum_{k=0}^{\infty} \frac{x^k}{k!}$$

definiert eine stetige Funktion $\mathbf{R} \to \mathbf{R}$. Wir setzen

$$\exp(x) \;:=\; \sum_{k=0}^{\infty} \frac{x^k}{k!}$$

und bezeichnen die Funktion exp als (*natürliche*) *Exponentialfunktion*.

(2) **Cosinus:** Die Potenzreihe

$$\sum_{k=0}^{\infty} \frac{(-1)^k x^{2k}}{(2k)!}$$

definiert eine stetige Funktion $\mathbf{R} \to \mathbf{R}$. Wir setzen

$$\cos(x) \;:=\; \sum_{k=0}^{\infty} \frac{(-1)^k x^{2k}}{(2k)!}$$

und bezeichnen die Funktion cos als *Cosinus*.

(3) **Sinus:** Die Potenzreihe

$$\sum_{k=0}^{\infty} \frac{(-1)^k x^{2k+1}}{(2k+1)!}$$

definiert eine stetige Funktion $\mathbf{R} \to \mathbf{R}$. Wir setzen

$$\sin(x) \;:=\; \sum_{k=0}^{\infty} \frac{(-1)^k x^{2k+1}}{(2k+1)!}$$

und bezeichnen die Funktion sin als *Sinus*.

Bemerkung. Man kann zeigen, daß die Funktionen cos und sin tatsächlich die bekannten Eigenschaften des aus der Geometrie bekannten Cosinus und Sinus haben und insbesondere die Beziehung

$$(\sin(x))^2 + (\cos(x))^2 \;=\; 1$$

erfüllen.

Bemerkung (Konvergenz und Stetigkeit im Komplexen). Eine Folge komplexer Zahlen $\{z_n\}_{n\in\mathbf{N}_0} \subseteq \mathbf{C}$ heißt *konvergent* mit *Grenzwert* $z\in\mathbf{C}$, wenn die (reelle) Folge

$$\{|z_n - z|\}_{n\in\mathbf{N}_0}$$

eine Nullfolge ist. Mit diesem Konvergenzbegriff für Folgen komplexer Zahlen läßt sich zeigen, daß die im Beispiel betrachteten Potenzreihen für alle $z \in \mathbf{C}$ (anstelle von $x \in \mathbf{R}$) konvergent sind und daß die komplexe Exponentialfunktion, der komplexe Cosinus, und der komplexe Sinus folgende Gleichungen erfüllen:

$$\exp(iz) \;=\; \cos(z) + i\sin(z)$$

$$\cos(z) \;=\; \frac{1}{2}\Big(\exp(iz) + \exp(-iz)\Big)$$

$$\sin(z) \;=\; \frac{1}{2i}\Big(\exp(iz) - \exp(-iz)\Big)$$

Schließlich wird der Begriff der *Stetigkeit* einer komplexen Funktion $\mathbf{C} \to \mathbf{C}$ wie im Fall einer reellen Funktion $\mathbf{R} \to \mathbf{R}$ mit Hilfe des Konvergenzbegriffs für Folgen definiert. Es läßt sich zeigen, daß die komplexe Exponentialfunktion, der komplexe Cosinus, und der komplexe Sinus stetig sind.

Die natürliche Exponentialfunktion

Wir stellen zunächst einen Zusammenhang zwischen der natürlichen Exponentialfunktion und der Euler'schen Zahl e her:

Lemma. *Für alle $x \in \mathbf{R}_+$ gilt*

$$\exp(x) \;=\; \lim_{n \to \infty} \left(1 + \frac{x}{n}\right)^n$$

Insbesondere gilt $\exp(1) = e$.

Beweis. Für alle $n \in \mathbf{N}_0$ gilt nach dem binomischen Satz

$$\left(1 + \frac{x}{n}\right)^n \;=\; \sum_{k=0}^{n} \binom{n}{k}\left(\frac{x}{n}\right)^k$$

und für alle $k \in \{0, 1, \ldots, n\}$ gilt

$$\binom{n}{k}\left(\frac{x}{n}\right)^k \;=\; \frac{x^k}{k!} \prod_{j=0}^{k-1} \left(1 - \frac{j}{n}\right)$$

Außerdem gilt für alle $m, n \in \mathbf{N}_0$ mit $m \leq n$

$$\sum_{k=0}^{m} \binom{n}{k}\left(\frac{x}{n}\right)^k \;\leq\; \sum_{k=0}^{n} \binom{n}{k}\left(\frac{x}{n}\right)^k$$

Daraus folgt für alle $m \in \mathbf{N}_0$

$$\begin{aligned}
\sum_{k=0}^{m} \frac{x^k}{k!} \;&=\; \sum_{k=0}^{m} \frac{x^k}{k!} \prod_{j=0}^{k-1} \lim_{n \to \infty}\left(1 - \frac{j}{n}\right) \\
&=\; \lim_{n \to \infty} \sum_{k=0}^{m} \frac{x^k}{k!} \prod_{j=0}^{k-1}\left(1 - \frac{j}{n}\right) \\
&=\; \lim_{n \to \infty} \sum_{k=0}^{m} \binom{n}{k}\left(\frac{x}{n}\right)^k \\
&\leq\; \lim_{n \to \infty} \sum_{k=0}^{n} \binom{n}{k}\left(\frac{x}{n}\right)^k \\
&=\; \lim_{n \to \infty}\left(1 + \frac{x}{n}\right)^n
\end{aligned}$$

und damit

$$\sum_{k=0}^{\infty} \frac{x^k}{k!} \;\leq\; \lim_{n\to\infty} \left(1 + \frac{x}{n}\right)^n$$

Andererseits gilt

$$\left(1 + \frac{x}{n}\right)^n \;=\; \sum_{k=0}^{n} \binom{n}{k}\left(\frac{x}{n}\right)^k$$

$$= \sum_{k=0}^{n} \frac{x^k}{k!} \prod_{j=0}^{k-1}\left(1 - \frac{j}{n}\right)$$

$$\leq \sum_{k=0}^{n} \frac{x^k}{k!}$$

$$\leq \sum_{k=0}^{\infty} \frac{x^k}{k!}$$

und damit

$$\lim_{n\to\infty}\left(1 + \frac{x}{n}\right)^n \;\leq\; \sum_{k=0}^{\infty}\frac{x^k}{k!}$$

Also gilt

$$\sum_{k=0}^{\infty}\frac{x^k}{k!} \;=\; \lim_{n\to\infty}\left(1 + \frac{x}{n}\right)^n$$

Damit ist die Behauptung gezeigt. $\qquad\square$

Aus einem Ergebnis über die Multiplikation von Potenzreihen, das wir hier nicht behandelt haben, ergibt sich

$$\exp(x + y) \;=\; \exp(x) \cdot \exp(y)$$

für alle $x, y \in \mathbf{R}$. Die Exponentialfunktion erfüllt also die Funktionalgleichung $h(x + y) = h(x) \cdot h(y)$. Aus dem Lemma folgt

$$\exp(1) \;=\; e$$

Aus der Funktionalgleichung ergibt sich für alle $n \in \mathbf{N}_0$

$$\exp(n) \;=\; e^n$$

Aufgrund dieser Überlegungen setzen wir für alle $x \in \mathbf{R}$

$$e^x \;:=\; \exp(x) \;=\; \sum_{k=0}^{\infty}\frac{x^k}{k!}$$

Die Exponentialfunktion hat folgende Eigenschaften:

- Es gilt $e^0 = 1$.
- Für alle $n \in \mathbf{N}$ gilt $e^n \geq 2^n$ und $e^{-n} \leq 1/2^n$ (wegen $e \geq 2$).
- Für alle $x \in \mathbf{R}$ gilt $e^x \neq 0$ (wegen $e^x \cdot e^{-x} = e^0 = 1$).
- Für alle $x \in \mathbf{R}$ gilt $e^x > 0$ (wegen $0 \neq e^x = e^{x/2} \cdot e^{x/2} = (e^{x/2})^2 \geq 0$).
- Die Exponentialfunktion ist stetig.
- Die Exponentialfunktion ist unbeschränkt.
- Die Exponentialfunktion ist streng monoton wachsend (Beweis später).
- Die Exponentialfunktion ist streng konvex (Beweis später).
- Für alle $x \in (-\infty, 0)$ gilt $e^x < 1$.
- Für alle $x \in (0, \infty)$ gilt $e^x > 1$.
- $\lim_{x \to -\infty} e^x = 0$.
- $\lim_{x \to \infty} e^x = \infty$.

Unterjährige und stetige Verzinsung

Wir betrachten ein Anfangskapital K, das für ein Jahr angelegt und mit dem Zinssatz i verzinst wird. Für das Kapital K_1 am Ende des Jahres ergibt sich

$$K_1 = (1 + i) \cdot K$$

Bei unterjähriger Verzinsung mit Zinseszins wird das Jahr in n Perioden unterteilt und für jede Periode der Zinssatz i/n verwendet; für das Kapital K_n am Ende des Jahres ergibt sich dann

$$K_n = \left(1 + \frac{i}{n}\right)^n \cdot K$$

Die Folge $\{K_n\}_{n \in \mathbf{N}}$ ist streng monoton wachsend. Strebt die Anzahl n der Perioden gegen Unendlich, so ergibt sich

$$K_\infty := \lim_{n \to \infty} \left(1 + \frac{i}{n}\right)^n \cdot K = e^i \cdot K$$

Dieser Grenzfall wird als stetige Verzinsung bezeichnet.

Die logistische Funktion I

Die Funktion $f : \mathbf{R} \to \mathbf{R}$ mit

$$f(x) := \frac{a}{1 + b\, e^{-cx}}$$

und $a, b, c > 0$ heißt logistische Funktion. Die logistische Funktion ist stetig und beschränkt; sie besitzt weder ein globales Minimum noch ein globales Maximum. Die logistische Funktion wird zur Modellierung von Wachstumsprozessen mit einer Sättigungsgrenze a verwendet.

Der natürliche Logarithmus

Aufgrund der strengen Monotonie und der Stetigkeit besitzt die Exponentialfunktion eine Umkehrfunktion $(0, \infty) \to \mathbf{R}$, die wieder streng monoton wachsend und stetig ist. Die Umkehrfunktion der Exponentialfunktion heißt (*natürlicher*) *Logarithmus* und wird mit ln bezeichnet.

Als Umkehrfunktion der Exponentialfunktion hat der Logarithmus folgende Eigenschaften:
- Es gilt $\ln(1) = 0$ und $\ln(e) = 1$.
- Der Logarithmus ist stetig.
- Der Logarithmus ist unbeschränkt.
- Der Logarithmus ist streng monoton wachsend (Beweis später).
- Der Logarithmus ist streng konkav (Beweis später).
- Für alle $x \in (0, 1)$ gilt $\ln(x) < 0$.
- Für alle $x \in (1, \infty)$ gilt $\ln(x) > 0$.
- Es gilt $\lim_{x \to 0} \ln(x) = -\infty$.
- Es gilt $\lim_{x \to \infty} \ln(x) = \infty$.

Als Umkehrfunktion der Exponentialfunktion erfüllt der Logarithmus außerdem die Funktionalgleichung $h(x \cdot y) = h(x) + h(y)$. Es gilt also

$$\ln(x \cdot y) \;\;=\;\; \ln(x) + \ln(y)$$

für alle $x, y \in (0, \infty)$.

Potenzfunktion zum Exponenten a

Für $a \in \mathbf{R}$ heißt die Funktion $f : (0, \infty) \to \mathbf{R}$ mit

$$f(x) \;\;:=\;\; \exp(a \ln(x))$$

Potenzfunktion zum Exponenten a. Jede Potenzfunktion ist stetig.

Für alle $n \in \mathbf{N}_0$ gilt

$$\begin{aligned} \exp(n \ln(x)) &\;=\; \exp(\ln(x^n)) \\ &\;=\; x^n \end{aligned}$$

Wir setzen daher

$$x^a \;\;:=\;\; \exp(a \ln(x))$$

Die Potenzfunktion $x \mapsto x^a$ ist
- für $a < 0$ streng monoton fallend.
- für $a = 0$ konstant.
- für $a > 0$ streng monoton wachsend.

Für $a \neq 0$ besitzt die Potenzfunktion $x \mapsto x^a$ also eine Umkehrfunktion.

Anhand der Definition prüft man leicht nach, daß für $n \in \mathbf{N}$ die Potenzfunktion $x \mapsto x^{1/n}$ die Umkehrfunktion der Potenzfunktion $x \mapsto x^n$ ist. Wir setzen

$$\sqrt[n]{x} \; := \; x^{1/n}$$

und bezeichnen die Potenzfunktion $x \mapsto \sqrt[n]{x}$ als *Wurzelfunktion*. Die Wurzelfunktion $x \mapsto \sqrt[n]{x}$ läßt sich mit $\sqrt[n]{0} := 0$ zu einer stetigen Funktion $\mathbf{R}_+ \to \mathbf{R}$ fortsetzen.

Allgemein kann man zeigen, daß für $a \in \mathbf{R} \backslash \{0\}$ die Potenzfunktion $x \mapsto x^{1/a}$ die Umkehrfunktion der Potenzfunktion $x \mapsto x^a$ ist.

Abschließend bemerken wir, daß für alle $a, b \in \mathbf{R}$ die Gleichung

$$x^{a+b} \; = \; x^a \cdot x^b$$

gilt.

Exponentialfunktion und Logarithmus zur Basis a

Für $a \in (0, \infty)$ heißt die Funktion $f : \mathbf{R} \to \mathbf{R}$ mit

$$f(x) \; := \; \exp(x \ln(a))$$

Exponentialfunktion zur Basis a. Die natürliche Exponentialfunktion ist also gerade die Exponentialfunktion zur Basis e.

Es gilt

$$\begin{aligned} \exp(x \ln(e)) \; &= \; \exp(x) \\ &= \; e^x \end{aligned}$$

Wir setzen daher

$$a^x \; = \; \exp(x \ln(a))$$

Die Exponentialfunktion $x \mapsto a^x$ ist
- für $a < 1$ streng monoton fallend.
- für $a = 1$ konstant.
- für $a > 1$ streng monoton wachsend.

Für $a \neq 1$ besitzt die Exponentialfunktion $x \mapsto a^x$ also eine Umkehrfunktion.

Die Umkehrfunktion der Exponentialfunktion zur Basis $a \neq 1$ heißt *Logarithmus zur Basis a* und wird mit $\log_a$ bezeichnet. Der natürliche Logarithmus ist also gerade der Logarithmus zur Basis e. Es gilt

$$\log_a(x) \; = \; \frac{\ln(x)}{\ln(a)}$$

Die Eigenschaften der Exponentialfunktion zur Basis a und diejenigen des Logarithmus zur Basis a sind ähnlich denen der natürlichen Exponentialfunktion und des natürlichen Logarithmus.

Kapitel 11

Differentialrechnung in einer Variablen

Neben der Stetigkeit ist die Differenzierbarkeit ein weiterer zentraler Begriff beim Studium reeller Funktionen in einer Variablen. Differenzierbarkeit ist eine stärkere Eigenschaft als Stetigkeit; sie garantiert, daß der Graph einer Funktion nicht nur keine Sprünge aufweist, sondern sogar glatt ist. Für differenzierbare Funktionen ist die Bestimmung von Wachstums- und Krümmungseigenschaften besonders einfach; darüber hinaus ist Differenzierbarkeit hilfreich bei der Bestimmung von lokalen Maxima und Minima einer Funktion.

In diesem Kapitel führen wir zunächst den Begriff der Differenzierbarkeit einer reellen Funktion in einer Variablen ein (Abschnitt 11.1). Wir untersuchen dann für einmal differenzierbare Funktionen (Abschnitt 11.2) und für zweimal differenzierbare Funktionen (Abschnitt 11.3) Eigenschaften der ersten bzw. zweiten Ableitung im Zusammenhang mit der Bestimmung von lokalen Maxima und Minima sowie von Wachstums- und Krümmungseigenschaften. Abschließend betrachten wir Ableitungen höherer Ordnung (Abschnitt 11.4).

Im gesamten Kapitel sei $J \subseteq \mathbf{R}$ eine konvexe Menge, die mindestens zwei Punkte enthält.

11.1   Differenzierbarkeit

Wir betrachten eine Funktion $f : J \to \mathbf{R}$ und $x \in J$. Für jedes $z \in J \setminus \{x\}$ gibt der *Differenzenquotient*

$$\frac{\Delta f}{\Delta x}(x, z) \ := \ \frac{f(z) - f(x)}{z - x}$$

die Steigung der Geraden durch die Punkte

$$\begin{pmatrix} x \\ f(x) \end{pmatrix} \quad \text{und} \quad \begin{pmatrix} z \\ f(z) \end{pmatrix}$$

an. Da die Steigung dieser Geraden von der Wahl von $z \in J \setminus \{x\}$ abhängt, betrachten wir die durch

$$z \;\mapsto\; \frac{\Delta f}{\Delta x}(x, z)$$

gegebene Funktion $J \setminus \{x\} \to \mathbf{R}$.

Eine Funktion $f : J \to \mathbf{R}$ heißt

- *differenzierbar in x*, wenn für jede Folge $\{z_n\}_{n \in \mathbf{N}_0} \subseteq J \setminus \{x\}$ mit $\lim_{n \to \infty} z_n = x$ die Folge der Differenzenquotienten

$$\frac{\Delta f}{\Delta x}(x, z_n)$$

konvergent ist und der Grenzwert unabhängig von der Wahl der Folge $\{z_n\}_{n \in \mathbf{N}_0}$ ist. In diesem Fall wird der von der Wahl der Folge $\{z_n\}_{n \in \mathbf{N}_0}$ unabhängige Grenzwert der Folge der Differenzenquotienten

$$\frac{df}{dx}(x) \;:=\; \lim_{n \to \infty} \frac{\Delta f}{\Delta x}(x, z_n)$$

als *Differentialquotient* von f an der Stelle x bezeichnet; man schreibt auch

$$f'(x) \;:=\; \lim_{n \to \infty} \frac{\Delta f}{\Delta x}(x, z_n)$$

und nennt $f'(x)$ die (*erste*) *Ableitung* von f an der Stelle x.
- (*einmal*) *differenzierbar*, wenn sie für jedes $x \in J$ differenzierbar in x ist. In diesem Fall wird durch

$$x \;\mapsto\; f'(x)$$

eine Funktion $f' : J \to \mathbf{R}$ definiert; diese Funktion heißt (*erste*) *Ableitung* oder *Ableitung erster Ordnung* von f.
- (*einmal*) *stetig differenzierbar*, wenn sie differenzierbar ist und ihre Ableitung stetig ist.

Bemerkung. Ist die Funktion $f : J \to \mathbf{R}$ an der Stelle $x \in J$ differenzierbar, so gilt für $h \approx 0$ mit $h \neq 0$ und $x + h \in J$

$$\begin{aligned} f'(x) \;&=\; \frac{df}{dx}(x) \\ &\approx\; \frac{\Delta f}{\Delta x}(x, x + h) \\ &=\; \frac{f(x + h) - f(x)}{h} \end{aligned}$$

und damit

$$f(x + h) - f(x) \;\approx\; h\,f'(x)$$

Etwas vergröbernd interpretiert man daher die Ableitung von f an der Stelle x oft als Näherung für die Änderung des Funktionswertes, wenn das Argument um eine Einheit erhöht wird ($h = 1$).

Ableitungen in den Wirtschaftswissenschaften

Sei $f : \mathbf{R}_+ \to \mathbf{R}$ differenzierbar in $x \in \mathbf{R}_+$.

(1) *Ist f eine Konsumfunktion in Abhängigkeit vom Einkommen, so bezeichnet man $f'(x)$ als marginale Konsumrate beim Einkommen x.*

(2) *Ist f eine Produktionsfunktion in Abhängigkeit von einem Produktionsfaktor, so bezeichnet man $f'(x)$ als Grenzproduktivität des Produktionsfaktors beim Faktoreinsatz x.*

(3) *Ist f eine Kostenfunktion in Abhängigkeit von der Produktionsmenge, so bezeichnet man $f'(x)$ als Grenzkosten bei der Produktionsmenge x.*

Ist f außerdem monoton wachsend, so ist $f'(x)$ eine Näherung für

(1) *die Menge, die bei einer Erhöhung des Einkommens von x auf $x + 1$ zusätzlich konsumiert wird, bzw.*

(2) *die Menge, die bei einer Erhöhung des Faktoreinsatzes von x auf $x + 1$ zusätzlich produziert wird, bzw.*

(3) *die Kosten, die bei einer Erhöhung der Produktionsmenge von x auf $x + 1$ zusätzlich entstehen.*

Zur Überprüfung der Differenzierbarkeit einer Funktion $f : J \to \mathbf{R}$ an der Stelle x genügt es, die Konvergenz der Folge der Differenzenquotienten

$$\frac{\Delta f}{\Delta x}(x, x + h_n) \;=\; \frac{f(x + h_n) - f(x)}{(x + h_n) - x}$$

$$=\; \frac{f(x + h_n) - f(x)}{h_n}$$

für jede Nullfolge $\{h_n\}_{n \in \mathbf{N}_0}$ mit $\{x + h_n\}_{n \in \mathbf{N}_0} \subseteq J \setminus \{x\}$ zu untersuchen.

Beispiele.
(1) **Konstante Funktion:** Für jedes $c \in \mathbf{R}$ ist die Funktion $f : \mathbf{R} \to \mathbf{R}$ mit

$$f(x) \;:=\; c$$

differenzierbar mit

$$f'(x) \;=\; 0$$

In der Tat: Für alle $x \in \mathbf{R}$ und für alle $h \neq 0$ gilt

$$\frac{f(x + h) - f(x)}{h} \;=\; \frac{c - c}{h} \;=\; 0$$

Daraus folgt $f'(x) = 0$.
(2) **Identität:** Die Funktion $f : \mathbf{R} \to \mathbf{R}$ mit

$$f(x) \;:=\; x$$

ist differenzierbar mit

$$f'(x) \;=\; 1$$

In der Tat: Für alle $x \in \mathbf{R}$ und für alle $h \neq 0$ gilt

$$\frac{f(x+h) - f(x)}{h} \;=\; \frac{(x+h) - x}{h} \;=\; \frac{h}{h} \;=\; 1$$

Daraus folgt $f'(x) = 1$.

(3) **Betrag:** Die Funktion $f : \mathbf{R} \to \mathbf{R}$ mit

$$f(x) \;:=\; |x|$$

ist

- für $x < 0$ differenzierbar in x mit

$$f'(x) \;=\; -1$$

- für $x = 0$ nicht differenzierbar in x.
- für $x > 0$ differenzierbar in x mit

$$f'(x) \;=\; 1$$

In der Tat:

- Im Fall $x < 0$ erhält man für alle $h \neq 0$ mit $|h| < |x| = -x$ zunächst $h < -x$ und daraus $x + h < 0$; es gilt also

$$\begin{aligned}
\frac{f(x+h) - f(x)}{h} &= \frac{|x+h| - |x|}{h} \\
&= \frac{-(x+h) - (-x)}{h} \\
&= -1
\end{aligned}$$

und damit $f'(x) = -1$.

- Im Fall $x = 0$ gilt

$$\frac{f(0 + (-1/n)) - f(0)}{-1/n} \;=\; \frac{|0 - 1/n| - |0|}{-1/n} \;=\; \frac{1/n}{-1/n} \;=\; -1$$

sowie

$$\frac{f(0 + 1/n) - f(0)}{1/n} \;=\; \frac{|0 + 1/n| - |0|}{1/n} \;=\; \frac{1/n}{1/n} \;=\; 1$$

Daher konvergiert für jede der Nullfolgen $\{-1/n\}_{n \in \mathbf{N}}$ und $\{1/n\}_{n \in \mathbf{N}}$ die Folge der Differenzenquotienten, aber die Grenzwerte sind verschieden.

- Im Fall $x > 0$ erhält man für alle $h \neq 0$ mit $|h| < |x| = x$ zunächst $-h < x$ und daraus $x + h > 0$; es gilt also

$$\begin{aligned}
\frac{f(x+h) - f(x)}{h} &= \frac{|x+h| - |x|}{h} \\
&= \frac{(x+h) - (x)}{h} \\
&= 1
\end{aligned}$$

und damit $f'(x) = 1$.

(4) Die Funktion $f : \mathbf{R} \to \mathbf{R}$ mit

$$f(x) \ := \ x^2$$

ist differenzierbar mit

$$f'(x) \ = \ 2x$$

In der Tat: Für alle $x \in \mathbf{R}$ und für alle $h \neq 0$ gilt

$$\begin{aligned}
\frac{f(x+h) - f(x)}{h} \ &= \ \frac{(x+h)^2 - x^2}{h} \\
&= \ \frac{x^2 + 2xh + h^2 - x^2}{h} \\
&= \ 2x + h
\end{aligned}$$

Daraus folgt $f'(x) = 2x$.

Die Definition der Differenzierbarkeit ist derjenigen der Stetigkeit sehr ähnlich. Der folgende Satz gibt Auskunft über Zusammenhang zwischen Differenzierbarkeit und Stetigkeit:

Satz. *Ist $f : J \to \mathbf{R}$ differenzierbar in $x \in J$, so ist f stetig in x.*

Beweis. Sei $\{z_n\}_{n \in \mathbf{N}_0} \subseteq J \backslash \{0\}$ eine Folge mit $\lim_{n \to \infty} z_n = x$. Dann gilt

$$\begin{aligned}
|f(z_n) - f(x)| \ &= \ \left| \frac{f(z_n) - f(x)}{z_n - x} \cdot (z_n - x) \right| \\
&= \ \left| \frac{f(z_n) - f(x)}{z_n - x} \right| \cdot |z_n - x|
\end{aligned}$$

Wegen der Differenzierbarkeit von f in x ist die Folge der Differenzenquotienten konvergent und daher beschränkt; wegen $\lim_{n \to \infty} |z_n - x| = 0$ konvergiert dann aber der letzte Ausdruck der Gleichung, und damit der erste, gegen 0. Also ist f stetig in x. $\qquad \square$

Folgerung. *Jede differenzierbare Funktion ist stetig.*

Die Umkehrung des Satzes und die Umkehrung der Folgerung ist jedoch falsch, wie man am folgenden Beispiel erkennt:

Beispiel (Betrag). Die Funktion $f : \mathbf{R} \to \mathbf{R}$ mit

$$f(x) \ := \ |x|$$

ist stetig, aber nicht differenzierbar.

Die folgenden Sätze zeigen, wie man aus differenzierbaren Funktionen neue differenzierbare Funktionen gewinnen kann:

Satz (Linearität der Ableitung). *Seien $f : J \to \mathbf{R}$ und $g : J \to \mathbf{R}$ differenzierbar in $x_0 \in J$ und sei $c \in \mathbf{R}$. Dann gilt:*
(a) Die Funktion $f + g$ ist differenzierbar in x_0 mit

$$(f + g)'(x_0) \; = \; f'(x_0) + g'(x_0)$$

(b) Die Funktion cf ist differenzierbar in x_0 mit

$$(cf)'(x_0) \; = \; c\, f'(x_0)$$

Insbesondere bilden die differenzierbaren Funktionen $J \to \mathbf{R}$ einen Vektorraum.

Satz (Produktregel und Quotientenregel).   *Seien $f : J \to \mathbf{R}$ und $g : J \to \mathbf{R}$ differenzierbar in $x_0 \in J$. Dann gilt:*
(a) Die Funktion $f \cdot g$ ist differenzierbar in x_0 mit

$$(f \cdot g)'(x_0) \; = \; f'(x_0)g(x_0) + f(x_0)g'(x_0)$$

(b) Im Fall $g(x) \neq 0$ für alle $x \in J$ ist die Funktion f/g differenzierbar in x_0 mit

$$\left(\frac{f}{g}\right)'(x_0) \; = \; \frac{f'(x_0)g(x_0) - f(x_0)g'(x_0)}{g(x_0)^2}$$

Beispiele.
(1) **Potenzfunktion:** Für alle $n \in \mathbf{N}$ ist die Funktion $f : \mathbf{R} \to \mathbf{R}$ mit

$$f(x) \; := \; x^n$$

differenzierbar mit

$$f'(x) \; = \; nx^{n-1}$$

In der Tat: Dies folgt durch vollständige Induktion aus der Produktregel.
(2) **Polynom:** Für alle $n \in \mathbf{N}_0$ und $a_0, a_1, \ldots, a_n \in \mathbf{R}$ ist die Funktion $f : \mathbf{R} \to \mathbf{R}$ mit

$$f(x) \; := \; \sum_{k=0}^{n} a_k x^k$$

differenzierbar mit

$$f'(x) \; := \; \sum_{k=1}^{n} k a_k x^{k-1}$$

Insbesondere ist die Ableitung eines Polynoms vom Grad $n \in \mathbf{N}$ ein Polynom vom Grad $n - 1$.
(3) Jede rationale Funktion ist differenzierbar und ihre Ableitung ist wieder eine rationale Funktion.

Ein ähnliches Ergebnis wie für Polynome gilt für Funktionen, die eine Potenzreihendarstellung besitzen:

Satz (Potenzreihe). *Besitzt die Funktion* $f : (-r, r) \to \mathbf{R}$ *eine Potenzreihendarstellung*

$$f(x) \;=\; \sum_{k=0}^{\infty} a_k x^k$$

so ist f *differenzierbar mit*

$$f'(x) \;=\; \sum_{k=1}^{\infty} k a_k x^{k-1}$$

Man erhält die Ableitung einer Potenzreihe mit Konvergenzradius $r > 0$ also für alle $x \in (-r, r)$ durch gliedweises Differenzieren.

Beispiele.
(1) **Exponentialfunktion:** Die Funktion $\exp : \mathbf{R} \to \mathbf{R}$ ist differenzierbar mit

$$\exp'(x) \;=\; \exp(x)$$

In der Tat: Nach dem Satz gilt für alle $x \in \mathbf{R}$

$$\begin{aligned}
\exp'(x) \;&=\; \left(\sum_{k=0}^{\infty} \frac{1}{k!} x^k \right)' \\
&=\; \sum_{k=1}^{\infty} \frac{k}{k!} x^{k-1} \\
&=\; \sum_{k=1}^{\infty} \frac{1}{(k-1)!} x^{k-1} \\
&=\; \sum_{k=0}^{\infty} \frac{1}{k!} x^k \\
&=\; \exp(x)
\end{aligned}$$

(2) **Cosinus:** Die Funktion $\cos : \mathbf{R} \to \mathbf{R}$ ist differenzierbar mit

$$\cos'(x) \;=\; -\sin(x)$$

(3) **Sinus:** Die Funktion $\sin : \mathbf{R} \to \mathbf{R}$ ist differenzierbar mit

$$\sin'(x) \;=\; \cos(x)$$

Als letztes allgemeines Ergebnis erwähnen wir die Kettenregel:

Satz (Kettenregel). *Sei $f : J \to \mathbf{R}$ eine Funktion und seien $g : J \to \mathbf{R}$ und $h : J_h \to \mathbf{R}$ Funktionen mit $g(J) \subseteq J_h$ und*

$$f = h \circ g$$

Ist g differenzierbar in $x \in J$ und h differenzierbar in $g(x)$, so ist f differenzierbar in x und es gilt

$$f'(x) = (h \circ g)'(x) = h'(g(x)) \cdot g'(x)$$

Aus der Kettenregel ergibt sich insbesondere das folgende Ergebnis:

Folgerung (Umkehrfunktion). *Sei $g : J \to \mathbf{R}$ stetig und streng monoton und sei $x \in J$. Ist die Umkehrfunktion g^{-1} differenzierbar in $g(x)$ und gilt $(g^{-1})'(g(x)) \neq 0$, so ist g differenzierbar in x und es gilt*

$$g'(x) = \frac{1}{(g^{-1})'(g(x))}$$

Beweis. Wegen

$$x = (g^{-1} \circ g)(x)$$

und der Kettenregel gilt

$$\begin{aligned} 1 &= (g^{-1} \circ g)'(x) \\ &= (g^{-1})'(g(x)) \cdot g'(x) \end{aligned}$$

und damit

$$g'(x) = \frac{1}{(g^{-1})'(g(x))}$$

Damit ist die Behauptung bewiesen. $\qquad\square$

Wir illustrieren die Folgerung an einem Beispiel:

Beispiel (Logarithmus). Die Funktion $\ln : (0, \infty) \to \mathbf{R}$ ist differenzierbar mit

$$\ln'(x) = \frac{1}{x}$$

In der Tat: Der Logarithmus ist stetig und streng monoton, und seine Umkehrfunktion ist die Exponentialfunktion und damit differenzierbar. Also gilt

$$\begin{aligned} \ln'(x) &= \frac{1}{((\ln^{-1})' \circ \ln)(x)} \\ &= \frac{1}{(\exp' \circ \ln)(x)} \\ &= \frac{1}{(\exp \circ \ln)(x)} \\ &= \frac{1}{x} \end{aligned}$$

Mit Hilfe der bisher bereitgestellten Ergebnisse erhält man die Ableitungen für einige wichtige differenzierbare Funktionen:

Parameter	Definitionsbereich	$f(x)$	$f'(x)$
$n \in \mathbf{N}$	$\mathbf{R}$	x^n	$n\,x^{n-1}$
	$\mathbf{R}$	e^x	e^x
	$\mathbf{R}$	$\cos(x)$	$-\sin(x)$
	$\mathbf{R}$	$\sin(x)$	$\cos(x)$
	$(0, \infty)$	$\ln(x)$	$1/x$
$a \in \mathbf{R}$	$(0, \infty)$	x^a	$a\,x^{a-1}$
$a \in (0, \infty)$	$\mathbf{R}$	a^x	$a^x \ln(a)$
$a \in (0, \infty)$	$(0, \infty)$	$\log_a(x)$	$1/(x\,\ln(a))$

Die Ableitungen komplizierterer Funktionen erhält man durch Reduktion auf die in der Tabelle behandelten Funktionen mit Hilfe der allgemeinen Sätze der Differentialrechnung.

11.2 Einmal differenzierbare Funktionen

In diesem Abschnitt untersuchen wir die Eigenschaften einmal differenzierbarer Funktionen.

Nullstellen

Für eine differenzierbare Funktion, deren Ableitung gewissen Bedingungen genügt, lassen sich Nullstellen mit beliebiger Genauigkeit durch das Newton–Verfahren approximieren:

Satz (Newton–Verfahren). *Sei $f : J \to \mathbf{R}$ eine differenzierbare Funktion und sei $a \in J$ eine Nullstelle von f mit $[a, b] \subseteq J$ für ein $b > a$. Ist f' auf $(a, b]$ streng positiv und monoton wachsend, dann ist für jedes $x_0 \in (a, b]$ die mittels*

$$x_{n+1} := x_n - \frac{f(x_n)}{f'(x_n)}$$

für $n \in \mathbf{N}_0$ rekursiv definierte Folge $\{x_n\}_{n \in \mathbf{N}_0}$ streng monoton fallend und konvergent mit Grenzwert a.

Beispiel. Sei $c \in (0, \infty)$ und $f : \mathbf{R} \to \mathbf{R}$ gegeben durch

$$f(x) := x^m - c$$

mit $m \in \mathbf{N}$. Dann ist f differenzierbar mit

$$f'(x) = m\,x^{m-1}$$

und

$$a \; := \; \sqrt[m]{c}$$

ist eine Nullstelle von f mit $[a, b] \subseteq \mathbf{R}$ für alle $b > a$; außerdem ist f' streng positiv und monoton wachsend auf $(a, b]$. Daher ist für jede Wahl von $x_0 \in (a, b]$ die rekursiv durch

$$x_{n+1} \; := \; x_n - \frac{x_n^m - c}{m\, x_n^{m-1}}$$

$$= \; \frac{1}{m} \left((m-1)\, x_n + \frac{c}{x_n^{m-1}} \right)$$

definierte Folge $\{x_n\}_{n \in \mathbf{N}_0}$ streng monoton fallend und konvergent mit Grenzwert $\sqrt[m]{c}$. Im Fall $m = 2$ ergibt sich mit

$$x_{n+1} \; = \; \frac{1}{2} \left(x_n + \frac{c}{x_n} \right)$$

das bereits früher behandelte spezielle Newton–Verfahren zur Bestimmung von $\sqrt{c}$.

Lokale Maximierer und Minimierer

Sei $f : J \to \mathbf{R}$ eine Funktion. Dann heißt $x_0 \in J$
- *lokaler Maximierer* von f, wenn es ein $\varepsilon \in (0, \infty)$ gibt, sodaß für alle $x \in J \cap (x_0 - \varepsilon, x_0 + \varepsilon)$

$$f(x) \; \leq \; f(x_0)$$

gilt; in diesem Fall heißt $f(x_0)$ *lokales Maximum* von f.
- *lokaler Minimierer* von f, wenn es ein $\varepsilon \in (0, \infty)$ gibt, sodaß für alle $x \in J \cap (x_0 - \varepsilon, x_0 + \varepsilon)$

$$f(x_0) \; \leq \; f(x)$$

gilt; in diesem Fall heißt $f(x_0)$ *lokales Minimum* von f.
Es kann mehrere lokale Maximierer und Minimierer geben, und ein lokaler Maximierer oder Minimierer muß kein globaler Maximierer oder Minimierer sein. Andererseits ist jeder globale Maximierer bzw. Minimierer ein lokaler Maximierer bzw. Minimierer.

Ist $f : (a, b) \to \mathbf{R}$ differenzierbar, so ist jeder lokale Maximierer oder Minimierer von f eine Nullstelle der Ableitung f':

Satz (Notwendige Bedingung). *Sei* $f : (a, b) \to \mathbf{R}$ *differenzierbar. Ist* $x_0 \in (a, b)$ *ein lokaler Maximierer oder Minimierer von* f, *so gilt* $f'(x_0) = 0$.

Beweis.   Ohne Beschränkung der Allgemeinheit sei $x_0 \in (a, b)$ ein lokaler Maximierer. Dann gibt es ein $\varepsilon \in (0, \infty)$ mit $(x_0 - \varepsilon, x_0 + \varepsilon) \subseteq (a, b)$ und

$$f(x) \ \leq \ f(x_0)$$

für alle $x \in (x_0 - \varepsilon, x_0 + \varepsilon)$. Dann aber gilt für alle $h \in (0, \varepsilon)$

$$\frac{f(x_0 + h) - f(x_0)}{h} \ \leq \ 0 \ \leq \ \frac{f(x_0 - h) - f(x_0)}{-h}$$

und damit

$$f'(x_0) \ \leq \ 0 \ \leq \ f'(x_0)$$

Daraus folgt $f'(x_0) = 0$. $\hfill\square$

Der Satz wird falsch, wenn man das offene Intervall (a, b) durch ein halboffenes oder abgeschlossenes Intervall ersetzt:

Beispiel (Identität). Die Funktion $f : (0, 1] \to \mathbf{R}$ mit

$$f(x) \ := \ x$$

ist differenzierbar mit

$$f'(x) \ = \ 1$$

Die Ableitung f' besitzt daher keine Nullstelle. Dennoch ist $x_0 := 1$ ein lokaler Maximierer von f. Andererseits besitzt f keinen lokalen Minimierer.

Die Bedingung des Satzes für lokale Maxima und Minima ist notwendig, aber nicht hinreichend, wie man am folgenden Beispiel erkennt:

Beispiel. Die Funktion $f : \mathbf{R} \to \mathbf{R}$ mit

$$f(x) \ := \ x^3$$

ist differenzierbar mit

$$f'(x) \ = \ 3x^2$$

Die einzige Nullstelle $x_0 := 0$ von f' ist jedoch weder ein lokaler Maximierer noch ein lokaler Minimierer von f.

Aus der notwendigen Bedingung für lokale Maxima und Minima ergibt sich eine Reihe weiterer wichtiger Ergebnisse:

Satz (Rolle). *Sei $f : [a, b] \to \mathbf{R}$ differenzierbar mit $f(a) = f(b)$. Dann gibt es ein $x_0 \in (a, b)$ mit*

$$f'(x_0) \ = \ 0$$

Beweis. Ist f konstant, so ist die Behauptung klar. Ist f nicht konstant, so gibt es ein $x \in (a, b)$ mit $f(x) > f(a) = f(b)$ oder $f(x) < f(a) = f(b)$.

Im ersten Fall gibt es einen globalen Maximierer von f und jeder globale Maximierer $x_0 \in [a, b]$ ist verschieden von a und b; es gilt also

$$x_0 \in (a, b)$$

Da jeder globale Maximierer ein lokaler Maximierer ist, folgt aus $x_0 \in (a, b)$ und der notwendigen Bedingung

$$f'(x_0) = 0$$

Im zweiten Fall gilt entsprechendes für globale Minimierer. $\qquad\Box$

Satz (Mittelwertsatz). *Sei $f : [a, b] \to \mathbf{R}$ differenzierbar. Dann gibt es ein* $x_0 \in (a, b)$ *mit*

$$f'(x_0) = \frac{f(b) - f(a)}{b - a}$$

Beweis. Die Funktion $g : [a, b] \to \mathbf{R}$ mit

$$g(x) := f(x) - \frac{f(b) - f(a)}{b - a}\,(x - a)$$

ist differenzierbar mit

$$g'(x) = f'(x) - \frac{f(b) - f(a)}{b - a}$$

Nach dem Satz von Rolle gibt es ein $x_0 \in [a, b]$ mit

$$g'(x_0) = 0$$

Dann aber gilt

$$f'(x_0) - \frac{f(b) - f(a)}{b - a} = 0$$

Die Behauptung folgt. $\qquad\Box$

Folgerung. *Sei $f : [a, b] \to \mathbf{R}$ differenzierbar mit $|f'(x)| \leq c$ für ein $c \in \mathbf{R}_+$ und alle $x \in [a, b]$. Dann gilt für alle $x, y \in \mathbf{R}$ mit $a \leq x \leq y \leq b$*

$$|f(y) - f(x)| \leq c\,|y - x|$$

Beweis. Nach dem Mittelwertsatz gibt es ein $x_0 \in (x, y)$ mit

$$\left| \frac{f(y) - f(x)}{y - x} \right| = |f'(x_0)| \leq c$$

Die Behauptung folgt. $\qquad\Box$

Folgerung. *Sei $f : [a, b] \to \mathbf{R}$ differenzierbar mit $f'(x) = 0$. Dann ist f konstant.*

Diese Folgerung ist für Stammfunktionen von großer Bedeutung.

Umsatz- und Gewinnmaximierung III

Die Umsatzfunktion $U : [0, a] \to \mathbf{R}$ mit

$$U(y) \;=\; \frac{ay - y^2}{b}$$

ist differenzierbar mit

$$U'(y) \;=\; \frac{a - 2y}{b}$$

Die einzige Nullstelle von U' ist also

$$y_0 \;:=\; \frac{a}{2}$$

Wenn U einen lokalen Maximierer $y_u \in (0, a)$ besitzt, dann gilt $y_u = a/2$. Für jeden globalen Maximierer y_U von U gilt daher $y_U \in \{0, a/2, a\}$. Wegen $U(0) = U(a) = 0$ und

$$U\left(\frac{a}{2}\right) \;=\; \frac{a^2}{4b}$$

ist $y_U = a/2$ der einzige globale Maximierer von U.

Die Gewinnfunktion $G : [0, a] \to \mathbf{R}$ mit

$$G(y) \;=\; \frac{-bc + (a - bd)y - y^2}{b}$$

ist differenzierbar mit

$$G'(y) \;=\; \frac{(a - bd) - 2y}{b}$$

- Im Fall $bd \geq a$ besitzt G' im Intervall $(0, a)$ keine Nullstelle. Dann aber besitzt G keinen lokalen Maximierer in $(0, a)$. Für jeden globalen Maximierer y_G von G gilt daher $y_G \in \{0, a\}$. Wegen $G(0) = -c$ und $G(a) = -c - ad$ gilt $y_G = 0$.
- Im Fall $bd < a$ besitzt G' im Intervall $(0, a)$ die einzige Nullstelle

$$y_0 \;:=\; \frac{a - bd}{2}$$

Wenn also G einen lokalen Maximierer $y_g \in (0, a)$ besitzt, dann gilt $y_g = (a - bd)/2$. Für jeden globalen Maximierer y_G von G gilt daher $y_G \in \{0, (a - bd)/2, a\}$. Wegen $G(0) = -c$ und $G(a) = -c - ad < G(0)$ sowie

$$G\left(\frac{a - bd}{2}\right) \;=\; -c + \frac{(a - bd)^2}{4b} \;>\; -c \;=\; G(0) \;>\; G(a)$$

gilt $y_G = (a - bd)/2$.

Monotone Funktionen

Die *Wachstumseigenschaften* einer differenzierbaren Funktion lassen sich durch Eigenschaften ihrer Ableitung charakterisieren:

Satz (Monotone Funktionen). *Sei* $f : J \to \mathbf{R}$ *differenzierbar. Dann gilt:*
(a) *Gilt* $f' > 0$, *so ist* f *streng monoton wachsend.*
(b) f *ist genau dann monoton wachsend, wenn* $f' \geq 0$ *gilt.*
(c) f *ist genau dann monoton fallend, wenn* $f' \leq 0$ *gilt.*
(d) *Gilt* $f' < 0$, *so ist* f *streng monoton fallend.*

Beispiele.
(1) **Exponentialfunktion:** Die Funktion $\exp : \mathbf{R} \to \mathbf{R}$ ist differenzierbar mit

$$\exp'(x) \;=\; \exp(x) \;>\; 0$$

Also ist exp streng monoton wachsend.
(2) **Logarithmus:** Die Funktion $\ln : (0, \infty) \to \mathbf{R}$ ist differenzierbar mit

$$\ln'(x) \;=\; \frac{1}{x} \;>\; 0$$

Also ist ln streng monoton wachsend.

Die Umkehrung der Aussage (a) (und entsprechend die Umkehrung der Aussage (d)) des Satzes ist jedoch falsch, wie man am folgenden Beispiel erkennt:

Beispiel. Die Funktion $f : \mathbf{R} \to \mathbf{R}$ mit

$$f(x) \;:=\; x^3$$

ist streng monoton wachsend und differenzierbar mit $f'(0) = 0$.

Die logistische Funktion II

Die logistische Funktion $f : \mathbf{R} \to \mathbf{R}$ *mit*

$$f(x) \;=\; a \cdot \frac{1}{1 + b\,e^{-cx}}$$

ist differenzierbar mit

$$f'(x) \;=\; abc \cdot \frac{e^{-cx}}{(1 + b\,e^{-cx})^2}$$

Sie ist daher streng monoton wachsend und besitzt weder ein lokales Minimum noch ein lokales Maximum.

Konvexe und konkave Funktionen

Außer den Wachstumseigenschaften lassen sich auch die *Krümmungseigenschaften* einer differenzierbaren Funktion durch Eigenschaften ihrer Ableitung charakterisieren:

Satz (Konvexe und konkave Funktionen). *Sei $f : J \to \mathbf{R}$ differenzierbar. Dann gilt:*
(a) *f ist genau dann streng konvex, wenn f' streng monoton wachsend ist.*
(b) *f ist genau dann konvex, wenn f' monoton wachsend ist.*
(c) *f ist genau dann konkav, wenn f' monoton fallend ist.*
(d) *f ist genau dann streng konkav, wenn f' streng monoton fallend ist.*

Eine Anwendung dieses Satzes geben wir im nächsten Abschnitt.

Logarithmische Ableitung und Elastizität

Das folgende Ergebnis ist eine nützliche Folgerung aus der Kettenregel und der Ableitung des Logarithmus:

Satz (Logarithmische Ableitung). *Ist $f : J \to (0, \infty)$ differenzierbar in $x \in J$, so gilt*

$$(\ln \circ f)'(x) \;=\; \frac{f'(x)}{f(x)}$$

Beweis. Nach der Kettenregel gilt

$$
\begin{aligned}
(\ln \circ f)'(x) \;&=\; \ln'(f(x)) \cdot f'(x) \\
&=\; \frac{1}{f(x)} \cdot f'(x)
\end{aligned}
$$

Daraus folgt die Behauptung. $\qquad\square$

Ist $f : J \to (0, \infty)$ differenzierbar in $x \in J$, so heißt

$$(\ln \circ f)'(x) \;=\; \frac{f'(x)}{f(x)}$$

logarithmische Ableitung oder *Änderungsrate* von f an der Stelle x, und

$$\varepsilon_f(x) \;:=\; \frac{x \cdot f'(x)}{f(x)}$$

heißt *Elastizität* von f an der Stelle x. Im Fall $x \neq 0$ gilt

$$\varepsilon_f(x) \;=\; f'(x) \bigg/ \frac{f(x)}{x}$$

Ist $f : J \to (0, \infty)$ differenzierbar, so heißen die Funktionen $(\ln \circ f)'$ und ε_f *logarithmische Ableitung* bzw. *Elastizität* von f.

Bemerkung. Die Elastizität ε_f gibt das Verhältnis von Ableitung und Durchschnitt der Funktion f an. Die Elastizität ist dimensionslos; sie hängt also von den Maßeinheiten von x und $f(x)$ nicht ab.

Elastizität einer Produktionsfunktion

Sei $f : (0,\infty) \to (0,\infty)$ eine differenzierbare Produktionsfunktion. Dann ist $f'(y)$ die Grenzproduktivität beim Faktoreinsatz y und $f(y)/y$ die Durchschnittsproduktivität beim Faktoreinsatz y.

- Ist beim Faktoreinsatz y die Grenzproduktivität größer als die Durchschnittsproduktivität, so gilt $\varepsilon_f(y) > 1$.
- Ist beim Faktoreinsatz y die Grenzproduktivität gleich der Durchschnittsproduktivität, so gilt $\varepsilon_f(y) = 1$.
- Ist beim Faktoreinsatz y die Grenzproduktivität kleiner als die Durchschnittsproduktivität, so gilt $\varepsilon_f(y) < 1$.

(Analoge Ergebnisse gelten für Kostenfunktionen.)

Lokale Maximierer der Durchschnittsproduktivität

Sei $f : (0,\infty) \to (0,\infty)$ eine differenzierbare Produktionsfunktion. Wir nehmen an, der Faktoreinsatz y_0 sei ein lokaler Maximierer der Durchschnittsproduktivität $g : (0,\infty) \to (0,\infty)$ mit

$$g(y) := \frac{f(y)}{y}$$

Dann gilt

$$g'(y_0) = 0$$

Nach der Quotientenregel gilt

$$0 = g'(y_0) = \frac{f'(y_0)\,y_0 - f(y_0)}{y_0^2}$$

und damit

$$\frac{f(y_0)}{y_0} = f'(y_0)$$

Also stimmt die Durchschnittsproduktivität für jeden lokalen Maximierer y_0 mit der Grenzproduktivität überein, und es gilt $\varepsilon_f(y_0) = 1$.
(Ein analoges Ergebnis gilt für lokale Minimierer der Durchschnittskosten.)

Amoroso–Robinson–Gleichung

Sei $f : (0, \infty) \to (0, \infty)$ eine differenzierbare Preis–Absatz–Funktion. Dann ist die preisabhängige Umsatzfunktion $u : (0, \infty) \to (0, \infty)$ mit

$$u(p) \; := \; p \cdot f(p)$$

differenzierbar und für den Grenzumsatz gilt

$$
\begin{aligned}
u'(p) \; &= \; f(p) + p \cdot f'(p) \\
&= \; f(p) \left(1 + \frac{p \cdot f'(p)}{f(p)} \right) \\
&= \; f(p)\,(1 + \varepsilon_f(p))
\end{aligned}
$$

Für die Preiselastizität des Umsatzes ergibt sich

$$
\begin{aligned}
\varepsilon_u(p) \; &= \; \frac{p \cdot u'(p)}{u(p)} \\
&= \; 1 + \varepsilon_f(p)
\end{aligned}
$$

Wir nehmen nun an, daß f eine Umkehrfunktion $g : (0, \infty) \to (0, \infty)$ besitzt. Dann ist die mengenabhängige Umsatzfunktion $v : (0, \infty) \to (0, \infty)$ mit

$$v(x) \; := \; g(x) \cdot x$$

differenzierbar und für den Grenzumsatz gilt wegen $g = f^{-1}$

$$
\begin{aligned}
v'(x) \; &= \; g'(x) \cdot x + g(x) \\
&= \; \frac{1}{f'(g(x))} \cdot x + g(x) \\
&= \; \frac{1}{f'(g(x))} \cdot f(g(x)) + g(x) \\
&= \; g(x) \left(1 + \frac{f(g(x))}{g(x) \cdot f'(g(x))} \right) \\
&= \; g(x) \left(1 + \frac{1}{\varepsilon_f(g(x))} \right)
\end{aligned}
$$

Für die Mengenelastizität des Umsatzes ergibt sich

$$
\begin{aligned}
\varepsilon_v(x) \; &= \; \frac{x \cdot v'(x)}{v(x)} \\
&= \; 1 + \frac{1}{\varepsilon_f(g(x))}
\end{aligned}
$$

Die Gleichung

$$v'(x) \;=\; g(x)\left(1 + \frac{1}{\varepsilon_f(g(x))}\right)$$

heißt Amoroso–Robinson–Gleichung. Bemerkenswert an dieser Gleichung ist, daß nur die Elastizität der Preis–Absatz–Funktion f und nicht diejenige ihrer Umkehrfunktion g benötigt wird.

11.3   Zweimal differenzierbare Funktionen

Ist $f : J \to \mathbf{R}$ differenzierbar und ist die Ableitung $f' : J \to \mathbf{R}$ ebenfalls differenzierbar, so heißt f *zweimal differenzierbar* und wir setzen

$$f'' \;:=\; (f')'$$

Die Funktion f'' heißt *zweite Ableitung* oder *Ableitung zweiter Ordnung* von f.

Lokale Maximierer und Minimierer

Im letzten Abschnitt haben wir eine *notwendige* Bedingung für lokale Maximierer und lokale Minimierer einer einmal differenzierbaren Funktion gegeben. Wir geben nun eine *hinreichende* Bedingung für lokale Maximierer und lokale Minimierer einer zweimal differenzierbaren Funktion:

Satz (Hinreichende Bedingung). *Sei $f : (a, b) \to \mathbf{R}$ zweimal differenzierbar und $x_0 \in (a, b)$.*
(a) *Gilt $f'(x_0) = 0$ und $f''(x_0) < 0$, so ist x_0 ein lokaler Maximierer von f.*
(b) *Gilt $f'(x_0) = 0$ und $f''(x_0) > 0$, so ist x_0 ein lokaler Minimierer von f.*

Beispiele.
(1) Die Funktion $f : \mathbf{R} \to \mathbf{R}$ mit

$$f(x) \;:=\; x^3$$

ist zweimal differenzierbar mit $f'(0) = 0$ und $f''(0) = 0$. Der Punkt $x_0 := 0$ ist weder ein lokaler Maximierer noch ein lokaler Minimierer von f.
(2) Die Funktion $f : \mathbf{R} \to \mathbf{R}$ mit

$$f(x) \;:=\; x^4$$

ist zweimal differenzierbar mit $f'(0) = 0$ und $f''(0) = 0$. Dennoch ist $x_0 := 0$ wegen $f(x) \geq 0$ ein globaler und damit auch ein lokaler Minimierer von f.

Umsatz– und Gewinnmaximierung IV

Für die Umsatzfunktion $U : [0, a] \to \mathbf{R}$ mit

$$U(y) \;=\; \frac{ay - y^2}{b}$$

gilt

$$U'(y) \;=\; \frac{a - 2y}{b}$$

$$U''(y) \;=\; -\frac{2}{b}$$

Daher ist $y_u := a/2$ ein lokaler Maximierer von U.

Für die Gewinnfunktion $G : [0, a] \to \mathbf{R}$ mit

$$G(y) \;=\; \frac{-bc + (a - bd)y - y^2}{b}$$

gilt

$$G'(y) \;=\; \frac{(a-bd) - 2y}{b}$$

$$G''(y) \;=\; -\frac{2}{b}$$

Im Fall $bd < a$ ist daher $y_g := (a - bd)/2$ ein lokaler Maximierer von G.

Konvexe und konkave Funktionen

Die Krümmungseigenschaften einer zweimal differenzierbaren Funktion lassen sich durch ihre zweite Ableitung charakterisieren:

Satz (Konvexe und konkave Funktionen). *Sei $f : J \to \mathbf{R}$ zweimal differenzierbar. Dann gilt:*
(a) *Gilt $f'' > 0$, so ist f streng konvex.*
(b) *f ist genau dann konvex, wenn $f'' \geq 0$ gilt.*
(c) *f ist genau dann konkav, wenn $f'' \leq 0$ gilt.*
(d) *Gilt $f'' < 0$, so ist f streng konkav.*

Beispiele.
(1) **Exponentialfunktion:** Die Funktion $\exp : \mathbf{R} \to \mathbf{R}$ ist zweimal differenzierbar mit $\exp'(x) = \exp(x)$ und

$$\exp''(x) \;=\; \exp(x) \;>\; 0$$

Also ist exp streng konvex.

(2) **Logarithmus:** Die Funktion $\ln : (0, \infty) \to \mathbf{R}$ ist zweimal differenzierbar mit $\ln'(x) = 1/x$ und

$$\ln''(x) \;=\; -\frac{1}{x^2} \;<\; 0$$

Also ist ln streng konkav.

Die Umkehrung der Aussage (a) (und entsprechend die Umkehrung der Aussage (d)) des Satzes ist jedoch falsch, wie man am folgenden Beispiel erkennt:

Beispiel.   Die Funktion $f : \mathbf{R} \to \mathbf{R}$ mit

$$f(x) \;:=\; x^4$$

ist streng konvex und zweimal differenzierbar mit $f''(0) = 0$.

Wendepunkte

Sei $f : J \to \mathbf{R}$ eine Funktion. Dann heißt $x_0 \in J$ *Wendepunkt* von f, wenn es ein $\varepsilon \in (0, \infty)$ gibt, sodaß $(x_0 - \varepsilon, x_0 + \varepsilon) \subseteq J$ gilt und f auf einem der Intervalle $(x_0 - \varepsilon, x_0]$ und $[x_0, x_0 + \varepsilon)$ streng konvex und auf dem anderen streng konkav ist.

Ist $f : (a, b) \to \mathbf{R}$ zweimal differenzierbar, so ist jeder Wendepunkt von f eine Nullstelle der zweiten Ableitung f'':

Satz (Notwendige Bedingung). *Sei $f : (a, b) \to \mathbf{R}$ zweimal differenzierbar. Wenn f an der Stelle $x_0 \in (a, b)$ einen Wendepunkt besitzt, dann gilt $f''(x_0) = 0$.*

Beispiele.
(1) **Affin–lineare Funktion:** Die Funktion $f : \mathbf{R} \to \mathbf{R}$ mit

$$f(x) \;:=\; a + bx$$

$a, b \in \mathbf{R}$ ist zweimal differenzierbar mit $f'(x) = b$ und

$$f''(x) \;=\; 0$$

Die Funktion f ist konvex und konkav, aber sie ist auf keinem Intervall streng konvex oder streng konkav. Daher besitzt f keinen Wendepunkt.
(2) Die Funktion $f : \mathbf{R} \to \mathbf{R}$ mit

$$f(x) \;:=\; x^2$$

ist zweimal differenzierbar mit $f'(x) = 2x$ und

$$f''(x) \;=\; 2$$

Die Funktion f besitzt daher keinen Wendepunkt.

(3) Die Funktion $f : \mathbf{R} \to \mathbf{R}$ mit

$$f(x) \;:=\; x^5$$

ist zweimal differenzierbar mit $f'(x) = 5\,x^4$ und

$$f''(x) \;=\; 20\,x^3$$

Sie ist daher streng konkav auf dem Intervall $(-\infty, 0]$ und streng konvex auf dem Intervall $[0, \infty)$. Also besitzt f den Wendepunkt $x_0 := 0$.

Die logistische Funktion III

Die logistische Funktion $f : \mathbf{R} \to \mathbf{R}$ mit

$$f(x) \;=\; a \cdot \frac{1}{1 + b\,e^{-cx}}$$

ist zweimal differenzierbar mit

$$f''(x) \;=\; abc^2 \cdot \frac{e^{-cx}\,(b\,e^{-cx} - 1)}{(1 + b\,e^{-cx})^3}\,.$$

Sie ist daher streng konvex auf dem Intervall $(-\infty, \ln(b)/c]$ und streng konkav auf dem Intervall $[\ln(b)/c, \infty)$; insbesondere besitzt sie den Wendepunkt $x_0 := \ln(b)/c$.

11.4 Ableitungen höherer Ordnung

Sei $f : J \to \mathbf{R}$ einmal differenzierbar, so nennen wir

$$f^{(1)} \;:=\; f'$$

die *erste Ableitung* von f. Wir definieren nun Differenzierbarkeit höherer Ordnung und Ableitungen höherer Ordnung induktiv wie folgt:

Ist $f : J \to \mathbf{R}$ n-mal differenzierbar und ist die n-te Ableitung $f^{(n)} : J \to \mathbf{R}$ von f ebenfalls differenzierbar, so heißt f *$(n{+}1)$-mal differenzierbar* und wir nennen

$$f^{(n+1)} \;:=\; (f^{(n)})'$$

die $(n{+}1)$-te Ableitung von f.

Ist $f : J \to \mathbf{R}$ dreimal differenzierbar, so setzen wir $f''' := f^{(3)}$.

Mit Hilfe von Ableitungen höherer Ordnung läßt sich eine hinreichende Bedingung für Wendepunkte angeben:

Satz (Hinreichende Bedingung). *Sei $f : (a, b) \to \mathbf{R}$ dreimal differenzierbar und $x_0 \in (a, b)$. Gilt $f''(x_0) = 0$ und $f'''(x_0) \neq 0$, so ist x_0 ein Wendepunkt von f.*

Beispiele.

(1) **Affin–lineare Funktion:** Die Funktion $f : \mathbf{R} \to \mathbf{R}$ mit

$$f(x) \ := \ a + bx$$

ist dreimal differenzierbar mit

$$f''(x) \ = \ 0$$
$$f'''(x) \ = \ 0$$

Wegen $f''(x) = 0$ ist jedes $x \in \mathbf{R}$ ein Kandidat für einen Wendepunkt; der Satz liefert wegen $f'''(x) = 0$ jedoch keine Entscheidung. Tatsächlich besitzt f keinen Wendepunkt.

(2) Die Funktion $f : \mathbf{R} \to \mathbf{R}$ mit

$$f(x) \ := \ x^3$$

ist dreimal differenzierbar mit

$$f''(x) \ = \ 6x$$
$$f'''(x) \ = \ 6$$

Die Funktion f besitzt daher den Wendepunkt $x_0 := 0$.

(3) Die Funktion $f : \mathbf{R} \to \mathbf{R}$ mit

$$f(x) \ := \ x^5$$

ist dreimal differenzierbar mit

$$f''(x) \ = \ 20x^3$$
$$f'''(x) \ = \ 60\, x^2$$

Daher ist $x_0 := 0$ der einzige Kandidat für einen Wendepunkt. Wegen $f'''(x_0) = 0$ liefert der Satz jedoch keine Entscheidung. Tatsächlich ist x_0 ein Wendepunkt.

Eine Funktion $f : J \to \mathbf{R}$ heißt *unendlich oft differenzierbar*, wenn für alle $n \in \mathbf{N}$ die Ableitung n–ter Ordnung von f existiert.

Die wichtigste Klasse unendlich oft differenzierbarer Funktionen besteht aus den Funktionen, die eine Potenzreihendarstellung besitzen:

Satz (Potenzreihe). *Besitzt die Funktion $f : (-r, r) \to \mathbf{R}$ eine Potenzreihendarstellung*

$$f(x) = \sum_{k=0}^{\infty} a_k x^k$$

so ist f unendlich oft differenzierbar und alle Ableitungen von f sind Potenzreihen.

Insbesondere sind alle Polynome sowie die Exponentialfunktion, der Cosinus und der Sinus unendlich oft differenzierbar.

Kapitel 12

Lineare Differentialgleichungen

Bei der Modellierung wirtschaftlicher Zusammenhänge in stetiger Zeit treten häufig Gleichungen auf, die eine Beziehung zwischen einer Funktion und ihren Ableitungen beschreiben. Es stellt sich dann die Frage, welche Funktionen eine solche Differentialgleichung erfüllen; in den einfachsten Fällen ist dies die Frage, welche Funktionen eine vorgegebene Ableitung, Änderungsrate oder Elastizität besitzen. Ein besonders günstiger Fall liegt vor, wenn eine lineare Beziehung zwischen einer Funktion und ihren Ableitungen besteht; in diesem Fall erhält man durch die Lösung einer linearen Differentialgleichung eine geschlossene Formel für die gesuchte Funktion. Es besteht also eine Analogie zwischen Differentialgleichungen als dynamischen Modellen in stetiger Zeit und Differenzengleichungen als dynamischen Modellen in diskreter Zeit.

In diesem Kapitel führen wir zunächst Stammfunktionen und unbestimmte Integrale ein (Abschnitt 12.1). Wir untersuchen dann die Lösbarkeit von linearen Differentialgleichungen 1. Ordnung mit beliebigen Koeffizienten (Abschnitt 12.2) und von linearen Differentialgleichungen 2. Ordnung mit konstanten Koeffizienten (Abschnitt 12.3). Abschließend ergänzen wir diese Betrachtungen mit einigen weiterführenden Bemerkungen (Abschnitt 12.4).

Im gesamten Kapitel sei $J \subseteq \mathbf{R}$ eine konvexe Menge, die mindestens zwei Punkte enthält.

12.1 Das unbestimmte Integral

Eine differenzierbare Funktion $F : J \to \mathbf{R}$ heißt *Stammfunktion* einer Funktion $f : J \to \mathbf{R}$, wenn ihre Ableitung mit f übereinstimmt, also

$$F'(x) \;=\; f(x)$$

für alle $x \in J$ gilt.

Wenn eine Funktion überhaupt eine Stammfunktion besitzt, dann besitzt sie sogar unendlich viele Stammfunktionen; die Stammfunktionen unterscheiden sich jedoch nur geringfügig:

Satz. *Sei $f : J \to \mathbf{R}$ eine Funktion.*

(a) *Ist $F : J \to \mathbf{R}$ eine Stammfunktion von f, so ist für jedes $C \in \mathbf{R}$ auch die Funktion $G : J \to \mathbf{R}$ mit*

$$G(x) \; := \; F(x) + C$$

eine Stammfunktion von f.

(b) *Sind $F : J \to \mathbf{R}$ und $G : J \to \mathbf{R}$ Stammfunktionen von f, so gibt es ein $C \in \mathbf{R}$ mit*

$$G(x) \; = \; F(x) + C$$

für alle $x \in J$.

Beweis. Sei F eine Stammfunktion von f und $C \in \mathbf{R}$, und sei $G : J \to \mathbf{R}$ definiert durch

$$G(x) \; := \; F(x) + C$$

Dann gilt

$$G'(x) \; = \; F'(x) \; = \; f(x)$$

Damit ist (a) gezeigt.

Seien nun F und G Stammfunktionen von f und sei $H : J \to \mathbf{R}$ definiert durch

$$H(x) \; := \; F(x) - G(x)$$

Dann gilt für alle $x \in J$

$$H'(x) \; = \; (F - G)'(x) \; = \; F'(x) - G'(x) \; = \; f(x) - f(x) \; = \; 0$$

Dann aber ist H konstant und es gibt ein $C \in \mathbf{R}$ mit

$$F(x) - G(x) \; = \; H(x) \; = \; C$$

für alle $x \in J$. Damit ist (b) gezeigt. $\qquad\qquad\qquad\qquad\qquad\qquad\square$

Besitzt also eine Funktion $f : J \to \mathbf{R}$ eine Stammfunktion F, so bildet nach dem zweiten Teil des Satzes die Menge aller Stammfunktionen von f eine parametrische Familie von differenzierbaren Funktionen $\{F_C\}_{C \in \mathbf{R}}$ mit

$$F_C(x) \; = \; F(x) + C$$

und

$$F'_C(x) \; = \; f(x)$$

für alle $C \in \mathbf{R}$.

Wir bezeichnen die Familie aller Stammfunktionen einer Funktion f mit

$$\int f(x)\,dx$$

und nennen $\int f(x)\,dx$ das *unbestimmte Integral* von f. Zur Vereinfachung schreiben wir auch

$$\int f(x)\,dx \;=\; F(x) + C$$

wobei F eine beliebige Stammfunktion von f und $C \in \mathbf{R}$ ein frei wählbarer Parameter ist. (Diese Notation ist etwas ungenau, weil auf der linken Seite eine Familie von Funktionen steht, während auf der rechten Seite eine spezielle Funktion aus der Familie steht.)

In vielen Fällen läßt sich das unbestimmte Integral einer Funktion f erraten, indem man f als Ableitung einer Funktion F erkennt:

Parameter	Definitionsbereich	$f(x)$	$F(x)$	$\int f(x)\,dx$
$n \in \mathbf{N}$	$\mathbf{R}$	x^n	$x^{n+1}/(n+1)$	$x^{n+1}/(n+1) + C$
	$\mathbf{R}$	e^x	e^x	$e^x \qquad\quad + C$
	$\mathbf{R}$	$\cos(x)$	$\sin(x)$	$\sin(x) \qquad + C$
	$\mathbf{R}$	$\sin(x)$	$-\cos(x)$	$-\cos(x) \qquad + C$
	$(0,\infty)$	$1/x$	$\ln(x)$	$\ln(x) \qquad + C$
$a \in \mathbf{R}\setminus\{-1\}$	$(0,\infty)$	x^a	$x^{a+1}/(a+1)$	$x^{a+1}/(a+1) + C$
$a \in (0,\infty)$	$\mathbf{R}$	a^x	$a^x/\ln(a)$	$a^x/\ln(a) \qquad + C$

In allen Fällen ist $C \in \mathbf{R}$ beliebig wählbar. Im Fall $C = 0$ werden die in der Tabelle aufgeführten Stammfunktionen auch als *Grundintegrale* bezeichnet.

In komplizierteren Fällen kann man eine Stammfunktion durch geschickte Anwendung der folgenden Regeln bestimmen:

Satz (Linearität des unbestimmten Integrals). *Seien* $f : J \to \mathbf{R}$ *und* $g : J \to \mathbf{R}$ *Funktionen, die eine Stammfunktion besitzen, und sei* $c \in \mathbf{R}$. *Dann gilt:*

(a) *Die Funktion* $f + g$ *besitzt eine Stammfunktion und es gilt*

$$\int (f+g)(x)\,dx \;=\; \int f(x)\,dx + \int g(x)\,dx$$

(b) *Die Funktion* cf *besitzt eine Stammfunktion und es gilt*

$$\int c\,f(x)\,dx \;=\; c \int f(x)\,dx$$

Insbesondere bilden die Funktionen $J \to \mathbf{R}$, *die eine Stammfunktion besitzen, einen Vektorraum.*

Beispiel (Polynom). Für alle $n \in \mathbf{N}_0$ und $a_0, a_1, \ldots, a_n \in \mathbf{R}$ besitzt die Funktion $f : \mathbf{R} \to \mathbf{R}$ mit

$$f(x) \;=\; \sum_{k=0}^{n} a_k\, x^k$$

eine Stammfunktion und es gilt

$$\int \left(\sum_{k=0}^{n} a_k\, x^k \right) dx \;=\; \sum_{k=0}^{n} a_k \frac{x^{k+1}}{k+1} + C$$

Insbesondere ist jede Stammfunktion eines Polynoms vom Grad $n \in \mathbf{N}_0$ ein Polynom vom Grad $n + 1$.

Ein nützliches Hilfsmittel zur Bestimmung eines unbestimmten Integrals ist die partielle Integration:

Satz (Partielle Integration). *Sei $f : J \to \mathbf{R}$ eine Funktion. Wenn es differenzierbare Funktionen $h : J \to \mathbf{R}$ und $g : J \to \mathbf{R}$ gibt mit*

$$f(x) \;=\; h(x)\, g'(x)$$

und derart, daß $h' \cdot g$ eine Stammfunktion besitzt, dann besitzt auch $f = h \cdot g'$ eine Stammfunktion und es gilt

$$\int f(x)\, dx \;=\; \int h(x)\, g'(x)\, dx \;=\; h(x)\, g(x) - \int h'(x)\, g(x)\, dx$$

Beweis. Nach der Produktregel gilt

$$(h \cdot g)'(x) \;=\; h'(x)\, g(x) + h(x)\, g'(x)$$

und damit

$$\begin{aligned} f(x) \;&=\; h(x)\, g'(x) \\ &=\; (h \cdot g)'(x) - h'(x)\, g(x) \end{aligned}$$

Daher besitzt f eine Stammfunktion und es gilt

$$\int f(x)\, dx \;=\; (h \cdot g)(x) - \int h'(x)\, g(x)\, dx$$

was zu beweisen war. $\qquad\qquad\Box$

Beispiele.

(1) Zur Berechnung des unbestimmten Integrals

$$\int \left(\sum_{k=0}^{n} a_k\, x^k \right) e^x\, dx$$

nutzt man zunächst die Linearität des unbestimmten Integrals

$$\int \left(\sum_{k=0}^{n} a_k\, x^k \right) e^x\, dx \;=\; \sum_{k=0}^{n} a_k \int x^k\, e^x\, dx$$

Desweiteren gilt

$$\int e^x\, dx \;=\; e^x + C$$

und für $k \in \{1, \dots, n\}$ erhält man mit $f(x) = x^k$ und $g(x) = e^x$ durch partielle Integration die Rekursionsformel

$$\int x^k\, e^x\, dx \;=\; x^k\, e^x - k \int x^{k-1}\, e^x\, dx$$

Man kann die Folge der Integrale $x^k\, e^x\, dx$ also rekursiv berechnen.

(2) Es gilt

$$\int x\, e^x\, dx \;=\; (x-1)\, e^x + C$$

In der Tat: Mit $k := 1$ erhalten wir aus (1)

$$\begin{aligned}
\int x\, e^x\, dx &= x\, e^x - \int e^x\, dx \\
&= x\, e^x - (e^x + C) \\
&= (x-1)\, e^x + C
\end{aligned}$$

Der Übergang von $-C$ zu C beim letzten Gleichheitszeichen ist dadurch gerechtfertigt, daß der Parameter $C \in \mathbf{R}$ frei wählbar ist. Etwas vereinfachend schreibt man auch

$$\begin{aligned}
\int x\, e^x\, dx &= x\, e^x - \int e^x\, dx \\
&= x\, e^x - e^x + C \\
&= (x-1)\, e^x + C
\end{aligned}$$

(3) Es gilt

$$\int x^2\, e^x\, dx \;=\; (x^2 - 2x + 2)\, e^x + C$$

In der Tat: Mit $k := 2$ erhalten wir aus (1) und (2)

$$
\begin{aligned}
\int x^2\, e^x\, dx &= x^2 e^x - 2 \int x\, e^x\, dx \\
&= x^2 e^x - 2\,(x-1)\, e^x + C \\
&= (x^2 - 2x + 2)\, e^x + C
\end{aligned}
$$

(4) Es gilt

$$
\int (3 - 7x + x^2)\, e^x\, dx = (x^2 - 9x + 12)\, e^x + C
$$

In der Tat: Unter Verwendung von (3), (2) und (1) erhalten wir

$$
\begin{aligned}
\int (x^2 - 7x + 3)\, e^x\, dx &= \int x^2\, e^x\, dx - 7 \int x\, e^x\, dx + 3 \int e^x\, dx \\
&= (x^2 - 2x + 2)\, e^x - 7\,(x-1)\, e^x + 3\, e^x + C \\
&= (x^2 - 9x + 12)\, e^x + C
\end{aligned}
$$

(5) Für alle $n \in \mathbf{N}_0$ gilt

$$
\int x^n\, e^x\, dx = (-1)^n\, n! \left(\sum_{k=0}^{n} \frac{(-x)^k}{k!} \right) e^x + C
$$

In der Tat: Für $x \in \mathbf{R}$ setzen wir

$$
f_n(x) := \int x^n\, e^x\, dx
$$

Nach (1) gilt

$$
\begin{aligned}
f_{n+1}(x) &= \int x^{n+1}\, e^x\, dx \\
&= x^{n+1}\, e^x - (n+1) \int x^n\, e^x\, dx \\
&= x^{n+1}\, e^x - (n+1)\, f_n(x)
\end{aligned}
$$

und

$$
\begin{aligned}
f_0 &= \int e^x\, dx \\
&= e^x + C
\end{aligned}
$$

Daher erfüllt die Folge $\{f_n(x)\}_{n \in \mathbf{N}_0}$ die lineare Differenzengleichung 1. Ordnung

$$
f_{n+1} + (n+1)\, f_n = x^{n+1}\, e^x
$$

mit der Anfangsbedingung

$$
f_0(x) = e^x + C
$$

Aus der Formel für die allgemeine Lösung dieser Differenzengleichung ergibt sich nun nach leichter Umformung

$$f_n(x) \;=\; (-1)^n\, n! \left(\sum_{k=0}^{n} \frac{(-x)^k}{k!} \right) e^x + C$$

Die Behauptung ist damit gezeigt.
Insbesondere erhält man mit

$$\int e^x\, dx \;=\; e^x + C$$

$$\int x\, e^x\, dx \;=\; (x-1)\, e^x + C$$

$$\int x^2\, e^x\, dx \;=\; (x^2 - 2x + 2)\, e^x + C$$

die bereits bekannten Ergebnisse.

Ein weiteres Hilfsmittel zur Bestimmung eines unbestimmten Integrals ist die Substitution:

Satz (Substitutionsregel). *Sei $f : J \to \mathbf{R}$ eine Funktion. Sei ferner $h : J_h \to \mathbf{R}$ eine Funktion und $g : J \to \mathbf{R}$ eine differenzierbare Funktion mit $g(J) \subseteq J_h$ und*

$$f(x) \;=\; h(g(x))\, g'(x)$$

Wenn h eine Stammfunktion H besitzt, dann besitzt f die Stammfunktion $H \circ g$ und es gilt

$$\int f(x)\, dx \;=\; \int h(g(x))\, g'(x)\, dx \;=\; H(g(x)) + C$$

mit $C \in \mathbf{R}$.

Beweis. Nach der Kettenregel gilt

$$\begin{aligned}
f(x) \;&=\; h(g(x)) \cdot g'(x) \\
&=\; H'(g(x)) \cdot g'(x) \\
&=\; (H \circ g)'(x)
\end{aligned}$$

Daher besitzt f eine Stammfunktion und es gilt

$$\int f(x)\, dx \;=\; (H \circ g)(x) + C$$

mit $C \in \mathbf{R}$. $\qquad\square$

Folgerung. *Wenn die Funktion $h : J \to \mathbf{R}$ eine Stammfunktion H besitzt, dann gilt für alle $a, b \in \mathbf{R}$ mit $b \neq 0$*

$$\int h(a+bx)\,dx \;=\; \frac{1}{b}\,H(a+bx) + C$$

mit $C \in \mathbf{R}$.

Beweis. Mit $g(x) := a + bx$ gilt $g'(x) = b$, und damit

$$
\begin{aligned}
\int h(a+bx)\,dx \;&=\; \frac{1}{b}\int h(a+bx)\,b\,dx \\[2mm]
&=\; \frac{1}{b}\int h(g(x))\,g'(x)\,dx \\[2mm]
&=\; \frac{1}{b}\,H(g(x)) + C \\[2mm]
&=\; \frac{1}{b}\,H(a+bx) + C
\end{aligned}
$$

mit $C \in \mathbf{R}$. $\qquad\square$

Folgerung. *Ist $g : J \to \mathbf{R}$ differenzierbar, so gilt für alle $n \in \mathbf{N}$*

$$\int g(x)^n\,g'(x)\,dx \;=\; \frac{1}{n+1}\,g(x)^{n+1} + C$$

mit $C \in \mathbf{R}$. Im Fall $g(J) \subseteq (0, \infty)$ gilt außerdem

$$\int \frac{g'(x)}{g(x)}\,dx \;=\; \ln(g(x)) + C$$

mit $C \in \mathbf{R}$.

Beispiele.
(1) Es gilt

$$\int 2x\,e^{-x^2}\,dx \;=\; -e^{-x^2} + C$$

In der Tat: Wir setzen $h(z) := e^z$ und $g(x) := -x^2$. Dann besitzt h die Stammfunktion H mit $H(z) := e^z$ und wir erhalten

$$
\begin{aligned}
\int 2x\,e^{-x^2}\,dx \;&=\; -\int e^{-x^2}\,(-2x)\,dx \\[2mm]
&=\; -\int h(g(x))\,g'(x)\,dx \\[2mm]
&=\; -H(g(x)) + C \\[2mm]
&=\; -e^{-x^2} + C
\end{aligned}
$$

(2) Es gilt

$$\int (\cos(x))^4 \, \sin(x) \, dx \;=\; -\frac{1}{5}\,(\cos(x))^5 + C$$

In der Tat: Wir setzen $g(x) := \cos(x)$ und erhalten

$$\begin{aligned}
\int (\cos(x))^4 \, \sin(x) \, dx \;&=\; -\int (\cos(x))^4 \, (-\sin(x)) \, dx \\
&=\; -\int (g(x))^4 \, g'(x) \, dx \\
&=\; -\frac{1}{5}\,(g(x))^5 + C \\
&=\; -\frac{1}{5}\,(\cos(x))^5 + C
\end{aligned}$$

(3) Es gilt

$$\int \frac{2x}{x^2+1} \, dx \;=\; \ln(x^2+1) + C$$

In der Tat: Wir setzen $g(x) := x^2 + 1$ und erhalten

$$\begin{aligned}
\int \frac{2x}{x^2+1} \, dx \;&=\; \int \frac{g'(x)}{g(x)} \, dx \\
&=\; \ln(g(x)) + C \\
&=\; \ln(x^2+1) + C
\end{aligned}$$

12.2 Lineare Differentialgleichungen 1. Ordnung

Seien $a : J \to \mathbf{R}$ und $b : J \to \mathbf{R}$ stetige Funktionen und sei $f : J \to \mathbf{R}$ eine unbekannte differenzierbare Funktion. Dann heißt die lineare Gleichung

$$f' + af \;=\; b$$

lineare Differentialgleichung 1. Ordnung. Die Differentialgleichung heißt *homogen*, wenn $b = 0$ gilt; andernfalls heißt sie *inhomogen*.

Eine differenzierbare Funktion $f^* : J \to \mathbf{R}$ heißt *Lösung* der Differentialglei-chung

$$f' + af \;=\; b$$

wenn für alle $x \in J$ die Gleichung $(f^*)'(x) + a(x)\,f^*(x) = b(x)$ gilt, und sie erfüllt die *Anfangsbedingung*

$$f(x_0) \;=\; f_0$$

mit $x_0 \in J$ und $f_0 \in \mathbf{R}$, wenn $f^*(x_0) = f_0$ gilt.

Lineare Differentialgleichungen 1. Ordnung treten in natürlicher Weise auf, wenn die Ableitung, die Änderungsrate oder die Elastizität einer unbekannten Funktion bekannt ist:

Beispiele.
(1) Sei $g : J \to \mathbf{R}$ eine Funktion mit einer Stammfunktion G und sei $f : J \to \mathbf{R}$ eine unbekannte Funktion mit

$$f'(x) \;=\; g(x)$$

Dann gilt

$$f(x) \;=\; G(x) + \alpha$$

Also ist für jedes $\alpha \in \mathbf{R}$ die Funktion $f_\alpha : J \to \mathbf{R}$ mit $f_\alpha(x) := G(x) + \alpha$ eine Lösung der inhomogenen Differentialgleichung $f'(x) = g(x)$.

(2) Sei $g : J \to \mathbf{R}$ eine Funktion mit einer Stammfunktion G und sei $f : J \to (0, \infty)$ eine unbekannte Funktion mit

$$\frac{f'(x)}{f(x)} \;=\; g(x)$$

und damit

$$(\ln \circ f)'(x) \;=\; g(x)$$

Dann gilt

$$(\ln \circ f)(x) \;=\; G(x) + C$$

und damit

$$f(x) \;=\; e^{G(x)+C} \;=\; e^C\, e^{G(x)} \;=\; \alpha\, e^{G(x)}$$

Also ist für jedes $\alpha \in (0, \infty)$ die Funktion $f_\alpha : J \to \mathbf{R}$ mit $f_\alpha(x) := \alpha\, e^{G(x)}$ eine Lösung der homogenen Differentialgleichung $f'(x) - g(x)f(x) = 0$.

(3) Sei $g : J \to \mathbf{R}$ eine Funktion derart, daß die Funktion $h : J \to \mathbf{R}$ mit $h(x) := g(x)/x$ eine Stammfunktion H besitzt, und sei $f : J \to (0, \infty)$ eine unbekannte Funktion mit

$$\frac{x\,f'(x)}{f(x)} \;=\; g(x)$$

Dann gilt

$$\frac{f'(x)}{f(x)} \;=\; \frac{g(x)}{x} \;=\; h(x)$$

und damit

$$f(x) \;=\; \alpha\, e^{H(x)}$$

Also ist für jedes $\alpha \in (0, \infty)$ die Funktion $f_\alpha : J \to \mathbf{R}$ mit $f_\alpha(x) := \alpha\, e^{H(x)}$ eine Lösung der homogenen Differentialgleichung $f'(x) - (g(x)/x)f(x) = 0$.

Wir betrachten nun die allgemeine lineare Differentialgleichung 1. Ordnung:

Lemma. *Sei f^* eine Lösung der Differentialgleichung*

$$f' + af = b$$

Dann ist f^* stetig differenzierbar.

Beweis. Als Lösung der Differentialgleichung $f' + af = b$ ist f^* differenzierbar und damit stetig. Die Stetigkeit von $(f^*)'$ folgt nun aus $(f^*)' = b - af^*$ und der Stetigkeit von a, b und f^*. $\qquad\Box$

Wie bei linearen Gleichungssystemen und linearen Differenzengleichungen besteht ein enger Zusammenhang zwischen den Lösungen einer inhomogenen linearen Differentialgleichung 1. Ordnung und den Lösungen der zugehörigen homogenen Differentialgleichung:

Satz (Struktur der Lösungen einer linearen Differentialgleichung).
(a) *Für jede Lösung g^* der inhomogenen Differentialgleichung*

$$f' + af = b$$

und jede Lösung h^* der homogenen Differentialgleichung

$$f' + af = 0$$

ist $f^* := g^* + h^*$ eine Lösung der inhomogenen Differentialgleichung.
(b) *Für je zwei Lösungen f^* und g^* der inhomogenen Differentialgleichung*

$$f' + af = b$$

ist $h^* := f^* - g^*$ eine Lösung der homogenen Differentialgleichung

$$f' + af = 0$$

(c) *Die Lösungen der homogenen Differentialgleichung*

$$f' + af = 0$$

bilden einen Vektorraum der Dimension 1.

Aufgrund des Satzes genügt es,
– alle Lösungen der homogenen Differentialgleichung

$$f' + af = 0$$

und
– eine partikuläre Lösung der inhomogenen Differentialgleichung

$$f' + af = b$$

zu bestimmen; jede Lösung der inhomogenen Differentialgleichung erhält man dann als Summe einer Lösung der homogenen Differentialgleichung und der partikulären Lösung der inhomogenen Differentialgleichung.

Die allgemeine Lösung einer homogenen linearen Differentialgleichung 1. Ordnung

Wir bestimmen zunächst die allgemeine Lösung der homogenen Differentialgleichung $f' + af = 0$.

Satz (Allgemeine Lösung einer homogenen Differentialgleichung).
Die Funktion $a : J \to \mathbf{R}$ besitze eine Stammfunktion A. Dann sind für eine Funktion $f^* : J \to \mathbf{R}$ folgende Aussagen äquivalent:
(a) f^* ist Lösung der Differentialgleichung

$$f' + af = 0$$

(b) Es gibt ein $C \in \mathbf{R}$ mit

$$f^*(x) = C\, e^{-A(x)}$$

für alle $x \in J$.

Beweis. (a) $\Longrightarrow$ (b): Aus der Produktregel und der Kettenregel ergibt sich für jede differenzierbare Funktion $f : J \to \mathbf{R}$

$$
\begin{aligned}
(f\, e^A)'(x) &= f'(x)\, e^{A(x)} + f(x)\, (e^A)'(x) \\
&= f'(x)\, e^{A(x)} + f(x)\, e^{A(x)} A'(x) \\
&= f'(x)\, e^{A(x)} + f(x)\, e^{A(x)} a(x) \\
&= (f'(x) + a(x)\, f(x))\, e^{A(x)}
\end{aligned}
$$

Sei nun f^* eine Lösung der Differentialgleichung $f' + af = 0$. Dann gilt

$$(f^*)'(x) + a(x)\, f^*(x) = 0$$

Aufgrund der ersten Umformung gilt daher

$$(f^*\, e^A)'(x) = 0$$

und damit

$$(f^*\, e^A)(x) = C$$

für beliebiges $C \in \mathbf{R}$. Also gilt

$$f^*(x)\, e^{A(x)} = C$$

und damit

$$f^*(x) = C\, e^{-A(x)}$$

(b) $\implies$ (a): Es gelte

$$f^*(x) \; = \; C\,e^{-A(x)}$$

für ein $C \in \mathbf{R}$. Dann ergibt sich aus der Kettenregel

$$\begin{aligned}
(f^*)'(x) \; &= \; C\,(e^{-A})'(x) \\
&= \; C\,e^{-A(x)}(-A'(x)) \\
&= \; C\,e^{-A(x)}(-a(x)) \\
&= \; f^*(x)\,(-a(x))
\end{aligned}$$

und damit

$$(f^*)'(x) + a(x)\,f^*(x) \; = \; 0$$

Also ist f^* eine Lösung der Differentialgleichung $f' + af = 0$. $\qquad\square$

Die allgemeine Lösung einer inhomogenen linearen Differentialgleichung 1. Ordnung

Die Bestimmung der allgemeinen Lösung der inhomogenen Differentialgleichung $f' + af = b$ erfordert im wesentlichen den gleichen Aufwand wie die Bestimmung einer partikulären Lösung. Wir bestimmen daher sogleich die allgemeine Lösung:

Satz (Allgemeine Lösung einer inhomogenen Differentialgleichung).
Die Funktion $a : J \to \mathbf{R}$ besitze eine Stammfunktion A derart, daß auch die Funktion $b\,e^A$ eine Stammfunktion besitzt. Dann sind für eine Funktion $f^* : J \to \mathbf{R}$ folgende Aussagen äquivalent:
(a) *f^* ist Lösung der inhomogenen Differentialgleichung*

$$f' + af \; = \; b$$

(b) *Es gilt*

$$f^*(x) \; = \; e^{-A(x)}\int b(x)\,e^{A(x)}\,dx$$

für alle $x \in J$.

Beweis. (b) $\implies$ (a): Sei

$$G(x) \; := \; \int b(x)\,e^{A(x)}\,dx$$

und

$$f^*(x) \; := \; e^{-A(x)}G(x)$$

Aus der Produktregel und der Kettenregel ergibt sich

$$
\begin{aligned}
(f^*)'(x) &= (e^{-A}\,G)'(x)\\
&= (e^{-A})'(x)\,G(x) + e^{-A(x)}G'(x)\\
&= e^{-A(x)}(-A'(x))\,G(x) + e^{-A(x)}b(x)\,e^{A(x)}\\
&= e^{-A(x)}(-a(x))\,G(x) + b(x)\\
&= f^*(x)(-a(x)) + b(x)
\end{aligned}
$$

und damit

$$
(f^*)'(x) + a(x)\,f^*(x) \;=\; b(x)
$$

(a) $\Longrightarrow$ (b): Es ist bereits bekannt, daß es zu jeder Lösung h^* der homogenen Differentialgleichung $f' + af = 0$ eine Stammfunktion A_0 von a und ein $C_0 \in \mathbf{R}$ gibt mit

$$
h^*(x) \;=\; C_0\,e^{-A_0(x)}
$$

Außerdem wurde im ersten Teil des Beweises gezeigt, daß die Funktion g^* mit

$$
g^*(x) \;:=\; e^{-A(x)} \int b(x)\,e^{A(x)}dx
$$

eine Lösung der inhomogenen Differentialgleichung $f' + af = b$ ist. Daher besitzt jede Lösung f^* der inhomogenen Differentialgleichung $f' + af = b$ die Darstellung

$$
f^*(x) \;=\; C_0\,e^{-A_0(x)} + e^{-A(x)} \int b(x)\,e^{A(x)}dx
$$

Da die Differenz zweier Stammfunktionen von a konstant ist, ist die Funktion $A - A_0$ und damit auch die Funktion e^{A-A_0} konstant. Sei nun

$$
C \;:=\; C_0\,e^{A(x)-A_0(x)}
$$

Dann gilt

$$
\begin{aligned}
f^*(x) &= C_0\,e^{-A_0(x)} + e^{-A(x)} \int b(x)\,e^{A(x)}dx\\[2mm]
&= C_0\,e^{A(x)-A_0(x)}e^{-A(x)} + e^{-A(x)} \int b(x)\,e^{A(x)}dx\\[2mm]
&= C\,e^{-A(x)} + e^{-A(x)} \int b(x)\,e^{A(x)}dx\\[2mm]
&= e^{-A(x)}\left(C + \int b(x)\,e^{A(x)}dx \right)\\[2mm]
&= e^{-A(x)} \int b(x)\,e^{A(x)}dx
\end{aligned}
$$

Bei der letzten Umformung ist die additive Konstante aufgrund der Definition des unbestimmten Integrals entfallen. $\qquad\square$

Bemerkungen.

- Da die Stammfunktion A frei wählbar ist, liefert der Satz bereits die allgemeine Lösung der Differentialgleichung $f' + af = b$.
- Im Fall $a = 0$ liefert der Satz als Lösung der Differentialgleichung $f' = b$ gerade die Stammfunktionen der Funktion b.
- Im Fall $b = 0$ gilt $\int b(x)\, e^{A(x)}\, dx = C$ mit $C \in \mathbf{R}$ beliebig und der Satz liefert das bereits bekannte Ergebnis für die allgemeine Lösung der homogenen Differentialgleichung $f' + af = 0$.

Beispiele.

(1) Eine Funktion $f^* : \mathbf{R} \to \mathbf{R}$ erfüllt die Differentialgleichung (∗)

$$f'(x) + \frac{2x}{x^2 + 1}\, f(x) \;=\; \frac{3x}{x^2 + 1}$$

genau dann, wenn

$$f^*(x) \;=\; \frac{3}{2}\, \frac{x^2 + \alpha}{x^2 + 1}$$

mit $\alpha \in \mathbf{R}$ gilt.

Eine Funktion $f^* : \mathbf{R} \to \mathbf{R}$ erfüllt die Differentialgleichung (∗) mit der Anfangsbedingung $f(0) = 6$ genau dann, wenn

$$f^*(x) \;=\; \frac{3}{2}\, \frac{x^2 + 4}{x^2 + 1}$$

gilt.

In der Tat: Es gilt

$$\int \frac{2x}{x^2 + 1}\, dx \;=\; \ln(x^2 + 1) + C_1$$

und damit

$$
\begin{aligned}
f^*(x) \;&=\; e^{-(\ln(x^2+1)+C_1)} \int \frac{3x}{x^2 + 1}\, e^{\ln(x^2+1)+C_1}\, dx \\[2mm]
&=\; e^{-\ln(x^2+1)} \int \frac{3x}{x^2 + 1}\, e^{\ln(x^2+1)}\, dx \\[2mm]
&=\; \frac{1}{x^2 + 1} \int \frac{3x}{x^2 + 1}\, (x^2 + 1)\, dx \\[2mm]
&=\; \frac{1}{x^2 + 1} \int 3x\, dx \\[2mm]
&=\; \frac{1}{x^2 + 1} \left(\frac{3}{2} x^2 + C_2 \right) \\[2mm]
&=\; \frac{3}{2}\, \frac{x^2 + \alpha}{x^2 + 1}
\end{aligned}
$$

Offenbar erfüllt f^* die Anfangsbedingung $f(0) = 6$ genau dann, wenn $\alpha = 4$ gilt.

(2) Eine Funktion $f^* : \mathbf{R} \to \mathbf{R}$ erfüllt die Differentialgleichung ($\diamond$)

$$f'(x) + \frac{2x}{x^2+1}\, f(x) \;=\; 0$$

genau dann, wenn

$$f^*(x) \;=\; \frac{\alpha}{x^2+1}$$

mit $\alpha \in \mathbf{R}$ gilt.

Eine Funktion $f^* : \mathbf{R} \to \mathbf{R}$ erfüllt die Differentialgleichung ($\diamond$) mit der Anfangsbedingung $f(0) = 6$ genau dann, wenn

$$f^*(x) \;=\; \frac{6}{x^2+1}$$

gilt.

In der Tat: Es gilt

$$\begin{aligned}
f^*(x) \;&=\; e^{-(\ln(x^2+1)+C_1)}\, C_2 \\
&=\; \alpha\, e^{-\ln(x^2+1)} \\
&=\; \frac{\alpha}{x^2+1}
\end{aligned}$$

Offenbar ist die Anfangsbedingung $f(0) = 6$ genau dann erfüllt, wenn $\alpha = 6$ gilt.

(3) Eine Funktion $f^* : \mathbf{R} \to \mathbf{R}$ erfüllt die Differentialgleichung ($\dagger$)

$$f'(x) \;=\; \frac{3x}{x^2+1}$$

genau dann, wenn

$$f^*(x) \;=\; \frac{3}{2}\, \ln(x^2+1) + \alpha$$

mit $\alpha \in \mathbf{R}$ gilt.

Eine Funktion $f^* : \mathbf{R} \to \mathbf{R}$ erfüllt die Differentialgleichung ($\dagger$) mit der Anfangsbedingung $f(0) = 6$ genau dann, wenn

$$f^*(x) \;=\; \frac{3}{2}\, \ln(x^2+1) + 6$$

gilt.

In der Tat: Es gilt

$$\begin{aligned}
f^*(x) \;&=\; \int \frac{3x}{x^2+1}\, dx \\
&=\; \frac{3}{2} \int \frac{2x}{x^2+1}\, dx \\
&=\; \frac{3}{2}\, (\ln(x^2+1) + C) \\
&=\; \frac{3}{2}\, \ln(x^2+1) + \alpha
\end{aligned}$$

Offenbar ist die Anfangsbedingung $f(0) = 6$ genau dann erfüllt, wenn $\alpha = 6$ gilt.

Die allgemeine Lösung einer linearen Differentialgleichung 1. Ordnung hat eine besonders einfache Gestalt, wenn die Funktionen a und b konstant sind:

Folgerung. *Sei $a, b \in \mathbf{R}$. Für eine Funktion $f^* : J \to \mathbf{R}$ sind folgende Aussagen äquivalent:*
(a) *f^* ist Lösung der Differentialgleichung*

$$f' + af \;=\; b$$

(b) *Es gibt ein $\alpha \in \mathbf{R}$ mit*

$$f^*(x) \;=\; \begin{cases} \alpha + bx & \text{falls} \quad a = 0 \\[2mm] \dfrac{b}{a} + \alpha e^{-ax} & \text{falls} \quad a \neq 0 \end{cases}$$

für alle $x \in J$.

Beweis. Da a konstant ist, besitzt jede Stammfunktion A von a die Darstellung

$$A(x) \;=\; ax + C$$

mit $C \in \mathbf{R}$. Da auch b konstant ist, besitzt jede Lösung f^* der inhomogenen Differentialgleichung $f' + af = b$ die Darstellung

$$f^*(x) \;=\; e^{-(ax+C)} \int b\, e^{ax+C} dx$$

$$=\; e^{-ax} \int b\, e^{ax} dx$$

$$=\; \begin{cases} bx + \alpha & \text{falls} \quad a = 0 \\[2mm] e^{-ax}\left(\dfrac{b}{a} e^{ax} + \alpha \right) & \text{falls} \quad a \neq 0 \end{cases}$$

mit $\alpha \in \mathbf{R}$. Die Behauptung folgt. $\square$

Wir spezialisieren das letzte Ergebnis für den Fall, daß eine Anfangsbedingung gegeben ist:

Folgerung. *Sei $a, b \in \mathbf{R}$, $x_0 \in J$ und $f_0 \in \mathbf{R}$. Für eine Funktion $f^* : J \to \mathbf{R}$ sind folgende Aussagen äquivalent:*
(a) *f^* ist Lösung der Differentialgleichung*

$$f' + af \;=\; b$$

und erfüllt die Anfangsbedingung $f(x_0) = f_0$.
(b) *Es gilt*

$$f^*(x) = \begin{cases} f_0 + b(x - x_0) & \text{falls} \quad a = 0 \\[2mm] \dfrac{b}{a} + \left(f_0 - \dfrac{b}{a} \right) e^{-a(x-x_0)} & \text{falls} \quad a \neq 0 \end{cases}$$

für alle $x \in J$.

Beweis. Im Fall $a = 0$ gilt $f_0 = f(x_0) = \alpha + b\,x_0$ und damit

$$\alpha \;=\; f_0 - b\,x_0$$

Im Fall $a \neq 0$ gilt $f_0 = f(x_0) = b/a + \alpha\,e^{-ax_0}$ und damit

$$\alpha \;=\; \left(f_0 - \frac{b}{a} \right) e^{ax_0}$$

Die Behauptung folgt. $\square$

Beispiele.
(1) Die Funktion $f^* : \mathbf{R} \to \mathbf{R}$ erfüllt die Differentialgleichung $(*)$

$$f'(x) - 5\,f(x) \;=\; 3$$

genau dann, wenn

$$f^*(x) \;=\; \alpha\,e^{5x} - \frac{3}{5}$$

mit $\alpha \in \mathbf{R}$ gilt. Die Funktion $f^* : \mathbf{R} \to \mathbf{R}$ erfüllt die Differentialgleichung $(*)$
mit der Anfangsbedingung $f(0) = 2$ genau dann, wenn

$$f^*(x) \;=\; \frac{13\,e^{5x} - 3}{5}$$

gilt.
(2) Die Funktion $f^* : \mathbf{R} \to \mathbf{R}$ erfüllt die Differentialgleichung $(\diamond)$

$$f'(x) - 5\,f(x) \;=\; 0$$

genau dann, wenn

$$f^*(x) \;=\; \alpha\,e^{5x}$$

mit $\alpha \in \mathbf{R}$ gilt. Die Funktion $f^* : \mathbf{R} \to \mathbf{R}$ erfüllt die Differentialgleichung $(\diamond)$
mit der Anfangsbedingung $f(0) = 2$ genau dann, wenn

$$f^*(x) \;=\; 2\,e^{5x}$$

gilt.
(3) Die Funktion $f^* : \mathbf{R} \to \mathbf{R}$ erfüllt die Differentialgleichung $(\dagger)$

$$f'(x) \;=\; 3$$

genau dann, wenn

$$f^*(x) \;=\; 3x + \alpha$$

mit $\alpha \in \mathbf{R}$ gilt. Die Funktion $f^* : \mathbf{R} \to \mathbf{R}$ erfüllt die Differentialgleichung $(\dagger)$
mit der Anfangsbedingung $f(0) = 2$ genau dann, wenn

$$f^*(x) \;=\; 3x + 2$$

gilt.

Abschließend charakterisieren wir die Exponentialfunktion durch eine homogene lineare Differentialgleichung erster Ordnung:

Folgerung (Charakterisierung der Exponentialfunktion). *Für eine differenzierbare Funktion $g : \mathbf{R} \to \mathbf{R}$ sind folgende Aussagen äquivalent:*
(a) Es gilt $g' = g$ und $g(0) = 1$.
(b) Es gilt $g(x) = e^x$.

Beweis. In beiden Fällen erfüllt die Funktion g die Differentialgleichung $f' - f = 0$ mit der Anfangsbedingung $f(0) = 1$. $\qquad\square$

Cobweb–Modell IV

Im Cobweb-Modell erfüllt die Folge der Gleichgewichtspreise die Differenzengleichung

$$p_{n+1} + \frac{a}{d}\, p_n \;=\; \frac{b+c}{d}$$

mit der Anfangsbedingung $p_0 = \alpha$. Die eindeutige Lösung dieser Differenzengleichung mit Anfangsbedingung ist durch die Folge $p^* : \mathbf{N}_0 \to \mathbf{R}$ mit

$$p_n^* \;=\; \frac{b+c}{a+d} + \left(\alpha - \frac{b+c}{a+d}\right)\left(-\frac{a}{d}\right)^n$$

gegeben.

Die Differenzengleichung läßt sich in der Form

$$(p_{n+1} - p_n) + \left(1 + \frac{a}{d}\right) p_n \;=\; \frac{b+c}{d}$$

schreiben und führt beim Übergang von diskreter Zeit zu stetiger Zeit auf die Differentialgleichung

$$p'(t) + \left(1 + \frac{a}{d}\right) p(t) \;=\; \frac{b+c}{d}$$

mit der Anfangsbedingung $p(0) = \alpha$. Die eindeutige Lösung dieser Differentialgleichung mit Anfangsbedingung ist durch die Funktion $p^* : \mathbf{R}_+ \to \mathbf{R}$ mit

$$p^*(t) \;=\; \frac{b+c}{a+d} + \left(\alpha - \frac{b+c}{a+d}\right)e^{-(1+a/d)t}$$

gegeben.

Für jede Wahl von a und d gilt

$$\lim_{t \to \infty} p^*(t) \;=\; \frac{b+c}{a+d}$$

Das Konvergenzverhalten der Lösung im stetigen Modell unterscheidet sich daher wesentlich vom Konvergenzverhalten der Lösung im diskreten Modell.

Entwicklung des Volkseinkommens nach Harrod III

Im Modell von Harrod erfüllt die Folge der Volkseinkommen die Differenzengleichung

$$Y_{n+1} - \frac{a}{a-s} Y_n = 0$$

mit der Anfangsbedingung $Y_0 = \alpha$. Die eindeutige Lösung dieser Differenzengleichung mit Anfangsbedingung ist durch die Folge $Y^* : \mathbf{N}_0 \to \mathbf{R}$ mit

$$Y_n^* = \alpha \left(\frac{a}{a-s} \right)^n$$

gegeben.

Die Differenzengleichung läßt sich in der Form

$$(Y_{n+1} - Y_n) - \frac{s}{a-s} Y_n = 0$$

schreiben und führt beim Übergang von diskreter Zeit zu stetiger Zeit auf die Differentialgleichung

$$Y'(t) - \frac{s}{a-s} Y(t) = 0$$

mit der Anfangsbedingung $Y(0) = \alpha$. Die eindeutige Lösung dieser Differentialgleichung mit Anfangsbedingung ist durch die Funktion $Y^* : \mathbf{R}_+ \to \mathbf{R}$ mit

$$Y^*(t) = \alpha\, e^{(s/(a-s))t}$$

gegeben.

Das Volkseinkommen ist daher sowohl im diskreten Modell als auch im stetigen Modell streng monoton wachsend und unbeschränkt.

Entwicklung des Volkseinkommens nach Boulding III

Im Modell von Boulding erfüllt die Folge der Volkseinkommen die Differenzengleichung

$$Y_{n+1} - (1 + b\,(1-m))\,Y_n = -b\,c$$

mit der Anfangsbedingung $Y_0 = \alpha$. Die eindeutige Lösung dieser Differenzengleichung mit Anfangsbedingung ist durch die Folge $Y^* : \mathbf{N}_0 \to \mathbf{R}$ mit

$$Y_n^* = \frac{c}{1-m} + \left(\alpha - \frac{c}{1-m} \right) (1 + b\,(1-m))^n$$

gegeben.

Die Differenzengleichung läßt sich in der Form

$$(Y_{n+1} - Y_n) - b\,(1-m)\,Y_n \;=\; -b\,c$$

schreiben und führt beim Übergang von diskreter Zeit zu stetiger Zeit auf die Differentialgleichung

$$Y'(t) - b\,(1-m)\,Y(t) \;=\; -b\,c$$

mit der Anfangsbedingung $Y(0) = \alpha$. Die eindeutige Lösung dieser Differentialgleichung mit Anfangsbedingung ist durch die Funktion $Y^* : \mathbf{R}_+ \to \mathbf{R}$ mit

$$Y^*(t) \;=\; \frac{c}{1-m} + \left(\alpha - \frac{c}{1-m}\right) e^{b(1-m)t}$$

gegeben.

Das Volkseinkommen entwickelt sich also im diskreten Modell und im stetigen Modell analog.

12.3 Lineare Differentialgleichungen 2. Ordnung

Sind $a, b, c : J \to \mathbf{R}$ stetige Funktionen und ist $f : J \to \mathbf{R}$ eine unbekannte zweimal differenzierbare Funktion, so heißt die Gleichung

$$f'' + af' + bf \;=\; c$$

lineare Differentialgleichung 2. Ordnung. Die Differentialgleichung heißt *homogen*, wenn $c = 0$ gilt; andernfalls heißt sie *inhomogen*.

Eine Funktion $f^* : J \to \mathbf{R}$ heißt *Lösung* der Differentialgleichung

$$f'' + af' + bf \;=\; c$$

wenn für alle $x \in J$ die Gleichung $(f^*)''(x) + a(x)\,(f^*)'(x) + b(x)\,f^*(x) = c(x)$ gilt, und sie erfüllt die *Anfangsbedingung*

$$f(x_0) \;=\; f_0$$
$$f'(x_0) \;=\; f_1$$

mit $x_0 \in J$ und $f_0, f_1 \in \mathbf{R}$, wenn $f^*(x_0) = f_0$ und $(f^*)'(x_0) = f_1$ gilt.

Zwischen den Lösungen einer inhomogenen linearen Differentialgleichung 2. Ordnung und den Lösungen der zugehörigen homogenen Differentialgleichung besteht der folgende Zusammenhang:

Satz (Struktur der Lösungen einer linearen Differentialgleichung).
(a) *Für jede Lösung g^* der inhomogenen Differentialgleichung*

$$f'' + af' + bf = c$$

und jede Lösung h^* der homogenen Differentialgleichung

$$f'' + af' + bf = 0$$

ist $f^* := g^* + h^*$ eine Lösung der inhomogenen Differentialgleichung.
(b) *Für je zwei Lösungen f^* und g^* der inhomogenen Differentialgleichung*

$$f'' + af' + bf = c$$

ist $h^* := f^* - g^*$ eine Lösung der homogenen Differentialgleichung

$$f'' + af' + bf = 0$$

(c) *Die Lösungen der homogenen Differentialgleichung*

$$f'' + af' + bf = 0$$

bilden einen Vektorraum der Dimension 2.

Aufgrund des Satzes genügt es,
– alle Lösungen der homogenen Differentialgleichung

$$f'' + af' + bf = 0$$

und
– eine partikuläre Lösung der inhomogenen Differentialgleichung

$$f'' + af' + bf = c$$

zu bestimmen; jede Lösung der inhomogenen Differentialgleichung erhält man
dann als Summe einer Lösung der homogenen Differentialgleichung und der
partikulären Lösung der inhomogenen Differentialgleichung.

Die Bestimmung der allgemeinen Lösung einer linearen Differentialgleichung
2. Ordnung ist schwieriger als im Fall einer linearen Differentialgleichung 1.
Ordnung und gelingt nur unter bestimmten Annahmen an die Funktionen
$a, b, c : J \to \mathbf{R}$.

Wir beschränken uns im folgenden auf den Fall konstanter Funktionen $a, b, c :$
$J \to \mathbf{R}$; wir betrachten also die lineare Differentialgleichung 2. Ordnung

$$f'' + af' + bf = c$$

mit $a, b, c \in \mathbf{R}$.

Die allgemeine Lösung einer homogenen linearen Differentialgleichung 2. Ordnung

Zur Bestimmung der allgemeinen Lösung der homogenen Differentialgleichung

$$f'' + af' + bf \;=\; 0$$

mit $a, b \in \mathbf{R}$ betrachten wir für jedes $\lambda \in \mathbf{C}$ die Funktion h_λ mit

$$h_\lambda(x) \;:=\; e^{\lambda x}$$

und hoffen, daß einige dieser Funktionen die homogene Differentialgleichung lösen. Für jede Wahl von $\lambda \in \mathbf{C}$ gilt

$$\begin{aligned}
h_\lambda''(x) + a\,h_\lambda'(x) + b\,h_\lambda(x) &= \lambda^2 e^{\lambda x} + a\,\lambda e^{\lambda x} + b\,e^{\lambda x} \\
&= (\lambda^2 + a\lambda + b)\,e^{\lambda x}
\end{aligned}$$

Wegen $e^{\lambda x} \neq 0$ ist die Funktion h_λ also genau dann eine Lösung der homogenen Differentialgleichung

$$f'' + af' + bf \;=\; 0$$

wenn λ eine Lösung der quadratischen Gleichung

$$\lambda^2 + a\lambda + b \;=\; 0$$

ist. Wir bestimmen daher diejenigen Funktionen h_λ, für die der Parameter λ die Gleichung $\lambda^2 + a\lambda + b = 0$ erfüllt. Wir unterscheiden dabei drei Fälle:
- Im Fall $a^2/4 > b$ besitzt die Gleichung $\lambda^2 + a\lambda + b = 0$ die reellen Lösungen

$$\lambda_{1,2} \;:=\; -\frac{a}{2} \pm \sqrt{\frac{a^2}{4} - b}$$

und es gilt $\lambda_1 \neq \lambda_2$. In diesem Fall ist jede der Funktionen h_{λ_1} und h_{λ_2} eine Lösung der homogenen Differentialgleichung, und diese Funktionen sind nicht Vielfache voneinander. Daher ist jede Funktion h^* mit

$$h^*(x) \;=\; \alpha_1 e^{\lambda_1 x} + \alpha_2 e^{\lambda_2 x}$$

und $\alpha_1, \alpha_2 \in \mathbf{R}$ eine Lösung der homogenen Differentialgleichung, und es gibt keine anderen Lösungen.
- Im Fall $a^2/4 = b$ besitzt die Gleichung $\lambda^2 + a\lambda + b = 0$ die reelle Lösung

$$\lambda_0 \;:=\; -\frac{a}{2}$$

In diesem Fall ist die Funktion h_{λ_0} eine Lösung der homogenen Differentialgleichung; außerdem ist auch die Funktion h mit $h(x) := x\,h_{\lambda_0}(x)$ eine

Lösung, und die Funktionen sind nicht Vielfache voneinander. Daher ist jede Funktion h^* mit

$$h^*(x) \;=\; \alpha_1 e^{\lambda_0 x} + \alpha_2\, x e^{\lambda_0 x}$$

und $\alpha_1, \alpha_2 \in \mathbf{R}$ eine Lösung der homogenen Differentialgleichung, und es gibt keine anderen Lösungen.

– Im Fall $a^2/4 < b$ besitzt die Gleichung $\lambda^2 + a\lambda + b = 0$ die konjugiert komplexen Lösungen

$$\lambda_{1,2} \;=\; -\frac{a}{2} \pm i\,\sqrt{b - \frac{a^2}{4}}$$

und es gilt $\lambda_1 \neq \lambda_2$. In diesem Fall ist jede der Funktionen h_{λ_1} und h_{λ_2} eine komplexe Lösung der homogenen Differentialgleichung; damit ist auch jede komplexe Linearkombination dieser Funktionen wieder eine Lösung. Sei nun

$$\begin{aligned}
\mu &:=\; -a/2 \\
\nu &:=\; \sqrt{b - a^2/4}
\end{aligned}$$

Dann sind mit $h_{\lambda_1} = h_{\mu+i\nu}$ und $h_{\lambda_2} = h_{\mu-i\nu}$ auch die Funktionen

$$\begin{aligned}
h^{(1)} &:=\; \frac{1}{2}\,h_{\mu+i\nu} + \frac{1}{2}\,h_{\mu-i\nu} \\[2mm]
h^{(2)} &:=\; \frac{-i}{2}\,h_{\mu+i\nu} + \frac{i}{2}\,h_{\mu-i\nu}
\end{aligned}$$

Lösungen der homogenen Differentialgleichung. Wegen

$$\begin{aligned}
h^{(1)}(x) &= \frac{h_{\mu+i\nu}(x) + h_{\mu-i\nu}(x)}{2} \\[2mm]
&= \frac{e^{(\mu+i\nu)x} + e^{(\mu-i\nu)x}}{2} \\[2mm]
&= e^{\mu x}\,\frac{e^{i\nu x} + e^{-i\nu x}}{2} \\[2mm]
&= e^{\mu x}\,\cos(\nu x)
\end{aligned}$$

und

$$\begin{aligned}
h^{(2)}(x) &= \frac{-i\,h_{\mu+i\nu}(x) + i\,h_{\mu-i\nu}(x)}{2} \\[2mm]
&= \frac{-i\,e^{(\mu+i\nu)x} + i\,e^{(\mu-i\nu)x}}{2} \\[2mm]
&= e^{\mu x}\,\frac{-i\,e^{i\nu x} + i\,e^{-i\nu x}}{2} \\[2mm]
&= e^{\mu x}\,\sin(\nu x)
\end{aligned}$$

sind diese Lösungen reell und nicht Vielfache voneinander. Daher ist jede Funktion h^* mit

$$h^*(x) \;=\; \alpha_1\, e^{\mu x}\, \cos(\nu x) + \alpha_2\, e^{\mu x}\, \sin(\nu x)$$

und $\alpha_1, \alpha_2 \in \mathbf{R}$ eine reelle Lösung der homogenen Differentialgleichung, und es gibt keine anderen reellen Lösungen.

Wir fassen diese Ergebnisse zusammen:

Satz (Allgemeine Lösung einer homogenen Differentialgleichung).
Der Vektorraum aller Lösungen der homogenen linearen Differentialgleichung 2. Ordnung

$$f'' + af' + bf \;=\; 0$$

mit $a, b \in \mathbf{R}$ *besteht aus allen Funktionen* $h^* : J \to \mathbf{R}$, *die*
(a) *im Fall* $a^2/4 > b$ *für alle* $x \in J$ *die Gleichung*

$$h^*(x) \;=\; \alpha_1\, e^{(\mu+\varrho)x} + \alpha_2\, e^{(\mu-\varrho)x}$$

mit $\mu := -a/2$ *und* $\varrho := \sqrt{a^2/4 - b}$ *sowie* $\alpha_1, \alpha_2 \in \mathbf{R}$ *erfüllen.*
(b) *im Fall* $a^2/4 = b$ *für alle* $x \in J$ *die Gleichung*

$$h^*(x) \;=\; \alpha_1\, e^{\mu x} + \alpha_2\, x e^{\mu x}$$

mit $\mu := -a/2$ *sowie* $\alpha_1, \alpha_2 \in \mathbf{R}$ *erfüllen.*
(c) *im Fall* $a^2/4 < b$ *für alle* $x \in J$ *die Gleichung*

$$h^*(x) \;=\; \alpha_1\, e^{\mu x} \cos(\nu x) + \alpha_2\, e^{\mu x} \sin(\nu x)$$

mit $\mu := -a/2$ *und* $\nu := \sqrt{b - a^2/4}$ *sowie* $\alpha_1, \alpha_2 \in \mathbf{R}$ *erfüllen.*

Beispiele.
(1) Die homogene Differentialgleichung

$$f''(x) - 6f'(x) + 10f(x) \;=\; 0$$

besitzt die allgemeine Lösung h^* mit

$$h^*(x) \;=\; \alpha_1\, e^{3x} \cos(x) + \alpha_2\, e^{3x} \sin(x)$$

mit $\alpha_1, \alpha_2 \in \mathbf{R}$.
(2) Die homogene Differentialgleichung

$$f''(x) - 6f'(x) \;=\; 0$$

besitzt die allgemeine Lösung h^* mit

$$h^*(x) \;=\; \alpha_1\, e^{6x} + \alpha_2$$

mit $\alpha_1, \alpha_2 \in \mathbf{R}$.
(3) Die homogene Differentialgleichung

$$f''(x) \;=\; 0$$

besitzt die allgemeine Lösung h^* mit

$$h^*(x) \;=\; \alpha_1 + \alpha_2\, x$$

mit $\alpha_1, \alpha_2 \in \mathbf{R}$.

Partikuläre Lösung einer inhomogenen linearen Differentialgleichung 2. Ordnung

Wir bestimmen nun eine partikuläre Lösung der inhomogenen Differentialgleichung

$$f'' + af' + bf \; = \; c$$

mit $a, b, c \in \mathbf{R}$.

Das folgende Ergebnis läßt sich leicht verifizieren:

Satz (Partikuläre Lösung einer inhomogenen Differentialgleichung).
*Eine partikuläre Lösung der inhomogenen linearen Differentialgleichung 2.
Ordnung*

$$f'' + af' + bf \; = \; c$$

mit $a, b, c \in \mathbf{R}$ ist
(a) *im Fall $b \neq 0$ durch die Funktion $g^* : J \to \mathbf{R}$ mit*

$$g^*(x) \; = \; \frac{c}{b}$$

  für alle $x \in J$ gegeben.
(b) *im Fall $b = 0$ und $a \neq 0$ durch die Funktion $g^* : J \to \mathbf{R}$ mit*

$$g^*(x) \; = \; \frac{c}{a}\, x$$

  für alle $x \in J$ gegeben.
(c) *im Fall $b = 0$ und $a = 0$ durch die Funktion $g^* : J \to \mathbf{R}$ mit*

$$g^*(x) \; = \; \frac{c}{2}\, x^2$$

  für alle $x \in J$ gegeben.

Beispiele.
(1) Eine partikuläre Lösung der inhomogenen Differentialgleichung

$$f''(x) - 6f'(x) + 10f(x) \; = \; 5$$

ist durch die Funktion g^* mit

$$g^*(x) \; = \; \frac{1}{2}$$

gegeben.

(2) Eine partikuläre Lösung der inhomogenen Differentialgleichung

$$f''(x) - 6f'(x) \;=\; 5$$

ist durch die Funktion g^* mit

$$g^*(x) \;=\; -\frac{5}{6}\,x$$

gegeben.

(3) Eine partikuläre Lösung der inhomogenen Differentialgleichung

$$f''(x) \;=\; 5$$

ist durch die Funktion g^* mit

$$g^*(x) \;=\; \frac{5}{2}\,x^2$$

gegeben.

Die allgemeine Lösung der inhomogenen linearen Differentialgleichung 2. Ordnung

Die allgemeine Lösung der inhomogenen Differentialgleichung

$$f'' + af' + bf \;=\; c$$

mit $a, b, c \in \mathbf{R}$ erhält man nun als Summe der allgemeinen Lösung der zugehörigen homogenen Differentialgleichung und einer partikulären Lösung der inhomogenen Differentialgleichung.

Beispiele.
(1) Die inhomogene Differentialgleichung

$$f''(x) - 6f'(x) + 10f(x) \;=\; 5$$

besitzt die allgemeine Lösung f^* mit

$$f^*(x) \;=\; \alpha_1\,e^{3x}\cos(x) + \alpha_2\,e^{3x}\sin(x) + \frac{1}{2}$$

und $\alpha_1, \alpha_2 \in \mathbf{R}$.
(2) Die inhomogene Differentialgleichung

$$f''(x) - 6f'(x) \;=\; 5$$

besitzt die allgemeine Lösung f^* mit

$$f^*(x) \;=\; \alpha_1\,e^{6x} + \alpha_2 - \frac{5}{6}\,x$$

und $\alpha_1, \alpha_2 \in \mathbf{R}$.

(3) Die inhomogene Differentialgleichung

$$f''(x) \;=\; 5$$

besitzt die allgemeine Lösung f^* mit

$$f^*(x) \;=\; \alpha_1 + \alpha_2\, x + \frac{5}{2}\, x^2$$

und $\alpha_1, \alpha_2 \in \mathbf{R}$.

Schließlich können die freien Parameter der allgemeinen Lösung einer inhomogenen linearen Differentialgleichung 2. Ordnung durch eine Anfangsbedingung festgelegt werden:

Beispiele.
(1) Die Lösung der inhomogenen Differentialgleichung

$$f''(x) - 6f'(x) + 10f(x) \;=\; 5$$

mit der Anfangsbedingung $f(0) = 1$ und $f'(0) = 2$ ist durch die Funktion f^* mit

$$f^*(x) \;=\; \frac{e^{3x}\cos(x) + e^{3x}\sin(x) + 1}{2}$$

gegeben.
In der Tat: Die allgemeine Lösung der Differentialgleichung ist durch die Funktion f^* mit

$$f^*(x) \;=\; \alpha_1\, e^{3x}\cos(x) + \alpha_2\, e^{3x}\sin(x) + \frac{1}{2}$$

und $\alpha_1, \alpha_2 \in \mathbf{R}$ gegeben. Für die Ableitung von f^* gilt

$$(f^*)'(x) \;=\; \alpha_1\, e^{3x}(3\cos(x) - \sin(x)) + \alpha_2\, e^{3x}(3\sin(x) + \cos(x))$$

Aus der Anfangsbedingung $f(0) = 1$ und $f'(0) = 2$ ergibt sich daher das lineare Gleichungssystem

$$\begin{array}{rclcl} 1 &=& \alpha_1 & & +\; 1/2 \\ 2 &=& 3\alpha_1 &+& \alpha_2 \end{array}$$

mit der eindeutigen Lösung $\alpha_1 = 1/2$ und $\alpha_2 = 1/2$.
(2) Die Lösung der inhomogenen Differentialgleichung

$$f''(x) - 6f'(x) \;=\; 5$$

mit der Anfangsbedingung $f(0) = 1$ und $f'(0) = 2$ ist durch die Funktion f^* mit

$$f^*(x) \;=\; \frac{19 - 30x + 17e^{6x}}{36}$$

gegeben.

In der Tat: Die allgemeine Lösung der Differentialgleichung ist durch die Funktion f^* mit

$$f^*(x) \;=\; \alpha_1\, e^{6x} + \alpha_2 - \frac{5}{6}\, x$$

und $\alpha_1, \alpha_2 \in \mathbf{R}$ gegeben. Für die Ableitung von f^* gilt

$$(f^*)'(x) \;=\; 6\alpha_1\, e^{6x} - \frac{5}{6}$$

Aus der Anfangsbedingung $f(0) = 1$ und $f'(0) = 2$ ergibt sich daher das lineare Gleichungssystem

$$
\begin{aligned}
1 &= \alpha_1 \;+\; \alpha_2 \\
2 &= 6\alpha_1 \qquad\quad - \; 5/6
\end{aligned}
$$

mit der eindeutigen Lösung $\alpha_1 = 17/36$ und $\alpha_2 = 19/36$.

(3) Die Lösung der inhomogenen Differentialgleichung

$$f''(x) \;=\; 5$$

mit der Anfangsbedingung $f(0) = 1$ und $f'(0) = 2$ ist durch die Funktion f^* mit

$$f^*(x) \;=\; \frac{2 + 4x + 5x^2}{2}$$

gegeben.

In der Tat: Die allgemeine Lösung der Differentialgleichung ist durch die Funktion f^* mit

$$f^*(x) \;=\; \alpha_1 + \alpha_2\, x + \frac{5}{2}\, x^2$$

und $\alpha_1, \alpha_2 \in \mathbf{R}$ gegeben. Für die Ableitung von f^* gilt

$$(f^*)'(x) \;=\; \alpha_2 + 5\, x$$

Aus der Anfangsbedingung $f(0) = 1$ und $f'(0) = 2$ ergibt sich daher das lineare Gleichungssystem

$$
\begin{aligned}
1 &= \alpha_1 \\
2 &= \qquad\quad \alpha_2
\end{aligned}
$$

mit der eindeutigen Lösung $\alpha_1 = 1$ und $\alpha_2 = 2$.

Multiplikator–Akzelerator–Modell nach Samuelson II

Im Multiplikator–Akzelerator–Modell von Samuelson erfüllt die Folge der Volkseinkommen die lineare Differenzengleichung 2. Ordnung

$$Y_{n+2} - (1+s)m\, Y_{n+1} + sm\, Y_n \;=\; r$$

Die Differenzengleichung läßt sich in der Form

$$\Big((Y_{n+2}-Y_{n+1})-(Y_{n+1}-Y_n)\Big) + (2-(1+s)m)\Big(Y_{n+1}-Y_n\Big) + (1-m)\,Y_n \;=\; r$$

schreiben und führt beim Übergang von diskreter Zeit zu stetiger Zeit auf die Differentialgleichung

$$Y''(t) + (2 - (1+s)m)\,Y'(t) + (1-m)\,Y(t) \;=\; r$$

Wir bestimmen zunächst die allgemeine Lösung der zugehörigen homogenen Differentialgleichung und sodann eine partikuläre Lösung der inhomogenen Differentialgleichung.

Zur Untersuchung der zugehörigen homogenen Differentialgleichung betrachten wir die Gleichung

$$\lambda^2 + (2 - (1+s)m)\,\lambda + (1-m) \;=\; 0$$

Wir unterscheiden drei Fälle:
- Im Fall $m > 4s/(1+s)^2$ sei

$$\mu \;:=\; (1+s)m/2 - 1$$
$$\varrho \;:=\; \sqrt{(1+s)^2 m^2/4 - sm}$$

Dann ist jede Funktion Y° mit

$$Y^\circ(t) \;=\; \alpha_1\, e^{(\mu+\varrho)t} + \alpha_2\, e^{(\mu-\varrho)t}$$

und $\alpha_1, \alpha_2 \in \mathbf{R}$ eine Lösung der homogenen Differentialgleichung.
- Im Fall $m = 4s/(1+s)^2$ sei

$$\mu \;:=\; (1+s)m/2 - 1$$

Dann ist jede Funktion Y° mit

$$Y^\circ(t) \;=\; \alpha_1\, e^{\mu t} + \alpha_2\, t\, e^{\mu t}$$

und $\alpha_1, \alpha_2 \in \mathbf{R}$ eine Lösung der homogenen Differentialgleichung.
- Im Fall $m < 4s/(1+s)^2$ sei

$$\mu \;:=\; (1+s)m/2 - 1$$
$$\nu \;:=\; \sqrt{sm - (1+s)^2 m^2/4}$$

Dann ist jede Funktion Y° mit

$$Y^\circ(t) \;=\; \alpha_1\, e^{\mu t} \cos(\nu t) + \alpha_2\, e^{\mu t} \sin(\nu t)$$

und $\alpha_1, \alpha_2 \in \mathbf{R}$ eine Lösung der homogenen Differentialgleichung.

Damit ist die allgemeine Lösung der homogenen Differentialgleichung für jeden Wert der marginalen Konsumrate m bestimmt.

Außerdem ist die Funktion $Y^\bullet$ mit

$$Y^\bullet(t) \;=\; \frac{r}{1-m}$$

eine partikuläre Lösung der inhomogenen Differentialgleichung.

Daher ist jede Funktion Y^* mit

$$Y^* \;=\; Y^\circ + Y^\bullet$$

eine Lösung der inhomogenen Differentialgleichung, und es gibt keine anderen Lösungen.

Schließlich werden durch die Wahl der Anfangsbedingung, also durch die Festlegung von $Y^*(0)$ und $(Y^*)'(0)$, die Koeffizienten α_1 und α_2 bestimmt, die als Parameter in der Funktion Y° auftreten.

Eine Verallgemeinerung

Für $a, b \in \mathbf{R}$ mit $b \neq 0$ und eine Funktion $c : J \to \mathbf{R}$ kann man unter bestimmten Annahmen an die Funktion c die allgemeine Lösung der linearen Differentialgleichung 2. Ordnung

$$f''(x) + a\,f'(x) + b\,f(x) \;=\; c(x)$$

bestimmen. Dabei bestimmt man die allgemeine Lösung der zugehörigen homogenen Differentialgleichung wie vorher; die Bestimmung einer partikulären Lösung der inhomogenen Differentialgleichung hängt jedoch von der Gestalt der Funktion c ab.

Ist beispielsweise c ein Polynom, so ist es sinnvoll, eine partikuläre Lösung g^* der inhomogenen Differentialgleichung in der Menge aller Polynome zu suchen: Ist nämlich g^* ein Polynom, so sind auch $(g^*)'$ und $(g^*)''$ Polynome, und damit ist auch $(g^*)'' + a(g^*)' + bg^*$ ein Polynom.

Ist c ein Polynom vom Grad n, so gilt

$$c(x) \;=\; \sum_{k=0}^{n} c_k\, x^k$$

mit $c_n \neq 0$, und wir betrachten die Menge aller Polynome g, die

– im Fall $b \neq 0$ die Gleichung

$$g(x) \;=\; \sum_{k=0}^{n} a_k\, x^k$$

erfüllen.
– im Fall $b = 0$ und $a \neq 0$ die Gleichung

$$g(x) \;=\; \left(\sum_{k=0}^{n} a_k\, x^k \right) x$$

erfüllen.
– im Fall $b = 0$ und $a = 0$ die Gleichung

$$g(x) \;=\; \left(\sum_{k=0}^{n} a_k\, x^k \right) x^2$$

erfüllen.

In jedem Fall führt der Vergleich der Koeffizienten der Polynome $g'' + ag' + bg$ und c auf ein lineares Gleichungssystem in den Koeffizienten $a_0, \ldots, a_n$ von g. Die Lösung dieses linearen Gleichungssystems liefert dann die Koeffizienten $a_0^*, \ldots, a_n^*$ einer partikulären Lösung g^* der inhomogenen Differentialgleichung.

Beispiele.

(1) Eine partikuläre Lösung der inhomogenen Differentialgleichung

$$f''(x) - 4f'(x) + 3f(x) \;=\; 1 + 4x + 3x^2$$

ist durch die Funktion g^* mit

$$g^*(x) \;:=\; 5 + 4x + x^2$$

gegeben.

In der Tat: Wir betrachten das Polynom g mit

$$g(x) \;=\; a_0 + a_1 x + a_2 x^2$$

Dann gilt

$$g'(x) \;=\; a_1 + 2a_2 x$$
$$g''(x) \;=\; 2a_2$$

und damit

$$
\begin{aligned}
g''(x) - 4g'(x) + 3g(x) \;&=\; 2a_2 - 4(a_1 + 2a_2 x) + 3(a_0 + a_1 x + a_2 x^2) \\
&=\; (3a_0 - 4a_1 + 2a_2) + (3a_1 - 8a_2)\, x + 3a_2\, x^2
\end{aligned}
$$

Andererseits gilt

$$c(x) \;=\; 1 + 4x + 3x^2$$

Wir erhalten daher das lineare Gleichungssystem

$$
\begin{aligned}
3a_0 \;-\; 4a_1 \;+\; 2a_2 \;&=\; 1 \\
3a_1 \;-\; 8a_2 \;&=\; 4 \\
3a_2 \;&=\; 3
\end{aligned}
$$

mit der eindeutigen Lösung

$$
\begin{aligned}
a_0^* \;&=\; 5 \\
a_1^* \;&=\; 4 \\
a_2^* \;&=\; 1
\end{aligned}
$$

(2) Eine partikuläre Lösung der inhomogenen Differentialgleichung

$$f''(x) - 4f'(x) \;=\; 1 + 4x + 3x^2$$

ist durch die Funktion g^* mit

$$g^*(x) \;:=\; -\frac{1}{32}\left(19x + 22x^2 + 8x^3\right)$$

gegeben.
In der Tat: Wir betrachten das Polynom g mit

$$
\begin{aligned}
g(x) \;&=\; \left(a_0 + a_1 x + a_2 x^2\right) x \\
&=\; a_0 x + a_1 x^2 + a_2 x^3
\end{aligned}
$$

Dann gilt

$$
\begin{aligned}
g'(x) \;&=\; a_0 + 2a_1 x + 3a_2 x^2 \\
g''(x) \;&=\; 2a_1 + 6a_2 x
\end{aligned}
$$

und damit

$$
\begin{aligned}
g''(x) - 4g'(x) \;&=\; \left(2a_1 + 6a_2 x\right) - 4\left(a_0 + 2a_1 x + 3a_2 x^2\right) \\
&=\; \left(-4a_0 + 2a_1\right) + \left(-8a_1 + 6a_2\right) x + \left(-12a_2\right) x^2
\end{aligned}
$$

Andererseits gilt

$$c(x) \;=\; 1 + 4x + 3x^2$$

Wir erhalten daher das lineare Gleichungssystem

$$
\begin{aligned}
-\,4a_0 \;+\; 2a_1 \;&=\; 1 \\
-\,8a_1 \;+\; 6a_2 \;&=\; 4 \\
-\,12a_2 \;&=\; 3
\end{aligned}
$$

mit der eindeutigen Lösung

$$
\begin{aligned}
a_0^* \;&=\; -19/32 \\
a_1^* \;&=\; -22/32 \\
a_2^* \;&=\; -8/32
\end{aligned}
$$

(3) Eine partikuläre Lösung der inhomogenen Differentialgleichung

$$f''(x) \;=\; 1 + 4x + 3x^2$$

ist durch die Funktion g^* mit

$$g^*(x) \;:=\; \frac{6x^2 + 8x^3 + 3x^4}{12}$$

gegeben.

In der Tat: Wir betrachten das Polynom g mit

$$\begin{aligned}
g(x) &= (a_0 + a_1 x + a_2 x^2)\, x^2 \\
&= a_0 x^2 + a_1 x^3 + a_2 x^4
\end{aligned}$$

Dann gilt

$$g''(x) \;=\; 2a_0 + 6a_1 x + 12a_2 x^2$$

Andererseits gilt

$$c(x) \;=\; 1 + 4x + 3x^2$$

Wir erhalten daher

$$\begin{aligned}
a_0^* &= 6/12 \\
a_1^* &= 8/12 \\
a_2^* &= 3/12
\end{aligned}$$

Natürlich kann man die partikuläre Lösung in diesem Fall auch durch zweifache Integration der rechten Seite der Differentialgleichung erhalten.

Bemerkung.   Ist c ein Polynom, so ist das lineare Gleichungssystem, das zur Bestimmung der Koeffizienten einer partikulären Lösung der Differentialgleichung gelöst werden muß, stets ein lineares Gleichungssystem mit einer Dreiecksmatrix; es ist daher besonders einfach zu lösen.

Lineare Differentialgleichungen höherer Ordnung

Sind $a_0, \ldots, a_{n-1}, c : J \to \mathbf{R}$ stetige Funktionen und ist $f : J \to \mathbf{R}$ eine unbekannte n–mal differenzierbare Funktion, so heißt die Gleichung

$$f^{(n)} + a_{n-1} f^{(n-1)} + \ldots + a_1 f' + a_0 f \;=\; c$$

lineare Differentialgleichung n–ter Ordnung.

Die für lineare Differentialgleichungen 1. und 2. Ordnung eingeführten Begriffe und Lösungsmethoden lassen sich auf lineare Differentialgleichungen höherer Ordnung übertragen.

12.4 Der Differentialoperator

Für jede differenzierbare Funktion $f : J \to \mathbf{R}$ setzen wir

$$Df := f'$$

Ordnet man jeder differenzierbaren Funktion $f : J \to \mathbf{R}$ ihre Ableitung Df zu, so erhält man eine Abbildung des Vektorraums aller differenzierbaren Funktionen $J \to \mathbf{R}$ in den Vektorraum aller Funktionen $J \to \mathbf{R}$. Diese Abbildung wird mit

$$D$$

bezeichnet und heißt *Differentialoperator*.

Satz. *Der Differentialoperator ist eine lineare Abbildung.*

Die lineare Differentialgleichung 1. Ordnung

$$f'(x) + af(x) = b(x)$$

mit $a \in \mathbf{R}$ läßt sich mit Hilfe des Differentialoperators in der Form

$$(Df)(x) + af(x) = b(x)$$

schreiben.

Als weitere Abbildung des Vektorraums aller differenzierbaren Funktionen in den Vektorraum aller Funktionen definieren wir durch

$$If := f$$

die *Identität I*.

Satz. *Die Identität ist eine lineare Abbildung.*

Die lineare Differentialgleichung 1. Ordnung

$$f'(x) + af(x) = b(x)$$

mit $a \in \mathbf{R}$ läßt sich dann in der Form

$$(Df)(x) + a(If)(x) = b(x)$$

oder

$$(D + aI)f = b$$

schreiben; dabei ist die Linearkombination $D + aI$ wieder eine lineare Abbildung des Vektorraums aller differenzierbaren Funktionen in den Vektorraum aller Funktionen.

In ähnlicher Weise lassen sich auch lineare Differentialgleichungen 2. Ordnung mit Hilfe des Differentialoperators ausdrücken. Wir definieren D^2 durch

$$D^2 f \; := \; D(Df)$$

wobei der Definitionsbereich von D^2 der Vektorraum aller zweimal differenzierbaren Funktionen $J \to \mathbf{R}$ ist. Die lineare Differentialgleichung 2. Ordnung

$$f''(x) + a\,f'(x) + b\,f(x) \; = \; c(x)$$

mit $a, b \in \mathbf{R}$ läßt sich dann in der Form

$$(D^2 f)(x) + a\,(Df)(x) + b\,f(x) \; = \; c(x)$$

oder

$$(D^2 + aD + bI)\,f \; = \; c$$

schreiben.

Setzt man schließlich $D^1 := D$ und $D^0 := I$, so läßt sich die lineare Differentialgleichung 2. Ordnung

$$f''(x) + a_1 f'(x) + a_0 f(x) \; = \; c(x)$$

mit $a_0, a_1 \in \mathbf{R}$ in der Form

$$\left(\sum_{k=0}^{2} a_k D^k \right) f \; = \; c$$

mit $a_2 := 1$ schreiben.

In ähnlicher Weise lassen sich auch Differentialgleichungen höherer Ordnung mit Hilfe von Potenzen des Differentialoperators ausdrücken.

Kapitel 13

Integralrechnung

Die Integralrechnung dient einem doppelten Zweck: Einerseits geht es darum, die Fläche unter einer positiven Funktion zu bestimmen; andererseits läßt sich mit Hilfe der Integralrechnung zu jeder stetigen Funktion eine Stammfunktion bestimmen.

In diesem Kapitel führen wir für eine große Klasse beschränkter Funktionen das bestimmte Integral über ein abgeschlossenes Intervall ein und untersuchen den Zusammenhang zwischen dem bestimmten Integral und dem unbestimmten Integral (Abschnitt 13.1). Wir erweitern dann die Definition des Integrals auf beliebige Intervalle und betrachten den Zusammenhang zwischen solchen uneigentlichen Integralen und unendlichen Reihen (Abschnitt 13.2).

13.1 Das bestimmte Integral

Eine Funktion $f : [a, b] \to \mathbf{R}$ heißt *einfache Funktion*, wenn es ein $n \in \mathbf{N}$ sowie $x_0, x_1, \ldots, x_n \in [a, b]$ und $c_1, \ldots, c_n \in \mathbf{R}$ gibt, sodaß
- $a = x_0 < x_1 < \ldots < x_n = b$ und
- für alle $i \in \{1, \ldots, n\}$ und $x \in (x_{i-1}, x_i)$

$$f(x) \;=\; c_i$$

gilt. Jede konstante Funktion ist eine einfache Funktion, und jede einfache Funktion nimmt nur endlich viele Werte an und ist stückweise konstant sowie beschränkt.

Sei $f : [a, b] \to \mathbf{R}$ eine einfache Funktion. Dann gibt es $x_0, x_1, \ldots, x_n \in \mathbf{R}$ mit $a = x_0 < x_1 < \ldots < x_n = b$ und $c_1, \ldots, c_n \in \mathbf{R}$ mit

$$f(x) \;=\; c_i$$

für alle $i \in \{1, \ldots, n\}$ und $x \in (x_{i-1}, x_i)$. In diesem Fall setzen wir

$$\int_a^b f(x)\, dx \;:=\; \sum_{i=1}^n c_i \, (x_i - x_{i-1})$$

und nennen die reelle Zahl

$$\int_a^b f(x)\,dx$$

das *bestimmte Integral* von f.

Bemerkung. Für eine einfache Funktion $f : [a,b] \to \mathbf{R}$ mit $f(x) \geq 0$ für alle $x \in [a,b]$ läßt sich das Integral von f als Fläche zwischen dem Graph der Funktion f und der x–Achse interpretieren:

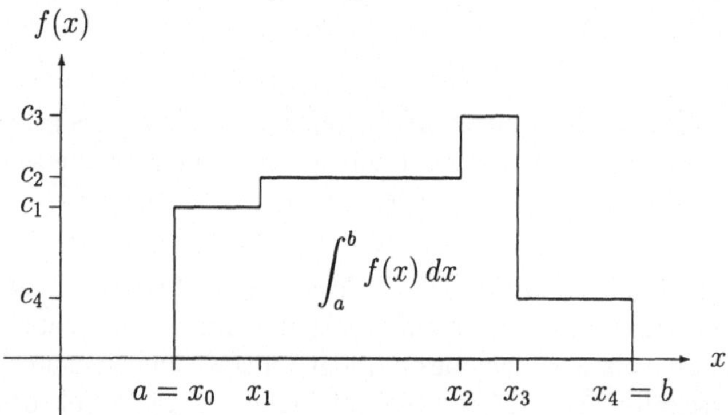

Entsprechend läßt sich für eine einfache Funktion $f : [a,b] \to \mathbf{R}$ mit $f(x) \leq 0$ für alle $x \in [a,b]$ das Integral von f als negativer Wert der Fläche zwischen dem Graph der Funktion f und der x–Achse interpretieren.

Mit Hilfe des Integrals für einfache Funktionen definieren wir nun das Integral für eine größere Klasse von beschränkten Funktionen:

Sei $f : [a,b] \to \mathbf{R}$ eine Funktion. Dann heißt eine Funktion $g : [a,b] \to \mathbf{R}$
- *einfache Majorante* von f, wenn g eine einfache Funktion ist, sodaß für alle $x \in [a,b]$

$$f(x) \;\leq\; g(x)$$

gilt; in diesem Fall schreiben wir $f \leq g$.
- *einfache Minorante* von f, wenn g eine einfache Funktion ist, sodaß für alle $x \in [a,b]$

$$g(x) \;\leq\; f(x)$$

gilt; in diesem Fall schreiben wir $g \leq f$.
Offenbar gibt es zu jeder beschränkten Funktion $f : [a,b] \to \mathbf{R}$ einfache Funktionen $g : [a,b] \to \mathbf{R}$ und $h : [a,b] \to \mathbf{R}$ mit $g \leq f \leq h$; die Funktionen g und h können sogar als konstante Funktionen gewählt werden.

Für eine beschränkte Funktion $f : [a, b] \to \mathbf{R}$ definieren wir
- das *Oberintegral* von f durch

$$O - \int_a^b f(x)\, dx \;=\; \inf\left\{ \int_a^b h(x)\, dx \;\middle|\; h \text{ einfach mit } f \leq h \right\}$$

als größte untere Schranke der Menge der Integrale der einfachen Majoranten von f.
- das *Unterintegral* von f durch

$$U - \int_a^b f(x)\, dx \;=\; \sup\left\{ \int_a^b g(x)\, dx \;\middle|\; g \text{ einfach mit } g \leq f \right\}$$

als kleinste obere Schranke der Menge der Integrale der einfachen Minoranten von f.

Die beschränkte Funktion $f : [a, b] \to \mathbf{R}$ heißt *integrierbar*, wenn ihr Unterintegral und ihr Oberintegral übereinstimmen, wenn also

$$U - \int_a^b f(x)\, dx \;=\; O - \int_a^b f(x)\, dx$$

gilt. In diesem Fall setzen wir

$$\int_a^b f(x)\, dx \;:=\; U - \int_a^b f(x)\, dx \;=\; O - \int_a^b f(x)\, dx$$

und nennen die reelle Zahl

$$\int_a^b f(x)\, dx$$

das *bestimmte Integral* von f.

Bemerkung. Für eine integrierbare Funktion $f : [a, b] \to \mathbf{R}$ mit $f(x) \geq 0$ für alle $x \in [a, b]$ interpretiert man das Integral von f wieder als Fläche zwischen dem Graph der Funktion f und der x–Achse.

Das folgende Beispiel zeigt, daß eine beschränkte Funktion nicht integrierbar zu sein braucht:

Beispiel (Dirichlet–Funktion). Die Funktion $f : [0, 1] \to \mathbf{R}$ mit

$$f(x) \;:=\; \begin{cases} 0 & \text{falls } x \in [0, 1] \cap \mathbf{Q} \\ 1 & \text{sonst} \end{cases}$$

ist beschränkt, aber nicht integrierbar.
In der Tat: Es ist klar, daß f beschränkt ist. Andererseits gilt

$$U - \int_0^1 f(x)\, dx \;=\; 0 \;\neq\; 1 \;=\; O - \int_0^1 f(x)\, dx$$

Daher ist f nicht integrierbar.

Aufgrund der Definition des Unterintegrals und des Oberintegrals gilt für eine beschränkte Funktion $f : [a, b] \to \mathbf{R}$ stets

$$U - \int_a^b f(x)\, dx \;\leq\; O - \int_a^b f(x)\, dx$$

Zum Nachweis der Integrierbarkeit von f genügt es also zu zeigen, daß auch die umgekehrte Ungleichung gilt.

Beispiele.
(1) Jede konstante Funktion ist integrierbar.
(2) Jede einfache Funktion ist integrierbar.
(3) **Identität:** Die Funktion $f : [0, 1] \to \mathbf{R}$ mit

$$f(x) \;:=\; x$$

ist integrierbar mit

$$\int_0^1 x\, dx \;=\; \frac{1}{2}$$

In der Tat: Für $n \in \mathbf{N}$ definieren wir $g_n : [0, 1] \to \mathbf{R}$ und $h_n : [0, 1] \to \mathbf{R}$ durch

$$g_n(x) \;:=\; \begin{cases} 0 & \text{falls } \; x = 0 \\[2mm] \dfrac{k-1}{n} & \text{falls } \; x \in \left(\dfrac{k-1}{n}, \dfrac{k}{n} \right] \quad \text{und} \quad k \in \{1, \dots, n\} \end{cases}$$

und

$$h_n(x) \;:=\; \begin{cases} 0 & \text{falls } \; x = 0 \\[2mm] \dfrac{k}{n} & \text{falls } \; x \in \left(\dfrac{k-1}{n}, \dfrac{k}{n} \right] \quad \text{und} \quad k \in \{1, \dots, n\} \end{cases}$$

Dann gilt für alle $n \in \mathbf{N}$

$$g_n \;\leq\; f \;\leq\; h_n$$

sowie

$$\begin{aligned} \int_0^1 g_n(x)\, dx \;&=\; \sum_{k=1}^n \frac{k-1}{n} \cdot \frac{1}{n} \\[2mm] &=\; \frac{1}{n^2} \sum_{k=2}^n (k-1) \\[2mm] &=\; \frac{1}{n^2} \sum_{j=1}^{n-1} j \\[2mm] &=\; \frac{1}{n^2} \cdot \frac{(n-1)n}{2} \\[2mm] &=\; \frac{1}{2}\left(1 - \frac{1}{n} \right) \end{aligned}$$

und

$$\int_0^1 h_n(x)\,dx \;=\; \sum_{k=1}^n \frac{k}{n}\cdot\frac{1}{n}$$
$$=\; \frac{1}{n^2}\sum_{k=1}^n k$$
$$=\; \frac{1}{n^2}\cdot\frac{n(n+1)}{2}$$
$$=\; \frac{1}{2}\left(1+\frac{1}{n}\right)$$

Daraus folgt

$$O-\int_0^1 x\,dx \;=\; \inf\left\{\int_0^1 h(x)\,dx \;\middle|\; h \text{ einfach mit } f\le h\right\}$$
$$\le\; \inf\left\{\int_0^1 h_n(x)\,dx \;\middle|\; n\in\mathbf{N}\right\}$$
$$=\; \inf\left\{\frac{1}{2}\left(1+\frac{1}{n}\right) \;\middle|\; n\in\mathbf{N}\right\}$$
$$=\; \frac{1}{2}$$
$$=\; \sup\left\{\frac{1}{2}\left(1-\frac{1}{n}\right) \;\middle|\; n\in\mathbf{N}\right\}$$
$$=\; \sup\left\{\int_0^1 g_n(x)\,dx \;\middle|\; n\in\mathbf{N}\right\}$$
$$\le\; \sup\left\{\int_0^1 g(x)\,dx \;\middle|\; g \text{ einfach mit } g\le f\right\}$$
$$=\; U-\int_0^1 x\,dx$$

Andererseits gilt stets

$$U-\int_0^1 x\,dx \;\le\; O-\int_0^1 x\,dx$$

Also gilt

$$U-\int_0^1 x\,dx \;=\; \frac{1}{2} \;=\; O-\int_0^1 x\,dx$$

Daher ist f integrierbar mit

$$\int_0^1 x\,dx \;=\; \frac{1}{2}$$

Dieses Ergebnis entspricht auch der Interpretation des Integrals als Fläche.

(4) **Identität:** Die Funktion $f : [a, b] \to \mathbf{R}$ mit

$$f(x) \;:=\; x$$

ist integrierbar mit

$$\int_a^b x \, dx \;=\; \frac{b^2 - a^2}{2}$$

Der Beweis ist analog zum vorher behandelten Fall, aber aufwendiger. Wir werden das Ergebnis später mit anderen Mitteln erhalten.

Der direkte Nachweis der Integrierbarkeit einer Funktion und die Berechnung ihres Integrals nach der Definition sind meist mühsam. Daher ist es nützlich, allgemeine Eigenschaften einer Funktion zu kennen, die ihre Integrierbarkeit implizieren und eine einfache Berechnung ihres Integrals gestatten.

Satz. *Sei $f : [a, b] \to \mathbf{R}$ stetig oder monoton. Dann ist f integrierbar.*

Am Beispiel der einfachen Funktionen erkennt man, daß die Umkehrung des Satzes falsch ist.

Aus der Tatsache, daß jede stetige Funktion integrierbar ist, ergibt sich noch kein Hinweis darauf, wie das bestimmte Integral einer stetigen Funktion zu berechnen ist. Der folgende zentrale Satz stellt für integrierbare Funktionen mit Stammfunktion einen Zusammenhang zwischen dem bestimmten und dem unbestimmten Integral her:

Satz (Hauptsatz der Integralrechnung). *Sei $f : [a, b] \to \mathbf{R}$ integrierbar. Wenn f eine Stammfunktion F besitzt, dann gilt*

$$\int_a^b f(x) \, dx \;=\; F(b) - F(a)$$

Für eine integrierbare Funktion $f : [a, b] \to \mathbf{R}$ läßt sich daher im Fall der Existenz einer Stammfunktion das bestimmte Integral mit Hilfe einer beliebigen Stammfunktion von f berechnen.

Für eine beliebige Funktion $F : [a, b] \to \mathbf{R}$ setzen wir

$$F(x) \Big|_a^b \;:=\; F(b) - F(a)$$

Ist $f : [a, b] \to \mathbf{R}$ integrierbar und besitzt f eine Stammfunktion F, so gilt nach dem Hauptsatz der Integralrechnung

$$\int_a^b f(x) \, dx \;=\; F(x) \Big|_a^b$$

Diese Notation wird sich im folgenden als nützlich erweisen.

Beispiele.

(1) **Potenzfunktion:** Für alle $n \in \mathbf{N}_0$ ist die Funktion $f : [a, b] \to \mathbf{R}$ mit

$$f(x) \; := \; x^n$$

integrierbar mit

$$\int_a^b x^n \, dx \; = \; \frac{b^{n+1} - a^{n+1}}{n+1}$$

In der Tat: Die Funktion f ist stetig und daher integrierbar. Außerdem besitzt f die Stammfunktion F mit

$$F(x) \; := \; \frac{x^{n+1}}{n+1}$$

Aus dem Hauptsatz der Integralrechnung ergibt sich nun

$$\int_a^b x^n \, dx \; = \; \left. \frac{x^{n+1}}{n+1} \right|_a^b \; = \; \frac{b^{n+1}}{n+1} - \frac{a^{n+1}}{n+1} \; = \; \frac{b^{n+1} - a^{n+1}}{n+1} \, .$$

Im Fall $n = 1$ und $[a, b] = [0, 1]$ erhält man daher mit

$$\int_0^1 x \, dx \; = \; \frac{1}{2}$$

das bereits bekannte Ergebnis.

(2) Die Funktion $f : [a, b] \to \mathbf{R}$ mit

$$f(x) \; := \; \frac{2x}{x^2 + 1}$$

ist integrierbar mit

$$\int_a^b \frac{2x}{x^2 + 1} \, dx \; = \; \ln(b^2 + 1) - \ln(a^2 + 1)$$

In der Tat: Die Funktion f ist stetig und daher integrierbar. Außerdem besitzt f die Stammfunktion F mit

$$F(x) \; := \; \ln(x^2 + 1)$$

Aus dem Hauptsatz der Integralrechnung ergibt sich nun

$$\int_a^b \frac{2x}{x^2 + 1} \, dx \; = \; \left. \ln(x^2 + 1) \right|_a^b \; = \; \ln(b^2 + 1) - \ln(a^2 + 1)$$

(3) **Exponentialfunktion:** Die Funktion $f : [a, b] \to \mathbf{R}$ mit

$$f(x) \; := \; e^x$$

ist integrierbar mit

$$\int_a^b e^x \, dx \; = \; e^b - e^a$$

Wir stellen nun einige Regeln für das Rechnen mit bestimmten Integralen zusammen; diese Regeln sind denjenigen für unbestimmte Integrale verwandt.

Satz (Linearität des bestimmten Integrals). *Seien $f : [a,b] \to \mathbf{R}$ und $g : [a,b] \to \mathbf{R}$ integrierbar und sei $c \in \mathbf{R}$. Dann gilt:*
(a) *Die Funktion $f + g$ ist integrierbar mit*

$$\int_a^b (f + g)(x)\,dx = \int_a^b f(x)\,dx + \int_a^b g(x)\,dx$$

(b) *Die Funktion cf ist integrierbar mit*

$$\int_a^b (cf)(x)\,dx = c\int_a^b f(x)\,dx$$

Insbesondere bilden die integrierbaren Funktionen $[a,b] \to \mathbf{R}$ einen Vektorraum.

Beispiel (Polynom). Für alle $n \in \mathbf{N}_0$ und $a_0, a_1, \ldots, a_n \in \mathbf{R}$ ist die Funktion $f : [a,b] \to \mathbf{R}$ mit

$$f(x) \;:=\; \sum_{k=0}^{n} a_k\, x^k$$

integrierbar mit

$$\int_a^b \left(\sum_{k=0}^{n} a_k\, x^k \right) dx \;=\; \sum_{k=0}^{n} a_k \frac{b^{k+1} - a^{k+1}}{k+1}$$

In der Tat: Da jede Potenzfunktion integrierbar ist, folgt die Integrierbarkeit von f aus der Linearität des Integrals. Aus der Linearität des Integrals folgt außerdem

$$\int_a^b \left(\sum_{k=0}^{n} a_k\, x^k \right) dx \;=\; \sum_{k=0}^{n} a_k \int_a^b x^k\,dx \;=\; \sum_{k=0}^{n} a_k \frac{b^{k+1} - a^{k+1}}{k+1}$$

Neben der Linearität des Integrals sind auch die partielle Integration und die Substitution wichtige Hilfsmittel zum Nachweis der Integrierbarkeit einer Funktion und zur Berechnung ihres Integrals:

Satz (Partielle Integration). *Sei $f : [a,b] \to \mathbf{R}$ eine Funktion. Wenn es differenzierbare Funktionen $h : [a,b] \to \mathbf{R}$ und $g : [a,b] \to \mathbf{R}$ gibt mit*

$$f(x) = h(x)\, g'(x)$$

und derart, daß $h' \cdot g$ integrierbar ist, dann ist auch $f = h \cdot g'$ integrierbar und es gilt

$$\int_a^b f(x)\,dx = \int_a^b h(x)\, g'(x)\,dx = h(x)\, g(x) \Big|_a^b - \int_a^b h'(x)\, g(x)\,dx$$

Beispiel. Die Funktion $f : [a, b] \to \mathbf{R}$ mit

$$f(x) \ := \ xe^x$$

ist integrierbar mit

$$\int_a^b xe^x \, dx \ = \ (b-1)e^b - (a-1)e^a$$

In der Tat: Mit $h(x) := x$ und $g(x) := e^x$ gilt $f(x) = h(x)g'(x)$, und damit

$$
\begin{aligned}
\int_a^b xe^x \, dx \ &= \ \int_a^b h(x)g'(x) \\[2mm]
&= \ \Big(h(b)g(b) - h(a)g(a)\Big) - \int_a^b h'(x)g(x) \, dx \\[2mm]
&= \ (be^b - ae^a) - \int_a^b e^x \, dx \\[2mm]
&= \ (be^b - ae^a) - (e^b - e^a) \\[2mm]
&= \ (b-1)e^b - (a-1)e^a
\end{aligned}
$$

Im Hinblick auf eine einfache Formulierung der Substitutionsregel definieren wir für eine integrierbare Funktion $f : [a, b] \to \mathbf{R}$

$$\int_b^a f(x) \, dx \ := \ - \int_a^b f(x) \, dx$$

Besitzt f eine Stammfunktion F, so gilt

$$
\begin{aligned}
\int_b^a f(x) \, dx \ &:= \ - \int_a^b f(x) \, dx \\[2mm]
&= \ - \Big(F(b) - F(a)\Big) \\[2mm]
&= \ F(a) - F(b)
\end{aligned}
$$

In diesem Fall braucht man also nicht darauf zu achten, ob die untere Integrationsgrenze tatsächlich kleiner ist als die obere Integrationsgrenze.

Satz (Substitutionsregel). *Sei $f : [a, b] \to \mathbf{R}$ eine Funktion. Sei ferner $h : [a_h, b_h] \to \mathbf{R}$ eine Funktion und $g : [a, b] \to \mathbf{R}$ eine differenzierbare Funktion mit $g([a, b]) \subseteq [a_h, b_h]$ und*

$$f(x) \ = \ h(g(x)) \, g'(x)$$

Wenn h integrierbar ist, dann ist auch f integrierbar und es gilt

$$\int_a^b f(x) \, dx \ = \ \int_a^b h(g(x)) \, g'(x) \, dx \ = \ \int_{g(a)}^{g(b)} h(z) \, dz$$

Beispiel. Die Funktion $f : [a, b] \to \mathbf{R}$ mit

$$f(x) \; := \; 2x\, e^{-x^2}$$

ist integrierbar mit

$$\int_a^b 2x\, e^{-x^2}\, dx \; = \; e^{-a^2} - e^{-b^2}$$

In der Tat: Mit $h(z) := e^{-z}$ und $g(x) := x^2$ gilt $f(x) = h(g(x))g'(x)$, und damit

$$
\begin{aligned}
\int_a^b 2x\, e^{-x^2}\, dx \; &= \; \int_a^b h(g(x))\, g'(x)\, dx \\[1ex]
&= \; \int_{g(a)}^{g(b)} h(z)\, dz \\[1ex]
&= \; \int_{a^2}^{b^2} e^{-z}\, dz \\[1ex]
&= \; \left. (-e^{-z}) \right|_{a^2}^{b^2} \\[1ex]
&= \; e^{-a^2} - e^{-b^2}
\end{aligned}
$$

Im Fall $a < b < 0$ gilt $b^2 < a^2$.

Integration über Teilintervalle

Für eine integrierbare Funktion $f : [a, b] \to \mathbf{R}$ haben wir bisher nur das Integral über das ganze Intervall $[a, b]$ betrachtet. Wir wollen jetzt auch Integrale über Teilintervalle von $[a, b]$ betrachten.

Für eine Funktion $f : [a, b] \to \mathbf{R}$ und ein Intervall $[c, d] \subseteq [a, b]$ heißt die Funktion $f|_{[c,d]} : [c, d] \to \mathbf{R}$ mit

$$f|_{[c,d]}(x) \; := \; f(x)$$

für alle $x \in [c, d]$ die *Restriktion* von f auf $[c, d]$. Die Funktion $f|_{[c,d]}$ unterscheidet sich von der Funktion f also nur durch den Definitionsbereich.

Lemma. *Sei $f : [a, b] \to \mathbf{R}$ eine Funktion und $[c, d] \subseteq [a, b]$.*
(a) *Ist f stetig, so ist auch $f|_{[c,d]}$ stetig.*
(b) *Ist f integrierbar, so ist auch $f|_{[c,d]}$ integrierbar.*

Für eine integrierbare Funktion $f : [a, b] \to \mathbf{R}$ und ein Intervall $[c, d] \subseteq [a, b]$ setzen wir, zur Vereinfachung der Notation,

$$\int_c^d f(x)\, dx \; := \; \int_c^d f|_{[c,d]}(x)\, dx$$

und geben damit die Unterscheidung zwischen der Funktion f und ihrer Restriktion $f|_{[c,d]}$ wieder auf.

Lemma (Additivität des bestimmten Integrals). *Sei $f : [a, b] \to \mathbf{R}$ integrierbar. Dann gilt für alle $x \in [a, b]$*

$$\int_a^b f(z)\, dz \;=\; \int_a^x f(z)\, dz + \int_x^b f(z)\, dz$$

Insbesondere gilt

$$\int_a^a f(z)\, dz \;=\; 0$$

Beispiel (Betrag). Die Funktion $f : [a, b] \to \mathbf{R}$ mit

$$f(x) \;:=\; |x|$$

ist integrierbar mit

$$\int_a^b |x|\, dx \;=\; \begin{cases} \dfrac{a^2 - b^2}{2} & \text{falls} \quad b \leq 0 \\[2ex] \dfrac{a^2 + b^2}{2} & \text{falls} \quad a \leq 0 \leq b \\[2ex] \dfrac{b^2 - a^2}{2} & \text{falls} \quad 0 \leq a \end{cases}$$

In der Tat: Die Funktion f ist stetig und daher integrierbar.
– Im Fall $0 \leq a$ gilt

$$\int_a^b |x|\, dx \;=\; \int_a^b x\, dx \;=\; \frac{b^2 - a^2}{2}$$

– Im Fall $b \leq 0$ gilt

$$\int_a^b |x|\, dx \;=\; \int_a^b (-x)\, dx \;=\; -\int_a^b x\, dx \;=\; -\frac{b^2 - a^2}{2} \;=\; \frac{a^2 - b^2}{2}$$

– Im Fall $a \leq 0 \leq b$ gilt

$$\int_a^b |x|\, dx \;=\; \int_a^0 |x|\, dx + \int_0^b |x|\, dx \;=\; \frac{a^2}{2} + \frac{b^2}{2} \;=\; \frac{a^2 + b^2}{2}$$

Dabei wurde im letzten Fall das Ergebnis für den zweiten Fall mit $b = 0$ und das Ergebnis für den ersten Fall mit $a = 0$ verwendet.

Für eine integrierbare Funktion $f : [a, b] \to \mathbf{R}$ untersuchen wir nun die Eigenschaften der Funktion $\overline{F} : [a, b] \to \mathbf{R}$ mit

$$\overline{F}(x) \;:=\; \int_a^x f(z)\, dz$$

Es gilt der folgende Satz:

Satz (Stetigkeit des bestimmten Integrals). *Sei $f : [a, b] \to \mathbf{R}$ integrierbar. Dann ist die Funktion $\overline{F} : [a, b] \to \mathbf{R}$ mit*

$$\overline{F}(x) \ := \ \int_a^x f(z)\,dz$$

stetig.

Für Funktionen, die nicht nur integrierbar, sondern sogar stetig sind, läßt sich der Satz wie folgt verschärfen:

Satz (Existenz einer Stammfunktion). *Sei $f : [a, b] \to \mathbf{R}$ stetig. Dann ist die Funktion $\overline{F} : [a, b] \to \mathbf{R}$ mit*

$$\overline{F}(x) \ := \ \int_a^x f(z)\,dz$$

eine Stammfunktion von f.

Die Verschärfung besteht darin, daß jede Stammfunktion F einer Funktion $f : [a, b] \to \mathbf{R}$ nicht nur stetig, sondern sogar differenzierbar mit $F' = f$ ist.

Das folgende Beispiel zeigt, daß eine integrierbare Funktion, die nicht stetig ist, keine Stammfunktion besitzen muß:

Beispiel (Heaviside–Funktion). Die Funktion $f : [-1, 1] \to \mathbf{R}$ mit

$$f(x) \ := \ \begin{cases} 0 & \text{falls} \quad x < 0 \\ 1 & \text{falls} \quad x \geq 0 \end{cases}$$

ist einfach und damit integrierbar, aber sie ist nicht stetig und besitzt keine Stammfunktion.
In der Tat: Die Funktion $\overline{F} : [-1, 1] \to \mathbf{R}$ mit

$$\overline{F}(x) \ := \ \int_{-1}^x f(z)\,dz$$

ist wegen

$$\overline{F}(x) \ = \ \max\{0, x\}$$

nicht differenzierbar. Wir nehmen nun an, daß f eine Stammfunktion F besitzt. Dann ist F differenzierbar und nach dem Hauptsatz der Integralrechnung gilt

$$F(x) - F(-1) \ = \ \int_{-1}^x f(z)\,dz$$
$$= \ \overline{F}(x)$$

Dies ist ein Widerspruch. Also besitzt f keine Stammfunktion.

13.2 Uneigentliche Integrale

Für eine integrierbare Funktion $f : [a, b] \to \mathbf{R}$ betrachten wir die Funktionen $\overline{F} : [a, b] \to \mathbf{R}$ und $\underline{F} : [a, b] \to \mathbf{R}$ mit

$$\overline{F}(z) \; := \; \int_a^z f(x) \, dx$$

$$\underline{F}(z) \; := \; \int_z^b f(x) \, dx$$

Aufgrund der Additivität des bestimmten Integrals gilt für alle $z \in [a, b]$

$$\overline{F}(z) + \underline{F}(z) \; = \; \int_a^b f(x) \, dx$$

Da $\overline{F}$ stetig ist, folgt aus der letzten Gleichung, daß auch $\underline{F}$ stetig ist. Das bestimmte Integral von f über $[a, b]$ läßt sich daher auf zweifache Weise durch Grenzübergang gewinnen:
- Für jede Folge $\{z_n\}_{n \in \mathbf{N}} \subseteq [a, b]$ mit $\lim_{n \to \infty} z_n = b$ gilt

$$\lim_{n \to \infty} \int_a^{z_n} f(x) \, dx \; = \; \int_a^b f(x) \, dx$$

- Für jede Folge $\{z_n\}_{n \in \mathbf{N}} \subseteq [a, b]$ mit $\lim_{n \to \infty} z_n = a$ gilt

$$\lim_{n \to \infty} \int_{z_n}^b f(x) \, dx \; = \; \int_a^b f(x) \, dx$$

Diese Eigenschaften legen es nahe, durch Grenzübergang ein Integral auch für solche Funktionen zu definieren, die auf einem halboffenen oder offenen Intervall $J \subseteq \mathbf{R}$ definiert und auf jedem abgeschlossenen Intervall $J_0 \subseteq J$ integrierbar sind. Ein solches Integral heißt *uneigentliches Integral*.

Das uneigentliche Integral über ein halboffenes Intervall

Wir erweitern den Begriff des Integrals zunächst auf halboffene Intervalle:
- Sei $f : (a, b] \to \mathbf{R}$ eine Funktion derart, daß für alle $z \in (a, b]$ die Funktion $f|_{[z, b]}$ integrierbar ist. Die Funktion f heißt *uneigentlich integrierbar*, wenn für jede Folge $\{z_n\}_{n \in \mathbf{N}} \subseteq (a, b]$ mit $\lim_{n \to \infty} z_n = a$ die Folge der bestimmten Integrale

$$\int_{z_n}^b f(x) \, dx$$

konvergent ist und der Grenzwert unabhängig von der Wahl der Folge $\{z_n\}_{n\in\mathbf{N}}$ ist. In diesem Fall heißt der von der Wahl der Folge $\{z_n\}_{n\in\mathbf{N}}$ unabhängige Grenzwert

$$\int_a^b f(x)\,dx \;:=\; \lim_{n\to\infty}\int_{z_n}^b f(x)\,dx$$

uneigentliches Integral von f und wir schreiben

$$\int_a^b f(x)\,dx \;=\; \lim_{a\leftarrow z\leq b}\int_z^b f(x)\,dx$$

– Sei $f:[a,b)\to\mathbf{R}$ eine Funktion derart, daß für alle $z\in[a,b)$ die Funktion $f|_{[a,z]}$ integrierbar ist. Die Funktion f heißt *uneigentlich integrierbar*, wenn für jede Folge $\{z_n\}_{n\in\mathbf{N}}\subseteq[a,b)$ mit $\lim_{n\to\infty} z_n = b$ die Folge der bestimmten Integrale

$$\int_a^{z_n} f(x)\,dx$$

konvergent ist und der Grenzwert unabhängig von der Wahl der Folge $\{z_n\}_{n\in\mathbf{N}}$ ist. In diesem Fall heißt der von der Wahl der Folge $\{z_n\}_{n\in\mathbf{N}}$ unabhängige Grenzwert

$$\int_a^b f(x)\,dx \;:=\; \lim_{n\to\infty}\int_a^{z_n} f(x)\,dx$$

uneigentliches Integral von f und wir schreiben

$$\int_a^b f(x)\,dx \;=\; \lim_{a\leq z\to b}\int_a^z f(x)\,dx$$

Eine uneigentlich integrierbare Funktion muß nicht beschränkt sein.

Beispiele.

(1) Die Funktion $f:(0,1]\to\mathbf{R}$ mit

$$f(x) \;:=\; \frac{1}{\sqrt{x}}$$

ist unbeschränkt und uneigentlich integrierbar mit

$$\int_0^1 \frac{1}{\sqrt{x}}\,dx \;=\; 2$$

In der Tat: Es gilt

$$\int_0^1 \frac{1}{\sqrt{x}}\,dx \;=\; \lim_{0\leftarrow z\leq 1}\int_z^1 \frac{1}{\sqrt{x}}\,dx$$

$$=\; \lim_{0\leftarrow z\leq 1} 2\sqrt{x}\,\Big|_z^1$$

$$=\; \lim_{0\leftarrow z\leq 1} 2\left(1-\sqrt{z}\right)$$

$$=\; 2$$

(2) Die Funktion $f : [1, \infty) \to \mathbf{R}$ mit

$$f(x) \; := \; \frac{1}{x^2}$$

ist uneigentlich integrierbar mit

$$\int_1^\infty \frac{1}{x^2}\, dx \; = \; 1$$

In der Tat: Es gilt

$$\int_1^\infty \frac{1}{x^2}\, dx \; = \; \lim_{1 \le z \to \infty} \int_1^z \frac{1}{x^2}\, dx$$

$$= \; \lim_{1 \le z \to \infty} \left(-\frac{1}{x}\right)\Big|_1^z$$

$$= \; \lim_{1 \le z \to \infty} \left(-\frac{1}{z} + 1\right)$$

$$= \; 1$$

(3) Die Funktion $f : [0, 1) \to \mathbf{R}$ mit

$$f(x) \; := \; \frac{1}{1-x}$$

ist nicht uneigentlich integrierbar.
In der Tat: Es gilt

$$\int_0^1 \frac{1}{1-x}\, dx \; = \; \lim_{0 \le z \to 1} \int_0^z \frac{1}{1-x}\, dx$$

$$= \; \lim_{0 \le z \to 1} \left(-\ln(1-x)\right)\Big|_0^z$$

$$= \; \lim_{0 \le z \to 1} \left(-\ln(1-z)\right)$$

$$= \; \infty$$

(4) Die Funktion $f : (-\infty, 0] \to \mathbf{R}$ mit

$$f(x) \; := \; e^{2x}$$

ist uneigentlich integrierbar mit

$$\int_{-\infty}^0 e^{2x}\, dx \; = \; \frac{1}{2}$$

In der Tat: Es gilt

$$\int_{-\infty}^0 e^{2x}\, dx \; = \; \lim_{-\infty \leftarrow z \le 0} \int_z^0 e^{2x}\, dx$$

$$= \; \lim_{-\infty \leftarrow z \le 0} \frac{e^{2x}}{2}\Big|_z^0$$

$$= \; \lim_{-\infty \leftarrow z \le 0} \frac{1 - e^{2z}}{2}$$

$$= \; \frac{1}{2}$$

Das uneigentliche Integral über ein offenes Intervall

Abschließend erweitern wir den Begriff des Integrals auf offene Intervalle: Sei $f : (a, b) \to \mathbf{R}$ eine Funktion.

- Sind für ein $c \in (a, b)$ die Funktionen $f|_{(a,c]}$ und $f|_{[c,b)}$ uneigentlich integrierbar, so heißt f *uneigentlich integrierbar* und die Summe

$$\int_a^b f(x)\, dx \ := \ \int_a^c f(x)\, dx + \int_c^b f(x)\, dx$$

heißt *uneigentliches Integral* von f.

Der Wert des uneigentlichen Integrals hängt nicht von der Wahl von c ab.

Beispiele.

(1) Die Funktion $f : (-1, 2) \to \mathbf{R}$ mit

$$f(x) \ = \ \frac{5x}{x^2 - 4}$$

ist nicht uneigentlich integrierbar.

In der Tat: Für alle $c \in (-1, 2)$ gilt

$$
\begin{aligned}
\int_{-1}^c \frac{5x}{x^2 - 4}\, dx \ &= \ \lim_{-1 \leftarrow z \leq c} \int_z^c \frac{5x}{x^2 - 4}\, dx \\[2mm]
&= \ \lim_{-1 \leftarrow z \leq c} \frac{5}{2} \ln(4 - x^2)\, \Big|_z^c \\[2mm]
&= \ \lim_{-1 \leftarrow z \leq c} \frac{5}{2}\Big(\ln(4 - c^2) - \ln(4 - z^2)\Big) \\[2mm]
&= \ \frac{5}{2}\Big(\ln(4 - c^2) - \ln(3)\Big)
\end{aligned}
$$

sowie

$$
\begin{aligned}
\int_c^2 \frac{5x}{x^2 - 4}\, dx \ &= \ \lim_{c \leq z \to 2} \int_c^z \frac{5x}{x^2 - 4}\, dx \\[2mm]
&= \ \lim_{c \leq z \to 2} \frac{5}{2} \ln(4 - x^2)\, \Big|_c^z \\[2mm]
&= \ \lim_{c \leq z \to 2} \frac{5}{2}\Big(\ln(4 - z^2) - \ln(4 - c^2)\Big) \\[2mm]
&= \ -\infty
\end{aligned}
$$

(2) Die Funktion $f : (-\infty, \infty) \to \mathbf{R}$ mit

$$f(x) \ = \ \begin{cases} 1 & \text{falls } x \in [-1, 1] \\ 1/x^2 & \text{sonst} \end{cases}$$

ist uneigentlich integrierbar mit

$$\int_{-\infty}^{\infty} f(x)\, dx \ = \ 4$$

In der Tat: Es gilt

$$\int_1^\infty f(x)\,dx \;=\; \int_1^\infty \frac{1}{x^2}\,dx \;=\; 1$$

sowie

$$\int_{-1}^1 f(x)\,dx \;=\; \int_{-1}^1 1\,dx \;=\; 2$$

und

$$\int_{-\infty}^{-1} f(x)\,dx \;=\; \int_{-\infty}^{-1} \frac{1}{x^2}\,dx \;=\; 1$$

und damit

$$\int_{-\infty}^\infty f(x)\,dx \;=\; \int_{-\infty}^{-1} f(x)\,dx + \int_{-1}^1 f(x)\,dx + \int_1^\infty f(x)\,dx \;=\; 4$$

Uneigentliche Integrale und unendliche Reihen

Wir betrachten abschließend einen Zusammenhang zwischen uneigentlichen Integralen und unendlichen Reihen:

Satz (Integralkriterium). *Sei $f : [1,\infty) \to \mathbf{R}_+$ monoton fallend. Dann gilt für alle $n \in \mathbf{N}$*

$$\sum_{k=1}^n f(k+1) \;\leq\; \int_1^n f(x)\,dx \;\leq\; \sum_{k=1}^n f(k)$$

Insbesondere konvergiert die unendliche Reihe

$$\sum_{k=1}^\infty f(k)$$

genau dann, wenn die Funktion f uneigentlich integrierbar ist.

Das Integralkriterium wird vor allem für den Nachweis der Konvergenz oder Divergenz einer unendlichen Reihe verwendet:

Beispiele.
(1) **Harmonische Reihe:** Die unendliche Reihe

$$\sum_{k=1}^\infty \frac{1}{k}$$

ist divergent.
In der Tat: Für die Funktion $f : [1,\infty) \to \mathbf{R}_+$ mit

$$f(x) \;:=\; \frac{1}{x}$$

gilt

$$\int_1^\infty \frac{1}{x}\,dx \;=\; \lim_{1\leq z\to\infty} \int_1^z \frac{1}{x}\,dx$$

$$=\; \lim_{1\leq z\to\infty} \ln(x)\,\Big|_1^z$$

$$=\; \lim_{1\leq z\to\infty} \ln(z)$$

$$=\; \infty$$

Die Funktion f ist daher nicht uneigentlich integrierbar.

(2) Für alle $p \in (1,\infty)$ ist die unendliche Reihe

$$\sum_{k=1}^\infty \frac{1}{k^p}$$

konvergent.

In der Tat: Für die Funktion $f : [1,\infty) \to \mathbf{R}_+$ mit

$$f(x) \;:=\; \frac{1}{x^p}$$

gilt

$$\int_1^\infty \frac{1}{x^p}\,dx \;=\; \lim_{1\leq z\to\infty} \int_1^z \frac{1}{x^p}\,dx$$

$$=\; \lim_{1\leq z\to\infty} \frac{x^{1-p}}{1-p}\,\Big|_1^z$$

$$=\; \lim_{1\leq z\to\infty} \frac{z^{1-p}-1}{1-p}$$

$$=\; \frac{1}{p-1}$$

Die Funktion f ist daher uneigentlich integrierbar.

Kapitel 14

Differentialrechnung in mehreren Variablen

Die meisten Optimierungsprobleme in den Wirtschaftswissenschaften betreffen eine Zielfunktion in mehreren Variablen; dabei ist die Zielfunktion häufig unter Nebenbedingungen zu optimieren, die ebenfalls durch Funktionen in mehreren Variablen beschrieben werden. Für die Untersuchung linearer Optimierungsprobleme ist das Simplex–Verfahren das geeignete Werkzeug; für nichtlineare Optimierungsprobleme dagegen, bei denen die Zielfunktion nichtlinear ist oder Nebenbedingungen durch nichtlineare Funktionen beschrieben werden, ist ein anderer Zugang erforderlich. Als geeignetes Hilfsmittel für die Behandlung nichtlinearer Optimierungsprobleme erweist sich die Differentialrechnung für Funktionen in mehreren Variablen.

In diesem Kapitel erweitern wir zunächst den Begriff der Konvergenz auf Folgen von Vektoren im Euklidischen Raum (Abschnitt 14.1). Wir führen dann Funktionen in mehreren Variablen ein (Abschnitt 14.2), definieren für solche Funktionen Stetigkeit (Abschnitt 14.3) und partielle Differenzierbarkeit (Abschnitt 14.4), und untersuchen für einmal partiell differenzierbare Funktionen (Abschnitt 14.5) und für zweimal partiell differenzierbare Funktionen (Abschnitt 14.6) Eigenschaften der ersten bzw. zweiten partiellen Ableitungen im Zusammenhang mit der Bestimmung von lokalen Maxima und Minima. Abschließend behandeln wir den Lagrange–Ansatz zur Lösung nichtlinearer Optimierungsprobleme unter Nebenbedingungen (Abschnitt 14.7).

14.1 Konvergenz im Euklidischen Raum

Um Stetigkeit und partielle Differenzierbarkeit einer Funktion in mehreren Variablen definieren zu können, erweitern wir zunächst den Begriff der Konvergenz von den reellen Zahlen auf Vektoren im Euklidischen Raum.

Konvergenz von Folgen

Eine Abbildung $a : \mathbf{N}_0 \to \mathbf{R}^m : n \mapsto a(n)$ heißt *Folge* von Vektoren. Wir setzen

$$a_n := a(n)$$

und nennen a_n das n–te *Glied* der Folge. Im folgenden schreiben wir meistens

$$\{a_n\}_{n \in \mathbf{N}_0}$$

anstelle von a.

Eine Folge $\{a_n\}_{n \in \mathbf{N}_0} \subseteq \mathbf{R}^m$ heißt
- *konvergent*, wenn es ein $a \in \mathbf{R}^m$ gibt derart, daß für jedes $\varepsilon > 0$ ein $n_\varepsilon \in \mathbf{N}_0$ existiert, sodaß für alle $n \in \mathbf{N}_0$ mit $n \geq n_\varepsilon$

$$\|a_n - a\| < \varepsilon$$

  gilt; in diesem Fall heißt der Vektor a *Grenzwert* der Folge $\{a_n\}_{n \in \mathbf{N}_0}$ und man sagt, daß die Folge $\{a_n\}_{n \in \mathbf{N}_0}$ gegen a konvergiert.
- *divergent*, wenn sie nicht konvergent ist.

Aus der Definition der Konvergenz einer Folge ergibt sich unmittelbar das folgende Ergebnis:

Satz.   *Für eine Folge $\{a_n\}_{n \in \mathbf{N}_0} \subseteq \mathbf{R}^m$ und einen Vektor $a \in \mathbf{R}^m$ sind folgende Aussagen äquivalent:*
(a) *Die Folge $\{a_n\}_{n \in \mathbf{N}_0}$ ist konvergent mit Grenzwert a.*
(b) *Die Folge $\{\|a_n - a\|\}_{n \in \mathbf{N}_0}$ ist eine Nullfolge.*

Aus der Dreiecksungleichung ergibt sich wie im Fall $m = 1$ die Eindeutigkeit des Grenzwerts einer konvergenten Folge:

Satz.   *Der Grenzwert einer konvergenten Folge ist eindeutig bestimmt.*

Ist die Folge $\{a_n\}_{n \in \mathbf{N}_0} \subseteq \mathbf{R}^m$ konvergent mit Grenzwert $a \in \mathbf{R}^m$, so schreiben wir

$$\lim_{n \to \infty} a_n = a$$

Diese Notation ist durch die Eindeutigkeit des Grenzwerts gerechtfertigt.

Sei $\{a_n\}_{n \in \mathbf{N}_0} \subseteq \mathbf{R}^m$ eine Folge von Vektoren. Dann bezeichnen wir mit a_{ni} die i–te Koordinate des n–ten Gliedes der Folge. Man überlegt sich leicht, daß die Folge $\{a_n\}_{n \in \mathbf{N}_0}$ genau dann gegen $a \in \mathbf{R}^m$ konvergiert, wenn es für alle $\varepsilon > 0$ ein $n_\varepsilon \in \mathbf{N}_0$ gibt derart, daß für alle $n \in \mathbf{N}_0$ und für alle $i \in \{1, \ldots, m\}$

$$\max_{i \in \{1,\ldots,m\}} |a_{ni} - a_i| \leq \varepsilon$$

gilt. Aus dieser Charakterisierung der Konvergenz einer Folge von Vektoren ergibt sich der folgende Satz:

Satz. *Für eine Folge von Vektoren $\{a_n\}_{n\in\mathbf{N}_0} \subseteq \mathbf{R}^m$ und einen Vektor $a \in \mathbf{R}^m$ sind folgende Aussagen äquivalent:*
(a) *Die Folge $\{a_n\}_{n\in\mathbf{N}_0}$ konvergiert gegen a.*
(b) *Für jedes $i \in \{1,\dots,m\}$ konvergiert die Folge $\{a_{ni}\}_{n\in\mathbf{N}_0}$ gegen a_i.*

Die Konvergenz einer Folge von Vektoren kann also koordinatenweise überprüft werden.

Beispiele.
(1) Die Folge $\{a_n\}_{n\in\mathbf{N}}$ mit

$$a_n \;:=\; \begin{pmatrix} 1 + 1/2^n \\ 5 - 2/n \\ 3/n \end{pmatrix}$$

ist konvergent mit

$$\lim_{n\to\infty} a_n \;=\; \begin{pmatrix} 1 \\ 5 \\ 0 \end{pmatrix}$$

In der Tat: Es gilt

$$\lim_{n\to\infty} (1 + 1/2^n) \;=\; 1$$
$$\lim_{n\to\infty} (5 - 2/n) \;=\; 5$$
$$\lim_{n\to\infty} 3/n \;=\; 0$$

(2) Die Folge $\{a_n\}_{n\in\mathbf{N}}$ mit

$$a_n \;:=\; \begin{pmatrix} 1 + 1/2^n \\ 5 - 2/n \\ n/3 \end{pmatrix}$$

ist divergent.
In der Tat: Die Folge $\{n/3\}_{n\in\mathbf{N}}$ ist divergent.

Eine Folge $\{a_n\}_{n\in\mathbf{N}_0}$ heißt
- *beschränkt*, wenn es ein $c > 0$ gibt, sodaß für alle $n \in \mathbf{N}_0$

$$\|a_n\| \;\leq\; c$$

gilt.
- *unbeschränkt*, wenn sie nicht beschränkt ist.

Bemerkung. Für $c \in \mathbf{R}_+$ ist die Menge

$$K(0,c) \;=\; \{x \in \mathbf{R}^m \mid \|x\| \leq c\}$$

eine abgeschlossene Kugel mit Mittelpunkt 0 und Radius c im Euklidischen

Raum $\mathbf{R}^m$. Eine Folge von Vektoren ist also genau dann beschränkt, wenn alle Glieder der Folge in einer abgeschlossenen Kugel enthalten sind; diese Bedingung ist gleichwertig damit, daß alle Glieder der Folge in einem abgeschlossenen Intervall enthalten sind.

Der Zusammenhang zwischen Konvergenz und Beschränktheit ist für Folgen von Vektoren derselbe wie für Folgen reeller Zahlen:

Satz.
(a) *Jede konvergente Folge ist beschränkt.*
(b) *Jede unbeschränkte Folge ist divergent.*

Schließlich läßt sich auch der Begriff der Monotonie von Folgen reeller Zahlen auf Folgen von Vektoren verallgemeinern:

Eine Folge $\{a_n\}_{n\in\mathbf{N}_0}$ heißt
– *monoton wachsend*, wenn für alle $n \in \mathbf{N}_0$

$$a_n \;\leq\; a_{n+1}$$

gilt.
– *monoton fallend*, wenn für alle $n \in \mathbf{N}_0$

$$a_n \;\geq\; a_{n+1}$$

gilt.
Eine Folge heißt *monoton*, wenn sie monoton wachsend oder monoton fallend ist.

Man sieht leicht, daß neben der Konvergenz und der Beschränktheit auch die Monotonie einer Folge koordinatenweise überprüft werden kann.

Offene, abgeschlossene und kompakte Mengen

Wir definieren nun einige wichtige Eigenschaften von Mengen des Euklidischen Raumes $\mathbf{R}^m$.

Zunächst erinnern wir daran, daß eine Teilmenge des Euklidischen Raumes $\mathbf{R}^m$ genau dann beschränkt ist, wenn sie in einer abgeschlossenen Kugel enthalten ist; diese Bedingung ist gleichwertig damit, daß die Teilmenge in einem abgeschlossenen Intervall enthalten ist.

Für $p \in \mathbf{R}^m$ und $c \in \mathbf{R}_+$ heißt die Menge

$$O(p,c) \;:=\; \{x \in \mathbf{R}^m \mid \|x - p\| < c\}$$

offene Kugel mit *Mittelpunkt* p und *Radius* c im Euklidischen Raum $\mathbf{R}^m$.

Eine Menge $A \subseteq \mathbf{R}^m$ heißt
- *offen*, wenn es zu jedem $p \in A$ ein $c > 0$ gibt mit

$$O(p,c) \subseteq A$$

- *abgeschlossen*, wenn für jede konvergente Folge $\{x_n\}_{n \in \mathbf{N}_0} \subseteq A$

$$\lim_{n \to \infty} x_n \in A$$

gilt.
- *kompakt*, wenn sie beschränkt und abgeschlossen ist.

Es läßt sich leicht zeigen, daß eine Teilmenge des Euklidischen Raumes genau dann offen ist, wenn ihr Komplement abgeschlossen ist.

Beispiele.
(1) Für alle $a \in \mathbf{R}^m$ ist die Menge $\{a\}$ kompakt.
(2) Für alle $a, b \in \mathbf{R}^m$ ist das abgeschlossene Intervall $[a, b]$ kompakt.
(3) Jede abgeschlossene Kugel des $\mathbf{R}^m$ ist kompakt.
(4) Jede offene Kugel des $\mathbf{R}^m$ ist offen und beschränkt.
(5) Die Menge $\mathbf{R}_+^m$ ist abgeschlossen und unbeschränkt.
(6) Die Menge $\mathbf{R}^m$ ist offen, abgeschlossen und unbeschränkt.
(7) Jede Hyperebene des $\mathbf{R}^m$ ist abgeschlossen und unbeschränkt.
(8) Jeder Halbraum des $\mathbf{R}^m$ ist abgeschlossen und unbeschränkt.
(9) Jeder lineare Teilraum des $\mathbf{R}^m$ ist abgeschlossen und unbeschränkt.

14.2 Reelle Funktionen in mehreren Variablen

Sei $J \subseteq \mathbf{R}^m$ eine nichtleere Menge und $f : J \to \mathbf{R}$ eine Funktion. Für einen Vektor

$$x = \begin{pmatrix} x_1 \\ \vdots \\ x_m \end{pmatrix}$$

setzen wir

$$f(x_1, \ldots, x_m) := f(x)$$

Wir sprechen daher auch von einer *Funktion in mehreren Variablen*.

Eine Funktion $f : (0, \infty)^m \to \mathbf{R}$ heißt *homogen vom Grad* $\alpha \in \mathbf{R}$, wenn für alle $x \in (0, \infty)^m$ und $c \in (0, \infty)$ die Gleichung

$$f(c\,x) = c^\alpha f(x)$$

gilt. Eine Funktion, die homogen vom Grad 1 ist, heißt *linear-homogen*.

Produktionsfunktionen I

Eine Produktionsfunktion ordnet jedem Bündel von Produktionsfaktoren die Menge des produzierten Produktes zu; im Fall von m Produktionsfaktoren handelt es sich also um eine Funktion $f : (0, \infty)^m \to (0, \infty)$.

– Die Cobb–Douglas–Produktionsfunktion $f : (0, \infty)^m \to (0, \infty)$ mit

$$f(\boldsymbol{x}) \;:=\; \prod_{i=1}^{m} x_i^{\alpha_i}$$

und $\alpha_1, \ldots, \alpha_m \in (0, \infty)$ ist homogen vom Grad

$$\alpha \;:=\; \sum_{i=1}^{m} \alpha_i$$

– Die CES–Produktionsfunktion $f : (0, \infty)^m \to (0, \infty)$ mit

$$f(\boldsymbol{x}) \;:=\; \left(\sum_{i=1}^{m} \alpha_i\, x_i^{\varrho} \right)^{1/\varrho}$$

und $\alpha_1, \ldots, \alpha_m, \varrho \in (0, \infty)$ ist linear–homogen.
– Die Leontief–Produktionsfunktion $f : (0, \infty)^m \to (0, \infty)$ mit

$$f(\boldsymbol{x}) \;:=\; \min\{\alpha_1\, x_1, \ldots, \alpha_m\, x_m\}$$

und $\alpha_1, \ldots, \alpha_m \in (0, \infty)$ ist linear–homogen.
Eine Produktionsfunktion f hat
– wachsende Skalenerträge, wenn für alle $\boldsymbol{x} \in (0, \infty)^m$ und $c \in (1, \infty)$

$$f(c\,\boldsymbol{x}) \;>\; c\,f(\boldsymbol{x})$$

gilt.
– konstante Skalenerträge, wenn für alle $\boldsymbol{x} \in (0, \infty)^m$ und $c \in (1, \infty)$

$$f(c\,\boldsymbol{x}) \;=\; c\,f(\boldsymbol{x})$$

gilt.
– fallende Skalenerträge, wenn für alle $\boldsymbol{x} \in (0, \infty)^m$ und $c \in (1, \infty)$

$$f(c\,\boldsymbol{x}) \;<\; c\,f(\boldsymbol{x})$$

gilt.
Ist f homogen vom Grad $\alpha \in (0, \infty)$, so hat f
– wachsende Skalenerträge genau dann, wenn $\alpha > 1$ gilt.
– konstante Skalenerträge genau dann, wenn $\alpha = 1$ gilt.
– fallende Skalenerträge genau dann, wenn $\alpha < 1$ gilt.

Die Cobb–Douglas–Produktionsfunktion hat je nach Wahl der Parameter wachsende, konstante oder fallende Skalenerträge; dagegen haben sowohl die CES–Produktionsfunktion als auch die Leontief–Produktionsfunktion für jede Wahl der Parameter konstante Skalenerträge.

Für eine Funktion $f : J \to \mathbf{R}$ und $c \in \mathbf{R}$ heißt die Menge

$$f^{-1}(c) \ := \ \{\boldsymbol{x} \in J \mid f(\boldsymbol{x}) = c\}$$

Niveau–Menge von f zum Niveau c. Jedes Element der Niveau–Menge $f^{-1}(0)$ heißt *Nullstelle* von f.

Beispiel. Für die Funktion $f : \mathbf{R}^2 \to \mathbf{R}$ mit

$$f(x,y) \ := \ x^2 + y^2$$

und für jedes $c > 0$ ist die Niveau–Menge

$$f^{-1}(c) \ := \ \left\{ \begin{pmatrix} x \\ y \end{pmatrix} \in \mathbf{R}^2 \ \middle| \ x^2 + y^2 = c \right\}$$

ein Kreis mit Mittelpunkt $(0,0)'$ und Radius $\sqrt{c}$.

Isoquanten

Für eine Produktionsfunktion $f : (0,\infty)^m \to (0,\infty)$ und ein Produktionsniveau $c \in (0,\infty)$ ist $f^{-1}(c)$ die Menge aller Bündel von Produktionsfaktoren, mit denen sich die Menge c erzeugen läßt. Die Menge $f^{-1}(c)$ heißt Isoquante zum Produktionsniveau c.

14.3 Stetigkeit

Im gesamten Abschnitt sei $J \subseteq \mathbf{R}^m$ eine nichtleere Menge.

Eine Funktion $f : J \to \mathbf{R}$ heißt
- *stetig in $\boldsymbol{x} \in J$*, wenn für jede Folge $\{\boldsymbol{z}_n\}_{n\in\mathbf{N}_0} \subseteq J$ mit $\lim_{n\to\infty} \boldsymbol{z}_n = \boldsymbol{x}$ die Folge $\{f(\boldsymbol{z}_n)\}_{n\in\mathbf{N}_0}$ konvergent ist mit $\lim_{n\to\infty} f(\boldsymbol{z}_n) = f(\boldsymbol{x})$; das bedeutet gerade, daß

$$\lim_{n\to\infty} f(\boldsymbol{z}_n) \ = \ f\left(\lim_{n\to\infty} \boldsymbol{z}_n\right)$$

  gilt.
- *unstetig in $\boldsymbol{x} \in J$*, wenn f nicht stetig in $\boldsymbol{x}$ ist.
- *stetig*, wenn f für jedes $\boldsymbol{x} \in J$ stetig in $\boldsymbol{x}$ ist.
- *nirgends stetig*, wenn f für kein $\boldsymbol{x} \in J$ stetig in $\boldsymbol{x}$ ist.

Ist f unstetig in $\boldsymbol{x}$, so heißt $\boldsymbol{x}$ *Unstetigkeitsstelle* oder *Sprungstelle* von f.

Beispiele.

(1) **Konstante Funktion:** Für jedes $c \in \mathbf{R}$ ist die Funktion $f : \mathbf{R}^m \to \mathbf{R}$ mit

$$f(\boldsymbol{x}) \ := \ c$$

stetig.

(2) **Koordinatenfunktion:** Für jedes $i \in \{1, \dots, m\}$ ist die Funktion $f : \mathbf{R}^m \to \mathbf{R}$ mit

$$f(\boldsymbol{x}) \ := \ x_i$$

stetig.

In der Tat: Sei $\boldsymbol{x} \in \mathbf{R}^m$ beliebig und sei $\{\boldsymbol{z}_n\}_{n \in \mathbf{N}_0} \subseteq \mathbf{R}^m$ eine beliebige Folge mit $\lim_{n \to \infty} \boldsymbol{z}_n = \boldsymbol{x}$. Dann gilt

$$|f(\boldsymbol{x}) - f(\boldsymbol{z}_n)| \ = \ |x_i - z_{ni}|$$

Außerdem gilt wegen $\lim_{n \to \infty} \|\boldsymbol{x} - \boldsymbol{z}_n\| = 0$

$$\lim_{n \to \infty} |x_i - z_{ni}| \ = \ 0$$

und damit

$$\lim_{n \to \infty} |f(\boldsymbol{x}) - f(\boldsymbol{z}_n)| \ = \ 0$$

Also ist f stetig.

(3) **Multiplikation:** Die Funktion $f : \mathbf{R}^2 \to \mathbf{R}$ mit

$$f(x_1, x_2) \ := \ x_1 x_2$$

ist stetig.

In der Tat: Sei $\boldsymbol{x} \in \mathbf{R}^2$ beliebig und sei $\{\boldsymbol{z}_n\}_{n \in \mathbf{N}_0} \subseteq \mathbf{R}^2$ eine beliebige Folge mit $\lim_{n \to \infty} \boldsymbol{z}_n = \boldsymbol{x}$. Da jede konvergente Folge beschränkt ist, gibt es ein $c > 0$ mit $\|\boldsymbol{z}_n\| \leq c$ und damit

$$|z_{ni}| \ \leq \ c$$

für alle $n \in \mathbf{N}_0$. Daraus folgt

$$\begin{aligned}
|f(\boldsymbol{x}) - f(\boldsymbol{z}_n)| \ &= \ |x_1 x_2 - z_{n1} z_{n2}| \\
&= \ |x_1 \cdot (x_2 - z_{n2}) + (x_1 - z_{n1}) \cdot z_{n2}| \\
&\leq \ |x_1 \cdot (x_2 - z_{n2})| + |(x_1 - z_{n1}) \cdot z_{n2}| \\
&= \ |x_1| \cdot |x_2 - z_{n2}| + |x_1 - z_{n1}| \cdot |z_{n2}| \\
&\leq \ |x_1| \cdot |x_2 - z_{n2}| + |x_1 - z_{n1}| \cdot c
\end{aligned}$$

Außerdem gilt wegen $\lim_{n \to \infty} \|\boldsymbol{x} - \boldsymbol{z}_n\| = 0$ für alle $i \in \{1, 2\}$

$$\lim_{n \to \infty} |x_i - z_{ni}| \ = \ 0$$

und damit

$$\lim_{n \to \infty} |f(\boldsymbol{x}) - f(\boldsymbol{z}_n)| \ = \ 0$$

Also ist f stetig.

(4) Die Funktion $f : \mathbf{R}^2 \to \mathbf{R}$ mit

$$
f(x,y) \;:=\; \begin{cases} 0 & \text{falls} \quad \begin{pmatrix} x \\ y \end{pmatrix} = \begin{pmatrix} 0 \\ 0 \end{pmatrix} \\[2ex] \dfrac{xy}{x^2 + y^2} & \text{falls} \quad \begin{pmatrix} x \\ y \end{pmatrix} \neq \begin{pmatrix} 0 \\ 0 \end{pmatrix} \end{cases}
$$

ist unstetig in $(0,0)'$.
In der Tat: Für alle $n \in \mathbf{N}$ gilt

$$
f(1/n, 1/n) \;=\; \frac{1}{2}
$$

Daraus folgt

$$
\lim_{n \to \infty} |f(0,0) - f(1/n, 1/n)| \;=\; \frac{1}{2}
$$

Also ist f unstetig in $(0,0)'$.

Das letzte der Beispiele zeigt, daß man zum Nachweis der Stetigkeit einer Funktion $f : J \to \mathbf{R}$ an der Stelle $x \in J$ die Gültigkeit der Gleichung

$$
\lim_{n \to \infty} f(z_n) \;=\; f(x)
$$

für *alle* Folgen $\{z_n\}_{n \in \mathbf{N}_0}$ mit $\lim_{n \to \infty} z_n = x$ zeigen muß; dies ist oft mühsam.

Die folgenden Sätze zeigen, wie man aus stetigen Funktionen neue stetige Funktionen gewinnen kann:

Satz. *Seien $f : J \to \mathbf{R}$ und $g : J \to \mathbf{R}$ stetig in $x_0 \in J$ und sei $c \in \mathbf{R}$. Dann gilt:*
(a) *Die Funktion $f + g$ ist stetig in x_0.*
(b) *Die Funktion cf ist stetig in x_0.*
Insbesondere bilden die stetigen Funktionen $J \to \mathbf{R}$ einen Vektorraum.

Satz. *Seien $f : J \to \mathbf{R}$ und $g : J \to \mathbf{R}$ stetig in $x_0 \in J$. Dann gilt:*
(a) *Die Funktion $f \cdot g$ ist stetig in x_0.*
(b) *Im Fall $g(x) \neq 0$ für alle $x \in J$ ist die Funktion f/g stetig in x_0.*
(c) *Die Funktion $\max\{f, g\}$ ist stetig in x_0.*
(d) *Die Funktion $\min\{f, g\}$ ist stetig in x_0.*

Zusammen mit der Stetigkeit der Koordinatenfunktionen folgt aus den Sätzen die Stetigkeit vieler Funktionen:

Beispiele.
(1) **Linearform:** Für jeden Vektor $c \in \mathbf{R}^m$ ist die Funktion $f : \mathbf{R}^m \to \mathbf{R}$ mit

$$
f(x) \;:=\; \langle c, x \rangle \;=\; \sum_{i=1}^{m} c_i\, x_i
$$

stetig.

(2) **Quadratische Form:** Für jede quadratische Matrix $A \in \mathbf{M}^m$ ist die Funktion $f : \mathbf{R}^m \to \mathbf{R}$ mit

$$f(\boldsymbol{x}) \quad := \quad \langle \boldsymbol{x}, A\boldsymbol{x} \rangle \quad = \quad \sum_{i=1}^{m} \sum_{j=1}^{m} a_{ij}\, x_i x_j$$

stetig.

Ein weiteres Ergebnis über die Erhaltung von Stetigkeit ist das folgende:

Satz. *Seien $g : J \to \mathbf{R}$ und $h : J_h \to \mathbf{R}$ Funktionen mit $g(J) \subseteq J_h \subseteq \mathbf{R}$ derart, daß g stetig in $\boldsymbol{x} \in J$ und h stetig in $f(\boldsymbol{x})$ ist. Dann ist die Funktion $h \circ g : J \to \mathbf{R}$ stetig in $\boldsymbol{x}$.*

Globale Maximierer und Minimierer

Sei $f : J \to \mathbf{R}$ eine Funktion. Dann heißt $\boldsymbol{x}_0 \in J$
– *globaler Maximierer* von f, wenn für alle $\boldsymbol{x} \in J$

$$f(\boldsymbol{x}) \quad \leq \quad f(\boldsymbol{x}_0)$$

gilt; in diesem Fall heißt $f(\boldsymbol{x}_0)$ *globales Maximum* von f.
– *globaler Minimierer* von f, wenn für alle $\boldsymbol{x} \in J$

$$f(\boldsymbol{x}_0) \quad \leq \quad f(\boldsymbol{x})$$

gilt; in diesem Fall heißt $f(\boldsymbol{x}_0)$ *globales Minimum* von f.

Beispiel. Für die Funktion $f : \mathbf{R}^2 \to \mathbf{R}$ mit

$$f(x,y) \quad := \quad 3\,(x-2)^2 + 2\,(y+1)^2 + 1$$

gilt für alle $(x,y)' \in \mathbf{R}^2$

$$f(x,y) \quad \geq \quad 1$$

sowie

$$f(2,-1) \quad = \quad 1$$

Also ist der Vektor $(2,-1)'$ ein globaler Minimierer von f.

Für stetige Funktionen, die auf einer kompakten Teilmenge des $\mathbf{R}^m$ definiert sind, läßt sich die Existenz eines globalen Minimums und eines globalen Maximums stets garantieren:

Satz (Minimum–Maximum–Satz). *Sei $J \subseteq \mathbf{R}^m$ kompakt und $f : J \to \mathbf{R}$ stetig. Dann gilt:*
(a) *f besitzt ein globales Minimum.*
(b) *f besitzt ein globales Maximum.*
(c) *$f(J)$ ist kompakt.*

Produktionsfunktionen II

Sei $f : (0, \infty)^m \to (0, \infty)$
– eine Cobb–Douglas–Produktionsfunktion,
– eine CES–Produktionsfunktion, oder
– eine Leontief–Produktionsfunktion.
Dann ist f stetig. In allen drei Fällen ist also der Output $f(\boldsymbol{x})$ eine stetige Funktion des Inputs $\boldsymbol{x}$. Ist $J \subseteq (0, \infty)^m$ eine kompakte Menge, so besitzt jede der Produktionsfunktionen auf J ein globales Maximum. Dies gilt insbesondere im Fall $J = [\boldsymbol{a}, \boldsymbol{b}] \subseteq (0, \infty)^m$.

14.4 Partielle Differenzierbarkeit

Im gesamten Abschnitt sei $J \subseteq \mathbf{R}^m$ eine konvexe Menge, die mindestens zwei Punkte enthält.

Wir definieren nun partielle Differenzierbarkeit für Funktionen $J \to \mathbf{R}$.

Partielle Differenzierbarkeit in einer Variablen

Sei $i \in \{1, \ldots, m\}$ fest.

Für eine Funktion $f : J \to \mathbf{R}$ und $\boldsymbol{x} \in J$ sowie $z \in (a_i, b_i)$ gibt der *partielle Differenzenquotient*

$$\frac{\Delta f}{\Delta x_i}(\boldsymbol{x}, z) := \frac{f(x_1, \ldots, x_{i-1}, z, x_{i+1}, \ldots, x_m) - f(x_1, \ldots, x_{i-1}, x_i, x_{i+1}, \ldots, x_m)}{z - x_i}$$

die relative Änderung der Funktion f bezogen auf die Änderung der i–ten Variablen um den Wert $z - x_i$ an.

Eine Funktion $f : J \to \mathbf{R}$ heißt
– in der i–ten Variablen *partiell differenzierbar in $\boldsymbol{x} \in J$*, wenn für jede Folge $\{z_n\}_{n \in \mathbf{N}_0} \subseteq (a_i, b_i) \setminus \{x_i\}$ die Folge der Differenzenquotienten

$$\frac{\Delta f}{\Delta x_i}(\boldsymbol{x}, z_n)$$

konvergent ist und der Grenzwert unabhängig von der Wahl der Folge $\{z_n\}_{n \in \mathbf{N}_0}$ ist. In diesem Fall wird der von der Wahl der Folge $\{z_n\}_{n \in \mathbf{N}_0}$ unabhängige Grenzwert

$$\frac{\partial f}{\partial x_i}(\boldsymbol{x}) \ := \ \lim_{n \to \infty} \frac{\Delta f}{\Delta x_i}(\boldsymbol{x}, z_n)$$

der Folge der Differenzenquotienten als *partieller Differentialquotient* oder als (*erste*) *partielle Ableitung* von f in der i–ten Variablen an der Stelle $\boldsymbol{x}$ bezeichnet.

- in der i–ten Variablen (*einmal*) *partiell differenzierbar*, wenn sie für jedes $x \in J$ in der i–ten Variablen partiell differenzierbar in x ist. In diesem Fall wird durch

$$x \mapsto \frac{\partial f}{\partial x_i}(x)$$

eine Funktion $J \to \mathbf{R}$ definiert; diese Funktion heißt (*erste*) *partielle Ableitung* oder *partielle Ableitung erster Ordnung* von f in der i–ten Variablen.
- in der i–ten Variablen (*einmal*) *stetig partiell differenzierbar*, wenn sie in der i–ten Variablen partiell differenzierbar ist und die partielle Ableitung $(\partial f)/(\partial x_i)$ stetig ist.

Mit Hilfe partieller Ableitungen definieren wir ferner partielle Änderungsraten und partielle Elastizitäten:

Ist $f : J \to (0, \infty)$ in der i–ten Variablen partiell differenzierbar in $x \in J$, so heißt

$$\frac{\partial(\ln \circ f)}{\partial x_i}(x) \;=\; \frac{\partial f}{\partial x_i}(x) \Big/ f(x)$$

partielle logarithmische Ableitung oder *partielle Änderungsrate* von f in der i–ten Variablen an der Stelle x, und

$$\varepsilon_{f,x_i}(x) \;:=\; x_i \frac{\partial f}{\partial x_i}(x) \Big/ f(x)$$

heißt *partielle Elastizität* von f in der i–ten Variablen an der Stelle x.

Wenn man bei einer Funktion in mehreren Variablen nur an der partiellen Ableitung, der partiellen Änderungsrate oder der partiellen Elastizität in einer einzigen Variablen interessiert ist, dann kann man die übrigen Variablen der Funktion als feste Parameter betrachten und die Funktion wie eine Funktion in einer Variablen behandeln.

Partielle Differenzierbarkeit in allen Variablen

Eine Funktion $f : J \to \mathbf{R}$ heißt
- *partiell differenzierbar in $x \in J$*, wenn sie in jeder Variablen partiell differenzierbar in x ist.
- (*einmal*) *partiell differenzierbar*, wenn sie für alle $x \in J$ partiell differenzierbar in x ist.
- (*einmal*) *stetig partiell differenzierbar*, wenn sie partiell differenzierbar ist und alle partiellen Ableitungen stetig sind.

Ist f partiell differenzierbar in $\boldsymbol{x} \in J$, so besitzt f genau m partielle Ableitungen, die man zweckmäßigerweise zu einem Vektor zusammenfaßt; der Vektor

$$\operatorname{grad}_f(\boldsymbol{x}) \; := \; \begin{pmatrix} \dfrac{\partial f}{\partial x_1}(\boldsymbol{x}) \\ \vdots \\ \dfrac{\partial f}{\partial x_m}(\boldsymbol{x}) \end{pmatrix}$$

heißt *Gradient* von f an der Stelle $\boldsymbol{x}$.

Satz. *Jede stetig partiell differenzierbare Funktion ist stetig.*

Eine partiell differenzierbare Funktion braucht jedoch nicht stetig, und damit nicht stetig partiell differenzierbar, zu sein:

Beispiele.
(1) **Linearform:** Für jeden Vektor $\boldsymbol{c} \in \mathbf{R}^m$ ist die Funktion $f : \mathbf{R}^m \to \mathbf{R}$ mit

$$f(\boldsymbol{x}) \; := \; \langle \boldsymbol{c}, \boldsymbol{x} \rangle \; = \; \sum_{i=1}^{m} c_i x_i$$

stetig partiell differenzierbar mit

$$\operatorname{grad}_f(\boldsymbol{x}) \; = \; \boldsymbol{c}$$

Insbesondere ist der Gradient konstant.
(2) Die Funktion $f : \mathbf{R}^2 \to \mathbf{R}$ mit

$$f(x,y) \; := \; \begin{cases} 0 & \text{falls} \; \begin{pmatrix} x \\ y \end{pmatrix} = \begin{pmatrix} 0 \\ 0 \end{pmatrix} \\[2ex] \dfrac{xy}{x^2 + y^2} & \text{falls} \; \begin{pmatrix} x \\ y \end{pmatrix} \neq \begin{pmatrix} 0 \\ 0 \end{pmatrix} \end{cases}$$

ist partiell differenzierbar mit

$$\operatorname{grad}_f(x,y) \; := \; \begin{cases} \begin{pmatrix} 0 \\ 0 \end{pmatrix} & \text{falls} \; \begin{pmatrix} x \\ y \end{pmatrix} = \begin{pmatrix} 0 \\ 0 \end{pmatrix} \\[4ex] \begin{pmatrix} y \dfrac{y^2 - x^2}{(x^2 + y^2)^2} \\ x \dfrac{x^2 - y^2}{(x^2 + y^2)^2} \end{pmatrix} & \text{falls} \; \begin{pmatrix} x \\ y \end{pmatrix} \neq \begin{pmatrix} 0 \\ 0 \end{pmatrix} \end{cases}$$

Insbesondere ist der Gradient nicht konstant. Andererseits ist bereits bekannt, daß f unstetig in $\boldsymbol{0}$ ist. Daher ist f nicht stetig partiell differenzierbar.

Der Grund für diesen auf den ersten Blick überraschenden Sachverhalt liegt darin, daß in der Definition der partiellen Differenzierbarkeit nur Grenzwerte bei Änderung *einer* Variablen betrachtet werden, während in der Definition der Stetigkeit Grenzwerte bei Änderung *aller* Variablen betrachtet werden.

14.5 Einmal partiell differenzierbare Funktionen

Sei $J \subseteq \mathbf{R}^m$ eine konvexe Menge, die mindestens zwei Punkte enthält.

Lokale Maximierer und Minimierer

Sei $f : J \to \mathbf{R}$ eine Funktion. Dann heißt $x_0 \in J$

– *lokaler Maximierer* von f, wenn es ein $\varepsilon \in (0, \infty)$ gibt, sodaß für alle $x \in J$ mit $\|x_0 - x\| < \varepsilon$

$$f(x) \;\leq\; f(x_0)$$

gilt; in diesem Fall heißt $f(x_0)$ *lokales Maximum* von f.

– *lokaler Minimierer* von f, wenn es ein $\varepsilon \in (0, \infty)$ gibt, sodaß für alle $x \in J$ mit $\|x_0 - x\| < \varepsilon$

$$f(x_0) \;\leq\; f(x)$$

gilt; in diesem Fall heißt $f(x_0)$ *lokales Minimum* von f.

Es kann mehrere lokale Maximierer und Minimierer geben, und ein lokaler Maximierer oder Minimierer muß kein globaler Maximierer oder Minimierer sein. Andererseits ist jeder globale Maximierer bzw. Minimierer ein lokaler Maximierer bzw. Minimierer.

Im Rest dieses Abschnitts sei $J \subseteq \mathbf{R}^m$ eine Menge der Form

$$J \;=\; \times_{i=1}^{m}(a_i, b_i)$$

oder eine beliebige offene Teilmenge des $\mathbf{R}^m$.

Satz (Notwendige Bedingung). *Sei $f : J \to \mathbf{R}$ partiell differenzierbar. Ist $x_0 \in J$ ein lokaler Maximierer oder Minimierer von f, so gilt*

$$\mathrm{grad}_f(x_0) \;=\; 0$$

Beispiele.

(1) Die Funktion $f : \mathbf{R}^2 \to \mathbf{R}$ mit

$$f(x,y) \;:=\; 3\,(x-2)^2 + 2\,(y+1)^2 + 1$$

ist stetig partiell differenzierbar mit

$$\mathrm{grad}_f(x,y) \;=\; \begin{pmatrix} 6\,(x-2) \\ 4\,(y+1) \end{pmatrix}$$

Wenn also $(x, y)'$ ein lokaler Maximierer oder Minimierer von f ist, dann gilt

$$\begin{pmatrix} x \\ y \end{pmatrix} = \begin{pmatrix} 2 \\ -1 \end{pmatrix}$$

Andererseits ist bereits bekannt, daß $(2, -1)'$ ein globaler Minimierer von f ist. Daher ist $(2, -1)'$ der einzige lokale Minimierer von f, und es gibt keine lokalen Maximierer.

(2) Die Funktion $f : \mathbf{R}^2 \to \mathbf{R}$ mit

$$f(x, y) = (x - y)^3$$

ist stetig partiell differenzierbar mit

$$\mathrm{grad}_f(x, y) = \begin{pmatrix} 3\,(x - y)^2 \\ -\,3\,(x - y)^2 \end{pmatrix}$$

Wenn also $(x, y)'$ ein lokaler Maximierer oder Minimierer von f ist, dann gilt

$$\begin{pmatrix} x \\ y \end{pmatrix} = \begin{pmatrix} z \\ z \end{pmatrix}$$

für ein $z \in \mathbf{R}$. Andererseits gilt für alle $z \in \mathbf{R}$ und $h \in (0, \infty)$

$$f(z, z) = 0$$

sowie

$$f(z+h, z) = h^3 > 0$$

und

$$f(z, z+h) = -h^3 < 0$$

Also besitzt f weder lokale Maximierer noch lokale Minimierer.

Kettenregel

Für eine Funktion $g : (a, b) \to \mathbf{R}^m$ wird mittels

$$g_i(t) := (g(t))_i$$

die *i-te Koordinate* $g_i : (a, b) \to \mathbf{R}$ von g definiert. Die Funktion g heißt *differenzierbar*, wenn alle Koordinaten von g differenzierbar sind; in diesem Fall heißt die Funktion $g' : (a, b) \to \mathbf{R}^m$ mit

$$g'(t) := \begin{pmatrix} g'_1(t) \\ \vdots \\ g'_m(t) \end{pmatrix}$$

(erste) Ableitung von g.

Satz (Kettenregel). *Sei $f:(a,b)\to\mathbf{R}$ eine Funktion und seien $g:(a,b)\to\mathbf{R}^m$ und $h:J_h\to\mathbf{R}$ Funktionen mit $g((a,b))\subseteq J_h\subseteq\mathbf{R}^m$ und*

$$f = h\circ g$$

Ist g differenzierbar und h stetig partiell differenzierbar, so ist f differenzierbar und es gilt

$$f'(t) = (h\circ g)'(t) = \langle\operatorname{grad}_h(g(t)),\, g'(t)\rangle = \sum_{i=1}^{m}\frac{\partial h}{\partial x_i}(g(t))\cdot g_i'(t)$$

Mit Hilfe der Kettenregel erhalten wir für homogene stetig partiell differenzierbare Funktionen eine Beziehung zwischen dem Grad der Homogenität und ihren partiellen Elastizitäten:

Folgerung (Euler'sche Homogenitätsrelation). *Ist $h:(0,\infty)^m\to(0,\infty)$ homogen vom Grad $\alpha\in(0,\infty)$ und stetig partiell differenzierbar, so gilt für alle $\boldsymbol{x}\in(0,\infty)^m$*

$$\alpha = \frac{\langle\boldsymbol{x},\,\operatorname{grad}_h(\boldsymbol{x})\rangle}{h(\boldsymbol{x})} = \sum_{i=1}^{m}\varepsilon_{h,x_i}(\boldsymbol{x})$$

Beweis. Wir wählen ein festes $\boldsymbol{x}\in(0,\infty)^m$ und betrachten die Funktionen $f:(0,\infty)\to(0,\infty)$ und $g:(0,\infty)\to\mathbf{R}^m$ mit

$$f(c) := h(c\,\boldsymbol{x})$$

und

$$g(c) := c\,\boldsymbol{x}$$

Dann gilt

$$f(c) = (h\circ g)(c)$$

und aus der Kettenregel folgt

$$\begin{aligned}
f'(c) &= (h\circ g)'(c)\\
&= \langle\operatorname{grad}_h(g(c)),\, g'(c)\rangle\\
&= \langle\operatorname{grad}_h(c\,\boldsymbol{x}),\, \boldsymbol{x}\rangle
\end{aligned}$$

Andererseits gilt aufgrund der Homogenität von h

$$\begin{aligned}
f(c) &= h(c\,\boldsymbol{x})\\
&= c^\alpha\, h(\boldsymbol{x})
\end{aligned}$$

und damit

$$f'(c) \;=\; \alpha c^{\alpha-1} h(\boldsymbol{x})$$

Aus den beiden Gleichungen für $f'(c)$ ergibt sich

$$\alpha\, c^{\alpha-1} h(\boldsymbol{x}) \;=\; \langle \mathrm{grad}_h(c\,\boldsymbol{x})\,,\,\boldsymbol{x}\rangle$$

Daraus folgt mit $c = 1$

$$\alpha\, h(\boldsymbol{x}) \;=\; \langle \mathrm{grad}_h(\boldsymbol{x})\,,\,\boldsymbol{x}\rangle$$

und damit

$$\alpha \;=\; \frac{\langle \mathrm{grad}_h(\boldsymbol{x})\,,\,\boldsymbol{x}\rangle}{h(\boldsymbol{x})}$$

Die Behauptung ist damit gezeigt. $\qquad\square$

Produktionsfunktionen III

Wir betrachten die Euler'sche Homogenitätsrelation für einige Produktionsfunktionen:

- Die Cobb–Douglas–Produktionsfunktion $g : (0,\infty)^m \to (0,\infty)$ mit

$$g(\boldsymbol{x}) \;:=\; \prod_{i=1}^{m} x_i^{\alpha_i}$$

ist homogen vom Grad

$$\alpha \;=\; \sum_{i=1}^{m} \alpha_i$$

und stetig partiell differenzierbar mit

$$g_{x_i}(\boldsymbol{x}) \;=\; \alpha_i\, x_i^{\alpha_i-1} \prod_{i\neq j=1}^{m} x_j^{\alpha_j}$$

$$=\; \frac{\alpha_i}{x_i} \prod_{j=1}^{m} x_j^{\alpha_j}$$

$$=\; \frac{\alpha_i}{x_i}\, g(\boldsymbol{x})$$

Für die partiellen Elastizitäten gilt daher

$$\varepsilon_{g,x_i}(\boldsymbol{x}) \;=\; \alpha_i$$

und damit $\sum_{i=1}^{m} \varepsilon_{g,x_i}(\boldsymbol{x}) = \alpha$.

– Die CES–Produktionsfunktion $g : (0, \infty)^m \to (0, \infty)$ mit

$$g(\boldsymbol{x}) \; := \; \left(\sum_{i=1}^{m} x_i^{\varrho} \right)^{1/\varrho}$$

ist homogen vom Grad

$$\alpha \; = \; 1$$

und stetig partiell differenzierbar mit

$$g_{x_i}(\boldsymbol{x}) \; = \; \frac{1}{\varrho} \left(\sum_{j=1}^{m} x_j^{\varrho} \right)^{(1/\varrho)-1} \varrho\, x_i^{\varrho-1}$$

$$= \; \frac{x_i^{\varrho}}{\sum_{j=1}^{m} x_j^{\varrho}} \, \frac{\left(\sum_{j=1}^{m} x_j^{\varrho} \right)^{1/\varrho}}{x_i}$$

$$= \; \frac{x_i^{\varrho}}{\sum_{j=1}^{m} x_j^{\varrho}} \, \frac{g(\boldsymbol{x})}{x_i}$$

Für die partiellen Elastizitäten gilt daher

$$\varepsilon_{g,x_i}(\boldsymbol{x}) \; = \; \frac{x_i^{\varrho}}{\sum_{j=1}^{m} x_j^{\varrho}}$$

und damit $\sum_{i=1}^{m} \varepsilon_{g,x_i}(\boldsymbol{x}) = 1$.

Implizite Funktionen

Wir betrachten nun eine Funktion $g : \mathbf{R}^{m+1} \to \mathbf{R}$, wobei eine der Variablen $x_1, \dots, x_m, x_{m+1}$ eine Sonderrolle einnimmt. Ohne Einschränkung der Allgemeinheit nehmen wir an, daß die Variable x_{m+1} diese Sonderrolle einnimmt; wir setzen daher

$$\boldsymbol{x} \; := \; \begin{pmatrix} x_1 \\ \vdots \\ x_m \end{pmatrix}$$

und

$$y \; := \; x_{m+1}$$

und schreiben $g(\boldsymbol{x}, y)$ anstelle von $g(x_1, \dots, x_m, x_{m+1})$.

Satz (Implizite Funktionen). *Sei* $g : J \times (a,b) \to \mathbf{R}$ *stetig partiell diffe-renzierbar mit*

$$\frac{\partial g}{\partial y}(\boldsymbol{x}, y) \neq 0$$

für alle $\boldsymbol{x} \in J$ *und* $y \in (a,b)$ *und sei* $(\boldsymbol{x}_0, y_0)' \in J \times (a,b)$ *derart, daß*

$$g(\boldsymbol{x}_0, y_0) = 0$$

gilt. Dann gibt es eine offene Menge $J_0 \subseteq J$ *mit* $\boldsymbol{x}_0 \in J_0$, *ein offenes Intervall* $(a_0, b_0) \subseteq (a,b)$ *mit* $y_0 \in (a_0, b_0)$, *und eine eindeutig bestimmte stetig partiell differenzierbare Funktion* $f : J_0 \to (a_0, b_0)$ *derart, daß für alle* $\boldsymbol{x} \in J_0$ *und* $y \in (a_0, b_0)$ *die Implikation*

$$g(\boldsymbol{x}, y) = 0 \implies y = f(\boldsymbol{x})$$

gilt und außerdem für alle $\boldsymbol{x} \in J_0$

$$\frac{\partial g}{\partial x_i}(\boldsymbol{x}, f(\boldsymbol{x})) + \frac{\partial g}{\partial y}(\boldsymbol{x}, f(\boldsymbol{x})) \cdot \frac{\partial f}{\partial x_i}(\boldsymbol{x}) = 0$$

gilt.

Die Funktion f, deren Existenz durch den Satz gewährleistet ist, wird als *implizite Funktion* bezeichnet und der Quotient

$$\frac{\dfrac{\partial g}{\partial x_i}(\boldsymbol{x}, f(\boldsymbol{x}))}{\dfrac{\partial g}{\partial y}(\boldsymbol{x}, f(\boldsymbol{x}))} = -\frac{\partial f}{\partial x_i}(\boldsymbol{x})$$

heißt *Grenzrate der Substitution* von y durch x_i.

Beispiele.
(1) Die Funktion $g : \mathbf{R} \times (0, \infty) \to \mathbf{R}$ mit

$$g(x, y) \;:=\; x^2 + y^2 - 1$$

ist stetig partiell differenzierbar mit

$$\frac{\partial g}{\partial x}(x, y) \;=\; 2x$$

$$\frac{\partial g}{\partial y}(x, y) \;=\; 2y \neq 0$$

Es gilt

$$g(0, 1) \;=\; 0$$

Sei nun $(x_0, y_0)' := (0,1)'$ sowie $J_0 := (-1,1) \subseteq \mathbf{R}$ und $(a_0, b_0) := (0, \infty)$. Dann gilt $(x_0, y_0)' \in J_0 \times (a_0, b_0)$. Die Funktion $f : (-1,1) \to (0, \infty)$ mit

$$f(x) \ := \ \sqrt{1 - x^2}$$

ist stetig differenzierbar mit

$$\frac{df}{dx}(x) \ = \ \frac{-x}{\sqrt{1 - x^2}}$$

und es gilt für alle $x \in (-1,1)$

$$g(x, f(x)) \ = \ x^2 + \left(\sqrt{1 - x^2}\right)^2 - 1$$
$$= \ 0$$

Außerdem gilt für alle $x \in (-1,1)$

$$\frac{\partial g}{\partial x}(x, f(x)) + \frac{\partial g}{\partial y}(x, f(x)) \cdot \frac{df}{dx}(x) \ = \ \frac{\partial g}{\partial x}(x, \sqrt{1 - x^2}) + \frac{\partial g}{\partial y}(x, \sqrt{1 - x^2}) \cdot \frac{df}{dx}(x)$$
$$= \ 2x + 2\sqrt{1 - x^2} \cdot \frac{-x}{\sqrt{1 - x^2}}$$
$$= \ 0$$

Achtung: Es ist wichtig, den Definitionsbereich der Funktion g so zu wählen, daß die Bedingung

$$\frac{\partial g}{\partial y}(x, y) \ \neq \ 0$$

erfüllt ist.

(2) Die Funktion $g : \mathbf{R} \times (-1, \infty)$ mit

$$g(x, y) \ := \ x + y\, e^y$$

ist stetig partiell differenzierbar mit

$$\frac{\partial g}{\partial x}(x, y) \ = \ 1$$
$$\frac{\partial g}{\partial y}(x, y) \ = \ (1 + y)\, e^y \ \neq \ 0$$

Es gilt

$$g(0, 0) \ = \ 0$$

Sei nun $(x_0, y_0)' := (0,0)' \in \mathbf{R} \times (-1, \infty)$. Dann gibt es offene Intervalle $J_0 \subseteq \mathbf{R}$ und $(a_0, b_0) \subseteq (-1, \infty)$ mit $(x_0, y_0)' \in J_0 \times (a_0, b_0)$ und eine eindeutig bestimmte stetig differenzierbare Funktion $f : J_0 \to (a_0, b_0)$ derart, daß für alle $(x, y)' \in J_0 \times (a_0, b_0)$ die Implikation

$$g(x, y) = 0 \ \implies \ y = f(x)$$

gilt. Die Funktion f ist nicht in geschlossener Form darstellbar.

Der Satz gewährleistet unter bestimmten Bedingungen die Existenz einer impliziten Funktion f, aber er enthält keine Aussage über ihre Gestalt. Häufig ist man jedoch nicht an der Funktion f selbst, sondern nur an ihren partiellen Ableitungen interessiert; aufgrund des Satzes lassen sich die partiellen Ableitungen von f direkt aus den partiellen Ableitungen von g, und damit ohne Kenntnis von f, bestimmen.

Produktionsfunktionen IV

Ein gegebenes Produktionsniveau läßt sich oft durch verschiedene Faktorkombinationen erreichen. Wir betrachten die folgende Frage: Ist es möglich, eine willkürliche Veränderung des Einsatzes eines bestimmten Faktors durch geeignete Veränderungen des Einsatzes der anderen Faktoren so auszugleichen, daß dasselbe Produktionsniveau erreicht wird?

Für die Cobb–Douglas–Produktionsfunktion $h : (0, \infty)^2 \to (0, \infty)$ mit

$$h(x, y) \; := \; x^\alpha \, y^\beta$$

und das Produktionsniveau c definieren wir eine Funktion $g : (0, \infty)^2 \to (0, \infty)$ durch

$$g(x, y) \; := \; x^\alpha \, y^\beta - c$$

Dann ist g stetig partiell differenzierbar mit

$$\frac{\partial g}{\partial x}(x, y) \; = \; \alpha \, x^{\alpha-1} \, y^\beta$$

$$\frac{\partial g}{\partial y}(x, y) \; = \; \beta \, x^\alpha \, y^{\beta-1} \; \neq \; 0$$

Sei nun $(x_0, y_0)' \in (0, \infty)^2$ eine spezielle Faktorkombination mit

$$x_0^\alpha y_0^\beta \; = \; c$$

und damit

$$g(x_0, y_0) \; = \; 0$$

Nach dem Satz über implizite Funktionen gibt es offene Intervalle $J_0 \subseteq (0, \infty)$ und $(a_0, b_0) \subseteq (0, \infty)$ mit $(x_0, y_0)' \in J_0 \times (a_0, b_0)$ sowie eine eindeutig bestimmte stetig differenzierbare Funktion $f : J_0 \to (a_0, b_0)$ derart, daß für jede Faktorkombination $(x, y)' \in J_0 \times (a_0, b_0)$ mit $g(x, y) = 0$ die Gleichung

$$y \; = \; f(x)$$

erfüllt ist, und für die Grenzrate der Substitution von y durch x gilt

$$
\begin{aligned}
-\frac{df}{dx}(x) \;&=\; \frac{\partial g}{\partial x}(x, f(x)) \Big/ \frac{\partial g}{\partial y}(x, f(x)) \\[2mm]
&=\; \frac{\alpha\, x^{\alpha-1}\, f(x)^{\beta}}{\beta\, x^{\alpha}\, f(x)^{\beta-1}} \\[2mm]
&=\; \frac{\alpha}{\beta} \cdot \frac{f(x)}{x}
\end{aligned}
$$

Die Funktion f erfüllt also die homogene lineare Differentialgleichung 1. Ordnung

$$
f'(x) + \frac{\alpha}{\beta x} \cdot f(x) \;=\; 0
$$

mit der Anfangsbedingung $f(x_0) = y_0$. Die allgemeine Lösung der Differentialgleichung ist

$$
f(x) \;=\; C \cdot x^{-\alpha/\beta}
$$

mit $C \in \mathbf{R}$ beliebig; aus der Anfangsbedingung ergibt sich

$$
C \;=\; x_0^{\alpha/\beta} y_0 \;=\; (x_0^{\alpha} y_0^{\beta})^{1/\beta} \;=\; c^{1/\beta}
$$

Also gilt

$$
f(x) \;=\; c^{1/\beta} \cdot x^{-\alpha/\beta}
$$

und damit

$$
g(x, f(x)) \;=\; 0
$$

Schließlich sieht man leicht, daß man $J_0 := (0, \infty)$ und $(a_0, b_0) := (0, \infty)$ wählen kann.

Aus Symmetriegründen ergeben sich völlig analoge Ergebnisse, wenn man die Rollen der beiden Produktionsfaktoren vertauscht.

14.6 Zweimal partiell differenzierbare Funktionen

Im gesamten Abschnitt sei $J \subseteq \mathbf{R}^m$ eine konvexe Menge, die mindestens zwei Punkte enthält.

Wir definieren nun partielle Differenzierbarkeit zweiter Ordnung für Funktionen $J \to \mathbf{R}$.

Eine Funktion $f : J \to \mathbf{R}$ heißt

- *zweimal partiell differenzierbar*, wenn sie einmal partiell differenzierbar ist und für jedes $i \in \{1, \dots, m\}$ die partielle Ableitung $(\partial f)/(\partial x_i)$ partiell differenzierbar ist. In diesem Fall wird für alle $i, j \in \{1, \dots, m\}$ durch

$$\frac{\partial^2 f}{\partial x_i\, \partial x_j}(\boldsymbol{x}) \; := \; \frac{\partial \left(\dfrac{\partial f}{\partial x_i} \right)}{\partial x_j}(\boldsymbol{x})$$

eine Funktion $J \to \mathbf{R}$ definiert; diese Funktion heißt *zweite partielle Ableitung* oder *partielle Ableitung zweiter Ordnung* von f in der j–ten und i–ten Variablen. Man setzt

$$\frac{\partial^2 f}{\partial x_i^2}(\boldsymbol{x}) \; := \; \frac{\partial^2 f}{\partial x_i\, \partial x_i}(\boldsymbol{x})$$

- *zweimal stetig partiell differenzierbar*, wenn f zweimal partiell differenzierbar ist und alle partiellen Ableitungen erster und zweiter Ordnung stetig sind.

Ist $f : J \to \mathbf{R}$ zweimal partiell differenzierbar, so besitzt f genau m^2 partielle Ableitungen zweiter Ordnung, die man zweckmäßigerweise zu einer Matrix zusammenfaßt; die Matrix

$$\mathrm{Hess}_f(\boldsymbol{x}) \; := \; \begin{pmatrix} \dfrac{\partial^2 f}{\partial x_1^2}(\boldsymbol{x}) & \cdots & \dfrac{\partial^2 f}{\partial x_1\, \partial x_m}(\boldsymbol{x}) \\[2ex] \vdots & \ddots & \vdots \\[2ex] \dfrac{\partial^2 f}{\partial x_m\, \partial x_1}(\boldsymbol{x}) & \cdots & \dfrac{\partial^2 f}{\partial x_m^2}(\boldsymbol{x}) \end{pmatrix}$$

heißt *Hesse–Matrix* von f an der Stelle $\boldsymbol{x}$.

Satz (Symmetrie der Hesse–Matrix). *Sei f zweimal stetig partiell differenzierbar. Dann ist die Hesse–Matrix $\mathrm{Hess}_f(\boldsymbol{x})$ für alle $\boldsymbol{x} \in J$ symmetrisch.*

Beispiele.
(1) **Quadratische Form:** Für jede quadratische Matrix $A \in \mathbf{M}^m$ ist die Funktion $f : \mathbf{R}^m \to \mathbf{R}$ mit

$$f(\boldsymbol{x}) \; := \; \langle \boldsymbol{x}, A\boldsymbol{x} \rangle \; = \; \sum_{i=1}^{m} \sum_{j=1}^{m} a_{ij}\, x_i x_j$$

zweimal stetig partiell differenzierbar mit

$$\mathrm{grad}_f(\boldsymbol{x}) \; = \; (A + A')\boldsymbol{x}$$

und

$$\mathrm{Hess}_f(\boldsymbol{x}) \; = \; A + A'$$

Insbesondere ist die Hesse–Matrix konstant und symmetrisch.

(2) Die Funktion $f : \mathbf{R}^2 \to \mathbf{R}$ mit

$$f(x,y) \;:=\; (x-y)^3$$

ist zweimal stetig partiell differenzierbar mit

$$\mathrm{grad}_f(x,y) \;=\; \begin{pmatrix} 3\,(x-y)^2 \\ -3\,(x-y)^2 \end{pmatrix} \;=\; 3\,(x-y)^2 \begin{pmatrix} 1 \\ -1 \end{pmatrix}$$

und

$$\mathrm{Hess}_f(x,y) \;=\; \begin{pmatrix} 6\,(x-y) & -6\,(x-y) \\ -6\,(x-y) & 6\,(x-y) \end{pmatrix} \;=\; 6\,(x-y) \begin{pmatrix} 1 & -1 \\ -1 & 1 \end{pmatrix}$$

Die Hesse–Matrix $\mathrm{Hess}_f(x,y)$ ist für alle $(x,y)' \in \mathbf{R}^2$ symmetrisch; sie ist jedoch nicht konstant.

Lokale Maximierer und Minimierer

Im letzten Abschnitt haben wir eine *notwendige* Bedingung für lokale Maximierer und lokale Minimierer einer partiell differenzierbaren Funktion gegeben. Wir geben nun eine *hinreichende* Bedingung für lokale Maximierer und lokale Minimierer einer zweimal stetig partiell differenzierbaren Funktion:

Satz (Hinreichende Bedingung). *Sei $f : J \to \mathbf{R}$ zweimal stetig partiell differenzierbar und $\boldsymbol{x}_0 \in J$ mit*

$$\mathrm{grad}_f(\boldsymbol{x}_0) \;=\; \mathbf{0}$$

(a) *Ist $\mathrm{Hess}_f(\boldsymbol{x}_0)$ negativ definit, so ist $\boldsymbol{x}_0$ ein lokaler Maximierer von f.*
(b) *Ist $\mathrm{Hess}_f(\boldsymbol{x}_0)$ indefinit, so ist $\boldsymbol{x}_0$ weder lokaler Maximierer noch lokaler Minimierer von f.*
(c) *Ist $\mathrm{Hess}_f(\boldsymbol{x}_0)$ positiv definit, so ist $\boldsymbol{x}_0$ ein lokaler Minimierer von f.*

Beispiel. Sei $f : \mathbf{R}^3 \to \mathbf{R}$ gegeben durch

$$f(x,y,z) \;:=\; \frac{1}{3}\,x^3 - 3y^2 - z^2 + 2yz - x + 2y + 2z + 4$$

Dann gilt

$$\mathrm{grad}_f(x,y,z) \;=\; \begin{pmatrix} x^2 - 1 \\ -6y + 2z + 2 \\ -2z + 2y + 2 \end{pmatrix}$$

und damit

$$\mathrm{Hess}_f(x,y,z) \;=\; \begin{pmatrix} 2x & 0 & 0 \\ 0 & -6 & 2 \\ 0 & 2 & -2 \end{pmatrix}$$

Der Gradient von f hat zwei Nullstellen: Es gilt

$$\mathrm{grad}_f(1,1,2) \;=\; \mathbf{0}$$

und

$$\mathrm{grad}_f(-1,1,2) \;=\; \mathbf{0}$$

Für die Nullstellen des Gradienten gilt

$$\mathrm{Hess}_f(1,1,2) \;=\; \begin{pmatrix} 2 & 0 & 0 \\ 0 & -6 & 2 \\ 0 & 2 & -2 \end{pmatrix}$$

und

$$\begin{pmatrix} a & b & c \end{pmatrix} \begin{pmatrix} 2 & 0 & 0 \\ 0 & -6 & 2 \\ 0 & 2 & -2 \end{pmatrix} \begin{pmatrix} a \\ b \\ c \end{pmatrix} \;=\; 2\left(a^2 - 2b^2 - (b-c)^2\right)$$

sowie

$$\mathrm{Hess}_f(-1,1,2) \;=\; \begin{pmatrix} -2 & 0 & 0 \\ 0 & -6 & 2 \\ 0 & 2 & -2 \end{pmatrix}$$

und

$$\begin{pmatrix} a & b & c \end{pmatrix} \begin{pmatrix} -2 & 0 & 0 \\ 0 & -6 & 2 \\ 0 & 2 & -2 \end{pmatrix} \begin{pmatrix} a \\ b \\ c \end{pmatrix} \;=\; -2\left(a^2 + 2b^2 + (b-c)^2\right)$$

Also ist die Hesse–Matrix von f an der Stelle $(1,1,2)'$ indefinit und an der Stelle $(-1,1,2)'$ negativ definit. Daher ist $(1,1,2)'$ weder lokaler Maximierer noch lokaler Minimierer von f, und $(-1,1,2)'$ ist ein lokaler Maximierer von f.

Für zweimal stetig partiell differenzierbare Funktionen in nur zwei Variablen läßt sich eine etwas einfachere hinreichende Bedingung für lokale Maximierer und Minimierer angeben:

Folgerung. *Sei $J \subseteq \mathbf{R}^2$ sowie $f : J \to \mathbf{R}$ zweimal stetig partiell differenzierbar und $(x_0, y_0)' \in J$ mit*

$$\mathrm{grad}_f(x_0, y_0) \;=\; \mathbf{0}$$

(a) *Gilt* $\det\left(\mathrm{Hess}_f(x_0, y_0)\right) > 0$ *und*

$$\frac{\partial^2 f}{\partial x^2}(x_0, y_0) < 0$$

so ist $(x_0, y_0)'$ ein lokaler Maximierer von f.

(b) *Gilt* $\det\left(\mathrm{Hess}_f(x_0, y_0)\right) > 0$ *und*

$$\frac{\partial^2 f}{\partial x^2}(x_0, y_0) > 0$$

so ist $(x_0, y_0)'$ ein lokaler Minimierer von f.

Umsatzmaximierung bei komplementären Gütern

*Wir betrachten zwei komplementäre Güter, deren Preise p_1 und p_2 frei wählbar
sind und deren Preis–Absatz–Funktionen y_1 und y_2 durch*

$$y_1(p_1, p_2) \; := \; 50 - 2p_1 - p_2$$
$$y_2(p_1, p_2) \; := \; 60 - p_1 - 3p_2$$

gegeben sind. Dann ist der Umsatz durch die Funktion u mit

$$u(p_1, p_2) \; := \; p_1 \cdot y_1(p_1, p_2) + p_2 \cdot y_2(p_1, p_2)$$

gegeben.

Sei Z die Menge aller Vektoren $\boldsymbol{p} \in \mathbf{R}^2$, die die Nichtnegativitätsbedingungen

$$
\begin{aligned}
p_1 &   &   &   &\geq\; 0 \\
    & p_2   &   &   &\geq\; 0 \\
-\;2p_1 &\;-\; p_2 &\;+\; 50 &   &\geq\; 0 \\
-\; p_1 &\;-\; 3p_2 &\;+\; 60 &   &\geq\; 0
\end{aligned}
$$

*erfüllen. Die Menge Z ist beschränkt, denn für alle $\boldsymbol{p} \in Z$ gilt $0 \leq p_1 \leq 60$
und $0 \leq p_2 \leq 50$, und sie ist abgeschlossen, denn für jede konvergente Folge
$\{\boldsymbol{p}_n\}_{n \in \mathbf{N}} \subseteq Z$ gilt $\lim_{n \to \infty} \boldsymbol{p}_n \in Z$. Die Menge Z ist daher kompakt.*

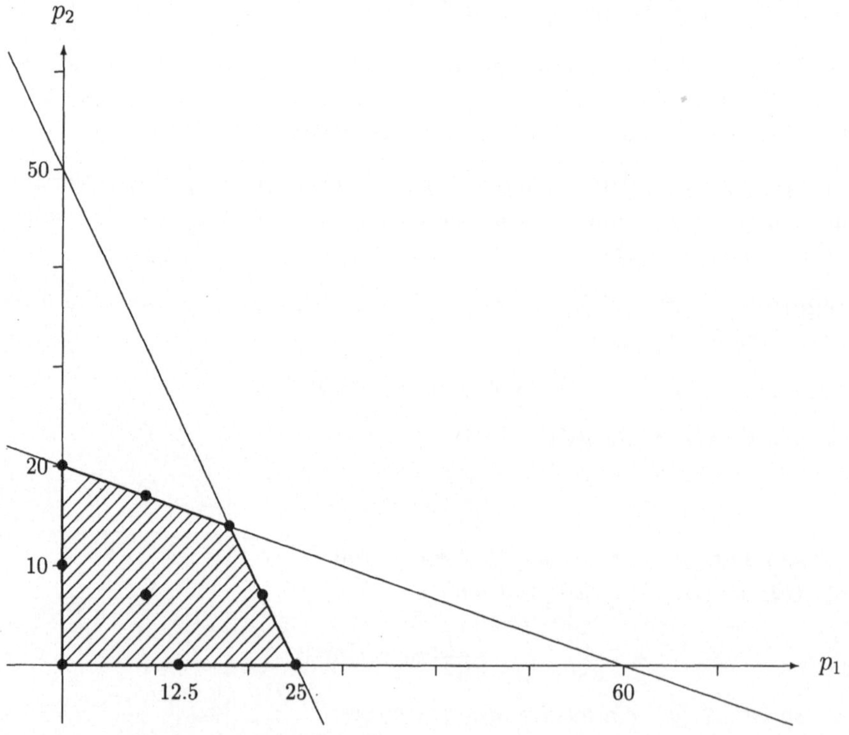

Die Funktion $u : Z \to \mathbf{R}$ mit

$$
\begin{aligned}
u(p_1, p_2) \;&:=\; p_1 \cdot y_1(p_1, p_2) + p_2 \cdot y_2(p_1, p_2) \\
&=\; p_1 \cdot (50 - 2p_1 - p_2) + p_2 \cdot (60 - p_1 - 3p_2) \\
&=\; -2p_1^2 - 2p_1 p_2 - 3p_2^2 + 50p_1 + 60p_2
\end{aligned}
$$

ist stetig. Da Z kompakt und u stetig ist, besitzt die Funktion u ein globales Maximum: Unter allen Preisvektoren, die die Nichtnegativitätsbedingungen erfüllen, gibt es also (mindestens) einen, der den Umsatz maximiert. Es bleibt das Problem, einen solchen globalen Umsatzmaximierer zu bestimmen.

Jeder globale Maximierer von u liegt entweder
- in der Menge Z aber nicht auf deren begrenzenden Kanten, oder
- auf einer der begrenzenden Kanten von Z aber nicht in deren Eckpunkten, oder
- in einem der Eckpunkte von Z.

Um die Sätze der Differentialrechnung zur Bestimmung lokaler Maximierer anwenden zu können, betrachten wir anstelle von $u : Z \to \mathbf{R}$ die Funktion $U : \mathbf{R}^2 \to \mathbf{R}$ mit

$$
U(p_1, p_2) \;:=\; -2p_1^2 - 2p_1 p_2 - 3p_2^2 + 50p_1 + 60p_2
$$

Wir gehen wie folgt vor:
- Wir bestimmen alle lokalen Maxima der Funktion U, die in Z liegen.
- Wir betrachten die Restriktionen von U auf die Geraden, die die Menge Z begrenzen, also die Funktionen $U_1, U_2, U_3, U_4 : \mathbf{R} \to \mathbf{R}$ mit

$$
\begin{aligned}
U_1(p_2) \;&:=\; U(0, p_2) \\
U_2(p_1) \;&:=\; U(p_1, 0) \\
U_3(p_1) \;&:=\; U(p_1, 50 - 2p_1) \\
U_4(p_2) \;&:=\; U(60 - 3p_2, p_2)
\end{aligned}
$$

und bestimmen für jede dieser Funktionen alle lokalen Maxima, die in Z liegen.
- Wir bestimmen die Werte von U in den Eckpunkten von Z.

Wir erhalten folgende Ergebnisse:
- Die Funktion U ist zweimal stetig partiell differenzierbar mit

$$
\mathrm{grad}_U(p_1, p_2) \;=\; \begin{pmatrix} -4p_1 - 2p_2 + 50 \\ -2p_1 - 6p_2 + 60 \end{pmatrix}
$$

und

$$
\mathrm{Hess}_U(p_1, p_2) \;=\; \begin{pmatrix} -4 & -2 \\ -2 & -6 \end{pmatrix}
$$

Wenn also $\boldsymbol{p}^{*(0)}$ ein lokaler Maximierer oder Minimierer von U ist, dann gilt

$$\mathrm{grad}_U(\boldsymbol{p}^{*(0)}) \;=\; \boldsymbol{0}$$

und damit

$$\boldsymbol{p}^{*(0)} \;=\; \begin{pmatrix} 9 \\ 7 \end{pmatrix}$$

Wegen

$$\det\Big(\mathrm{Hess}_U(\boldsymbol{p}^{*(0)})\Big) \;=\; \det\begin{pmatrix} -4 & -2 \\ -2 & -6 \end{pmatrix} \;=\; 20 \;>\; 0$$

und

$$\frac{\partial^2 U}{\partial p_1^2}(\boldsymbol{p}^{*(0)}) \;=\; -4 \;<\; 0$$

ist $\boldsymbol{p}^{*(0)}$ in der Tat ein lokaler Maximierer von U, und es gibt keine anderen lokalen Maximierer. Es gilt $\boldsymbol{p}^{*(0)} \in Z$ und $U(\boldsymbol{p}^{*(0)}) = 435$.

– Es gilt

$$\begin{aligned} U_1(p_2) \;&=\; U(0, p_2) \\ &=\; 300 - 3(p_2 - 10)^2 \end{aligned}$$

Die Funktion U_1 besitzt daher den einzigen lokalen Maximierer $p_2^* := 10$. Für

$$\boldsymbol{p}^{*(1)} \;:=\; \begin{pmatrix} 0 \\ 10 \end{pmatrix}$$

gilt $\boldsymbol{p}^{*(1)} \in Z$ und $U(\boldsymbol{p}^{*(1)}) = 300$.

– Es gilt

$$\begin{aligned} U_2(p_1) \;&=\; U(p_1, 0) \\ &=\; 312.5 - 2(p_1 - 12.5)^2 \end{aligned}$$

Die Funktion U_2 besitzt daher den einzigen lokalen Maximierer $p_1^* := 12.5$. Für

$$\boldsymbol{p}^{*(2)} \;:=\; \begin{pmatrix} 12.5 \\ 0 \end{pmatrix}$$

gilt $\boldsymbol{p}^{*(2)} \in Z$ und $U(\boldsymbol{p}^{*(2)}) = 312.5$.

– *Es gilt*

$$
\begin{aligned}
U_3(p_1) &= U(p_1, 50 - 2p_1) \\
&= 122.5 - 10(p_1 - 21.5)^2
\end{aligned}
$$

Die Funktion U_3 besitzt daher den einzigen lokalen Maximierer $p_1^* := 21.5$ und aus $p_2 = 50 - 2p_1$ ergibt sich $p_2^* = 7$. Für

$$
\boldsymbol{p}^{*(3)} := \begin{pmatrix} 21.5 \\ 7 \end{pmatrix}
$$

gilt $\boldsymbol{p}^{*(3)} \in Z$ und $U(\boldsymbol{p}^{*(3)}) = 122.5$.

– *Es gilt*

$$
\begin{aligned}
U_4(p_2) &= U(60 - 3p_2, p_2) \\
&= 135 - 15(p_2 - 17)^2
\end{aligned}
$$

Die Funktion U_4 besitzt daher den einzigen lokalen Maximierer $p_2^* := 17$ und aus $p_1 = 60 - 3p_2$ ergibt sich $p_2^* = 9$. Für

$$
\boldsymbol{p}^{*(4)} := \begin{pmatrix} 9 \\ 17 \end{pmatrix}
$$

gilt $\boldsymbol{p}^{*(4)} \in Z$ und $U(\boldsymbol{p}^{*(4)}) = 135$.

– Die Eckpunkte von Z sind

$$
\boldsymbol{p}^{*(5)} := \begin{pmatrix} 0 \\ 0 \end{pmatrix}
$$

$$
\boldsymbol{p}^{*(6)} := \begin{pmatrix} 0 \\ 20 \end{pmatrix}
$$

$$
\boldsymbol{p}^{*(7)} := \begin{pmatrix} 18 \\ 14 \end{pmatrix}
$$

$$
\boldsymbol{p}^{*(8)} := \begin{pmatrix} 25 \\ 0 \end{pmatrix}
$$

und es gilt $U(\boldsymbol{p}^{*(5)}) = U(\boldsymbol{p}^{*(6)}) = U(\boldsymbol{p}^{*(7)}) = U(\boldsymbol{p}^{*(8)}) = 0$. Durch Vergleich der Funktionswerte $u(\boldsymbol{p}^{*(i)}) = U(\boldsymbol{p}^{*(i)})$ für $i \in \{0, 1, \ldots, 8\}$ erkennt man, daß $\boldsymbol{p}^{*(0)}$ der einzige globale Maximierer von u ist.

Die Methode der kleinsten Quadrate

Wir nehmen an, eine Variable Y sei linear von einer anderen Variablen x abhängig. Wir fassen daher Y als affin–lineare Funktion von x auf; wir nehmen also an, daß es Parameter $\alpha, \beta \in \mathbf{R}$ gibt mit

$$
Y(x) = \alpha + \beta x
$$

Die Variable x heißt *exogene Variable* und die Variable $Y(x)$ heißt *endogene Variable*. Die Parameter α und β sind unbekannt.

Zur Bestimmung der unbekannten Parameter α und β legen wir Beobachtungspunkte $x_1, \dots, x_n \in \mathbf{R}$ fest und beobachten für jedes $i \in \{1, \dots, n\}$ den zu x_i gehörigen Wert $y_i \in \mathbf{R}$. Aufgrund von Beobachtungsfehlern liegen die Paare (x_i, y_i) im allgemeinen nicht auf einer Geraden:

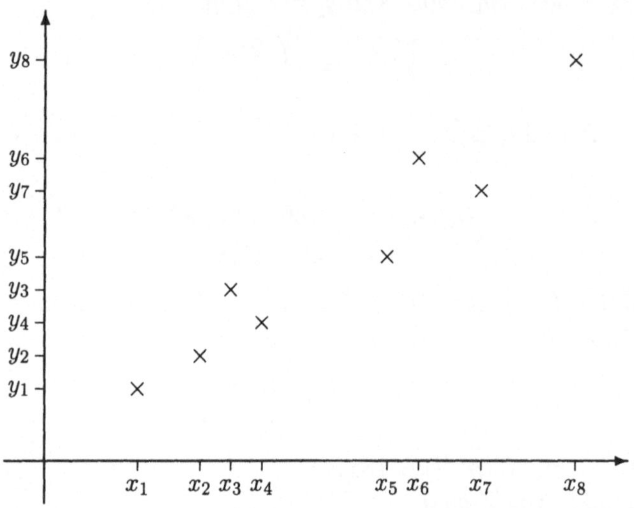

Wir betrachten das Problem, unter allen affin–linearen Funktionen $y : \mathbf{R} \to \mathbf{R}$ mit

$$y(x) \;=\; a + b\,x$$

und $a, b \in \mathbf{R}$ eine Funktion auszuwählen, für die der Unterschied zwischen den Funktionswerten $y(x_i)$ und den beobachteten Werten y_i in einem noch zu bestimmenden Sinn möglichst klein ist.

Als Gütekriterium für die Wahl von y wählen wir den *mittleren quadratischen Fehler*

$$\frac{1}{n} \sum_{i=1}^{n} \Big(y(x_i) - y_i\Big)^2$$

Wir betrachten also die *Fehlerfunktion* $f : \mathbf{R}^2 \to \mathbf{R}$ mit

$$f(a,b) \;:=\; \frac{1}{n} \sum_{i=1}^{n} \Big(a + bx_i - y_i\Big)^2$$

mit $(a, b)' \in \mathbf{R}^2$ und suchen einen globalen Minimierer von f.

Wir führen zunächst einige Bezeichnungen ein, die die Lösung des Minimierungsproblems vereinfachen. Sei

$$\overline{x} \; := \; \frac{1}{n} \sum_{i=1}^{n} x_i$$

$$\overline{x^2} \; := \; \frac{1}{n} \sum_{i=1}^{n} x_i^2$$

$$\overline{y} \; := \; \frac{1}{n} \sum_{i=1}^{n} y_i$$

$$\overline{xy} \; := \; \frac{1}{n} \sum_{i=1}^{n} x_i y_i$$

Dann gilt

$$\begin{aligned}
\frac{1}{n} \sum_{i=1}^{n} \left(x_i - \overline{x} \right)^2 \; &= \; \frac{1}{n} \sum_{i=1}^{n} \left(x_i^2 - 2\,\overline{x}\,x_i + \overline{x}^2 \right) \\
&= \; \frac{1}{n} \sum_{i=1}^{n} x_i^2 - 2\,\overline{x}\,\frac{1}{n} \sum_{i=1}^{n} x_i + \frac{1}{n} \sum_{i=1}^{n} \overline{x}^2 \\
&= \; \overline{x^2} - 2\,\overline{x}\,\overline{x} + \overline{x}^2 \\
&= \; \overline{x^2} - \overline{x}^2 \\
&= \; \det \begin{pmatrix} 1 & \overline{x} \\ \overline{x} & \overline{x^2} \end{pmatrix}
\end{aligned}$$

und damit

$$\frac{1}{n} \sum_{i=1}^{n} \left(x_i - \overline{x} \right)^2 \; = \; \overline{x^2} - \overline{x}^2 \; = \; \det \begin{pmatrix} 1 & \overline{x} \\ \overline{x} & \overline{x^2} \end{pmatrix}$$

Daher sind folgende Bedingungen äquivalent:
(a) Die x_i sind nicht alle identisch.
(b) Es gilt

$$\overline{x^2} \; > \; \overline{x}^2$$

(c) Es gilt

$$\det \begin{pmatrix} 1 & \overline{x} \\ \overline{x} & \overline{x^2} \end{pmatrix} \; > \; 0$$

Wir nehmen für die weitere Betrachtung an, daß die x_i nicht alle identisch sind.

Da jeder globale Minimierer der Funktion $f : \mathbf{R}^2 \to \mathbf{R}$ ein lokaler Minimierer von f ist, bestimmen wir zunächst alle lokalen Minimierer von f:

Die Funktion f ist zweimal stetig partiell differenzierbar mit

$$\frac{\partial f}{\partial a}(a,b) \;=\; \frac{1}{n}\sum_{i=1}^{n} 2\left(a + bx_i - y_i\right)$$

$$=\; 2\left(a + b\frac{1}{n}\sum_{i=1}^{n} x_i - \frac{1}{n}\sum_{i=1}^{n} y_i\right)$$

$$=\; 2\left(a + \overline{x}b - \overline{y}\right)$$

und

$$\frac{\partial f}{\partial b}(a,b) \;=\; \frac{1}{n}\sum_{i=1}^{n} 2\left(a + bx_i - y_i\right)x_i$$

$$=\; 2\left(a\frac{1}{n}\sum_{i=1}^{n} x_i + b\frac{1}{n}\sum_{i=1}^{n} x_i^2 - \frac{1}{n}\sum_{i=1}^{n} x_i y_i\right)$$

$$=\; 2\left(\overline{x}a + \overline{x^2}b - \overline{xy}\right)$$

Es gilt also

$$\mathrm{grad}_f(a,b) \;=\; 2\begin{pmatrix} a + \overline{x}b - \overline{y} \\ \overline{x}a + \overline{x^2}b - \overline{xy} \end{pmatrix}$$

und damit

$$\mathrm{Hess}_f(a,b) \;=\; 2\begin{pmatrix} 1 & \overline{x} \\ \overline{x} & \overline{x^2} \end{pmatrix}$$

Wenn also $(a_0, b_0)' \in \mathbf{R}^2$ ein lokaler Minimierer von f ist, dann gilt

$$\mathrm{grad}_f(a_0, b_0) \;=\; \begin{pmatrix} 0 \\ 0 \end{pmatrix}$$

und damit

$$\begin{pmatrix} 1 & \overline{x} \\ \overline{x} & \overline{x^2} \end{pmatrix}\begin{pmatrix} a_0 \\ b_0 \end{pmatrix} \;=\; \begin{pmatrix} \overline{y} \\ \overline{xy} \end{pmatrix}$$

Dieses lineare Gleichungssystem besitzt die eindeutige Lösung

$$\begin{pmatrix} a_0 \\ b_0 \end{pmatrix} \;=\; \begin{pmatrix} \overline{y} - \dfrac{\overline{xy} - \overline{x}\,\overline{y}}{\overline{x^2} - \overline{x}^2}\,\overline{x} \\[2ex] \dfrac{\overline{xy} - \overline{x}\,\overline{y}}{\overline{x^2} - \overline{x}^2} \end{pmatrix}$$

Wegen

$$\det\left(\operatorname{Hess}_f(a_0, b_0)\right) \;=\; 2 \det \begin{pmatrix} 1 & \overline{x} \\ \overline{x} & \overline{x^2} \end{pmatrix} \;>\; 0$$

und

$$\frac{\partial^2 f}{\partial a^2}(a_0, b_0) \;=\; 1 \;>\; 0$$

ist $(a_0, b_0)'$ der einzige lokale Minimierer von f.

Wenn also die Funktion $f : \mathbf{R}^2 \to \mathbf{R}$ einen globalen Minimierer $(a^*, b^*)' \in \mathbf{R}^2$ besitzt, dann gilt $(a^*, b^*)' = (a_0, b_0)'$. Andererseits ist, da der Definitionsbereich von f nicht beschränkt und daher auch nicht kompakt ist, noch nicht geklärt, ob f überhaupt einen globalen Minimierer besitzt. Hier hilft der folgende Trick: Durch Ausrechnen zeigt man, daß für alle $(a, b)' \in \mathbf{R}^2$

$$\frac{2}{n} \sum_{i=1}^{n} \Big(\big((a+bx_i) - (a_0+b_0x_i) \big) \big((a_0+b_0x_i) - y_i \big) \Big) \;=\; 0$$

und damit

$$\begin{aligned}
f(a, b) \;&=\; \frac{1}{n} \sum_{i=1}^{n} \Big(a + bx_i - y_i \Big)^2 \\
&=\; \frac{1}{n} \sum_{i=1}^{n} \Big(\big((a+bx_i) - (a_0+b_0x_i) \big) + \big((a_0+b_0x_i) - y_i \big) \Big)^2 \\
&=\; \frac{1}{n} \sum_{i=1}^{n} \Big((a+bx_i) - (a_0+b_0x_i) \Big)^2 + \frac{1}{n} \sum_{i=1}^{n} \Big((a_0+b_0x_i) - y_i \Big)^2 \\
&\geq\; \frac{1}{n} \sum_{i=1}^{n} \Big(a_0 + b_0 x_i - y_i \Big)^2 \\
&=\; f(a_0, b_0)
\end{aligned}$$

gilt. Daher ist $(a_0, b_0)'$ der einzige globale Minimierer von f.

Die durch die Funktion $y_0 : \mathbf{R} \to \mathbf{R}$ mit

$$y_0(x) \;:=\; a_0 + b_0 x$$

definierte Gerade heißt *Ausgleichsgerade* oder *Regressionsgerade*.

14.7 Optimierung unter Nebenbedingungen

Im gesamten Abschnitt betrachten wir eine konvexe Menge $J \subseteq \mathbf{R}^m$, die mindestens zwei Punkte enthält, sowie Funktionen $f : J \to \mathbf{R}$ und $g : J \to \mathbf{R}$.

Unser Ziel ist es, für die *Zielfunktion* $f : J \to \mathbf{R}$ unter der *Nebenbedingung*

$$g(\boldsymbol{x}) \;=\; 0$$

alle lokalen Maximierer und Minimierer zu bestimmen. Wir untersuchen also ein *Optimierungsproblem mit Nebenbedingung*.

Die Aufgabe besteht also darin, alle lokalen Maximierer und Minimierer der Funktion $\varphi : J \cap g^{-1}(0) \to \mathbf{R}$ mit

$$\varphi(\boldsymbol{x}) \;:=\; f(\boldsymbol{x})$$

bestimmen. Die Funktion φ ist also die Restriktion von f auf $J \cap g^{-1}(0)$; damit ist der Definitionsbereich von φ durch g bestimmt, während die Funktionswerte von φ durch f bestimmt sind.

Zur Lösung des Optimierungsproblems mit Nebenbedingung betrachten wir die Funktion $h : J \times \mathbf{R} \to \mathbf{R}$ mit

$$h(\boldsymbol{x}, \lambda) \;:=\; f(\boldsymbol{x}) + \lambda\, g(\boldsymbol{x})$$

Die zusätzliche Variable λ heißt *Lagrange–Multiplikator* und die Funktion h heißt *Lagrange–Funktion* zu f bezüglich g; man spricht auch von einem *Lagrange–Ansatz*. Der Lagrange–Ansatz ist plausibel, weil für alle $\boldsymbol{x} \in J$ mit $g(\boldsymbol{x}) = 0$, also für alle $\boldsymbol{x} \in J \cap g^{-1}(0)$, die Gleichung

$$h(\boldsymbol{x}, \lambda) \;=\; f(\boldsymbol{x}) \;=\; \varphi(\boldsymbol{x})$$

erfüllt ist.

Wir geben zunächst eine notwendige Bedingung für lokale Maximierer und Minimierer von φ:

Satz (Notwendige Bedingung). *Seien f und g stetig partiell differenzierbar. Ist $\boldsymbol{x}_0 \in J \cap g^{-1}(0)$ ein lokaler Maximierer oder Minimierer von φ mit*

$$\operatorname{grad}_g(\boldsymbol{x}_0) \neq \boldsymbol{0}$$

so gibt es ein $\lambda_0 \in \mathbf{R}$ mit

$$\operatorname{grad}_h(\boldsymbol{x}_0, \lambda_0) = \boldsymbol{0}$$

Nutzenmaximierung unter Budgetrestriktion I

Sei $f : (0, \infty)^2 \to \mathbf{R}$ eine stetig partiell differenzierbare Nutzenfunktion, die die Ausstattung eines Haushalts mit Güterbündeln $\boldsymbol{x} \in (0, \infty)^2$ bewertet. Die Handlungsmöglichkeiten des Haushalts werden durch die Budgetrestriktion

$$g(\boldsymbol{x}) \;=\; 0$$

beschrieben, wobei $g : (0, \infty)^2 \to \mathbf{R}$ durch

$$g(\boldsymbol{x}) \;:=\; p_1 x_1 + p_2 x_2 - c$$

mit Preisen $p_1, p_2 \in (0, \infty)$ und Haushaltsbudget $c \in (0, \infty)$ gegeben und damit stetig partiell differenzierbar ist. Die Nutzenfunktion soll unter der Budgetrestriktion maximiert werden.

Für alle $\boldsymbol{x} \in (0, \infty)^2$ und $\lambda \in \mathbf{R}$ gilt

$$\operatorname{grad}_h(\boldsymbol{x}, \lambda) \;=\; \begin{pmatrix} \dfrac{\partial f}{\partial x_1}(\boldsymbol{x}) + \lambda\, p_1 \\[2mm] \dfrac{\partial f}{\partial x_2}(\boldsymbol{x}) + \lambda\, p_2 \\[2mm] p_1 x_1 + p_2 x_2 - c \end{pmatrix}$$

Aus der Formel für $\operatorname{grad}_h(\boldsymbol{x}, \lambda)$ erhält man

$$\operatorname{grad}_g(\boldsymbol{x}) \;=\; \begin{pmatrix} p_1 \\ p_2 \end{pmatrix} \;\neq\; \mathbf{0}$$

Wenn also φ einen lokalen Maximierer $\boldsymbol{x}^*$ besitzt, dann gibt es ein $\lambda^* \in \mathbf{R}$ mit

$$\operatorname{grad}_h(\boldsymbol{x}^*, \lambda^*) \;=\; \mathbf{0}$$

und damit

$$\frac{\partial f}{\partial x_1}(\boldsymbol{x}^*) + \lambda^* p_1 \;=\; 0$$

$$\frac{\partial f}{\partial x_2}(\boldsymbol{x}^*) + \lambda^* p_2 \;=\; 0$$

$$p_1 x_1^* + p_2 x_2^* - c \;=\; 0$$

Für jeden lokalen Maximierer $\boldsymbol{x}^*$ von φ gilt also im Fall $\lambda^* \neq 0$

$$\frac{\partial f}{\partial x_1}(\boldsymbol{x}^*) \left/ \frac{\partial f}{\partial x_2}(\boldsymbol{x}^*) \right. \;=\; \frac{p_1}{p_2}$$

In diesem Fall ist also im lokalen Maximum das Verhältnis der Grenznutzen der Güter gleich dem Verhältnis ihrer Preise.

Wir geben nun eine hinreichende Bedingung für lokale Maximierer und Minimierer von φ:

Satz (Hinreichende Bedingung). *Seien f und g zweimal stetig partiell differenzierbar. Für $x_0 \in J \cap g^{-1}(0)$ und $\lambda_0 \in \mathbf{R}$ gelte*

$$\operatorname{grad}_g(x_0) \neq 0$$

und

$$\operatorname{grad}_h(x_0, \lambda_0) = 0$$

(a) *Gilt für alle $a \in \mathbf{R}^2 \setminus \{0\}$ die Implikation*

$$\langle a, \operatorname{grad}_g(x_0) \rangle = 0 \implies \langle a, (\operatorname{Hess}_f(x_0) + \lambda_0 \operatorname{Hess}_g(x_0))\, a \rangle < 0$$

so ist x_0 ein lokaler Maximierer von φ.

(b) *Gilt für alle $a \in \mathbf{R}^2 \setminus \{0\}$ die Implikation*

$$\langle a, \operatorname{grad}_g(x_0) \rangle = 0 \implies \langle a, (\operatorname{Hess}_f(x_0) + \lambda_0 \operatorname{Hess}_g(x_0))\, a \rangle > 0$$

so ist x_0 ein lokaler Minimierer von φ.

Nutzenmaximierung unter Budgetrestriktion II

Wir betrachten die zweimal stetig partiell differenzierbare Nutzenfunktion $f : (0, \infty)^2 \to \mathbf{R}$ mit

$$f(x) := x_1 x_2$$

Diese Nutzenfunktion soll unter der Budgetrestriktion

$$g(x) = 0$$

mit

$$g(x) := p_1 x_1 + p_2 x_2 - c$$

und $p_1, p_2, c \in (0, \infty)$ maximiert werden.

Für alle $x \in (0, \infty)^2$ und $\lambda \in \mathbf{R}$ gilt

$$\operatorname{grad}_h(x, \lambda) = \begin{pmatrix} x_2 + \lambda p_1 \\ x_1 + \lambda p_2 \\ p_1 x_1 + p_2 x_2 - c \end{pmatrix}$$

und damit

$$\operatorname{Hess}_h(x, \lambda) = \begin{pmatrix} 0 & 1 & p_1 \\ 1 & 0 & p_2 \\ p_1 & p_2 & 0 \end{pmatrix}$$

Aus den Formeln für $\mathrm{grad}_h(\boldsymbol{x}, \lambda)$ und $\mathrm{Hess}_h(\boldsymbol{x}, \lambda)$ erhält man

$$\mathrm{grad}_g(\boldsymbol{x}) \;=\; \begin{pmatrix} p_1 \\ p_2 \end{pmatrix} \;\neq\; \boldsymbol{0}$$

und

$$\mathrm{Hess}_f(\boldsymbol{x}) + \lambda\,\mathrm{Hess}_g(\boldsymbol{x}) \;=\; \begin{pmatrix} 0 & 1 \\ 1 & 0 \end{pmatrix}$$

Für alle $\boldsymbol{a} \in \mathbf{R}^2 \backslash \{\boldsymbol{0}\}$ mit $\langle \boldsymbol{a}, \mathrm{grad}_g(\boldsymbol{x}) \rangle = 0$ gilt $a_1 a_2 < 0$ und damit

$$\langle \boldsymbol{a}, (\mathrm{Hess}_f(\boldsymbol{x}) + \lambda\,\mathrm{Hess}_g(\boldsymbol{x}))\,\boldsymbol{a} \rangle \;=\; \begin{pmatrix} a_1 & a_2 \end{pmatrix} \begin{pmatrix} 0 & 1 \\ 1 & 0 \end{pmatrix} \begin{pmatrix} a_1 \\ a_2 \end{pmatrix}$$

$$=\; 2a_1 a_2$$

$$<\; 0$$

Wenn also die Gleichung

$$\mathrm{grad}_h(x_1, x_2, \lambda) \;=\; \boldsymbol{0}$$

eine Lösung $(x_1^*, x_2^*, \lambda^*)'$ besitzt, dann ist $(x_1^*, x_2^*)'$ ein lokaler Maximierer von φ.

Das lineare Gleichungssystem

$$\begin{aligned}
x_2 + \lambda\,p_1 &= 0 \\
x_1 + \lambda\,p_2 &= 0 \\
p_1\,x_1 + p_2\,x_2 - c &= 0
\end{aligned}$$

besitzt die eindeutige Lösung

$$\begin{pmatrix} x_1^* \\ x_2^* \\ \lambda^* \end{pmatrix} \;=\; \begin{pmatrix} c/2p_1 \\ c/2p_2 \\ -c/2p_1 p_2 \end{pmatrix}$$

Daher ist

$$\begin{pmatrix} x_1^* \\ x_2^* \end{pmatrix} \;=\; \begin{pmatrix} c/2p_1 \\ c/2p_2 \end{pmatrix}$$

der einzige lokale Maximierer von φ.

In den Wirtschaftwissenschaften sind oft nicht *lokale* sondern *globale* Maximierer oder Minimierer von Interesse. Für den Nachweis der Existenz globaler Maximierer oder Minimierer und für deren Bestimmung sind zusätzliche Überlegungen erforderlich.

In vielen Fällen ist es möglich, die Nebenbedingung nach einer der Variablen aufzulösen und diese Variable als Funktion der übrigen Variablen darzustellen. Damit verringert sich die Zahl der Variablen und das gegebene Optimierungsproblem *mit* Nebenbedingung wird in ein äquivalentes Optimierungsproblem *ohne* Nebenbedingung überführt, in dem aufgrund der Elimination einer Variablen und der Nebenbedingung der Nachweis der Existenz globaler Maximierer oder Minimierer und deren Bestimmung unter Umständen einfacher ist.

Nutzenmaximierung unter Budgetrestriktion III

Die Nutzenfunktion $f : (0, \infty)^2 \to \mathbf{R}$ *mit*

$$f(\boldsymbol{x}) \;:=\; x_1 x_2$$

soll unter der Budgetrestriktion

$$p_1 x_1 + p_2 x_2 - c \;=\; 0$$

mit $p_1, p_2, c \in (0, \infty)$ *maximiert werden. Wegen*

$$x_2 \;=\; \frac{c - p_1 x_1}{p_2}$$

betrachten wir die Funktion $F : (0, \infty) \to \mathbf{R}$ *mit*

$$\begin{aligned}
F(x_1) \;&:=\; f\left(x_1, \frac{c - p_1 x_1}{p_2}\right) \\
&=\; x_1 \frac{c - p_1 x_1}{p_2} \\
&=\; -\frac{p_1}{p_2}\left(\left(x_1 - \frac{c}{2p_1}\right)^2 + \left(\frac{c}{2p_1}\right)^2\right)
\end{aligned}$$

Daher ist $x_1^* := c/2p_1$ *der einzige globale Maximierer von* F *und aus der Budgetrestriktion folgt, daß*

$$\begin{pmatrix} x_1^* \\ x_2^* \end{pmatrix} \;=\; \begin{pmatrix} c/2p_1 \\ c/2p_2 \end{pmatrix}$$

der einzige globale Maximierer von f *unter der Budgetrestriktion ist.*

Eine Verallgemeinerung

Der Lagrange–Ansatz läßt sich auf den Fall einer Zielfunktion f mit mehreren Nebenbedingungen $g_1(\boldsymbol{x}) = \ldots = g_l(\boldsymbol{x}) = 0$ übertragen; in diesem Fall ist die Funktion $h : J \times \mathbf{R}^l \to \mathbf{R}$ mit

$$h(\boldsymbol{x}, \lambda_1, \ldots, \lambda_l) \;:=\; f(\boldsymbol{x}) + \sum_{i=1}^{l} \lambda_i g(\boldsymbol{x})$$

zu betrachten.

Literatur

Chiang, A. C. [1984]: *Fundamental Methods of Mathematical Economics.* New York: McGraw–Hill.

Elaydi, S. N. [1996]: *An Introduction to Difference Equations.* Berlin – Heidelberg – New York: Springer.

Erwe, F. [1962]: *Differential- und Integralrechnung I.* Mannheim: Bibliographisches Institut.

Erwe, F. [1962]: *Differential- und Integralrechnung II.* Mannheim: Bibliographisches Institut.

Forster, O. [1989]: *Analysis 1.* Braunschweig – Wiesbaden: Vieweg.

Forster, O. [1993]: *Analysis 2.* Braunschweig – Wiesbaden: Vieweg.

Harbarth, K., Riedrich, R., Schirotzek, W. [1993]: *Differentialrechnung für Funktionen in mehreren Variablen.* Stuttgart – Leipzig: Teubner.

Lang, S. [1968]: *Analysis.* Reading (Mass.): Addison–Wesley.

Lang, S. [1986]: *Introduction to Linear Algebra.* Berlin – Heidelberg – New York: Springer.

Lang, S. [1987]: *Linear Algebra.* Berlin – Heidelberg – New York: Springer.

Råde, L., Westergren, B. [1997]: *Springers Mathematische Formeln.* Berlin – Heidelberg – New York: Springer.

Schwarz, H. R. [1993]: *Numerische Mathematik.* Stuttgart: Teubner.

Walter, W. [1990]: *Analysis 1.* Berlin – Heidelberg – New York: Springer.

Walter, W. [1995]: *Analysis 2.* Berlin – Heidelberg – New York: Springer.

Stichwortverzeichnis